韧性电网

RESILIENT POWER GRID

梁旭 等 著

中国电力出版社
CHINA ELECTRIC POWER PRESS

内 容 提 要

本书聚焦韧性电网领域前沿成果和实践应用，共分三部分。第一部分为韧性电网概述，介绍韧性电网的发展背景、现状、概念定义和关键特征；第二部分为韧性电网关键技术，围绕韧性电网六个关键特征，选取具有代表性的关键技术进行深入分析阐述，并展望技术发展趋势；第三部分是韧性电网建设实践，总结和梳理国网上海市电力公司建设韧性电网的实践和经验，为韧性电网建设落地提供有益参考。

本书可为电力从业者以及高等院校师生提供研究和建设参考。

图书在版编目（CIP）数据

韧性电网／梁旭等著．—北京：中国电力出版社，2022.8

ISBN 978-7-5198-6561-0

Ⅰ.①韧…　Ⅱ.①梁…　Ⅲ.①电网－电力系统－继电保护－研究－中国　Ⅳ.①TM77

中国版本图书馆 CIP 数据核字（2022）第 035378 号

出版发行：中国电力出版社
地　　址：北京市东城区北京站西街 19 号（邮政编码 100005）
网　　址：http://www.cepp.sgcc.com.cn
责任编辑：吴　冰（010-63412356）
责任校对：黄　蓓　郝军燕　李　楠
装帧设计：张俊霞
责任印制：石　雷

印　　刷：北京博海升彩色印刷有限公司
版　　次：2022 年 8 月第一版
印　　次：2022 年 8 月北京第一次印刷
开　　本：710 毫米 ×1000 毫米　16 开本
印　　张：27.75
字　　数：437 千字
印　　数：0001—1500 册
定　　价：200.00 元

韧性电网

著 作 者 名 单

梁　旭（国网上海市电力公司）

阮前途（国网上海市电力公司）

谢　伟（国网上海市电力公司）

许　寅（北京交通大学）

华　斌（国网上海市电力公司）

宋　平（国网上海市电力公司）

周　健（国网上海市电力公司）

张琪祁（国网上海市电力公司）

时珊珊（国网上海市电力公司）

陈　颖（清华大学）

王　颖（北京交通大学）

田书欣（上海电力大学）

王　冰（河海大学）

黄兴德（国网上海市电力公司）

姚维强（国网上海市电力公司）

符　杨（上海电力大学）

袁沐琛（清华大学）

王　敏（河海大学）

杨凌辉（国网上海市电力公司）

凌晓波（国网上海市电力公司）

何维国（国网上海市电力公司）

陆启宇（国网上海市电力公司）

刘家妤（国网上海市电力公司）

李　永（上海久隆企业管理咨询有限公司）

张　宇（上海久隆企业管理咨询有限公司）

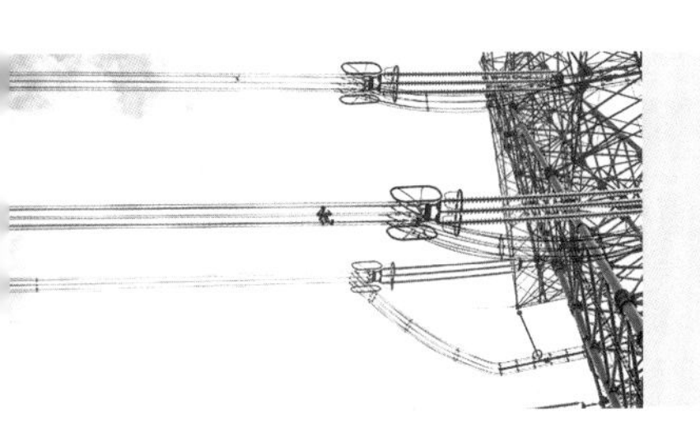

Preface 1
序一

面对日益复杂的国际形势和日益严峻的气候变化挑战，2020年9月，我国提出“二氧化碳排放力争于2030年前达到峰值，努力争取2060年前实现碳中和”的战略目标。今年3月，我国明确了“构建清洁低碳安全高效的能源体系”及“构建以新能源为主体的新型电力系统”的重点工作要求。“两个构建”是实现能源转型的根本措施，是实现“双碳目标”的基本保证，同时也给未来电网安全运行和事故风险应对带来新的挑战。

随着新能源发电的开发利用规模扩大和接入比例增加，电网形态特征和运行方式发生深刻变化，复杂程度显著提高，不确定性风险逐渐加大，对电网的认知分析水平、稳定控制措施、故障防御能力等多个方面提出了新要求；此外，自然灾害、极端天气、恶意攻击等事件发生频次逐年增加，电网面临的威胁呈现多元化、高频化态势，对传统的电网安全风险应对手段和技术体系带来新挑战。

电力系统是关系到国家安全和国民经济命脉的重要基础设施，也是城市发展的生命线，对人民生活改善和社会长治久安至关重要。近几年来，北京和上海等特大型城市均提出“韧性城市”的建设目标。作为城市生命线设施，“韧性电网”是韧性城市的重要组成部分，亟需一本书籍，系统梳理和介绍韧性电网的基本概念、关键技术和相关实践，帮助读者全面认识和理解韧性电网。国网上海市电力公司结合自身实践经验，与北京交通大学、清华大学、上海电力大学、河海大学等国内多所高校共同合作，围绕韧性电网关键问题开展技术攻关和实践探索，梳理凝练重要成果和核心观点，形成本著作。

本书为科研人员开展韧性电网领域研究提供了理论参考，同时对于电力行业的企业管理者、运营人员等，具有重要的研阅价值和指导意义。

中国科学院院士

中国电力科学研究院有限公司名誉院长 周孝信

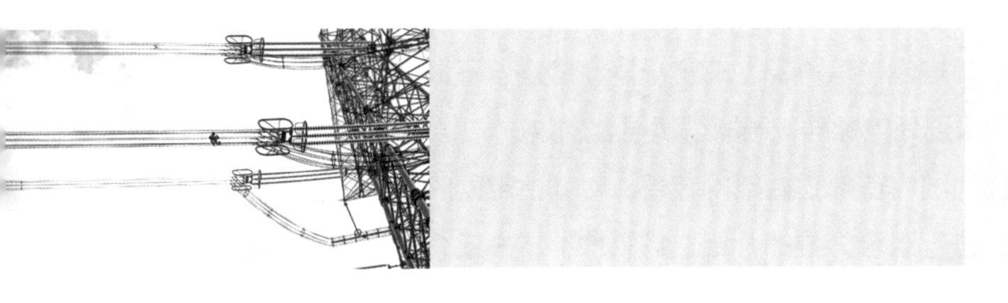

Preface 2

序二

我国历来重视安全风险防控和应急体系建设，把防灾减灾工作摆在突出的位置，推动灾害风险防范和治理能力不断提升。本人从事地震工程领域的研究，有幸师从朱伯龙先生。同济大学从20世纪80年代中期就在朱伯龙先生的指导下，率先开展了电力设备的抗震研究，针对电瓷部件、高压开关、断路器、避雷器、变电站、电机设备、核电设备等电力基础设施，进行了大量抗震试验和减震研究。国内外学者在此之后均陆续开展了这方面的研究，相关成果极大地提高了电力基础设施抗震设计水平，强化了电力系统对地震灾害的抵御能力。

随着社会的不断发展，现代社会对城市基础设施的安全风险防控和治理能力提出了更高要求。一方面，因全球气候变化和国际形势等因素，自然灾害和蓄意破坏等极端事件愈发频繁，威胁更加多元化、常态化；另一方面，能源转型背景下，各类关键基础设施体系日趋复杂且耦合愈发紧密，密集型要素带来的交叉型风险不断呈现。因此，提升城市应对各类非常规事件的韧性势在必行。我国“十四五”规划首次提出“建设韧性城市”，指出守牢“城市生命线”，提升通信、电力、燃气、供水等城市基础设施安全保障能力是重中之重。同时强调，“韧性城市”不仅要具备灾害来袭时正常运转的能力，还要有系统短暂崩溃后的恢复力，灾后及时补短板的转型力。“一流城市需要一流电网”，建设能够应对各种风险、有快速修复能力的“韧性城市”，应以建设具有“韧性”特征的一流电网为先导。

安全可靠的电力供应是城市关键基础设施正常运转的基础，长时间大面积停电事故会影响城市功能正常运转，造成严重的政治、社会影响。韧性城市的发展也丰富了电网应对扰动的手段，政府、社会、市场等多方协作可有效提升电网应急能力。上海电网率先提出了“韧性电网”的概念和建设方案，针对城市电网特征，构建“垮不掉”的主干网，建设“不停电”的配电网，研究“城市会客厅”级别保电标准，已取得了显著成效。

本书作为国内首部韧性电网专著，对韧性电网的概念与内涵、关键技术以及建设实践进行了全方位的介绍。特别地，本书还介绍了国网上海市电力公司推进韧性电网建设所做的主要工作。因此，本书不但适用于科研人员、高校教师与学生，也适用于韧性电网领域工程师，对于理论研究和工程实践都具有指导意义。

中国工程院院士
同济大学教授
上海韧性城市与智能防灾工程
技术研究中心技术委员会主任
吕西林

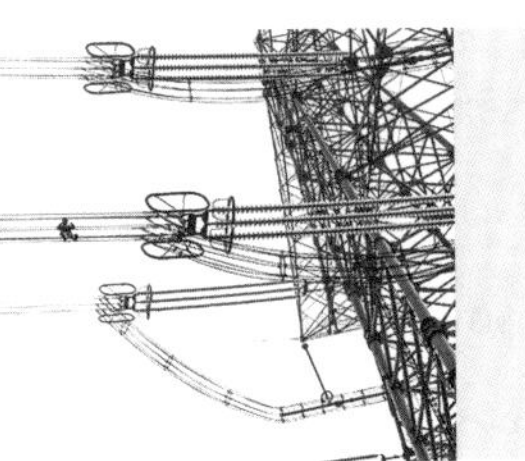

Preface 3
序三

For decades, the performance of electric power systems has been measured by various reliability indices. For transmission planning, the widely adopted indices are the 'loss of load probability' and its extensions. In the operational environment, technologies for power system security have been designed to meet the criterion of $N-1$ (or $N-2$) security to prevent violations of operating constraints or loss of load. Metrics for distribution systems are also founded on the 'frequency' (how often) and 'duration' (how long) of power outages. Since electricity customers are served primarily from distribution systems, it is natural that outage management and service restoration are critical tasks for distribution operation. Outage scenarios due to circuit problems or maintenance tasks occur regularly in the distribution systems and they are handled well by distribution system operators with the supporting technologies. Hence, existing planning/operational strategies and technologies have been successful in maintaining a high level of reliability for the power grids based on the established performance criteria.

In recent years, however, the increasing occurrences of catastrophic power outages due to extreme events have become a serious concern internationally. The concept of 'resilience' for power systems is a timely response to the call for a new strategy beyond the traditional industry practice on power system reliability or security. The traditional reliability and security indices measure the performance of a power grid by the number and extent of power outages. In contrast, a resilient power system is envisioned to be one with new capabilities to withstand contingency events, adapt to fluctuations of generation/load and changing network conditions, and recover electricity services to critical load providing essential needs for people and the economy.

To achieve the goal of resilient power grids, resources and technologies will be needed to enhance resilience in all areas of the power grid, including generation, transmission, distribution, and load. However, it is important to place an emphasis on decentralized solutions that reduce our dependence on the transmission and distribution grids and centralized large-scale power plants. The fast-growing penetration of renewable energy, energy storage, and other distributed energy resources resulting from the clean energy initiatives provides great opportunities for distributed solutions that enhance resilience. To harness the new resources to prevent widespread, catastrophic outages, it is critically important to enable the distributed resources with operation and control capabilities to pick up and serve critical load in the distribution system environment.

Resilience in the distribution level will require sufficient capabilities to sustain the critical load while the bulk power grid conducts damage assessment and prepares the power plants and transmission networks for system restoration, which may take hours or even days. The decentralized electrical islands are relatively small; however, it will take careful planning and implementation to develop and operate these microgrids. Indeed, intermittent renewable energy facilities, such as solar and wind, must be supported by operation and control technologies to deal with the variability. The distribution grid, usually radial in configuration, needs to be flexible enough to allow critical load to be picked up while non-critical load is disconnected. Further technical issues will arise as a microgrid with small generation resources has limited capabilities to absorb dynamics caused by load pickup or switching actions. Furthermore, while the bulk power grid is unavailable, it is advantageous to connect microgrids to operate as an interconnected system, enhancing system stability.

A smooth transition to resilient distribution systems will require great engineering creativity and technological innovations. This book on the resilience of power grids is a timely and significant contribution to meet the future challenges. Results of research and development with a specific focus on resilience of the power grids are beginning to emerge. The authors of this book provide a pioneering and comprehensive volume that covers a wide range of important subjects with a strong focus on resilient power grids. Specifically,

- Chapter 1 provides the motivation of resilience to meet the increasing complexity and challenges as the electricity infrastructure undergoes a fundamental transformation globally. Catastrophic outages that occurred in the world are summarized to highlight the various threats that power gids are facing.
- Chapter 2 describes the definitions of resilience and how the new concept extends from the traditional power system reliability. It also articulates the features of resilience enhancement through the capabilities of sensing, adaptation, control and protection, recovery, coordination, and learning.
- Chapter 3 discusses the necessary data and measurements to enable monitoring of the grid conditions related to weather and non−weather events. The data/information acquired from meteorological, electrical, and other sources is used for probabilistic analysis, forecasting, and risk assessment.
- Chapter 4 presents key technologies to enable the power grid to adapt and respond to evolving weather−related conditions. Optimization is proposed for transmission and distribution planning with an emphasis on reducing vulnerabilities caused by structural and topological characteristics of the grid.
- Chapter 5 proposes advanced technologies for operation and control, starting with frequency control for the AC/DC power grid. Self−healing and control technologies are created for distribution automation and control of networked microgrids. A cyber−physical system model is used for risk analysis and defense methodologies against cyber intrusions.
- Chapter 6 deals with key recovery technologies; a comprehensive discussion is presented with blackstart capabilities from microgrids, microturbines, solar and wind, energy storage, and electric vehicles. Based on a metric for resilience of distribution systems, optimization techniques are used to allocate limited

available resources for critical load.

- Chapter 7 highlights the need for coordination of resources/activities to facilitate system recovery, including microgrids and other distributed resources, as well as transmission and distribution operations. Critical infrastructures such as power, water, natural gas, and transportation coordinate their decisions to maximize the recovery capability.
- Chapter 8 envisions the deployment of machine learning to advance the resilience of power grids. The enabling technologies include wireless sensor networks, artificial intelligence, machine learning, and digital twin.
- Chapter 9 applies the resilience technologies to the large-scale power grid of the City of Shanghai. Technologies include the distribution-level Phasor Measurement Units, Big Data and analytics, design of the grid configuration, virtual power plants, and self-healing blackstart strategies.

In conclusion, the preparation of such a forward-looking plan for future resilient power grids is a major undertaking. It would not have been possible without the in-depth and significant research conducted by the authors and their colleagues as well as the collaboration with industry. As a researcher in this area, I strongly believe that the technical contributions articulated in this book will make a significant impact on the power grids in China and internationally.

Chen-Ching Liu

Member, U.S. National Academy of Engineering

American Electric Power Professor

Director, Power and Energy Center

Virginia Polytechnic Institute and State University

(Virginia Tech)

Virginia, U.S.A.

Contents
目 录

第二部分　韧性电网关键技术

第三部分　韧性电网建设实践

第一部分

韧性电网概述

第一章 电力系统新发展和新挑战

自我国提出能源安全新战略以来，我国电力行业发展进入了新时代。2020年，在第75届联合国气候雄心峰会上，中国提出将采取更加有力的政策和措施，二氧化碳排放力争于2030年前达到峰值，努力争取2060年前实现碳中和。为了落实我国“碳达峰、碳中和”目标，需加快推进全国碳市场建设，积极参与全球气候治理，推动绿色发展，构建绿色低碳、循环发展的经济体系，大力发展清洁能源、可再生能源和绿色环保产业，增强发展的可持续性。2021年3月15日，中央财经委员会第九次会议进一步定调，要实施可再生能源替代行动，构建以新能源为主体的新型电力系统。此前，中国能源战略一直以化石能源为主，可再生能源占比较低。随着中国能源革命进程的不断推动，可再生能源得以迅猛发展，在一次能源消费中的占比也越来越高，电力行业取得新发展。构建清洁低碳、安全高效的新一代能源系统，最大限度地实现可再生能源开发利用，最大程度提高能源利用效率，已经成为我国当前能源转型和革命的核心战略目标。作为重要能源行业，我国电网企业也正在经历新一轮转型和升级，在管理机制和产业政策的支撑下，传统电网体系结构和运行机制发生了改变，表现出能源互联网化和电力市场化的特征，取得了诸多令人瞩目的建设成绩。

然而，当前全球能源安全问题依然突出，我国电力系统向新型电力系统迈进的过程中，电网安全稳定运行形势依然严峻，电力系统安全运行也面临着新挑战。一是新型电力系统的源、网、荷结构均发生重大变化，以新能源为主体、高度电力电子化、高度信息物理融合等因素不断增加电网结构和运行方式的复杂性，系统频率安全问题凸显，送受端弱电网暂态失稳风险依然存在，连锁故障和大范围停电的风险增加；二是随着气候变化和国际形势的更加严峻，极端自然灾害和蓄意攻击等非常规事件发生频次逐渐升高，电网运行的外部环境恶化，易诱发电力设备事故和电力系统灾变；三是各类基础设施电气化程度加深，新型电力系统与天然气、交通、供水系统等基础设施深度耦合，加大了故障连

锁性传播的风险。能源安全是关系国家经济社会发展的全局性、战略性问题，对国家繁荣发展、人民生活改善、社会长治久安至关重要。但是近十年来，国际范围内大停电事故频发，能源安全问题凸显。因此，应加快实施重大举措保障我国电网安全，提升电网韧性势在必行。

本章首先从能源转型背景下电力行业的技术变革和市场化背景下的体制变革两个方面介绍我国电力行业的新发展；其次，从电网复杂化、威胁多元化和基础设施互联化三个方面对新型电力系统安全运行所面临的挑战展开探讨；最后，通过五个国内外典型大停电事故案例分析新形势下电网建设的新需求。

第一节 电力行业的新发展

回顾电力系统的发展历程，自19世纪末以来，我国电力系统发生了翻天覆地的变化，经历了以小机组、低电压、小电网为特点的第一代电力系统和以大机组、超高压和大电网为主要特点的第二代电力系统。党的十九大报告提出推进能源生产和消费革命，构建清洁低碳、安全高效的能源体系，为我国能源发展改革指明了方向[1]。作为第一代和第二代电力系统的传承和发展，我国当前正在构建以新能源为主体的新型电力系统。本节将从电力技术和体制两个方面介绍我国电力行业的新发展，以史观今，阐述当下我国电力行业的主要特点。

一、能源转型下的技术变革

相较于前两代电力系统，新一代电力系统大幅提高可再生能源电力占比，非化石能源为主的电源结构是其重要特征，在智能电网发展的基础上构建多能互补和更为智能化的能源互联网是其发展方向。随着我国电力行业的发展，其相关的技术也取得了显著突破，具体呈现以下重要特征。

（1）电网一次侧取得新发展，源网荷结构发生重大变化。电源结构方面，能源结构转型是实现双碳目标的重要途径，体现在生产侧以清洁能源替代化石能源。近年来我国新能源呈爆发式增长，截至2020年底，我国可再生能源发电装机总规模达到9.3亿kW，占总装机的42.4%，其中风电2.8亿kW、光伏2.5亿kW，稳居世界首位[2]。形成以非化石燃料为主的电源结构，是实现我国能源转型的重要支撑，可有效解决能源危机问题，并为应对全球气候变化做出贡献。

电网结构方面，我国区域电网耦合更加紧密，通过超特高压交直流输电线路实现互联，已建成全世界规模最大、电压等级最高的交直流混联电网[3]。目前我国输电技术具有大容量、远距离、低损耗、占地少等综合优势，为推动能源在更大范围内优化配置提供了重要支撑。负荷结构方面，我国负荷呈现多元化态势，配电网有源化特征凸显。近年来，负荷侧资源以多种形式接入到配电网中，包括电动汽车、变频负荷、促进分布式能源参与市场交易的虚拟电厂等，负荷的构成更加多元化。用户侧负荷从“刚性”逐渐转变为“柔性”，用户可以根据电网需求改变用电行为，主动响应电网运行控制，使电网更具灵活性[4]。此外，配电网分布式电源（distributed，generator，DG）以及储能的大量接入，使得配电网呈现双向互动、有源化特征。

（2）电网数字化取得突破性发展，电力系统与信息系统深度融合。随着时代的进步和科技的发展，我国信息通信技术（information communication technology，ICT）高速崛起，一个高速宽带、移动泛在、通达全国、连接世界的现代化通信网络已布局在世界东方。云计算、人工智能、物联网、大数据等新兴技术的融合发展速度不断加快，与电力系统深度融合，现代电力系统发展成为信息－物理系统。我国电力行业的信息技术应用始于20世纪60年代，进入21世纪，电力信息化已经发展到第四个阶段，未来信息系统和物理系统将渗透到每个设备，智能传感、一二次融合设备海量增多，信息获取更加泛在，信息流通过系统网络将与电力流进行有效结合。新一代电力系统可以借助大规模的传感量测系统和复杂的信息通信网络实时获取电网全面、详细的信息，在此基础上进行计算分析与科学优化，从而实现整个电力系统的智能化控制[5]。电力信息系统承担着电力管理、调度、营销、用户服务以及电网生产等诸多职能，为保障电网安全稳定高效智能化运行、大幅提高能源系统的灵活性提供支撑，同时有力促进了我国智能电网和能源互联网的发展。

（3）自智能电网概念提出以来，各国已在智能电网领域开展大量研究，我国的智能电网建设也取得了迅速发展。2009年5月21日，国家电网公司在2009特高压输电技术国际会议上首次提出“坚强智能电网”的发展规划。2010年3月，“加强智能电网建设”被写入同年的《政府工作报告》，上升为国家战略。智能电网是指以特高压电网为主干网架，利用先进的通信、信息和控制技术，

构建以信息化、自动化、数字化、互联化为特征的统一的坚强智能化电网。其最本质的特点是，电力和信息的双向流动性，并由此建立起一个高度自动化和广泛分布的能量交换网络；把分布式计算、云计算、人工智能、大数据和通信的优势引入电网，达到信息实时交换和设备层次上近乎瞬时的供需平衡[6]。智能电网建设可以提高电网运行的经济性、可靠性和安全性，提高能源利用效率，实现节能减排。智能电网可以更为灵活有效地调配电力供需，同时可以通过用电实时信息改变用户用电行为模式，引导用户节约用电，降低尖峰用电[7]。如今我国智能电网发展已经走进了第三阶段，即引领提升阶段，在政府红利下，智能电网必将与能源互联网有机结合，智能电网布局也成为国家抢占未来低碳经济制高点的重要战略措施。

（4）能源互联网的新发展，是进一步发展智能电网、建设新一代电力系统的关键步骤。能源互联网是“以电为核心，利用可再生能源发电技术、信息技术，融合电力网络、天然气网络、供热/冷网络等多能源网以及电气交通网形成的异质能源互联共享网络”[8]，总体上看，可以理解为“智能电网+多能互补”形成能源产业形态的“互联网化”。能源互联网是智能电网的再拓展，二者一脉相承，具体表现在：①从电力网拓展到更大的能源系统范畴，电力网是其核心基础网络设施；②由纯物理电网拓展到包括多类用户的信息互联网络，即各类市场主体也是能源互联网的活跃要素；③DG拓展到分布式能源；④纯电动汽车拓展到氢能源等新能源汽车；⑤氢能源或P2G技术，从单纯的储电拓展到储能，拓展电能大规模存储以及在智慧城市或社区中的应用；⑥从电力交易拓展到新能源配额交易、用户侧资源虚拟调度等新型互动业务。能源互联网的提出，为解决传统电力系统无法实现用户与电网之间能源信息流的双向流动、提高能源利用率能力受限等问题提供了可行的发展途径。利用能源互联网，可以充分提升可再生能源消纳能力，实现多能互补和能源高效利用，同时为能源系统的调度控制、优化运行和市场化运作提供有力支撑。

二、市场化下的体制变革

为适应电力需求的快速增长，加快电力建设速度，提升电力供应能力，自1985年以来，我国电力体制不断改革，电力行业也取得了巨大发展[9]。

1985年，我国开始对电力投资管理体制和价格体制进行改革。中央政府决定将电力由国家统一建设改为鼓励地方、部门和企业集资建设；将电力投资全部由财政拨款逐步改为银行贷款；将国家统一电价改为对部分电力实行多种电价。通过这一轮体制改革，我国电力装机容量、发电量分别由改革初（1985年）的8705万kW、4107亿kWh迅速增长到1995年的2亿kW和1万亿kWh，分别增长了2.47倍和2.45倍，但是依然未解决电力短缺问题。

1996年，在深化电力投资和电价体制改革的同时，开启了电力管理体制改革。这一轮改革使得电力工业的组织结构及所有制发生了变化，一定程度上解决了电力行业行政垄断的问题，使我国2002年的装机容量和发电量较1995年增长了1.63倍和1.53倍，快于同期世界电力的发展速度。

2002年，《国务院关于印发〈电力体制改革方案〉的通知》（国发〔2002〕5号）出台以后，在发电侧引入并逐渐健全了竞争机制，实现了厂网分开、主辅分离，有力保障和促进了我国电力行业和国民经济的长期、稳定、快速发展，使我国2013年电力装机容量和发电量达到12.47亿kW和5.36万亿kWh，相较于2002年增长了3.50倍和3.24倍，是世界发电量增长速度的1.43倍。

2015年，《中共中央国务院关于进一步深化电力体制改革的若干意见》（中发〔2015〕9号）的出台，标志着电力市场化改革全面施行。新电改遵循了使市场在资源配置中发挥决定性作用和更好地发挥政府作用相结合的改革思路，并以“两头”竞争性业务放开与“中间”垄断性业务管制、市场化配置电力资源与计划配置并行的改革路径，来推进电力行业市场组织和业务范围的调整，从而实现我国竞争性电力市场体系建设的目标。按照“管住中间、放开两头”的体制架构，以及“三放开、一独立、一深化、三强化”的实施路径和重点内容，新电改的突出亮点表现为发用电计划放开带来的大用户直接交易、输配电价核定下电网组织结构与业务模式的变化、增量配电网业务对第三方放开、交易机构的成立，以及售电侧放开下售电公司的成立等。

2017年，我国基本建成了覆盖全国的电力交易中心机构，初步营造了市场竞争格局，降低了约1000亿元的企业用电成本。目前，我国各省均拥有省级区域的电力交易中心，同时，电网企业分别在北京与广州成立了两家国家级电力交易中心，用以开展省间电力市场交易的服务工作。2018年是我国电力市场

“现货元年”；2019年开始全面放开经营性电力用户发用电计划；2020年实现了由燃煤机组标杆电价向“基准价+上下浮动”的转变，启动了电力交易中心的股份制改革，继续扩大电力市场化交易规模[9]。

同时，近年来，在各方主体的积极参与推动下，首批现货试点省（区）已开展试运行结算，市场建设各具特色，取得一定成效。我国电力市场改革稳步推进并取得了重要进展，主要体现在以下几个方面[10]：①“统一市场、两级运作”的全国电力市场总体框架基本建成，在实践中发挥重要作用；②全面形成全国联网格局，为电力市场建设提供坚强的物理基础；③各级电网输配电价机制基本形成，为电力市场价格机制奠定良好基础；④搭建规范化操作的电力交易平台，满足各类市场主动灵活参与市场交易的需要；⑤市场化交易规模不断扩大，改革红利惠及各大用户；⑥培育多元化市场主体，形成市场有序竞争格局；⑦建立促进清洁能源消纳的市场化机制，促进能源结构转型。

随着我国电力市场改革继续纵深发展，市场逐渐成为促进新能源消纳的有力手段。在当下“碳达峰、碳中和”的背景下，可以借助市场化机制，提高发电侧清洁能源参与市场的比例，实现弃电量和弃电率双降的目标，持续推动我国清洁能源转型发展。另外，随着DG、虚拟电厂、电动汽车等新型微小市场主体的广泛接入，市场参与数量和规模不断增加，推动以用户为中心的综合能源服务模式的发展，可以充分调动用户参与电网优化运行和需求响应，使电网更具灵活性。

第二节　新型电力系统安全运行面临的新挑战

电力是能源转型的中间环节，电力生产的深度脱碳与能源消费的电气化是能源转型的两个重要方向，而在此过程中电网安全运行也将面临诸多新的挑战，主要有以下三个方面：①电力系统逐渐呈现出高比例可再生能源和高比例电力电子装置接入、终端负荷多元化和信息与物理系统高度融合等特征，电网愈加复杂；②电网面临的来自内外部安全威胁不断增多；③随着能源互联网的发展，各类基础设施深度互联，交叉型风险不断呈现。本节将从电网复杂化、威胁多元化以及基础设施互联化三个角度阐述新型电力系统安全运行面临的新挑战。

一、电网复杂化

21世纪以来，我国电力系统发展迅速，新一代电力系统逐渐成型[1]，呈现出高比例可再生能源和高比例电力电子装置接入（“双高”）、终端负荷多元化和信息与物理系统高度融合等特征。新元素的不断融入，在促进我国能源转型的同时，也使电网愈加复杂，电网安全运行面临着严峻挑战。

（一）高比例可再生能源接入

我国新能源占比逐年攀升，局部地区已经形成高比例新能源电力系统，未来我国可再生能源发电占比仍将逐步提高，新能源消纳问题将面临诸多挑战[11]。

（1）风光等新能源出力具有随机性和波动性，对新型电力系统的电力电量平衡提出了巨大挑战。高比例的新能源并网会导致发电波动大幅增加，电源随负荷变化调节的运行要求下，其他常规电源则必须跟随新能源波动进行调节。在调度运行中新能源参与电力平衡是一项具有挑战性的工作，消纳能力取决于灵活电源的配置，然而我国电源结构以火电为主，可跟随新能源波动灵活调节的电源较少。因此，在未来以新能源为主体的背景下电力平衡面临新挑战。

（2）高比例可再生能源接入会导致电网安全稳定运行风险剧增。新能源发电设备的低抗扰性和弱支撑性，给电网自身安全运行及控制带来新的挑战。随着大量常规电源被新能源替代，系统的转动惯量和调频调压能力持续降低，新能源机组有功调节能力不足，导致频率变化加快、波动幅度变大、频率越限风险增加。此外，高比例可再生能源并网还可能引发功率平衡失衡、线路过载、节点电压越界等问题，给供电可靠性带来较大挑战。

（3）新能源发电单元信息感知能力不足，难以支撑精细化调控。相较于常规的火电、水电机组，新能源发电具有大量的发电单元，未来数量将达到数千万，运行控制、气象环境等各种信号将达到数十亿。新能源发电单元运行状态感知能力较弱，运行管理较为复杂，现有的信息手段不足以充分支撑新能源功率预测与控制等需要[12]。

（4）高比例新能源对电力市场交易机制提出新的要求。受到风、光资源的

特性影响，高比例新能源波动需要实时电力平衡消纳，低边际成本降低了市场的出清价格，影响靠发电量市场收益的常规电源的收益，长期影响是将出现电资源充裕性不足等问题，所以建立一套适合我国国情的新能源消纳电力市场交易机制面临新的挑战，对容量市场设计提出了新的要求。

（二）高比例电力电子装置接入

新能源的不断接入，在源侧引入了大量的电力电子装置，如直驱式风力发电机组变流器、光伏电站等[1]。此外，在网侧，超/特高压直流输电、柔性直流输电和直流电网建设也取得快速发展，在西电东输的带动下，将来的输电容量还要继续增大，因此电力电子装置在新型电力系统的比例将会越来越高[1]。另外，随着分布式发电的迅速发展和电气化水平的不断提升，负荷侧的电力电子装置也在不断涌现。源、网、荷都呈现出高度电力电子化的趋势，这给系统运行安全、分析控制等带来了诸多挑战。

（1）大量电力电子接入电源侧会带来频率稳定以及宽频振荡等问题。新能源的不断接入，决定系统动态行为的因素增多，特别是复杂多样化数字控制之间的相互作用，会改变经典稳定性特征，随即引入新型稳定性问题。另外，可再生能源机组中采用电力电子变流器接口，不再具备传统同步机组基于旋转动能的惯量响应特性，造成频率稳定等问题[13]。此外，随着风电等接入系统的电力电子设备的增加，电力电子设备之间、电力电子设备与交流电网之间的相互作用会引发宽频振荡问题。

（2）高比例电力电子装置接入会面临换相失败、电压稳定等新挑战。单个交流系统发生简单故障或单个换流站的异常动态都可能诱发多换流站同时换相失败、直流系统单级闭锁等连锁故障的发生，对系统安全稳定运行造成巨大威胁。我国华东、上海、华南等电网是多直流馈入受端电网，受端多直流换流站同时换相失败后的再启动过程中，受端变流器将从电网中吸收大量无功，有可能使受端系统电压长时间不能恢复甚至出现电压崩溃[3]。

（3）高比例电力电子设备引入负荷侧会带来更多的不确定性。变频负荷的大量使用依赖于现代电力电子换流与功率控制技术，如工业负荷中大量采用变频设备，预计未来将有90%的电能需要经过电力变换后使用，含有电力变换中间接口装置的多样性、强非线性负荷数量也将急剧增加，复杂性上升，给电网的稳定性分析与控制带来新的挑战。此外，电力系统的电力电子化还会带来继电保护参数难以整定、装置设计复杂和系统稳定运行极限分析困难等问题。

（三）终端负荷多元化

终端电力消费占比不断提升和多能互补综合能源系统发展，意味着电力负荷不断增长且呈现多元化趋势，具有不同用电特性、暂态启动特性、多时间尺度响应特性和时空不确定性的多样负荷接入电网，负荷侧“用电更个性”，一定程度上增加了电网可调节的资源，但也为电网的安全运行带来新挑战。

（1）大量电动汽车接入会给电网的规划和运行带来新挑战。电动汽车充电将导致负荷增加，若大量电动汽车在负荷高峰集中充电，将进一步加剧电网负荷峰谷差，加大电力系统负担。同时电动汽车用户充电行为具有时空不确定性，使得电动汽车充电负荷具有较大的随机性，增加电网控制难度。另外，电动汽车充电负荷属于非线性负荷，电力电子设备会产生一定的谐波，可能引发电能质量问题[14]。

（2）负荷多元化给电网规划、调度等带来新的挑战。我国电能消费占终端消费的比例不断上升，众多负荷将改变配电网结构和特性，多元化负荷信息数据难以获取，如何高效利用负荷资源大数据，将这些负荷有效纳入配电网规划中是一项新的挑战。多元化负荷具有更强的复杂性和不确定性，传统的“源随荷动”的调度模式亟须变革，同时也增加了调度控制决策的难度。用户侧负荷从“刚性”逐渐变为“柔性”使电网的不确定性更加突出，柔性负荷受当地激励信号、政策以及用户意愿等因素影响，不同地区的柔性负荷削峰潜力不尽相同且难以估计。另外，大量柔性负荷呈现出的源荷双重不确定特性也是电网运行规划的一大挑战[4]。

（四）信息与物理系统高度融合

随着智能电网建设的不断发展和能源互联网的推广，电力系统的网络化和信息化使电力系统与信息系统高度融合，现代电力系统发展成为信息－物理系统。能源互联网中，新型电力系统的能量流与信息流融合更加深入，带来高效智能化的同时，也带来了一些新的挑战。

（1）信息物理融合加大了信息处理的负担。由于物理层面融合了DG、电动汽车等大量设备，一次、二次侧融合设备大大增加，物理侧因具有泛在物理

设备接入使得运行方式多变，系统安全问题凸显。为保证一次系统安全运行，系统传感－传输－处理的信息增加，大量数据响应反馈使得信息侧运行压力激增。

（2）信息物理系统高度融合使得电网安全运行风险加大。电力系统的运行控制高度依赖低延时、高可信的信息通信网络，对信息系统的依存度越来越高。但是网络结构复杂终端多、业务开放广泛、网络暴露面广，电网运行的安全风险增加，网络安全在整个电力系统运行中扮演的角色也愈加重要。电力系统的网络攻击具有隐蔽性强、潜伏期长、攻击代价小的特点[15]，虽然它不能直接破坏电力一次设备，但可以通过削弱甚至完全破坏二次系统的正常功能，达到类似于物理攻击的效果，对系统稳定、经济运行产生严重影响[16]。

（3）开放性的环境导致能源系统所受扰动风险增加。传统电网采用封闭式内部管理，随着我国能源互联网的发展，电力系统更具开放性和共享性，使得人为因素为主的潜在外部扰动因素影响途径和影响概率增加，能源互联网运行可靠性受到新挑战。

二、威胁多元化

新形势下，电网面临的外部和内部威胁也不断增多，包括自然灾害、恶意攻击、连锁故障，以及人为/意外事故、设备隐患和保护误判等其他威胁，电力安全形势严峻。

（一）自然灾害

随着全球气候变化，各类极端自然灾害发生频次逐年增多，严重威胁着电网的安全运行。统计数据显示，1980～2014年以来美国共遭受了178起停电损失超过10亿美元的自然灾害，其总损失超过1万亿美元[17]。图1-1展示了美国1992～2012年因不同原因导致的大停电事故次数[18]。从图1-1中可以看出，由自然灾害引发的大停电事故次数逐年攀升且增长迅速。我国也是极端自然灾害的重灾区。1980～2008年，在全球造成停电损失最为惨重的10大自然灾害事件中，我国就占了3席[19]。2019年，我国自然灾害以洪涝、台风、干旱、地震、地质灾害为主，森林草原火灾和风雹、低温冷冻、雪灾等灾害也有不同程度发生[20]。近年来我国多地遭受了因极端自然灾害导致的停电事故[21]，自然灾害目前已成为我国电网主要外部威胁之一。

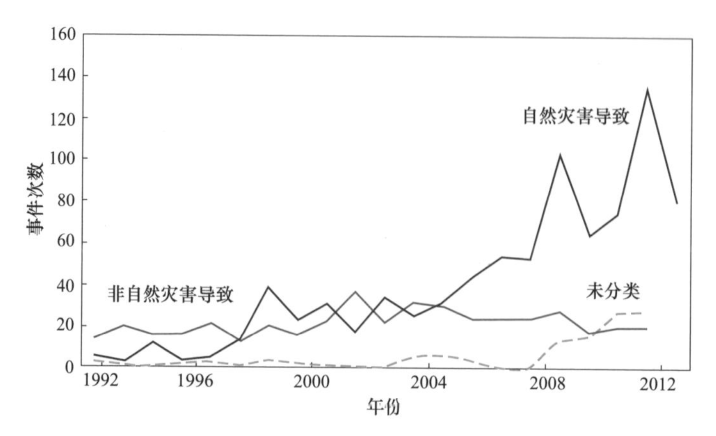

图1-1 1992～2012年因不同原因导致的美国电力系统大停电次数统计[18]

（二）恐怖袭击/网络攻击

目前国际形势严峻，对于信息-物理系统融合的电网，需要高度重视并提升电网应对恐怖袭击以及网络攻击的能力。电网正常运行时，二次设备故障会造成量测丢失或错误，影响调度人员对电网一次系统的准确感知[22]；一次系统发生故障时，若由于继电保护装置、数据采集与监控、能量管理系统、广域测量系统等二次系统的通信网络发生故障或受到恶意攻击，出现信息中断、延迟、篡改等情况时，极可能导致控制中心下达错误指令、决策单元误动作或退出运行等电力一次系统的故障，从而引发一次系统的振荡和大范围停电事故[23]。2015年12月23日，乌克兰电网遭受网络攻击导致大量用户停电，该事件被认为是全球第一例网络攻击造成的大停电事故，是电力二次系统遭受网络攻击后引发一次系统故障的典型案例。

在我国，国家电网有限公司每个月都遭受着来自各方势力的网络攻击尝试，其内网每月被攻击达2000次以上，信息内网被攻击20次以上[24]。为加强电力通信系统信息安全管理，防范黑客及恶意代码等对电力监控系统的攻击和侵害，保障电力系统的安全稳定运行，2014年8月1日，国家发展和改革委员会以第14号令颁布《电力监控系统安全防护规定》[25]，表明电网信息安全的重要性已上升到国家层面。

（三）连锁故障

我国已建成全世界规模最大的交直流混联电网，当前面临的最大挑战是连锁故障，特别是交直流故障的交叉传播。然而，我国直流输电大多采用基于电网换相换流器的直流输电技术，由于电力电子器件过载能力低、承受故障冲击能力差，可能诱发多换流站同时换相失败，直流系统单极、双极闭锁等连锁故障的发生。2004～2018年，国家电网直流输电系统共发生换相失败1353次，每条直流输电线路年平均发生换相失败9.1次。基于电网换相换流器的直流输电系统单次换相失败一般可在几毫秒内恢复，但若发生连续换相失败，会导致直流闭锁进而引起直流线路退出运行。2013年，华东地区曾发生因交流线路故障引发的4回直流同时换相失败，导致1回直流双极闭锁，造成附近6条交流通道大容量功率反转，对电网的安全稳定运行造成了严重冲击[3]。可见，我国交直流混联电网面临着连锁故障的威胁，发生大面积停电事故的风险增加。此外，随着能源互联网的发展，电网、天然气网、交通网等不同系统间的耦合日益密切，加剧了能源系统面对非常规灾害事件的脆弱性，极端灾害下不同网络之间也会通过耦合元件传播，故障连锁性传播风险升高，系统安全风险增加。

（四）其他威胁

随着社会的不断发展和电网的日趋复杂，因人为误操作、设备隐患、保护误判等问题引发故障或事故的概率增加，也威胁着电网运行安全。如2019年2月20日发生在柏林的大停电事故，由人为误操作引发：由于当地通信设施施工工人未事先核查地下线路，在施工时不慎破坏了两根重要的输电电缆，导致逾3.1万户家庭和2000家企业发生停电，事故整整持续了25h。2018年11月19日22时左右，西安市区发生因设备故障导致的停电事故：由于西安高新锦业一路与丈八五路十字电缆发生故障，造成约1.4万户用户停电，部分停电区域停电时间超60h。美国纽约当地时间2019年7月13日傍晚，纽约曼哈顿中城和上西区出现大面积停电，由保护误判引发：位于西64街区和西区大道的13kV电缆发生故障，变电站故障电缆出线的主保护拒动，主继电器和备用继电器系统没有隔离出现故障的13kV配电电缆，因继电保护系统的误判最终导致西49街变电站进行故障隔离，造成大停电事故。

三、基础设施互联化

随着我国能源互联网的建设和发展，能源耦合日益密切，各类基础设施电气化程度加深，呈现深度互联的特点。基础设施之间的相依关系（interdependency）极大增加了能源系统的整体复杂性。图1-2展示了电力系统、供水系统、交通系统、天然气系统、石油系统和信息系统之间的相依关系，这些复杂关系的特征是基础设施之间的多个连接、反馈和前馈，以及复杂的分支拓扑，因此，必须以整体的视角考虑多个耦合的基础设施系统及其相互依赖关系[26]。在“碳达峰、碳中和”目标下，多系统耦合为突破能效提升瓶颈提供了新的思路，但基础设施的互联化也为耦合系统的安全运行带来新的挑战，不同基础设施系统间的相依关系增加了故障连锁性传播风险，加剧了基础设施耦合系统面对非常规灾害事件的脆弱性，停电事故的经济和社会影响与日俱增。本书重点关注对象为城市电网，前一节已经介绍了电力系统与信息系统的高度融合，接下来将重点介绍新型电力系统与天然气系统、交通系统以及供水系统之间的融合关系，分析基础设施互联化带来的新挑战。

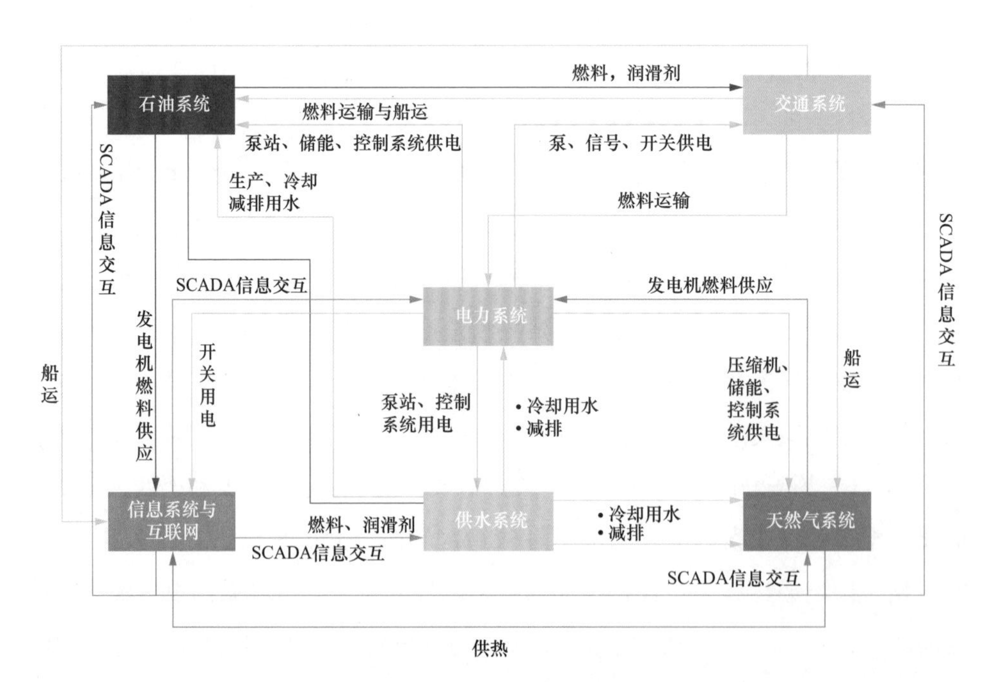

图1-2　基础设施相依关系示意图

（一）新型电力系统与天然气系统的融合

随着燃气机组的广泛应用和电转气设备的快速发展，新型电力系统与天然气系统的耦合程度日益密切。一方面，天然气属于清洁能源，且燃气轮机具有快启动特性和快速负荷调节特性，在“双碳”背景下，燃气机组将得到大力发展；另一方面，电转气（power to gas，P2G）技术可以实现电能间接大规模、长时间存储，为新能源消纳拓宽思路。电力网络与天然气网络之间通过燃气发电机组、天然气压缩机、电转气装置等多种设备紧密耦合，两网相依关系日益加深。

电力系统的安全运行影响着天然气系统供气可靠性，天然气系统因管道、设备损坏等引发的非正常停气也会直接影响电力系统的安全运行。2021年2月15日，在美国得克萨斯州出现天然气系统故障引发的大面积停电事件，当地大部分热力发电为燃气机组，极端天气使得天然气运营和供应链出现严重问题，导致电力供应严重不足并被迫切负荷20000MW。此外，2017年8月，在中国台湾出现由于天然气系统阀门误操作导致多台燃气机组因断供跳闸的事件，全省约60%的用户用电受到严重影响[27]。

电力系统与天然气系统的紧密耦合特性给系统的规划与运行带来了一系列挑战。电力系统和天然气系统分属不同部门，政策和信息之间存在壁垒，耦合系统的运行调度面临新的挑战。另外，非常规事件发生时，故障可能在两网之间通过耦合元件连锁传播，导致重要用户电、气供应中断，造成较大的社会影响，因此，需要深入理解电网、气网在非常规事件下的强相依关系，并通过主动防御阻断故障连锁传播，进而互济协调快速恢复主网架及重要用户。

（二）新型电力系统与交通系统的融合

在国家“碳达峰、碳中和”重大战略指引下，我国大力激励并引导新能源汽车产业的发展，电动汽车的保有量持续提升，新型电力系统和交通系统经由深度交互作用而紧密耦合。电动汽车是一种特殊的用电设备。一方面，电动汽车作为电力负荷，其能量取自电网，不同用户的充电行为会对电网运行产生影响；另一方面，随着电动汽车与电网互动（vehicle to grid，V2G）技术的发展，电动汽车也可以为电网提供多种类型的服务，主要包括调频、备用服务，参与系统的削峰填谷、与新能源发电联合运行等。

随着电网－交通网双向耦合程度加深，大量电动汽车接入会对电网运行产生冲击，同时电网的故障也会影响交通系统运行。如在公共电动汽车渗透率约为100%的深圳市，已出现耦合影响事件。2018年5月20日，深圳市供电局的错峰用电举措影响到了深圳共465个充电站的供电，区域内部分电动出租车无法正常充电而被迫停运，部分车辆空驶到周边充电站，导致充电站附近交通堵塞。同年9月15日，受台风“山竹”影响，充电站陆续关闭直至全部停运，全市出租车服务瘫痪[28]。

电力系统与交通系统的深度融合给两系统的正常运行和非常规事件的应对都带来了新的挑战。正常运行时，大规模无序充电负荷与电网基础负荷叠加，会引发诸如峰谷差增大、电能质量下降、运行约束受限等问题，影响电力系统的稳定性与经济性，同时也会降低电网设备的利用效率与寿命；在人口密集的大型城市，大规模无序充电对电力系统的冲击更为明显。非常规事件引发大范围停电事故时，交通系统与电力系统的运行控制可能产生复杂的交互影响，且电动汽车集群充电选择行为具有随机性，电网、交通网、电动汽车集群三者之间具有复杂的时变耦合影响、耦合元件众多，会给两网的协调决策与优化调度带来挑战[29]。

（三）新型电力系统与供水系统的融合

为满足社会经济发展及人民生产生活的需求，电力、供水等关键基础设施系统规模不断增长、结构日趋复杂，且系统之间的耦合和相互依赖愈发紧密，电力与供水系统双向耦合并产生交互影响。一方面，电力系统中火电和核电机组运行时冷却循环等环节需要消耗大量水，对于水质较差的淡水和海水，需要经过净水设备或海水淡化装置进行处理才可通过供水泵和管道运输至发电厂[30-31]；另一方面，供水系统中水泵（水提取、水运输）、净水装置（水处理）等设备（环节）的正常运转又依赖于可靠的电力供应[32]。

提升应对非常规气象灾害的韧性是电力和供水系统面临的共性问题。中长期干旱、高强度台风、大范围冰雪灾害等非常规气象灾害可能同时对电力和供水设施造成破坏，导致重要用户的电能和水资源供应中断。例如，2008年，我国南方部分地区遭受历史罕见的冰冻灾害，全国有9.7万km供水管道冻裂受损，5586万居民用水受到影响[33]；同时，冰灾造成电网大范围故障，据统计，灾害期间南方地区电网的电力缺额最大高达14.82 GW[34]。再如，2021年2月，冬

季风暴侵袭美国得克萨斯州，温度骤降到-22～-2℃，受暴风雪持续影响，该州发电容量损失最高达52277 MW，约占总装机容量的48.6%，导致超过16900户用户断电，同时大量供水管道因低温破裂，造成约12万人的用水受到影响[35-36]。

可见，电-水紧密耦合加剧了电力和供水系统面对非常规气象灾害时的脆弱性。干旱灾害下，循环水供应减少会影响发电厂冷却系统的工作能力，为保证设备的安全运行，发电厂不得不停开或少开部分机组以减少用水量。台风洪涝灾害会导致沿海城市大面积停电，无法为水泵供电，进一步引发供水中断。可见，电力和供水系统在生产、传输、消费各环节耦合紧密，灾害事件导致的故障可在电-水系统间传播，造成恶劣影响。电力和供水系统除静态潮流层面的耦合外，还在多个时间尺度的动态过程中相互影响，具有多时间尺度耦合特性，给故障传播机理分析带来挑战。故障发生后，电力和供水系统协调运行可以降低灾害事件的负面影响，但电力和供水系统同样分属不同管理主体，难以实现全信息共享的统一决策，为有效可行的协调应灾机制设计带来新的挑战。

第三节　国内外典型大停电事故

如上节所述，电网复杂化、威胁多元化和基础设施互联化给电力系统安全运行带来了诸多挑战，也增加了电网发生大停电事故的可能性。2000年以来世界各地重大停电事故频发，本节选取21世纪以来世界范围内的典型大停电事件进行事故原因解析，进一步阐释新一代电力系统面临的安全挑战所带来的启示，以及对我国韧性电网建设的借鉴意义。

一、自然灾害：2008年中国冰灾

2008年1月11日～2月6日，中国湖南等地遭遇了有史以来最严重的长时间大面积雨雪、冰冻灾害袭击，多条220kV及500kV主干线覆冰，杆塔覆冰最厚处达七、八十毫米，给电网的安全稳定运行带来了前所未有的威胁，同时也给正常供电和调度运行调整带来了巨大的困难[37]。根据湖南省电力公司资料，2月5日以前，全省33条500kV线路跳闸89条·次，倒塔断线174基、14条；全省246条220kV线路中倒塔断线185基、42条。变电站受灾严重，不同等级变电

站停运数超900个。在这些事故的集中作用下，电网的运行结构被长时间打乱，重要输电通道功能被削弱，电网的稳定水平和供电能力受到了严重影响，给电网造成的直接经济损失超过16亿元[38]。此次冰害范围广、持续时间长、强度大，造成的后果与社会影响巨大，直接经济损失、持续经济损失以及救灾成本高达上千亿元[39]。根据冰冻发生范围、冰冻持续时间、冰冻强度等指标综合评价，灾害损失已达到特大型气象灾害标准。

分析此次事故的受灾原因，主要有以下几点[38]：①造成此次事故的气象条件极为罕见，综合强度指标堪称新中国成立以来最强；②覆冰程度大大超出设计容许范围，使得杆塔、导线的荷载和承压大大超过设计标准，导致倒杆断线且线路也因为覆冰闪络跳闸。

特大冰冻灾害对电网的快速应急能力、运行维护、调度运行、事故处理、事故抢修等诸多方面提出了考验。电网虽然遭遇了前所未有的打击，但最终保持了安全稳定运行，并且从中积累了许多成功的经验：①合理提高输电线路防覆冰设防标准，加强防冰闪的外绝缘设计和变电站的防冰措施；②加强区域配电网易发冰灾区域监控和集中化运作管理；③应深入研究电网特性、容灾抗灾建设、电网应急体系建设等问题，加强相关技术研究，提高电网应对突发性恶劣天气的能力。

二、网络攻击：2015年乌克兰大停电

2015年12月23日，乌克兰国内多个区域因遭到网络攻击，发生大规模停电。根据乌克兰国家安全局的调查分析，此次攻击是有预谋、有组织的网络攻击。在多种网络攻击手段的作用下，乌克兰电网在当日15：30～16：30遭受入侵，断开了7个110kV变电站和23个35kV变电站，导致8万用户失电，停电时间为3～6 h。此次大停电是首例由网络攻击造成的停电事故，对社会造成了极为恶劣的影响。后续电网公司调度人员迅速采取行动，将变电站系统由“自动模式”切换到“手动模式”，通过现场工作人员手动闭合断路器恢复系统供电，在6h后所有用户供电恢复。

此次停电的主要原因是黑客采用多种网络手段协同对乌克兰国家电网进行攻击[40]：①攻击者将病毒植入乌克兰电网公司能量管理系统（EMS）后，使底

层发电机或变电站的控制服务器关机，丧失对相应物理设备的感知与控制能力，导致部分设备运行中断；②病毒利用通信网络进行大范围传播，感染电网公司工作组和服务器，使得电网公司失去了与底层多个发电站及变电站的通信联系，进一步丧失感知和控制能力；③攻击者发起拒绝式服务攻击，拒绝可能报告断电情况的客户呼叫，使各电力公司的呼叫支持中心无法及时获取电网停电信息。

乌克兰大停电事件的幕后黑手，迄今依旧逍遥法外。这次事件反映了互联网时代电力系统可能存在的重大安全隐患。这次事件为我国的信息安全问题敲响警钟，作为国家重要基础设施，电网的稳定安全运行关乎民生，更关乎国家安全。强化电力系统网络防御能力，成为未来电力系统发展的重要议题。我国应从信息－物理系统耦合的视角，开展信息环节对物理系统的定量评估，以信息化战争的视角构建主动防御体系。此外，如何实现海量设备可控、信息系统横向贯穿和纵向发展、从电力大数据中挖掘潜在的价值信息，也是未来电力信息化需要考虑的问题。

三、连锁故障：2018年巴西大停电

当地时间2018年3月21日15时48分，巴西电网发生交直流系统间的连锁故障进而引发大面积停电事故，波及北部与东北部14个州绝大部分的地区（超过2000个城市），巴西南部、东南部和中西部也受到一定影响。此次停电事故中，北部和东北部电网与主网解列，最终损失负荷约21735MW，约占巴西国家互联电网停电前负荷的27%，全国约四分之一的用户断电[41]。事故发生后，巴西电网公司迅速组织电力恢复，当天15时57分南部电网停电负荷恢复供电；17时50分北部电网全部恢复供电；22时20分所有电力供应均恢复正常。

经过对整个事件发展过程的深入分析，事故原因包括以下几点[41]：①事故发生前美丽山水电站送出系统的欣古换流站采用单母线临时运行方式，运行方式改变后，并未调整分段断路器保护整定值，造成保护动作，引发事故；②安稳控制措施没有考虑两条500kV交流母线同时失压和单母线过度运行时失压的情况；③东北部电网孤网运行时，系统频率原本已恢复至正常水平，但随后水电站自身保护误动作切除两台机组，导致系统频率不可逆地下降，最终整个东北部电网全部停电；④巴西电网普遍配置了解列、低频/低压减载、高频切机等

“第三道防线”措施，但这些措施相互之间以及与电源侧的保护装置之间缺乏协调配合，因而在极端紧急状态下常常无法有效阻止大停电事故的发生。

巴西大停电事故引发了全世界对于直流闭锁导致连锁故障，进而引发对大面积停电问题的重视。对于我国电网来说，应进一步对“三道防线”的适应能力、广度深度、协调性进行完善，形成快速隔离、阻断传播、防范连锁的立体纵深防御体系。随着电网复杂化和威胁多元化，我国必须加强大规模交直流混联电网连锁故障的分析与预防，坚持“安全第一，预防为主”的原则，消除危险因素，有效预防因连锁故障导致的大停电事故。此外，必须制定高效、合理的事故恢复预案，依靠电网调度统筹协调好电网、用户之间的恢复进度，避免在恢复过程中发生次生灾害，保障供电快速恢复。

四、高比例新能源接入：2019年英国大停电

2019年8月9日17时左右，英国发生大规模停电事故，事故范围包括伦敦、英格兰、威尔士等地区。停电经过梳理如下：16时52分，小巴福德燃气电站和霍恩西一期海上风电在短时间内相继脱网，各损失发电663MW和812MW。发电馈入的损失导致系统频率的下降，最终下降至48.8Hz。由于48.8Hz是英格兰及威尔士6大配电网公司启动自动低频减载的阈值，系统频率达到48.8Hz后，配电网公司中约5%的负荷被自动切除，系统用电和发电趋于平衡，频率开始回升。16时55分，系统内一个抽蓄电站快速增加出力最高1294MW，弥补了部分功率缺额，阻止了系统进一步恶化。18时30分，英国国家电网宣布电网故障得到了解决，系统基本恢复了正常运行。据官方统计，约有近100万家庭和企业用户受到此次事故的影响，东北地区最大城市纽卡斯尔的机场及地铁系统也受影响。重要城市出现地铁与城际火车停运、道路交通信号中断等，市民被困在铁路或者地铁中，居民正常生活受到影响；部分医院由于备用电源不足无法进行医事服务。这是自2003年“伦敦大停电”以来，英国发生的规模最大、影响人口最多的停电事故。

导致事故发生的直接原因是[42]：小巴福德燃气电站及霍恩西一期海上风电短时间内相继脱网，导致系统频率大幅度下降，从而产生一系列连锁反应，导致低频减载动作，切除了系统5%的负荷；根据8月16日英国国家电网提供的

报告显示，也有可能是霍恩西一期的海上风电的安全管理系统出现问题导致了风机的突然脱网。间接原因包括：①相关政府单位对本次停电应对不足。伦敦的伊普斯维奇医院在停电后，本应投入供电的医院备用电机未成功投入，导致该医院受停电影响较大。伦敦北部的列车由于需要工程师到现场手动重新启动，因此铁路交通在断电后的重启耗费了大量时间。②系统内应急储备不足。根据8月16日英国国家电网公司向英国气电市场办公室（office of gas and electricity market，OFGEM）提交的报告可知，故障发生时，系统内的应急储备容量不足，只有1000MW，占发电损失的2/3，不足以完全弥补跳闸造成的功率缺额。③英国国家电网公司对电网运行管理不力。低频减载动作后，切除了医院、铁路等重要负荷，大大加重了停电造成的影响。此外，英国国家电网公司未充分考虑到随着风电渗透率的增加，传统同步发电机在电力系统中所占的比例逐渐降低，系统的备用容量以及转动惯量相对减少，给电网的稳定运行带来严峻的挑战。

本次英国电网停电事故是含高比例新能源电网大停电事故的一个典型案例，事故所反映出来的风电、光伏、DG的低抗扰动能力、关键设备隐性故障、系统惯量水平与一次调频能力监测、含高比例新能源电网的频率特性及调频能力等问题及经验，值得我国高度重视和借鉴。我国应加强新能源管理，提升新能源电源的抗扰动能力；同时，加强电源等关键设备的隐性故障排查，加强含高比例新能源电网的稳定特性研究；另外，我国应加强三道防线管理，加强对连锁故障的分析与预防。

五、基础设施耦合：2021年美国得克萨斯州大停电

2021年2月15日，美国得克萨斯州因极寒天气导致电网发生停电事件，影响用户数超过480万。受美国极寒天气影响，得克萨斯州电力可靠性委员会（electric reliability council of texas，ERCOT）于2月14日发布公告称，天然气短缺和风机冰冻导致电力供应不足，号召居民和商业用户采取节电措施，当日19：00用电负荷破冬季峰值纪录，达到6922万kW。2月15日01：25，由于大批发电机组被迫停运导致电力供应短缺，ERCOT宣布启动最高等级的三级紧急状态，针对居民用户和小型工商业用户采取轮流停电措施。1h内限电负荷达1050万kW，影响约200万户家庭。2月15日全天，最高限电负荷达到2000万kW，被迫停运

机组容量最高达到5227万kW，占总装机容量的48.6%。天然气发电机组被迫停运容量骤升至2600万kW左右，风电机组被迫停运容量上升至1700万kW左右。外部电力支援方面，最初阶段，美国东部电网和墨西哥电网通过直流线路保持最大功率输电，但2月15日07：00左右，墨西哥北部六个州也因电力供应短缺发生大规模停电，停止对得克萨斯州的电力支援，外部电网最大输电容量低于得克萨斯州地区电力需求的2%。2月19日10：35左右，系统恢复正常运行。此外电力供需不平衡还导致电价飞涨，得克萨斯州电力现货市场各区域多时段电价一度超过8000美元/MWh，最高触及9000美元/MWh的限价，约折合人民币60元/kWh。

此次停电事故的直接原因包括：①极寒天气下持续低温导致电力负荷激增，停电发生前负荷已达69222MW；②电源出力急剧下降，发电厂未能做好应对极寒天气的准备，导致大量机组一次能源断供或因设备故障被迫停运；③得克萨斯州电网与周围其他区域电网联系较弱，属于相对独立的自平衡区域，外部电力支援能力弱。随着负荷需求增大而发电出力急剧下降，电力系统的频率持续跌落，ERCOT根据情况采取切负荷措施。从深层次的角度分析，能源供应基础设施抵御极寒天气能力弱和市场机制下基础设施投资改造意愿不强是本次事故的主要原因。

美国得克萨斯州停电事故持续时间长、影响范围大，引发了社会各界持续关注，我国也应从中吸取经验教训，提高电网在极端情况下的应对能力。首先，我国应加强能源基础设施建设，提升一次能源安全保障能力，避免极端灾害下断供造成大面积停电事故。同时，我国应重视打造关键基础设施的韧性，提高电力设备极端条件下的耐受能力，提升电网互济能力。另外，我国应坚持宏观调控与市场化相结合，推进市场化和保障民生用电两手抓，确保电力可靠供应、维持电价基本稳定。最后，应增强重要电力用户供电保障，提升极端天气应对能力，加强科研技术储备及新技术应用，降低发生停电事件的风险，不断提升我国电力系统综合防灾减灾能力[43]。

第四节　本 章 小 结

在能源安全新战略的引领下，我国全面贯彻新发展理念，加快构建清洁低碳、安全高效的新一代能源体系，电力行业取得迅猛发展，电力行业技术和体制也发生重大变革。技术层面，随着源网荷结构的变化，信息物理系统深度融合，新一代电力系统在智能电网的基础上与信息技术深度融合形成能源互联网，为高比例可再生能源接入系统的运行调控和市场化运作提供有力支撑。体制方面，我国电力市场化改革加深，市场化交易量持续上涨，逐步建成有效竞争的电力市场结构和电力市场体系。然而，在肯定我国电力系统新发展的同时，也应深刻意识到新发展带来的新挑战——电网复杂化、威胁多元化和基础设施互联化加大了电网运行的风险，对电网的安全运行水平提出更高要求。电网安全稳定运行关乎民生，更关乎国家安全。近年来国内外发生的多起典型大停电事故，为电网乃至城市、国家带来了严重的损失和恶劣影响，为我国敲响了警钟。

目前，我国电网在能源转型背景下，已具备高比例可再生能源和电力电子装备接入、负荷多元化、信息物理高度融合等特点，能源清洁化率和终端电气化率不断提升，使我国电网更加复杂，发电“更任性”、用电“更个性”。未来，我国将建成以新能源为主体的新型电力系统，更应注重大规模新能源影响下电力系统安全水平的提升。另外，考虑到气候变化和国际形势等多方面因素，电力系统面临内外部风险源日益增多，包括自然灾害、信息安全、物理摧毁、人为破坏等方面，电网安全形势更加严峻。此外，随着电网与其他基础设施联系日益紧密，电网安全与城市安全加速一体化，我国各大城市规模高速增长与实现安全、高效、高品质生活幸福城市对城市安全与防灾能力提出了重大考验。多重环境影响下，电网需要更具韧性，如何提升电网应对极端事件的韧性是值得深入探讨的课题。综上，在新形势下，建设攻不破、打不烂、摧不垮、毁不掉的韧性电网势在必行，我国应根据自身电网发展状况和趋势，建设具有中国特色的韧性电网。

参 考 文 献

［1］ 周孝信.新一代电力系统与能源互联网［J］.电气应用，2019，38(1)，4-6.

［2］ 科学统筹　精准谋划——2020～2021年度全国电力供需形势解析［J］.中国电业，2021(02)：8-11.

［3］ 董新洲，汤涌，卜广全，等.大型交直流混联电网安全运行面临的问题与挑战［J］.中国电机工程学报，2019，39(11)：3107-3118.

［4］ 齐宁，程林，田立亭，等.考虑柔性负荷接入的配电网规划研究综述与展望［J］.电力系统自动化，2020，44(10)：193-207.

［5］ 王东芳，刘水源，张勇军，等."互联网+"形势下电力信息物理融合发展研究综述与展望［J］.电力自动化设备，2020，40(06)：90-99.

［6］ 余贻鑫.智能电网实施的紧迫性和长期性［J］.电力系统保护与控制，2019，47(17)：1-5.

［7］ 陈树勇，宋书芳，李兰欣，等.智能电网技术综述［J］.电网技术，2009，33(08)：1-7.

［8］ 孙宏斌，郭庆来，卫志农.能源战略与能源互联网［J］.全球能源互联网，2020，3(6)：537-538.

［9］ 白玫.新一轮电力体制改革的目标、难点和路径选择［J］.价格理论与实践，2014(07)：10-15.

［10］ 张显，史连军.中国电力市场未来研究方向及关键技术［J］.电力系统自动化，2020，44(16)：1-11.

［11］ 周孝信，陈树勇，鲁宗相，等.能源转型中我国新一代电力系统的技术特征［J］.中国电机工程学报，2018，38(07)：1893-1904+2205.

［12］ 王伟胜.我国新能源消纳面临的挑战与思考［J］.电力设备管理，2021(01)：22-23.

［13］ 谢小荣，贺静波，毛航银，等."双高"电力系统稳定性的新问题及分类探讨［J］.中国电机工程学报，2021，41(02)：461-475.

［14］ 胡泽春，宋永华，徐智威，等.电动汽车接入电网的影响与利用［J］.中国电机工程学报，2012，32(04)：1-10+25.

［15］ 刘念，余星火，张建华.网络协同攻击：乌克兰停电事件的推演与启示［J］.电力系统自动化，2016，40(6)：144-147.

［16］ 汤奕，陈倩，李梦雅，等.电力信息物理融合系统环境中的网络攻击研究综述［J］.电力系统自动化，2016，40(17)：59-69.

［17］ Ton D, WangWT. A more resilient grid: The U.S. department of energy joins with stakeholders in an R&D plan. IEEE Power and Energy Magazine, 2015, 13(3): 26–34.

［18］ Executive Office of the President. Economic benefits of increasing electric grid resilience to weather outages［EB/OL］.http://www.energy.gov/sites/prod/files/2013/08/f2/Grid%20

Resiliency%20Report_FINAL.pdf.

[19] 李宏.自然灾害的社会经济因素影响分析[J].中国人口、资源与环境，2010，20(11)：136-142.

[20] 中华人民共和国应急管理部.应急管理部发布2019年全国自然灾害基本情况[R/OL].http://www.gov.cn/xinwen/2020-01/17/content_5470130.htm.

[21] 高海翔.利用微电网提升配电网极端灾害应对能力的优化决策方法[D].北京：清华大学，2016.

[22] 郭创新，陆海波，余斌，等. 电力二次系统安全风险评估研究综述[J].电网技术，2013，37(1)：112-118.

[23] 郭庆来，辛蜀骏，王剑辉，等. 由乌克兰停电事件看信息能源系统综合安全评估[J].电力系统自动化，2016，40(5)：145-147.

[24] 李鹏. 深度解读：光伏电站为何严禁使用4G无线通信[EB/OL]. http://www.sohu.com/a/76720856_129856.

[25] 国家发展改革委员会.电力监控系统安全防护规定[EB/OL].http://www.gov.cn/gongbao/content/2014/content_2758709.htm.

[26] National Academies of Sciences, Engineering, and Medicine. Enhancing the resilience of the nation's electricity system[M]. National Academies Press, 2017.

[27] 张安安，李静，林冬，等.考虑天然气管网极限风险影响的电-气耦合系统连锁故障模型[J].中国电机工程学报，2021，41(21):7275-7285.

[28] 杨天宇，郭庆来，盛裕杰，等. 系统互联视角下的城域电力-交通融合网络协同[J].电力系统自动化，2020，44(11):1-9.

[29] Ding T, Wang Z, Jia W, et al. Multiperiod distribution system restoration with routing repair crews, mobile electric vehicles, and soft-open-point networked microgrids[J]. IEEE Transactions on Smart Grid, 2020, 11(6): 4795-4808.

[30] 赵红阳，王秀丽，王一飞，等. 基于自适应时段聚合算法的能-水联结系统联合优化运行[J]. 电网技术，2021，45(06)：2170-2179.

[31] 雷武，夏明珠，王风云，等. 火力发电厂循环水系统存在的问题和解决措施[J].工业水处理，2003(09)：4-7.

[32] National Academies of Sciences, Engineering, and Medicine. Enhancing the resilience of the nation's electricity system[M]. National Academies Press, 2017.

[33] 张贵金，陈志江，田大作. 我国南方水利设施遭受冰灾的表现形式及防灾对策探讨[J]. 防灾科技学院学报，2008(02)：9-10+19.

[34] 邵德军，尹项根，陈庆前，等. 2008年冰雪灾害对我国南方地区电网的影响分析[J].电网技术，2009，33(05)：38-43.

[35] Magness B. Review of february 2021 extreme cold weather event–ercot presentation[C].

Urgent Board of Directors Meeting, ERCOT, 2021.

[36] C. Maxouris. Texas is still reeling from devastating winter storms and for some, recovery could take months[N]. CNN, 2020-2-23.

[37] Chen Q, Yin X, You D, et al. Review on blackout process in China Southern area main power grid in 2008 snow disaster[C]. IEEE Power & Energy Society General Meeting, Atlanta, USA, 2009: 1-8.

[38] 张文亮，于永清，宿志一，等. 湖南电网2008年冰雪灾害调研分析[J]. 电网技术，2008(08): 1-5.

[39] 贺岚. 湖南省2008年冰灾应急管理研究[D]. 湖南师范大学，2011.

[40] Michael Assante. Confirmation of a coordinated attack on the Ukrainian power grid[R/OL]. https://www.sans.org/blog/confirmation-of-a-coordinated-attack-on-the-ukrainian-power-grid/.

[41] 易俊，卜广全，郭强，等. 巴西“3·21”大停电事故分析及对中国电网的启示[J]. 电力系统自动化，2019，43(2): 1-6.

[42] 孙华东，许涛，郭强，等. 英国“8·9”大停电事故分析及对中国电网的启示[J]. 中国电机工程学报，2019，39(21): 6183-6192.

[43] 安学民，孙华东，张晓涵，等. 美国得州“2·15”停电事件分析及启示[J]. 中国电机工程学报，2021，41(10): 3407-3415+3666.

第二章　韧性电网的概念及内涵

21世纪以来，我国电网发展迅速且日益复杂，呈现出高比例可再生能源和高比例电力电子装备接入（“双高”）、负荷多元化以及信息与物理系统高度融合等特点。与此同时，电网比以往面临更复杂的自然灾害、网络攻击、连锁故障、蓄意破坏、人为失误等威胁，内外部风险源日益增多。近年来世界多国发生长时间、大面积停电事故，带来巨大损失，为我国敲响了警钟。电力系统是关系国家安全和国民经济命脉的重要基础设施，建设韧性电网势在必行。本章提出韧性电网的定义和关键特征，并对其内涵进行阐释[1]。

第一节　韧性电网的定义

一、“韧性”的释义和应用

根据大辞海释义，“韧”的含义是柔软而坚固，最早出于《宋史·苏云卿传》：“夜织屦，坚韧过革舃，人争贸之以馈远”；“韧性”表示物体受外力作用时产生变形但不折断的性质，也用于比喻顽强持久的精神。

韧性一词在物理学、生态学、心理学、社会学等领域均有应用。在物理学中，韧性表示材料在塑性变形和破裂过程中吸收能量的能力，或材料受到使其发生形变的力时对折断的抵抗能力[2]。在生态学中，韧性被定义为生态系统吸收变化和干扰并保持种群或状态变量之间关系稳定的能力，表现为生态系统可动态维持稳健状态的特质[3]。在心理学中，韧性是指个人面对生活逆境、创伤、悲剧、威胁及其他生活重大压力的良好适应[4]。在社会学中，韧性是指社区抵御社会基础设施外部冲击的能力[5]。在组织学中，韧性是指企业组织承受内外部灾难或打击、在风险中存活和从失败中重新振作的能力[6][7]。在经济学中，韧性意味着经济系统在遭受灾害后可以维持基本功能，并在经济偏离既定发展路径后迅速恢复到均衡状态[8]。近年，有学者提出国家韧性的概念，用于描述一个政权适应国内外形势变化和应对各种危机与挑战的能力，其内涵包括适应性、持续性、抗压性与生命力[9]。

二、国内外电力系统韧性相关概念

针对新形势下电网面临的安全挑战，国内外提出了“弹性电网”“power grid resilience”等与电力系统韧性相关的概念，本节对几个主要国家和地区提出的相关概念进行简要阐述。

1. 美国

2009年，美国能源部发布的《智能电网报告》[10]中首次明确提出了智能电网在面对自然灾害、蓄意攻击、设备故障和人为失误时应该具有韧性。2010年，美国国土安全部将韧性定义为电力系统对于蓄意攻击、意外事故或自然灾害等事件具有准备性和适应性，能承受住扰动事件造成的故障，同时能迅速从故障中恢复。美国国家关键基础设施委员会认为，韧性应包括如下特性：①鲁棒性，即系统吸收扰动持续运行的能力；②抵御力，即事件发展过程中控制损失的能力；③恢复力，即快速恢复电网功能尤其是持续为重要负荷供电的能力；④学习力，即从灾害中学习并提升韧性的能力[11]。2013年发布的第21号总统政策令（PPD-21）将韧性描述为系统针对扰动事件开展事前预备、适应变化、抵御干扰并从中快速恢复的能力，韧性考虑的扰动事件包括蓄意攻击、意外事故、自然灾害等[12]。美国国家工程院于2017年发布的《提升国家电力系统韧性》报告中将韧性电力系统定义为能够认识到长时间、大面积停电事故发生的可能性，事故前充分预备，事故发生时做到其影响最小化，事故发生后快速恢复，并且能从事故中学习经验从而提升自身能力的电力系统[13]。

> *The term “resilience” means the ability to prepare for and adapt to changing conditions and withstand and recover rapidly from disruptions. Resilience includes the ability to withstand and recover from deliberate attacks, accidents, or naturally occurring threats or incidents.*
>
> 美国第21号总统政策令：关键基础设施安全性与韧性

2. 英国

根据英国内阁办公室的定义，韧性表示资产、网络或系统预备、吸收、适

应破坏性事件并从中快速恢复的能力[14]。2011～2015年，英国工程与物理研究委员会开展了resilient electricity networks for great britain（RESNET）项目，旨在提高英国电网应对极端自然灾害的韧性，并量化相关措施的韧性提升效果[15]。2018年，英国能源研究组织发布的报告[16]中将韧性定义为：承受和降低破坏性事件规模和持续时间的能力，包括预备、吸收、适应和快速恢复能力。报告中指出，韧性应重点关注小概率极端事件。

> *We consider a reasonable definition of resilience to be: the ability to withstand and reduce the magnitude and/or duration of disruptive events, which includes the capability to anticipate, absorb, adapt to, and/or rapidly recover from such events.*
>
> 英国能源研究组织：英国电力系统未来的韧性

3. 欧盟

根据欧盟委员会2012年发布的报告，韧性的定义是个体、家庭、社区、国家或区域对压力和打击的承受、适应和快速恢复能力[17]。欧盟联合研究中心认为韧性是电力安全特征之一，是指电力系统吸收扰动的影响并恢复到一定性能水平的能力。韧性主要描述系统在应对持续时间较长的小概率、高风险事件的动态表现，既包括系统对此类事件的适应和应对能力，也包括系统在扰动作用后恢复至原状态的能力[18]。

> *Resilience is the ability of an individual, a household, a community, a country or a region to withstand, to adapt, and to quickly recover from stresses and shocks.*
>
> 欧盟委员会：欧盟的韧性策略——从食品安全危机中汲取教训

4. 日本

由于自然灾害多发，防灾减灾一直是日本国家政策关注的重点，但日本传统政策侧重灾害预防，近年来的研究重点转移至增强电网灾害抵御力、灾后响应能力和恢复力[19]。2011年福岛大地震使东京及东北电力公司的发电厂、变电站及输配电线路遭受严重损害，发生大面积停电事故。而在这次灾害中，日本仙台微网示范工程利用微网实现9.0级强震后的快速恢复供电，不但有力保障了微电网内医疗护理设备、实验室服务器等关键设备的正常运行，而且给人民带来了希望和内心的平静。

该事件坚定了日本积极向韧性电网方向发展的信心。在此背景下，日本提出了构筑“强大而有韧性的国家和经济社会”的总体目标，并将其分解为4个基本目标：①最大限度地保护人民生命；②保障国家及社会重要功能不受致命破坏并能继续运作；③保证国民财产与公共设施受灾最小化；④迅速恢复的能力[20]。

> *the university's hospital, rest home, and other facilities were fully served and were available with full functionality. The SM*（笔者注：仙台微电网）*provided the senior victims who had experienced unprecedented suffering with* ***not only an energy supply but also a sense of hope and peace of mind****. This human story demonstrated to Japanese officials the effectiveness of the microgrid in providing resilience.*
>
> Chris Marnay, Hirohisa Aki等，日本的韧性支点：2011年地震后两个微网的表现

5. 中国

2014年，华中科技大学欧阳敏教授等学者将澳大利亚地震工程多学科研究中心M. Bruneau教授针对地震灾害管理提出的韧性定义引入电力系统，其中韧性包含鲁棒性、冗余性、机敏性和快速性四个属性（简称“4R”属性）[21]。2015年，西安交通大学邱爱慈院士、别朝红教授提出了弹性电网与恢复力的概念[22]。同年，清华大学陈颖教授提出“配电网韧性”的概念，指出“（配电网）韧性主要衡量配电网在自然灾害中对关键负荷的支撑和恢复能力，配电网韧性也由此定义为配电网是否可以采取主动措施保证灾害中的关键负荷供电，并迅速恢复断电负荷的能力”[23]。2019年，河海大学鞠平教授综述了电力系统柔性、弹性的研究进展，并提出电力系统韧性的一种定义方法，即“电力系统在持续的随机扰动之下不发生崩溃、解列而保持正常运行的能力”[2]。

> 恢复力指的是电力系统对于扰动事件的反应能力，是弹性电网具有的主要特征，应该包括以下三个方面：①系统遭遇扰动事件前有能力针对其做出相应的准备与预防；②在系统遭遇扰动事件过程中系统有能力充分地抵御、吸收、响应以及适应；③在系统遭遇扰动事件后有能力快速恢复到事先设定的期望正常状态。
>
> 邱爱慈、别朝红等：弹性电网及其恢复力的基本概念与研究展望

三、韧性电网定义

针对我国电力系统的特点和需求，结合上海电网建设运行经验，提出“韧性电网”定义如下：

> 韧性电网是指能够全面、快速、准确感知电网运行态势，协同电网内外部资源，对各类扰动做出主动预判与积极预备，主动防御，快速恢复，并能自我学习和持续提升的电网。

从上述定义可以看出，韧性电网具备六个关键特征，即感知力、协同力、应变力、防御力、恢复力和学习力。感知力是指全面、快速、准确感知电网运行状态，预测电网未来运行态势并针对潜在风险做出预警的能力。协同力是指电网协同内外部资源共同应对扰动的能力，包括输配协同、源网荷储协同、电网与其他关键基础设施协同、能源大脑与城市运营大脑协同等。应变力是指电网在事故前主动预判事件影响，制定预案，并有针对性地采取预备措施以应对突发扰动的能力。防御力是指在扰动事件动态发展过程中，电网采取主动防御措施以降低事件影响的能力。恢复力是指电网正常功能遭到破坏后，及时启动应急恢复和修复机制，保障重要负荷持续供电，并快速恢复至正常状态的能力。学习力是指电网从历史事件或其他电网经历的严重停电事故中获取经验，并不断融合新兴技术实现自我提升的能力。关于韧性电网关键特征的详细阐释参见本章第二节。

韧性电网的概念包括狭义和广义两个层面。狭义韧性电网与“弹性电网”或“power system resilience”具有共同特征，主要关注电网的应变力、防御力和

恢复力，这三个特征也是韧性电网的核心特征。广义韧性电网则在此基础上增加了感知力、协同力和学习力。广义韧性电网概念一方面考虑了全球气候变化、国际形势变化和电网复杂化给电网安全运行带来的新挑战；另一方面，体现了高精度传感、5G通信、物联网、人工智能等新技术给电网发展带来的新机遇，是新形势下对“弹性电网”和“resilient power grid”概念的拓展延伸。为保持与国际接轨，我们保留“resilience”将其作为“韧性”的英文翻译，将“resilient power grid”作为“韧性电网”的英文翻译。

在我国电网规模逐渐扩大、电压等级不断升高、高比例可再生能源与电力电子设备接入的形势下，建设韧性电网，能够帮助电网调度人员准确掌握电网运行态势；能够充分发挥电网内部、电网与其他能源之间、电网与城市之间的调节能力，减小可再生能源、多元化负荷带来的影响；能够在事故前预先做好应对多种扰动的准备，在事故中主动降低事故造成的影响，在事故后减少负荷断电时间；能够根据事故经验主动学习，提升电网应对扰动和灾害的能力。

四、关于韧性电网定义的阐释

（1）韧性电网应能够有效应对电网内外部的各类威胁和扰动，既包括大概率、低风险的常规扰动事件，也包括小概率、中高风险的极端事件，具体包括持续的随机扰动、电气设备故障、自然灾害、人为破坏、网络攻击、黑天鹅事件等。其中，常规扰动事件发生的频次较高，可以从统计学角度对其进行量化分析，如利用可靠性指标进行评估；而极端事件发生概率小，如何衡量电力系统应对极端事件的韧性是近年的研究热点，其中韧性曲线是目前认可度较高的描述方法[24]，如图2-1所示。

在图2-1中，$F(t)$为电力系统功能函数，代表电力系统的运行水平。在事故发生前，系统功能维持在正常水平R_0。极端事件发生后（即t_e后），系统功能迅速下降。恢复措施从t_r时刻开始实施，系统功能有所提升。恢复结束后，系统功能可能无法达到事故前的正常水平，这是由于相关基础设施可能遭到破坏，需要较长时间修复，导致系统功能无法恢复至正常水平。随后，随着基础设施的修复，系统逐渐恢复至正常运行状态。图中绿色部分面积可用来表示韧性，提升电网韧性即减小阴影部分面积。从图2-1中可以看出，韧性电网比传统电网

在极端事件下系统功能损失累积量更小，体现了韧性电网的主要特征和优势。

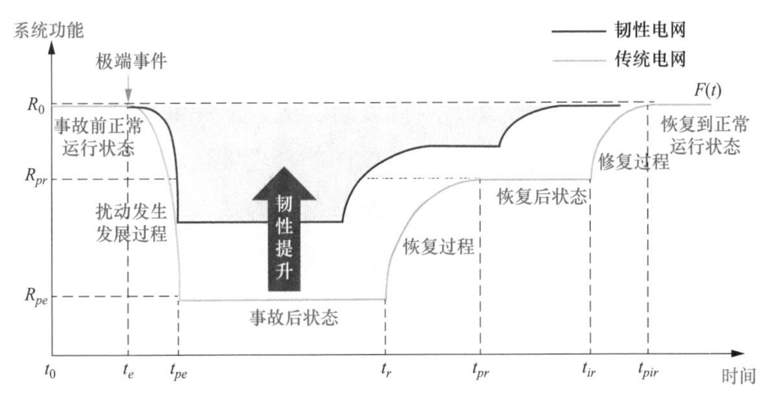

图2-1 电网在极端事件下的系统功能曲线

（2）电网韧性应针对特定事件集进行定义和评估。如前所述，扰动事件类型包括自然灾害、信息安全、物理摧毁、人为破坏和设备故障等。其中，设备故障、信息安全、人为破坏等扰动事件是所有电网共同面对的问题；而自然灾害则具有明显地域特征，对于不同区域的电网，其面临的自然灾害类型不尽相同。例如，位于地震带的电网应具备应对地震灾害的能力，位于沿海地带的电网应重视台风/飓风的影响，高纬度地区的电网应具有应对冰雪灾害的能力，森林密集地区的电网则需具备防范山火的能力。因此，在定义或评价电网韧性时，明确相应的扰动事件集十分必要。

（3）韧性电网不仅关注自身状况（如损失负荷的功率、停电时长等），还关注停电事件导致的经济和社会影响。随着能源系统、交通系统、通信系统等关键基础设施互联互通，彼此间相互依赖性不断加强，电网停电事故对社会和经济造成的影响逐年上升。以美国为例，由电网停电导致的经济损失高达年均1500亿美元，且呈上升趋势[25]。停电事故不仅会影响其他关键基础设施的正常运行，如造成交通瘫痪等问题，对社会生产和人民生活也会造成重大影响，提高电网韧性对提升国家能源安全水平意义重大，且具有重要的经济和社会价值。因此建设韧性电网不仅是电网的要求，也是关系到社会和经济稳定的重大国家需求。

（4）不同类型的韧性电网侧重点不同。大规模互联电网的主要任务是远距离输送电能，需要确保电网面临扰动时足够坚强，电网应能快速准确感知系统运行状态并评估多重风险因素，对扰动或故障做出相应准备与预报，事件过程中能够精准掌握故障信息，迅速采取控制措施防止大面积停电，最大可能地减小损失；而对于配电网，网内重要负荷分布广泛，保障重要用户持续稳定供电应是重点关注的问题。在电网遭受极端事件攻击或破坏时，韧性电网应仍能通过灵活调度“源网荷储”等资源保障为重要用户持续稳定供电，因此应重点关注恢复力的建设和提升。

第二节　韧性电网的关键特征

韧性电网的6个关键特征中，应变力、防御力和恢复力是韧性电网的核心特征，分别描述电网在扰动事件前、中、后的应对能力；感知力和协同力贯穿扰动事件全过程，为提升电网应变力、防御力和恢复力提供支撑，同时也贯穿于电网正常运行状态；学习力是电网从事故中学习和提升的能力，实现对另外五个关键特征的提升（如图2-2所示）。

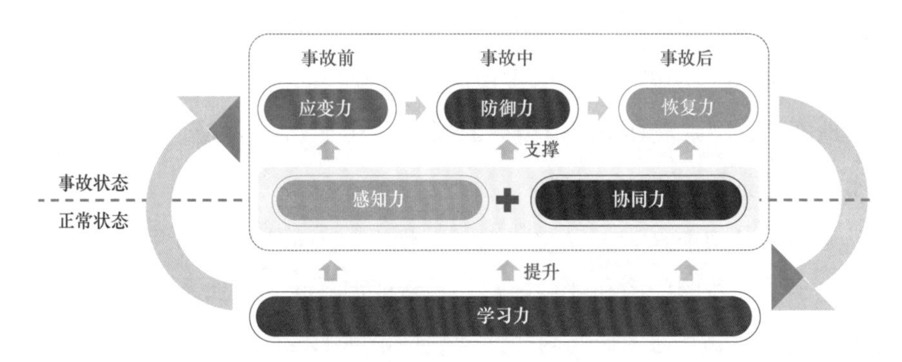

图2-2　韧性电网六个关键特征的关系

一、感知力

感知力是指全面、快速、准确感知电网运行状态并预测电网未来运行态势的能力。预测未来运行态势包括评估当前运行状态下面临的风险和感知突发安全事件。电网态势感知是掌握电网运行轨迹的重要技术手段，包括对电网内部状态感知和外部状态感知。其中，电网内部状态感知包括运行信息感知和设备状态感知。运行信息感知是通过对广域时空范围内涉及电网运行变化的各类因

素的采集、理解与预测，可准确有效地掌握电网的安全态势，使得电网的安全管理从被动变为主动；设备状态感知的手段包括勘探、设备生命周期评估、设备风险评估等。电网外部状态感知包括用户层面的感知和对外部环境的感知。用户层面的感知包括负荷预测、用户用电安全情况感知等；对外部环境的感知可通过综合电网调度中心数据库以及气象、地震局、电视台、交通部门、政府应急中心等外部数据，判断当前运行状态下电网面临的潜在风险，为电网企业应对风险做出预警。

二、应变力

应变力是指电网在事故前主动预判事件影响，制定预案，并有针对性地采取预备措施以应对突发扰动的能力。应变力作用于扰动事件发生前，韧性电网应有针对性地采取预防措施来提升电网应对扰动事件的鲁棒性，包括电网应对电网事故的能力和应对新变化的能力。其中，应对电网事故的能力包括应对可预知事故和不可预知事故的能力。可预知事故包括常规$N-1$和$N-2$预想事故、迎峰度夏、台风、汛期、暴雪等可提前足够长时间预报的自然灾害以及机理相对明确的连锁故障事故等。为了预先提升鲁棒性，在前期准备工作中，需要对预想事故做好预案；在事前准备工作中，需要结合极端事件的预测模型，对电力系统的风险进行预判和评估，识别薄弱环节，综合进行临时的规划与部署（例如元件加固、应急资源的预布置等）[26]，并做出预警，最大限度地提升系统的鲁棒性，从而提升系统应对扰动事件的应变力。不可预知事故包括罕见的极端灾害、精心策划的网络攻击以及非常规预想的$N-k$事故等。应对这类事故，电网应具备以不变应万变的能力，采取改善措施，部署校正控制、紧急控制、主动解列和孤岛运行等先进运行控制系统等。此外，通过优化运行策略实现电力系统的灵活运行（如网络重构、孤岛运行）等，提前将可能受影响的负荷转供至安全馈线，也是提升应变力的重要手段之一。新变化包括电网中接入新元素或采取新技术等，电网应具备应对新变化的能力，如新能源接入情况下的市场响应调控机制以及引入新技术后的产业调整能力等。

三、防御力

防御力是指在扰动事件动态发展过程中，电网采取主动防御措施以降低事件影响的能力。防御力包含两个层面的含义：一是韧性电网应具备足够的鲁棒性以抵抗可能的极端事件扰动；二是韧性电网应具备足够的充裕性以应对变化的极端事件场景，能够及时采取控制措施以降低极端事件对系统的影响。在规划阶段通过辨识薄弱环节，制定相应的韧性规划方案（例如元件加固等），可以使电网坚强、增强电网冗余度，进而提升系统鲁棒性；大量DG、储能装置、可控负荷是保障极端事件下的电网充裕性的基本元素，利用智能化手段对这些设备的优化、调度、控制实现快速响应，是实现充裕性的重要手段[25]。

四、恢复力

恢复力是指电网正常功能遭到破坏后，及时启动应急恢复和修复机制，保障重要负荷持续供电，并快速恢复至正常状态的能力。常规扰动场景下，韧性电网应能够利用先进的保护和自动化手段快速动作、定位、隔离故障并恢复断电负荷。恢复力不仅适用于常规扰动场景，也适用于在电网受到严重冲击后，大电网稳定运行受到破坏或局部电网出现大范围停电的场景。具备恢复力的电网能够协调利用多种发电资源，快速启动各种应急响应机制，运用先进的恢复技术手段，包括优化决策技术和稳定控制技术等，尽快恢复重要负荷供电，并使电网恢复正常运行。国家能源局2018年8月制定了《电力行业应急能力建设行动计划（2018～2020年）》，其中恢复重建能力建设是主要建设任务之一，提出要推进“源网荷储协同恢复等技术的研究应用”。因此，恢复力的建设和提升尤为重要。

五、协同力

协同力是指电网协同内外部资源共同应对扰动的能力，包括输配协同、源网荷储协同、电网与其他关键基础设施协同、能源大脑与城市运营大脑协同、政府－电网－用户协同等。协同力适用于以下三种状态：①主网、配网在极端运行条件下（供需平衡、黑启动、紧急事故响应等）的互相协同；②能源大脑

与城市运营大脑的互连互通，实现应急联动，保障社会秩序稳定，实现电网、天然气网、交通网、通信网等的联防联控；③在小概率极端条件下，智慧、灵活地统筹电力、政府和社会资源，保证关键用户不停电、保障社会稳定。协同力的提升可以通过制定技术标准与实施规则，引入政府、社会、用户的资源共同保障城市生命线，通过数字化技术和市场化机制的应用，实现平台资源的共享和预警预防信息的高效互联。高效协同措施能够提升电网在正常运行情况下的经济性和安全性，更能在电网应对扰动事件的各个阶段发挥积极作用：事件发生前，可协调电网各部门联动调配应急资源和实施灾前部署；事件发生时，协同输电网中的大型发电机组、直流输电等几种控制资源和配电网中的DG、柔性负荷等灵活分散资源，共同抵御扰动；事件发生后，开展输电网“自上而下”和配电网“自下而上”协同恢复，协调网内电源与电动汽车、岸电系统等社会资源共同支撑重要电力负荷供电。具备协同力的电网能够在紧急状态下实现快速准确协同响应，在极端情况下确保关键用户不停电和电网快速恢复。

六、学习力

学习力是指电网从历史事件或其他电网经历的严重停电事故中获取经验，并不断融合新兴技术实现自我提升的能力。其中，新兴技术包括大云物移智链（大数据、云计算、物联网、移动互联网、人工智能、区块链）等现代信息技术、先进通信技术和先进电力电子技术等。韧性电网可在自身积累经验基础上，对自身电网进行评估改进；同时，应能够从国外具有类似结构和特征的电网所遭遇的停电事故中学习，寻找潜在风险并采取相应措施以实现自我提升。在当前源网荷储各环节中各类新元件大规模接入、电网内外部运行状态日趋复杂的形势下，通过电网的不断学习，能够持续深化对运行态势的掌握，优化提升电网在扰动下的调控应对能力，提升电网韧性。

第三节 韧性电网的概念范畴

一、“韧性”与“可靠性”

电力系统可靠性是指电力系统按可接受的质量标准和所需数量不间断地向

电力用户供应电力和电能量的能力的量度，包括电力系统的充裕度（adequacy）和安全性（security）两个方面[27]。充裕度指的是电力系统在静态条件下，系统元件的负载不超过其定额，母线电压和系统频率维持在允许范围内，考虑系统元件计划和非计划停运的情况下，供给用户要求的总电力和电量的能力。充裕度有一个基本假设，即在系统设备发生故障后，系统经过一系列动态过程总能到达一个稳定运行的平衡点[28]。安全性指的是电力系统在暂态条件下承受突发大扰动（如发电机突然故障或线路发生短路）的稳定能力，即分析系统中继电保护装置是否能够可靠、及时地切除故障，以及在故障切除后的动态过程中系统是否具有足够承受扰动的能力并且保持系统不失去稳定[29]。

作为描述电力系统安全领域的两个重要概念，韧性和可靠性在概念范畴上既一脉相承又有所区别。随着我国电网规模的快速扩展，电网架构、用电方式等方面发生了巨大的变化，所面临的扰动类型也变得更加复杂。可靠性着重关注由新能源间歇性出力、用户随机行为等导致的大概率、小风险常规事故，主要以统计方式进行评估。近年来由于气候变化等原因，极端气象灾害发生的频次和强度增高，加之国际环境动荡、网络攻击等风险增加，因此考虑小概率、中高风险事件的影响越发重要。韧性正是弥补了可靠性对这类事故考虑的不足，主要针对具体事件进行评估分析，二者相辅相成。

二、“韧性”与“鲁棒性”

电网鲁棒性是指电网网络的健壮性，即电网能够在最恶劣的情境下维持其某些性能的特性。电网鲁棒优化是通过采用不确定集合来描述不确定性参数，旨在找到这样一个解，保证不确定集合内的任一元素均满足所有约束的可行性，并实现“最坏情况”下目标函数值的最优化[30]。鲁棒性作为复杂电网特性之一，描述了电力系统的容错能力。

鲁棒性与韧性均描述了电网在极端事件扰动下的应对能力，但二者侧重点不同。鲁棒性强调电网在极端扰动下，系统保持功能完整的能力。鲁棒性达到一定水平后，进一步提升鲁棒性需要付出高经济代价，且提升措施可能不具备工程可行性。而韧性则允许电网主动适应变化，在出现局部或大面积停电后，能够持续为重要电力负荷供电并快速恢复正常运行是电网高韧性的体现。除此

之外，韧性的概念范畴更广，它不仅涵盖了电网承受极端扰动的能力，还包括电网承受高频率小风险扰动的能力，而且对于鲁棒性所描述的极端扰动，韧性还考虑了电网在事件前的感知和事件后的快速恢复、自我学习提升能力。

三、“韧性”与“灵活性/柔性”

随着电力系统中的变化因素日益增加，电力系统需要足够的调节能力来应对各种变化造成的供需不平衡。基于此，电力系统灵活性（flexibility）的概念被提出（也被翻译成柔性）[31]。电力系统灵活性具有三个特点：①灵活性是电力系统的固有特征；②灵活性具有方向性；③灵活性需在一定时间尺度下描述。通常而言，电力系统有一种内在的容忍度，允许电力系统在一定程度内偏离预设的工作点运行，而不需要做出任何改变，可认为该容忍度即为电力系统的固有灵活性；电力系统灵活性具有向上与向下两个方向，分别对应电力系统功率供应小于需求和供应大于需求两种情况；此外，电力系统中不确定性造成的功率变化很少有单调递增或递减的情况，且变化持续时间也各不相同。不同时间尺度下，灵活性的评估也是不同的[28]。

韧性和灵活性/柔性概念中都包括了系统在运行中应对供给侧和需求侧功率变化的能力，但二者的侧重点和描述范围有所不同，灵活性/柔性侧重于描述随机扰动下系统灵活可调的能力，通过协同利用源网荷侧的可调资源，保证充足的电力供应，而且灵活性/柔性除了应用在电力系统安全领域，也能够应用在电力系统经济运行层面，经济处置功率过剩时的电能也是灵活性/柔性描述的范畴，而韧性仅针对电网的安全领域，是对功率不平衡的调节能力、事故感知能力和故障恢复能力等特征的综合评价。提升电网灵活性/柔性能够有效增强电网韧性。

四、“韧性电网”与“能源互联网”

能源互联网是以可再生能源为优先、电能为基础、其他能源为补充的集中式和分布式互相协同的多元能源结构，其通过互联网技术管控运营的平台，实现多种能源系统供需互动、有序配置，进而促进社会经济低碳、智能、高效地平衡发展的新型生态化能源系统[32]。能源互联网的基本架构包括“能源系统的类互联网化”和“互联网+”两层。前者是物理层面的互联，是基于互联网思维对现有能源系统的改造，其目的是使能源系统具有类似于互联网的开放、共享等优点。后者是信息层面的互联，是信息互联网在能源系统的融入，通过互联网技术将设备数据化，实现所有主体自由连接，进而打造能源互联网的“操作系统”，来统筹管理各种资源，产生显著区别于原有能源系统的业态和商业模式[33]。

能源互联网与韧性电网相辅相成、互为支撑。一方面，韧性是能源互联网的核心安全属性，一个具有全面感知、灵活应变、强大恢复能力的韧性电网是能源互联网安全特征在物理层面的体现，表征了能源互联网应对多类型扰动和灾害的能力；另一方面，能源互联网为电网韧性提升创造了更大的空间，能源互联网中多种能源和信息网络高度融合，加之人工智能、大数据等先进技术的应用，可有效促进韧性电网感知力、应变力、防御力、恢复力、协同力和学习力的全面提升。

五、“韧性电网”与“韧性城市”

韧性城市是指城市应具备通过合理准备、缓冲和应对不确定性扰动，实现公共安全、社会秩序和经济建设等正常运行的能力[34]。相较于城市减灾概念，韧性城市具备以下两个特征：①与面向相对确定灾害的减灾策略不同，韧性更关注城市系统所面对的未来的、不可完全预测的、大量不确定的冲击和压力及适应性策略；②韧性城市具有学习能力，这使其有别于仅具有“抵抗力”的城市[35]。此外，随着我国城镇化进程的深度推进，城市中电力、通信、交通、供水、燃气等系统之间的耦合日益密切，极端事件可能会同时导致多个能源系统出现故障。为了增强我国城市应对各种扰动的能力，我国政府对韧性城市的关注日益增加。《北京城市总体规划（2016年～2035年）》[36]将“加强城市防灾减灾能力，提高城市韧性”列入规划之中；上海市在2019年《上海市城市安全发展的工作措施》[37]中提出了建设“韧性城市”的目标；我国住建部和发改委2022年7月印发“十四五”全国城市基础设施建设规划，明确提出要开展城市韧性电网和智慧电网建设。

韧性电网建设是推进韧性城市建设的重要环节，在韧性城市建设中起着支撑作用。电网是城市发展的生命线，是其他关键基础设施正常运转的基础，大

规模的停电事故，不仅会给城市带来巨大的经济损失，还可能造成政治、社会影响乃至人身伤亡。韧性电网建设会显著提高城市系统面对不确定因素的能力，推进城市治理迈向更高水平；同时韧性城市的发展也进一步丰富了电网应对多种扰动的手段，二者相互促进。也正是如此，在《上海市城市安全发展的工作措施》中，上海市政府指出要强化城市电网风险管控，健全大面积停电应急预案和处置机制，这与上节中所提的韧性电网六个重要特征紧密相关，进一步证实了韧性电网是构建韧性城市过程中必不可少的一环。

第四节　本　章　小　结

在当前我国电网形态和运行方式日趋复杂、面临的内外部风险源日益增多的形势下，建设能够主动应对多种扰动的“韧性电网”势在必行。本章首先介绍“韧性”一词的释义和应用，简要总结国内外电力系统韧性相关概念；然后立足于我国电网发展现状和面临的挑战，结合我国传统文化和国内外相关领域研究现状，提出了“韧性电网”定义，即“能够全面、快速、准确感知电网运行态势，协同电网内外部资源，对各类扰动做出主动预判与积极预备，主动防御，快速恢复重要电力负荷，并能自我学习和持续提升的电网”；其次，阐释韧性电网的内涵和关键特征，即韧性电网应具备感知力、应变力、防御力、恢复力、协同力和学习力这六个关键特征；最后，进一步分析韧性电网的概念范畴，阐明了韧性电网与能源互联网和韧性城市的关系。

参　考　文　献

[1] 阮前途，谢伟，许寅，等.韧性电网的概念与关键特征［J］.中国电机工程学报，2020，40(21)：6773-6784.

[2] 鞠平，王冲，辛焕海，等.电力系统的柔性、弹性与韧性研究［J］.电力自动化设备，2019，39(11)：1-7.

[3] Bhamra R, Dani S, Burnard K. Resilience: the concept, a literature review and future directions［J］. International Journal of Production Research, 2011, 49(18): 5375-5393.

[4] American Psychology Association. The road to resilience:What is resilience?［EB/OL］. http://www, apa. org/help cen- ter/road-resilience.

[5] Adger, W. N. Social and ecological resilience: are they related?［J］. Progress in human

geography, 2000, 24（3）: 347-364.

［6］ Hamel G, Valikangas L. The quest for resilience［J］. Icade. Revista de la Facultad de Derecho, 2004（62）: 355-358.

［7］ Lengnick-Hall C A, Beck T E. Adaptive fit versus robust transformation: How organizations respond to environmental change［J］. Journal of Management, 2005, 31（5）: 738-757.

［8］ 李强. 新冠肺炎疫情下的经济发展与应对——基于韧性经济理论的分析［J］. 财经科学，2020（04）: 70-79.

［9］ 周嘉豪，徐红. 构建国家韧性：新中国治水史的政治现象学分析［J］. 天府新论，2020（02）: 85-96.

［10］ Smart Grid System Report［R］. U.S. Department of Energy, 2009.

［11］ Berkeley A R, Wallace M, Coo C. A framework for establishing critical infrastructure resilience goals［J］. Final Report and Recommendations by the Council, National Infrastructure Advisory Council, 2010: 18-21.

［12］ Presidential Policy Directive—Critical Infrastructure Security and Resilience, White House press release［EB/OL］. http://www.whitehouse.gov/the-press-office/2013/02/12/presidential-policy-directive-criticalinfras tructure-security-and-resil.

［13］ National Academies of Sciences, Engineering, and Medicine. Enhancing the resilience of the nation's electricity system［M］. National Academies Press, 2017.

［14］ Cabinet Office. Keeping the country running: natural hazards and infrastructure［J］. Improving the UK's ability to absorb, respond to and recover from emergencies, 2011.

［15］ Resilient Electricity Networks for Great Britain,（RESNET）［EB/OL］. Available: https://tyndall.ac.uk/projects/resnet-resilient-electricity-networks-great-britain.

［16］ Future Resilience of The UK Electricity System［R］. Energy Research Partnership（ERP）, 2018.

［17］ European Commission. The EU approach to resilience: Learning from food security crises［J］. Communication from the Commission to the European Parliament and the Council, COM（2012）586 final, 2012.

［18］ Fulli G. Electricity security: models and methods for supporting the policy decision making in the European Union［M］. 2016.

［19］ Kobayashi Y. Enhancing energy resilience: challenging tasks for japans energy policy［J］. Center for Strategic and International Studies, 2014.

［20］ 国土强韧化政策大纲［R］. 国土强韧化推进本部，2015.

［21］ Ouyang M, Duenas-Osorio L. Multi-dimensional hurricane resilience assessment of electric power systems［J］. Structural Safety, 2014, 48: 15-24.

［22］ 别朝红，林雁翎，邱爱慈. 弹性电网及其恢复力的基本概念与研究展望［J］. 电力系统

自动化，2015，39(22)：1-9.

[23] 高海翔，陈颖，黄少伟，等.配电网韧性及其相关研究进展[J].电力系统自动化，2015，39(23)：1-8.

[24] Panteli M, Mancarella P. The grid: stronger, bigger, smarter?: presenting a conceptual framework of power system resilience[J]. IEEE Power & Energy Magazine, 2015, 13(3): 58-66.

[25] Watson J P, Guttromson R, Silva-Monroy C, et al. Conceptual framework for developing resilience metrics for the electricity oil and gas sectors in the United States[J]. Sandia national laboratories, albuquerque, nm(united states), tech. rep, 2014.

[26] 别朝红，林超凡，李更丰，等. 能源转型下弹性电力系统的发展与展望[J].中国电机工程学报，2020，40(09)：2735-2745.

[27] 郭永基.电力系统及电力设备的可靠性[J].电力系统自动化，2001(17)：53-56.

[28] Billinton R, Sankarakrishnan A. Adequacy assessment of composite power systems with HVDC links using Monte Carlo simulation[J]. IEEE Transactions on Power Systems, 1994, 9(3): 1626-1633.

[29] 汪隆君. 电网可靠性评估方法及可靠性基础理论研究[D]. 华南理工大学博士学位论文，2010.

[30] 刘盾盾，程浩忠，刘佳，等. 输电网鲁棒规划研究综述与展望[J]. 电网技术，2019，43(1)：135-143.

[31] Cochran J, Miller M, Zinaman O, et al. Flexibility in 21st century power systems[R]. National Renewable Energy Lab.(NREL), Golden, CO(United States), 2014.

[32] 张化冰. 能源互联网支撑能源转型－访国家电网全球能源互联网研究院院长、中国工程院院士汤广福[J]. 电力设备管理，2020，(2)：25-28.

[33] 孙宏斌，郭庆来，潘昭光. 能源互联网：理念、架构与前沿展望[J].电力系统自动化，2015，39(19)：1-8.

[34] 邵亦文，徐江. 城市韧性：基于国际文献综述的概念解析[J].国际城市规划，2015，30(02)：48-54.

[35] 李彤玥. 韧性城市研究新进展[J].国际城市规划，2017，32(05)：15-25.

[36] 北京市人民政府. 北京城市总体规划（2016年-2035年）[Z].2017.

[37] 上海市人民政府. 上海市城市安全发展的工作措施[Z]. 2019.

第二部分

韧性电网关键技术

第三章　韧性电网感知力关键技术

“感知”在大辞海中的释义是“客观事物通过感觉器官在人脑中的直接反映”，它是“感觉”和“知觉”的统称。

韧性电网的感知力是指全面、快速、准确感知电网运行状态，预测电网未来运行态势并针对潜在风险做出预警的能力，是保证韧性电网安全运行、防御恢复的重要基础。提升韧性电网感知力的关键技术包括对电网当前态和未来态的觉察、理解和预测技术等。韧性电网需要在破坏性事件发生的不同阶段具有足够的能力来应对，通过及时觉察电网态势要素来分析电网安全运行态势的演变特征，并对电网常态情景下运行态势、应急情景下和极端情景下的电网故障态势进行理解和分析，进而预测未来一段时间内电网运行状态变化的趋势、极端事件下群发性故障发生概率、极端事件下连锁故障的潜在风险，并输出动态预警。

本章引入最早应用于空中交通管制和军事应用领域的态势感知概念，着重从态势觉察、态势理解和态势预测三个层面介绍韧性电网感知力关键技术。

（1）态势觉察技术作用于电网态势感知的准备阶段，包括态势要素的监测、识别和提取技术，实现在台风、冰灾、洪水、地震等自然灾害和持续随机扰动下对韧性电网的运行态势特征和要素的有效捕捉。

（2）态势理解技术作用于电网态势感知的执行阶段，包括数据融合、状态估计和概率统计技术，追踪分析韧性电网当前运行状态和破坏性事件下电网故障的易发程度，提高系统的整体容灾能力。

（3）态势预测技术作用于电网态势感知的应用阶段，包括趋势预测、风险评估和态势预警技术，通过精确感知电网运行状态的变化趋势和故障态势的潜在危险来提升韧性电网的动态预警能力。

第一节　韧性电网态势觉察技术

韧性电网态势觉察技术主要包括韧性电网态势要素的监测、识别和提取技

术。韧性电网态势要素的监测包括系统外部环境的观测和系统内部电网设备状态的监察和量测；韧性电网态势要素的识别是指对韧性电网运行态势的演变特征进行分析；韧性电网态势要素的提取是指获取电网安全运行环境中的重要数据或元素。

一、韧性电网态势要素的监测

电网态势要素主要是指导致电网设备运行状态、网络拓扑结构等网络物理安全运行态势发生变化的各种不确定性要素。鉴于大规模停电事故通常由自然灾害、信息安全、物理摧毁、人为破坏、持续随机扰动和设备故障隐患等破坏性事件引起，其不仅会给电网的韧性态势带来极大的挑战，还可能造成政治、经济、社会影响乃至人身伤亡。基于此，韧性电网态势要素的监测是指对导致韧性网络运行态势发生变化的各种不确定性要素进行监察测量。立足于系统外部和内部两个层面，韧性电网态势要素的监测设备可分为外部环境观测、内部电网设备监测。

（一）外部环境观测

针对影响韧性电网安全运行态势的外部环境，例如台风（飓风）、暴雨、洪涝、海啸、冰灾等自然灾害和风速、风向、光照强度、温度等日常气象条件，需要建立全面的观测体系，为后续的态势要素分析提供大量的外部环境数据。现有的外部环境观测方法主要有三类：

（1）数值天气预报方法。数值天气预报（numerical weather prediction，NWP）是以大气运动以及热力学为根本，通过计算机数值计算，预报阳光、气温、风、云、降水等天气现象在某时段的变化要素，从而得出有效的气候数据结果。在全球气候变暖的时代背景下，极端天气在局部地区内发生的频率不断增加，通过预设先进气象雷达、气象卫星设备等实现对气象云图的综合分析，提升极端灾害天气的预报能力，加强对邻近地区极端灾害天气的预报，重视对极端典型天气的总结与分析[1]。

（2）经验统计方法。经验统计法是基于数值天气预报的实测和历史气候数据，以统计学原理为判断依据，判断大气、气候的变化活动规律。经验统计法的具体操作如下：基于过去一段时间的历史气象信息建立趋势外推模型或马尔可夫链模型，输出日常气象预报值或自然灾害发生概率；再根据科学合理的相关数据因素，有效提升气象环境数据的精准性。例如，可在数值天气预报方法获得的风速气象统计数据基础上，结合地形和地面粗糙度、估计地的风速廓线函数，得到风力发电机轮毂高度的风速值[2]。

（3）物理分析方法。物理分析方法是以区域实际地理特点为依据，建立天气系统的生消、移动和强度变化的物理模型，在此基础上做出气象要素预报。常见的物理分析模型有动力学模型、气象参数模型等，主要是结合水分平衡方程、热平衡方程，对气候变化、天气降雨等进行研究并建立对应方程组，以获得对降水量、天气温度的准确分析预报。

上述三种外部环境观测方法各有优缺点，使用时需相互补充、取长补短、综合考虑，以获得较好的效果。

（二）电网设备监测装置

从整个网络和终端设备两个不同侧重点着手，可将电网设备监测装置分为电力网络量测装置和电力设备智能监测及检测装置两类。

1. 电力网络量测装置

电力网络量测装置即监测整个输配网络系统的量测装置，常见的有同步相量测量单元（synchrophasor measurement unit，PMU）、电网数据采集和监控系统（supervisory control and data acquisition，SCADA）、高级量测体系（advanced metering infrastructure，AMI）等。

（1）同步相量测量单元PMU。PMU作为广域测量系统（wide area measurement system，WAMS）的基础之一，是电力系统运行状态实时状态感知的高密精确量测装置，它利用北斗/全球定位系统（global positioning system，GPS）信号同步采集次秒级的模拟电压、电流、频率信号，得到电压和电流信号的幅值、相位和频率，并将其传送到调度中心的数据集中器，在调度中心显示整个电网的同步相量，以供实时监测、保护和控制等使用，被认为是电力系统未来最重要的测量设备。PMU采样间隔一般为20～40 ms。在输电网层面，PMU典型的高级应用主要有以下三个方面：①基本监测：电网动态过程直接的曲线和数据监视；②安全稳定分析：在线低频振荡监视与分析；小幅度功率振荡统计；在线扰动识别，包括短路、开路、机组跳闸、解列、并列、直流闭锁、换相失败

等扰动；电压稳定在线监视；暂态稳定在线监视；多WAMS联合低频振荡分析和联合故障分析；③参数辨识：并网机组涉网参数和响应特性评价；风电场并网指标和动态性能监视；线路参数在线辨识；变压器参数在线辨识；发电机参数在线辨识；负荷参数在线辨识；外网在线等值；结合PMU数据的状态估计等。目前在输电网已经广泛部署了以PMU为核心的WAMS应用体系，使得广域大电网的可观性、稳定性及可控性水平大幅提高。相比于输电网PMU，配电PMU的量测精度更高，可实现幅值量测误差小于0.2%、相角量测误差小于0.05。目前在配电网中PMU已被用于故障定位、孤岛检测、状态估计等研究中[3-5]。

（2）数据采集和监控系统SCADA。SCADA可以通过人机互换实现电网的运行监视和远方控制，为电网的生产指挥和调度提供服务。其结构主要由电网络终端设备、通信网络和中心工作站三部分组成。电网SCADA系统可以实现对电网的基本监测和控制，主要包括对数据信号的采集、对控制系统的远程操控、对电网故障的提示和报警、对数据库的持续更新和维护、对已发生故障的追忆、对图文报表的生成等功能。SCADA数据采样间隔普遍为2～10s[6]。输电网中的SCADA量测包括功率量测和电压量测，着重通过分析输电线路两端的有功及无功量对单电网断面参数进行观测。配电网中SCADA系统的量测数据包括节点注入功率、支路功率、节点电压幅值和支路电流幅值[7]，对应的常见网络终端设备有馈线终端单元（feeder terminal unit，FTU）、配电终端设备单元（distribution terminal unit，DTU）、远程终端单元（remote terminal unit，RTU）、配电变压器终端单元（transformer terminal unit，TTU）等。

1）馈线终端单元FTU。FTU是实现电气设备数据采集和远程控制的主要元件，是整个配网系统自动化中最基本的设备。它主要由CPU单元、网络通信单元、存储单元和数据采集单元组成。数据采集是指FTU使用内置的测量和控制设备收集指定数据，然后使用IEC 104协议与中心站进行非对称通信的操作。一般情况下，系统会在预设的间隔时间内通过广播指令来收集数据，为了保证信息的实时上传，终端上突发信息主动上传机制的响应是非常迅速的。远程控制是指FTU通过从主站发送遥控指令，到测控终端响应指令进行操作并反馈操作结果的过程。FTU终端可以使用专用软件对设备的运行参数进行维护和管理，也可以调用设备中的事件日志，离线调试，下载参数等。FTU是最重要的数据采集设备，它可以借助北斗/GPS技术定时采集实时运行参数，然后通过通信网络与空间数据系统的动态信息在同一广域网下接收。FTU可用于捕捉发电机功角、母线电压相位等重要参数，反映整个电网系统的运行情况，对保护动作、实时监测、电网系统稳定性分析与控制有重要影响。

2）配电终端设备单元DTU。DTU一般安装在常规的开关站、户外小型开关站、环网柜、小型变电站、箱式变电站等处，用于对开关设备的位置信号、电压、电流、有功功率、无功功率、功率因数、电能量等数据的采集与计算，对开关进行分合闸操作，实现对馈线开关的故障识别、隔离和对非故障区间的供电恢复，部分DTU还具备保护和备用电源自动投入的功能。

3）远程终端单元RTU。RTU是自动化系统的基本单元，它主要用于电网系统变压器、断路器、重合器、分段器、柱上负荷开关、环网柜、调压器和无功补偿电容器的监视及控制，与主站系统通信，提供配电系统运行及管理所需的数据，执行主站系统对远方设备发出的控制调节指令。

4）配电变压器终端单元TTU。TTU是装设在配电变压器、箱式变压器等变压器设备旁，监测变压器运行状况的终端装置。TTU的主要作用是采集并处理配电变压器低压侧的各种电量等参数，并将这些参数向上级传输，监视变压器运行状况，当变压器发生故障时及时上报，还可增加对电容器组实现就地和远程集中无功自动补偿及其他控制功能。

（3）高级量测体系。高级量测体系（advanced metering infrastructure，AMI）是对用户的用电信息进行量测、读取、存储和分析的一套完整的网络和系统，一般由量测数据管理系统（metering data management system，MDMS）、双向通信网络、智能电能表及用户户内网络（home area network，HAN）组成。由于智能电能表可以支持远程时间同步以及提供双向计量，因此AMI可以采集带时标的多种量测数据并可以保证量测数据的时标一致，这些量测数据包括用电信息（用户有功电能量和无功电能量）、节点有功功率和无功功率、支路有功功率和无功功率、节点电压幅值量测、支路电流幅值量测等。对应电网中不同装置的AMI量测的采样间隔也不同，其中中压馈线的AMI量测采样间隔为5min，变压器的AMI量测采样间隔为15min，商业和工业用户的AMI量测采样间隔为5min，

居民用户的AMI量测采样间隔为60min[8]。

2. 电力设备智能监测及检测装置

电力设备智能监测及检测装置常见的有故障指示器、室内智能巡检机器人、传感器监测网络等。

（1）故障指示器。故障指示器由采集单元和汇集单元组成，用于监测线路负荷状况、检测线路故障，并具有数据远传功能。采集单元安装在线路指定位置，具有采集线路负荷、线路电压、电流，判断并指示短路和接地故障功能，同时将数据信息传输至汇集单元。汇集单元与采集单元配合使用，汇集单元通过RS485通信方式接收采集单元采集的线路负荷和故障等信息，并将其通过电力载波传输到TTU，实现故障检测和定位、数据远传功能，帮助维修人员迅速排除故障，恢复正常供电，提高作业自动化水平与运行管理信息化水平。

（2）室内智能巡检机器人。室内智能巡检机器人通过创新的感知手段、联动技术，实现变电站等室内场景的远程实时监控和无人化巡检；针对各场景的环境与需求特点，建设室内智能巡检机器人系统，实现变电站房的无人化巡检，如图3-1所示。

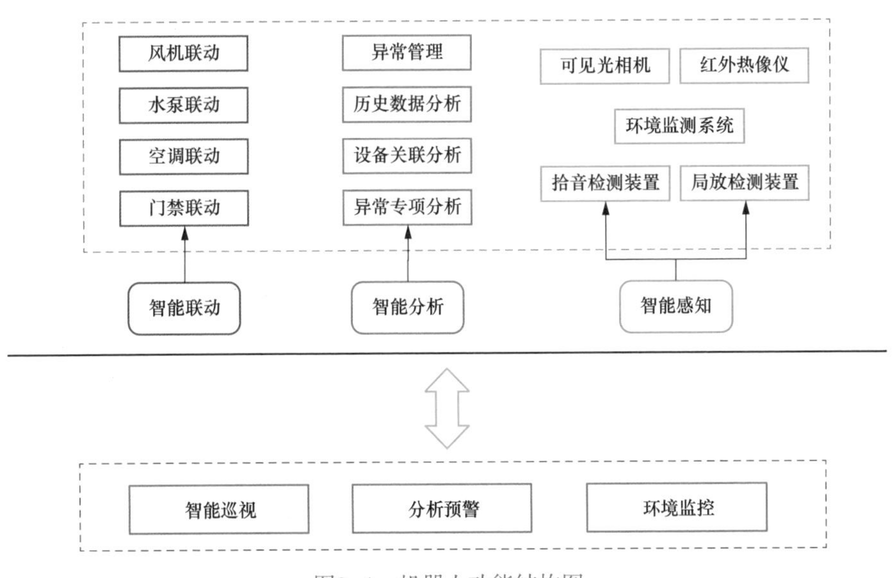

图3-1　机器人功能结构图

机器人搭载高清可见光相机、红外热成像仪、局部放电传感器等设备，结合温湿度、水位、气体等传感器，接入可见光球机等视频监控设备，实时获取并智能识别变电站房设备状态及环境数据，通过载波通信、光纤等通信手段与集控中心进行实时数据交互。集控中心汇总各变电站房的巡检数据，并进行统计、分类、分析和管理，从设备类型、异常种类、时间、环境等多个维度对巡检数据进行综合深度剖析；经过鉴权的运维管理人员可登录集控平台，对其权限范围内的变电站房进行查看、控制和管理，建立起以智能巡检机器人为节点的变电站房无人化、智能化运维管理网络，实现变电站房的集中管控和分级管理，提升电网的精益化管理水平，如图3-2所示。

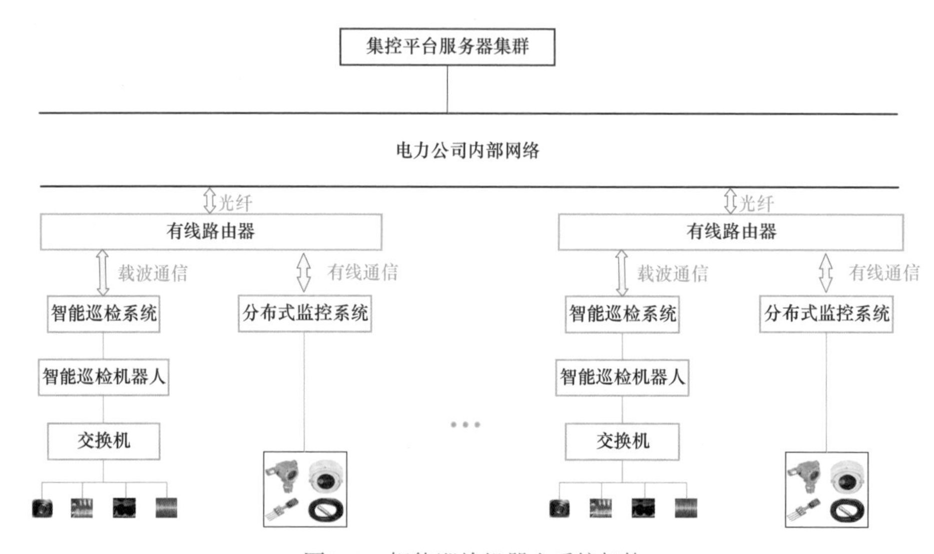

图3-2　智能巡检机器人系统架构

1）局部放电检测。高压电力设备在天气潮湿、绝缘污损等情况下极易发生局部放电，导致绝缘强度不断下降，是高压设备绝缘损坏的一个重要因素。

机器人搭载局部放电传感器，利用暂态地电波和超声波检测的手段获取电力柜局部放电数据，结合局放图谱库实现对设备局放的实时在线监测。

2）红外成像测温。电力设备在运行过程中，由于导体连接或接触不良、电压分布不均匀、泄漏电流过大等原因，会出现不正常的发热现场。普通运维方式下，需运维人员手持红外测温仪定期巡检。消耗人力物力的同时，效率无法提高，已不能满足自动化运维的要求。

在机器人上配备红外摄像仪，拍摄设备红外图像，结合红外智能提取技术，

自主获取设备、环境温度，实现对变电站设备及环境温度的高密度、高颗粒度监测与多维度分析管理。

（3）传感器监测网络。电力系统设备的传感器监测有：侵入式和非侵入式两种典型的实现方案，或可分别称作分布接触式直接传感监测方案和非接触式单点传感监测方案。

1）侵入式传感器监测。每个电力设备内部直接安装配置带有数字通信功能的传感器，再经本地局域网收集和送出电气或环境信息，被称之为侵入式传感器监测。在组建侵入式传感器监测系统时，主要包括如下两项内容：①在电力设备内部安装、调试和维护大量带有数字通信功能的传感器；②组建、调试和维护覆盖电力系统内多个传感器的有线或无线通信网络（包括局域网主机）。

侵入式传感器监测系统在智能电网发电环节的应用以监测发电环境参数为主，如对水力发电站运行机组的在线监测，提高机组的安全性和稳定性，实现发电设备的远程状态检测和状态检修；在风力发电场远程监测中，侵入式传感器主要用于监测风电场内的风力、风能、风速、风向、鸟类的碰撞等外部因素，从而降低这些因素对风力发电的影响；在光伏发电场的远程监测中，侵入式传感器被用于光照强度、温度、光源可利用时间数等环境因素的监测，使太阳能的发电效率得以提高；在核电站监测中，侵入式传感器可用于检测核辐射强度、温度、压力、湿度等信息，为核发电的安全与可靠运行提供保障。

侵入式传感器监测系统在输变电监测环节起着关键作用。在日常应用中，输电线路会遭受如飓风、雷击、结冰、滑坡、鸟害和输电线路过热等因素的威胁，因此，需要利用传感器对输电线路的运行状态进行监测。传感器在输电线路在线监测中主要用于对线路的覆冰、风动、张力、弧垂等的监测；对绝缘子的污秽物、风偏等的监测；对杆塔应力、倾斜等的监测。侵入式传感器在智能变电站中主要用于变电站设备的电气、机械、运行信息的实时监测、诊断和辅助决策，如变压器油温在线监测、断路器触头放电在线监测、变压器等局部放电在线监测等。

侵入式传感器监测系统在配电侧AMI中有较广泛的应用，特别是在AMI的无线抄表和用户户内网（home area network，HAN）中利用传感器网络实现用电数据、电价计费、负荷转移、远程控制指令等信息与配电网控制中心的量测数据管理系统之间的双向传递。

2）非侵入式传感器监测。对电力设备外壳或关键位置进行外接式单点传感器监测，通过采集和分析电力设备关键特征信息来间接辨识设备内部的电气状态，称之为非侵入式传感器监测。对于构建非侵入式传感器监测系统，往往仅涉及单一传感器的安装、调试和维护工作。

非侵入式传感器监测装置可采用磁场传感器阵列与实时导体定位算法对多芯导体簇的全电流进行监测，进而在电缆外壳任何位置单点在线测量各相电流，获得实形数据，无须中断线路电流或接触任何导体，为输配电系统的快速故障诊断、状态感知、能耗分析、用电安全等高级应用提供核心技术支撑。

在变电环节，非侵入式传感器监测装置有以下6类：①超声波传感器监测。变电设备内部发生局部放电时，通常会产生超声波信号，通过在设备外壳或附近安装的超声波传感器，可以耦合到局部放电产生的超声波信号，进而判断变电设备状态，其原理是将压电效应检测设备内部局部放电时产生的20～200 kHz的声信号，应用于变压器设备的局部放电检测。②振动声纹监测。振动分析法通过振动监测设备检测传递到箱壁20 Hz～1 MHz的振动信号，来对变压器的绕组及铁芯状态进行检测，其本质是通过绕组机械特性的变化反映绕组状态的变化；振动检测法利用传感器监测变压器的振动信号，提取出其时域、频域信息，然后通过信号频谱特征的横向和纵向分析对比来评估变压器的工作状态。③噪声检测。利用声级计对变压器/电抗器的振动噪声以及变电站的环境噪声进行检测，可对带宽为10 Hz～10 kHz、声压级为30～130 dB的声音信号进行采集。基于声成像技术的噪声检测系统得到了一定的应用，可有效识别变电站设备的噪声源，进而诊断设备的运行状态。④光电感知。通过红外热像仪可以获取设备表面的温度。能够有效感知接触不良、绝缘劣化、循环不畅、泄漏电流增大等原因引起的设备发热；紫外成像技术利用特殊仪器接收电晕放电所激发出的波长小于280 nm的日盲区紫外波段光信号，能够实现对变电设备电晕放电的检测。⑤化学感知。利用电化学传感器对变压器内部油中溶解气体、SF_6气体分解产物进行质量监督，实现变电设备的运行状态评价及故障定位。⑥热学感知。光纤测温技术在变压器绕组温度监测、电缆隧道监测等方面已有试点应用，其原理为利用光纤中传输的光波特性参数的改变来实现温度感知，包括干涉式、光栅、

光纤荧光温度传感器等[9]。

在用户侧非侵入式传感器的主要任务是寻找能够依据用户入口的总电流和/或电压状态辨识负荷内部各用电设备（类）的功率分量的数学模型及求解方法，从而基于用电设备的每个工作状态都有一个与之对应的集合的事实，辨识出用电设备工作状态，对系统内部的用电功率情况进行评估。非侵入式传感器监测在优化电力系统运行、规划和管理，指导用户优化用电以节省电费和电量，加速能效技术革新和诱发能效市场变革等方面都具有重大意义。

二、韧性电网态势要素的识别

韧性态势要素的识别是对电网运行态势的各不确定性要素特征进行分析，比如对自然灾害、信息安全、物理摧毁、持续随机扰动和设备故障隐患的特征进行识别。

（一）自然灾害

自然灾害的特征表现为致灾因子、孕灾环境、承灾体和灾情四个要素。四个要素相互作用，构成整个电网灾害系统的物质流、能量流和信息流[10]。

1. 致灾因子

致灾因子指可能造成人员伤亡、财产损失、社会经济损失、生态环境退化的变异因子。致灾因子是造成自然灾害损失的原因，它起源于不同的地质、气象、水文、海洋、生物环境，以及它们的共同作用。在电力系统领域，主要指给电网造成巨大破坏的自然致灾因子，如台风（飓风）、暴雨、洪涝、地震、海啸、冰灾等。

2. 孕灾环境

孕灾环境指由大气圈、水圈、岩石圈、人类社会圈所构成的地球表层系统，包括自然环境与人文环境。任何自然灾害都必定发生在一定的孕灾环境中。孕灾环境是自然和人文因素中诸多因子相互作用形成的，任何一个环节上的改变都会对整个环境状态产生影响。伴随着全球气候变暖，极端天气气候事件频发，自然气象灾害对电网安全稳定运行的影响愈加明显。孕灾环境的变化可以改变灾害发生的频率、强度和损失情况，对灾害有着放大和缩小的作用。

3. 承灾体

承灾体指各种致灾因子作用的对象，是直接受灾害影响和损害的物质文化环境，一般可划分为人类、财产和自然资源三类。值得注意的是，承灾体的损毁程度不仅与致灾因子有关，还取决于承灾体自身的易损性或脆弱性的大小。易损性或脆弱性指承灾体在受到致灾因子不同程度打击时所遭受损失的程度，它反映了承灾体对灾害的承受能力。承灾体易损性或脆弱性越大，对灾害的承受能力就越小；反之，易损性或脆弱性越小，灾害承受能力就越大。电网系统中的输电导线、变电设备、杆塔金具及部件等都属于易损性元件，容易受到致灾因子的影响，如雷电、大风、冰害等气象灾害会对输电导线、杆塔金具及部件造成损害，造成电网频繁掉闸、输电网络中断等供电事故，甚至还可能引起断线、倒塔、变电设备受损等严重事故，给输电线路和电网的安全运行造成极大威胁。

4. 灾情

灾情指在自然灾害发生后，某个区域一定时间内的人员生命、财产和社会功能遭受破坏而损失的情况，它是致灾因子、孕灾环境和承灾体共同作用的结果。极端自然灾害，包括台风（飓风）、地震、洪涝、海啸和冰灾等，都可能给电力系统造成巨大破坏，进而引发大面积停电。例如，台风（飓风）登陆后，其较强的风力可能会直接或间接地引起电网一、二次设备故障而导致停电。台风（飓风）引起的故障通常是持续性故障，无法通过重合闸来恢复供电，同时强台风（飓风）往往会造成较大范围内电网设备的群发性故障，为电网抢险救灾和恢复供电造成困难。此外，台风（飓风）还会影响一次能源和负荷需求，可能会导致电力系统广义阻塞的加剧，甚至引发大停电事故。台风（飓风）引发电力系统故障的特征如图3-3所示。

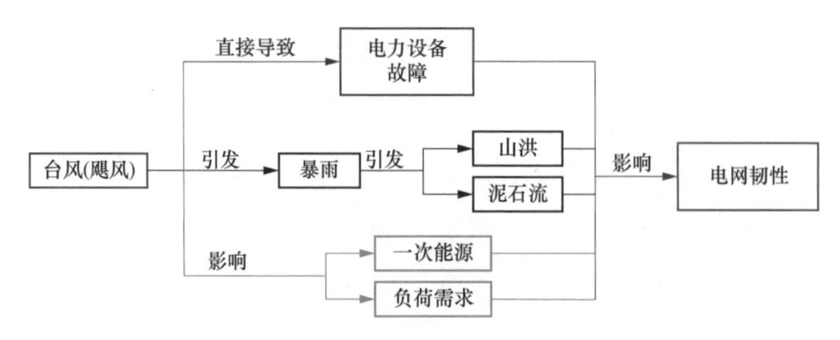

图3-3　台风（飓风）引发电力系统故障特征图

对于冰雪天气的杆塔线路覆冰现象，其冰风荷载将会导致：①杆塔和线路受力，产生倒杆断线现象；②线路舞动，致使导线及金具磨损等；③绝缘子闪络，可能导致线路跳闸等。另外，冰灾还会对其他外部防御资源产生影响，如冰灾导致道路交通受阻甚至瘫痪，影响配电网救援工作等。冰灾引发电力系统故障特征如图3-4所示。

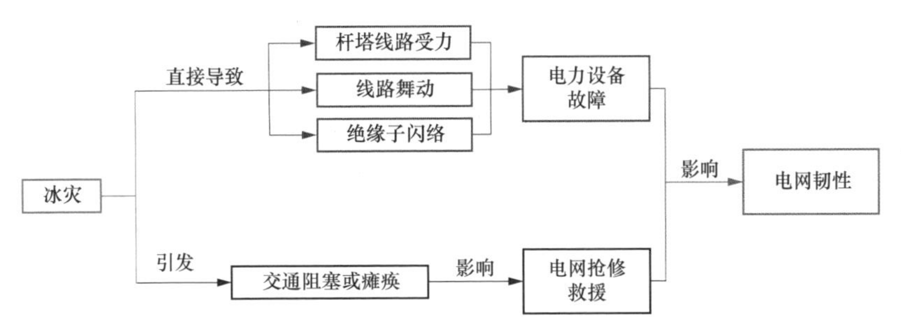

图3-4　冰灾引发电力系统故障特征图

洪水灾害容易引发滑坡、山洪和泥石流，从而导致杆塔、线路、变压器等电力设备的损坏，其电力系统故障特征如图3-5所示。

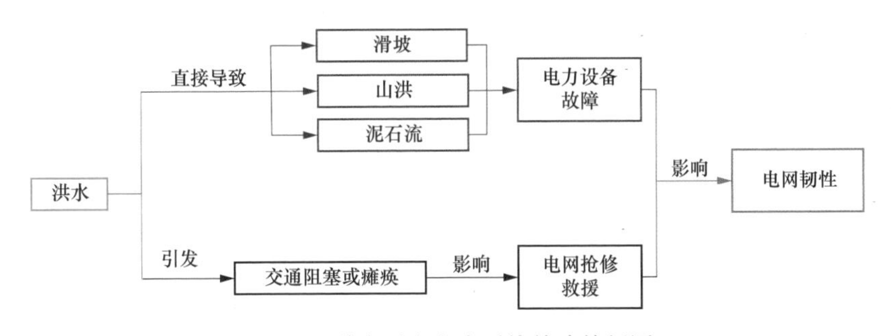

图3-5　洪水引发电力系统故障特征图

地震灾害下的电网破坏包括杆塔位移、变压器设备损坏以及架空线路断线等类型，其引发的电力系统故障特征如图3-6所示。

（二）信息安全

随着电力系统信息化、数据化、智能化程度的不断深入，电力系统信息安全风险也不断提高，网络安全入侵手段的多样使得电力系统信息安全面临前所未有的挑战。电力系统的信息安全只要出现一点问题，就有可能牵一发而动全身，给整个电网和国家造成巨大的损失。

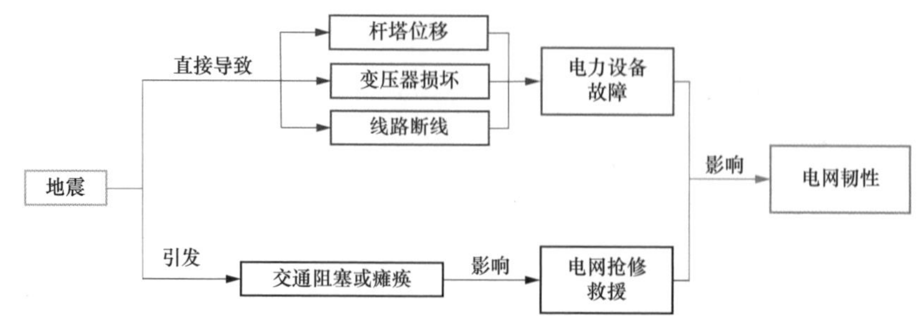

图3-6　地震引发电力系统故障特征图

信息安全主要是指网络系统的硬件、软件及其系统中的数据受到保护，不受偶然的或者恶意的原因影响而被破坏、更改、泄露，系统连续可靠正常地运行，网络服务不中断。电网是一个复杂且脆弱的系统，容易受到多种类型的攻击[11]。电网信息安全面临以下几个方面的威胁和挑战：

（1）智能仪表等基础设施攻击。

1）物理仪表攻击：黑客可以购买一些硬件类的工具或开源软件工具，通过访问内存数据而直接攻击仪表，进而读取诊断端口等其他网络接口。

2）网络接入点嗅探和窃听：网络接入点嗅探通过破解网络加密来捕获智能仪表的数据，从而使攻击者获知智能仪表中使用的网络通信协议；窃听攻击则可以使攻击者获得对方仪表中的保密性文档。

3）干扰和访问限制：干扰攻击多通过无线的噪声数据阻止仪表与正常的公用事业公司进行通信；限制访问攻击则在MAC层中断仪表运行。

4）能源盗窃攻击：攻击者通过修改仪表中过去或现在记录的数据，从而进行能源盗窃。

（2）控制器及监视器攻击。

工业网络协议包括DNP3、Modbus、PROFIBUS、CIP等。这些协议都符合设备通信的主从模型。许多协议缺少认证机制并且没有加密措施，使得使用现场总线协议的系统容易受到各种类型的攻击，包括发送非法数据包导致协议解析失败；一些协议命令可以使设备强制停机或者重启而扰乱正常的工序；某些代码可以对数据进行修改。

（3）网络安全。

1）非法破解攻击：攻击者通过获取网络数据包中的物理帧并进行大量存

储，再通过特定的算法对加密密钥进行破解。

2）欺骗攻击：通过冒充仪表在网络中的身份进行攻击，这是由于一些设备不能及时对仪表的更新信息进行验证。

3）中间人攻击：攻击方将自身连接到通信的设备之间进而获取它们之间的网络流量，复杂的中间人攻击可以通过传递假的加密密钥而进行解密。

4）拒绝服务攻击：这种攻击试图通过耗尽电网网络的计算资源，阻断正常的通信来影响正常的设备运行，使其不能提供电力服务而达到破坏的目的。

（4）数据安全。

1）用户隐私：智能电网中智能仪表的引入给用户的隐私带来了很大的隐患。智能仪表不仅可以获得用户的用电量，也可能泄露用户重要的隐私数据。攻击者利用这些信息可以推断出用户的日常活动。

2）恶意数据注入：攻击者一旦获取访问权限，就能通过发送大量伪造的数据和指令使受害方的资源消失殆尽。

（5）软件脆弱性。软件可能会遭受包括恶意软件、病毒等多种类型的攻击，电力SCADA系统由多种通用的技术组成，这都可能加剧系统的脆弱性。

（三）物理摧毁

物理摧毁，是指（物品）物体表面、结构等因外力因素受到破坏的一种现象。在电力系统的发电、输电、配电、用电的各个环节中，对电网的物理破坏与摧毁都有可能发生，其表现形式多种多样，如翻斗车和塔吊车碰导线、地下电缆被挖破、车辆撞杆线、农户砍伐树木等，还包括近年出现的无人机碰触导线的情况，尤其在施工中最为常见。其中，输电导线作为电网的输电通道，具有线路长、地理复杂、环境多样、自然暴露的特点，在电力设施外力破坏事件中占比高、损失大、影响面广，已然成为当下电网运维工作的重点。下面以输电线路为例，介绍几种常见的物理摧毁致电网灾害，简要分析其原因和产生的影响，并概括其特征。

（1）施工（机械）破坏。施工（机械）破坏主要是线路保护区内及附近起重、挖掘、压桩、装运等施工机械或设施对输电线路本体及附属设施造成的损坏或故障。其主要形式表现在5个方面：①汽车式起重机、塔式起重机、挖掘机等起重机械和车辆违章操作接近或接触导线；②翻斗车、铲车、压桩机、采砂船等超高车辆（机械）穿越输电线路下方时安全距离不足放电或挂线；③车辆（机械）撞击路边杆塔、基础及拉线；④临近在建高层建筑吊篮、钢丝绳、传递绳等碰线；⑤档距内交叉展放线缆及脚手架施工中，线缆失控弹跳或脚手架接触带电导线。施工（机械）破坏极易引发金属性永久接地，造成输电线路停运或严重损坏。

（2）异物短路。异物短路主要是彩钢瓦、广告布、气球、飘带、锡箔纸、塑料遮阳布（薄膜）、风筝以及其他一些轻型包装材料缠绕至导线或杆塔上，短接空气间隙后造成的短路故障。这些异物一般呈长条状或片状，受大风天气影响，引发输电线路故障的随机性较大。

（3）火灾。火灾主要是由于输电线路下方及保护区内存在的可燃物（包括树木、茅草、构筑物、易燃易爆物品等）发生火灾，对线路造成损坏或故障。主要形式有山火、房屋起火、堆积物（煤炭、木材、塑料等）起火等。火灾发生后若控制不良极易蔓延，严重情况下烧断导线、倒杆倒塔，短时间线路难以恢复正常运行。

（4）塌方破坏。塌方破坏主要是由于地层结构不良、雨水冲刷、构筑物本体缺陷等原因，致使电缆通道塌陷从而造成电缆线路损坏或故障。主要包括深基坑塌方破坏、地质塌方破坏和堆土滑移破坏。塌方破坏面积大、破坏性强，极易造成电缆线路停运或严重损坏。

外力破坏电力设施导致的突发停电，不仅直接影响企业和百姓的正常生产生活，还会给企业带来巨大经济损失。

（5）人为盗窃及蓄意破坏。盗窃及蓄意破坏主要是由于故意盗窃和破坏输电线路本体装置及附属设施而造成输电线路损坏或故障，其主要表现形式有输电线路杆塔塔材、螺丝被盗拆，导线、地线、拉线被盗割，附属设施和装置遭到人为偷盗和损坏。盗窃及蓄意破坏行为直接威胁输电线路设施安全，严重情况下导致倒塔、断线，甚至威胁到公共社会安全。

（四）持续随机扰动

随着可再生新电源成为新型电力系统的供电主体，随机扰动问题逐渐成为输配电网韧性领域内突出的、共性的、基础的问题。随机扰动往往是指较快变化的随机因素，包括随机激励和随机故障等。电力系统中随机扰动的来源主要

可以分为三类：①网络事件，如网络变换、网络故障等，多为一次性随机故障事件；②新能源发电，如风力发电、太阳能发电等；③负荷变化，如电动汽车、电气火车等。其中，第一类属于离散随机事件；而后面两类多引发经常性的连续随机扰动，即持续随机扰动。虽然持续随机扰动属于大概率、低风险事件，但其连续性打击也给电力系统的韧性带来了极大的挑战。

从持续随机扰动的时间尺度来看，又可将其分为三类[12]：

（1）突变随机因素，主要由各种故障及设备动作引起，时间尺度为微秒。

（2）快变随机因素，主要由电动汽车等负荷的变化引起，时间尺度为秒。

（3）慢变随机因素，主要由可再生能源等新型电源的变化引起，时间尺度为数秒至数分钟。

（五）设备故障隐患

在电力设备的运行中可能存在一些安全隐患，做好安全隐患的排除工作，能够有效减少安全事故的发生，提高电力系统的韧性。电力设备安全隐患是指由电力设备的运行故障、安全问题以及操作失误所引起的各类隐患。无论是何种类型的安全隐患，都会对电力设备的安全运行造成巨大的负面影响，直接降低整个系统的韧性。电力设备安全隐患的诱因包括以下三方面。

（1）设备自身因素。设备自身因素包括运转时间过长、缺乏维护和保养或者在运行过程中出现老化、运行故障等。通常情况下，一旦发现因设备自身因素导致的安全隐患，电力工作人员应该高度重视，及时排除。如果是电力设备自身固有的隐患，在当前的技术条件下，要想根除是非常困难的，因此，需要将其作为一项常态检查工作来抓。

（2）操作因素。电力工作人员的误操作可能会导致变压器、电能控制设备等出现故障，引发安全事故，或者电力设备操作管理人员缺乏相应的责任意识和安全意识，没有充分重视对电力设备的日常管理，也会导致各种问题的发生，进而影响电力设备的安全运行。

（3）环境因素。电力设备的运行环境同样可能会引发相应的安全隐患，比如设备运行环境潮湿或者环境中存在大量粉尘，都会影响设备的性能和安全。另外，一些恶劣的天气，比如雷雨、暴风等，也会对电力设备的安全运行造成威胁。

总而言之，电力设备在运行过程中，受各种因素的影响，经常出现各种各样的安全隐患，这在一定程度上会对电力系统的韧性造成影响。因此，电力工作人员应该充分重视，采取切实可行的措施和方法，做好电力设备安全隐患的排查工作，及时发现设备运行中可能存在的安全隐患，并有效消除，确保电力行业的稳定、健康发展。

三、韧性电网态势要素的提取

韧性电网态势要素的提取是指监测和获取电网安全环境中的重要数据或元素，比如对电网环境中的气象要素、电气要素、社会要素等进行采集。其中，气象要素可以用于监测和预测台风路径、计算台风移向、最大风力和风圈半径等，从而了解电网设备所承受的风力大小和范围；用于监测和预测冰风荷载的气温；用于监测和预测洪水的降水量；用于对风速修正以及对山洪、泥石流、地震等灾害进行风险评估。电气要素用于故障率和供电可靠性的计算、电网韧性评估和停电风险评估及预测等，包括：①线路参数，如导线型号、线路名称、线路电压等级、线路投运时间、线路设计应力等；②杆塔信息，如杆塔类型、杆塔位置、杆塔两侧档距、杆塔投运时间、杆塔基础状况、杆塔设计荷载等；③绝缘子信息，如绝缘子型号、绝缘子片数、绝缘子串数、绝缘子布置形式等；④电力信息，如DG等机组出力、网络拓扑、负荷信息、开关状态等。社会要素用于与有关部门共享信息以协调抢险救灾工作，如交通信息、公共通信、物质信息、抢修信息等[13]。韧性电网态势要素分类情况如图3-7所示。

破坏性事件影响下的电网故障风险态势信息主要分为机械故障态势信息、直接电气故障态势信息和间接电气故障态势信息。机械故障态势信息包括因台风、冰灾、洪水、地震等造成的杆塔倒塌、断线倒杆、线路断线和设备机械损伤等。直接电气故障态势信息包括台风、冰灾、洪水、地震等极端事件下群发性故障，如线路跳闸、变压器损坏等。间接电气故障态势信息包括DG出力持续随机扰动、用户负荷波动等。

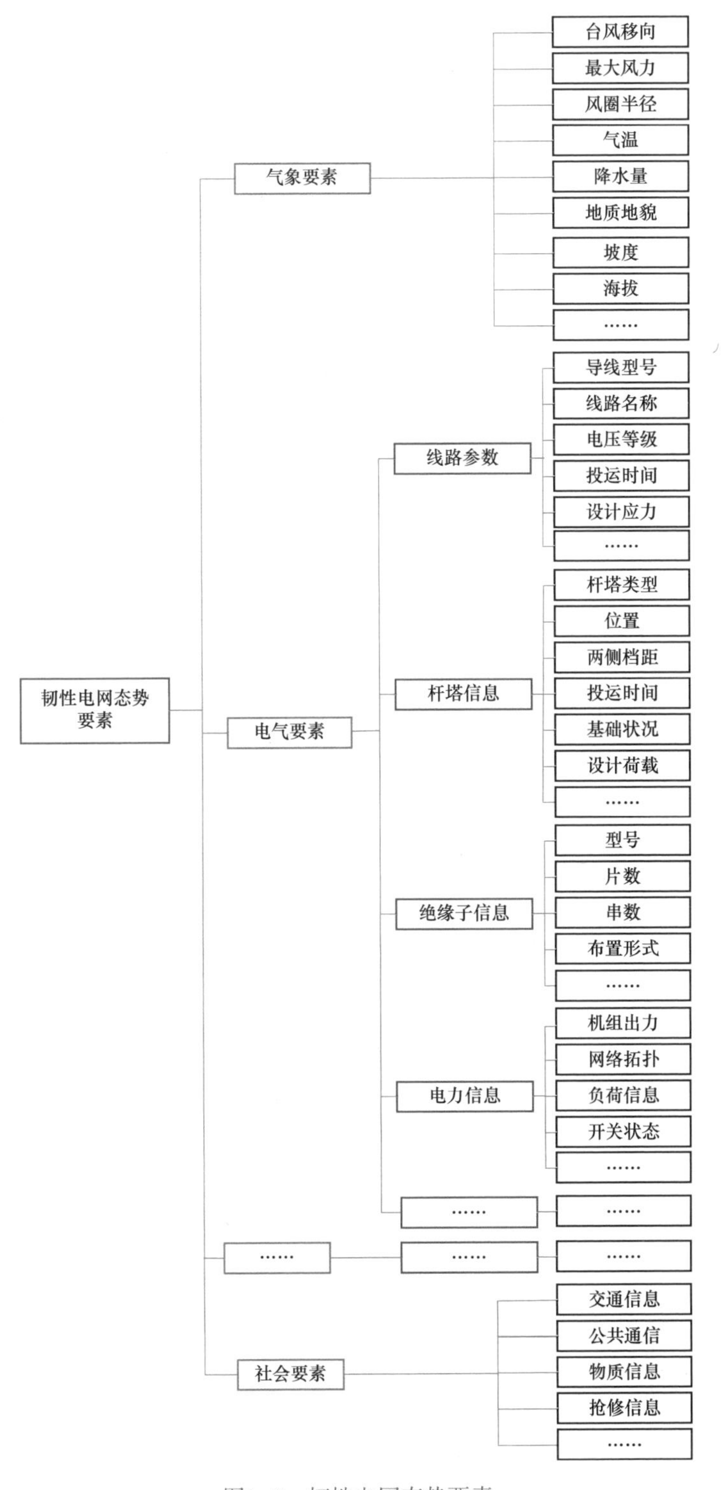

图3-7　韧性电网态势要素

第二节　韧性电网态势理解技术

韧性电网态势理解是基于所获取的安全态势特征和要素，利用数据融合、状态估计和概率统计等方法，对电网常态情景下运行态势、应急情景下和极端情景下电网故障态势进行分析和评估。

一、数据融合技术

在电力系统的大数据背景下，对电力运维数据进行数据清洗融合可以有效地改善数据质量，为数据分析做好基础。在数据清洗融合过程中，电力数据异常检测准确度低与数据修正误差大等问题一直是技术难点，因此，为制定合适的检测指标，需要深入研究理论算法。

首先需要分析异常数据出现的类型，有些数据在测量阶段出现了异常，这里称之为测量异常；还有一些数据，测量过程中是正常数据，但是在传送阶段出现了异常，这里称之为通信异常。测量产生的异常数据和通信产生的异常数据，都可以分为数值异常和数值丢失。另外，还有一种特殊情况会产生异常数据，即系统动荡的时候，但这个时候数据并没有失真，只是形式上的异常。为了克服数据缺失和错误数据注入带来的问题，人们提出了多种方法，包括状态估计和智能算法（如模糊数学方法、神经网络方法、聚类分析方法和间隙统计方法）。然而，当考虑具有多节点、复杂网络和采样率高的区域电网WAMS时，由于注入电网参数，所有方法都必须花费大量的时间进行迭代计算。文献［14］提出了一种计算各相关测量点方差和相关系数来识别错误数据的方法，这种方法在单独检测一个测量点的情况下具有一定实用，但是对多个量测点识别的时候，由于异常数据往往不是各个点之间完全独立，所以会有局限性。文献［15］提出了一种基于模式识别概念的数据识别和恢复方法，这种方法有效地克服了多个异常节点相关性的干扰。其主要思想是总结错误数据的特征值（如绝对值、相对值、波动率和相关系数），并将其从特征空间转换为模式空间。在模式空间中，每种数据唯一地匹配一个特征向量，将其与预先建立的标准向量进行比较，以识别它是否是错误的数据。在没有电网参数的迭代和注入的情况下，大部分计算只需要读取最近两个采样点的数据，而且可以并行计算不同测量点中的数

据，计算时间短、精度高。通过对同一时刻不同测量站采集的有功功率数据和不同时刻同一测量站采集的有功功率数据进行分析，总结出错误数据的特点。

目前数据融合算法比较多，有基于神经网络训练模型的融合算法、插值算法、网络拓扑融合算法，基于节点约束条件的融合算法等，其本质上都是对多时间尺度的混合量测多源数据时间同步性进行融合处理。鉴于电网中的量测量类型主要分为实时量测和伪量测两类，其中电网实时量测主要指的是PMU和SCADA实时的测量值，如电压、电流等实时测量值；除此之外，其他的量测数据皆属于伪量测。因此，任意电网的量测数据类型皆可见图3-8。

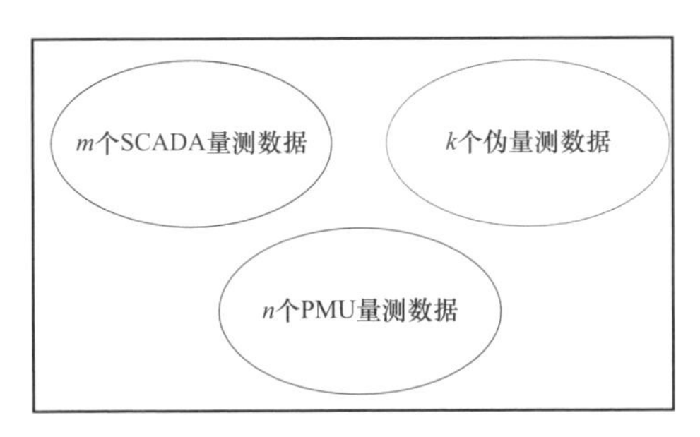

图3-8　电网量测数据分类

由图3-8可知，该电网有m个SCADA量测数据、n个PMU量测数据和k个伪量测数据，并分别记为$\mathbf{z}_\mathrm{s}=(y_1^\mathrm{s},y_2^\mathrm{s},\cdots,y_m^\mathrm{s})$、$\mathbf{z}_\mathrm{p}=(y_1^\mathrm{p},y_2^\mathrm{p},\cdots,y_n^\mathrm{p})$和$\mathbf{z}_\mathrm{a}=(y_1^\mathrm{a},y_2^\mathrm{a},\cdots,y_k^\mathrm{a})$，其中$\mathbf{z}_\mathrm{s}$、$\mathbf{z}_\mathrm{p}$和$\mathbf{z}_\mathrm{a}$分别代表SCADA量测数据、PMU量测数据和伪量测数据的集合，y_m^s为第m个SCADA量测数据，y_n^p为第n个PMU量测数据，y_k^a为第k个伪量测数据。

根据图3-9来说明混合量测数据时间同步性的处理步骤：

（1）在t_1时刻时，PMU与SCADA量测数据同时上传到电网数据库，此时，电网的实时量测数据有$\mathbf{z}_{\mathrm{s},t_1}=(y_1^\mathrm{s},y_2^\mathrm{s},\cdots,y_m^\mathrm{s})$和$\mathbf{z}_{\mathrm{p},t_1}=(y_1^\mathrm{p},y_2^\mathrm{p},\cdots,y_n^\mathrm{p})$，伪量测数据为$\mathbf{z}_{\mathrm{a},t_1}=(y_1^\mathrm{a},y_2^\mathrm{a},\cdots,y_k^\mathrm{a})$。

（2）在t_2时刻，只有PMU量测数据上传到电网数据库，此时，电网的实时量测量为$\mathbf{z}_{\mathrm{p},t_2}=(y_1^\mathrm{p},y_2^\mathrm{p},\cdots,y_n^\mathrm{p})$，由于$t_2$时刻没有上传SCADA量测数据，利用$t_1$时刻的计算值作为SCADA量测数据，此时，$\mathbf{z}_{\mathrm{s},t_2}=(y_1^\mathrm{s},y_2^\mathrm{s},\cdots,y_m^\mathrm{s})$和$\mathbf{z}_{\mathrm{a},t_2}=(y_1^\mathrm{a},y_2^\mathrm{a},\cdots,y_k^\mathrm{a})$皆为$t_1$时刻状态估计的计算值并作为伪量测。

（3）在t_3时刻时，量测量的确定与（2）中方法相同，此时$\mathbf{z}_{\mathrm{s},t_3}=(y_1^{\mathrm{s}},y_2^{\mathrm{s}},\cdots,y_m^{\mathrm{s}})$和$\mathbf{z}_{\mathrm{a},t_3}=(y_1^{\mathrm{a}},y_2^{\mathrm{a}},\cdots,y_k^{\mathrm{a}})$皆为$t_2$时刻状态估计的计算值并作为伪量测。其他时刻与（2）和（3）中方法相同，滚动确定量测量的类型。

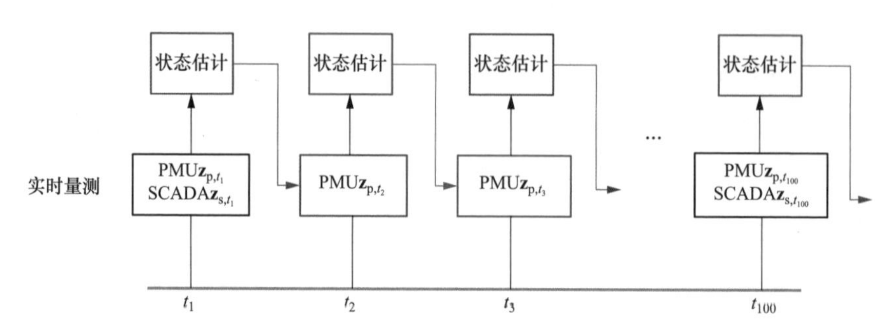

图3-9　基于不同时间尺度的量测数据融合方法

以PMU与SCADA为例，提出了一种基于PMU数据与SCADA数据的校正融合方法。SCADA采集的异常数据的校正需要分别考虑安装PMU装置的节点与未安装PMU装置的节点两种情况。对于同时安装SCADA与PMU的节点，异常SCADA数据可以通过时间断面匹配法找到对应时刻的PMU采样数据，利用PMU的数据替换SCADA数据从而得到校正。针对未安装PMU装置的节点，需要根据潮流计算理论得到伪量测值，利用伪量测值替换SCADA采样的异常数据从而得到校正[7]。

在利用PMU数据校正异常SCADA数据中，由于PMU量测数据时间间隔为20 ms，而SCADA量测数据时间间隔一般是5 min，因此很难确保数据时间断面匹配，例如第5分钟时刻是SCADA数据的第二个采样点，对应时刻理论上是PMU的第15 000个采样点，但是由于同步性问题很难精确确定是第15 000个采样点还是14 999个采样点，为此需要确定数据时间断面的确定方法。

时间断面的匹配过程如下：

获取单位时间为5 min的SCADA量测数据断面，记第5分钟时刻为t_0，以该时刻为基准，获取［t_0-T,t_0+T］一段时间范围内的所有PMU量测数据，T为固定的一段时间，可以取15 min。

计算第t_0时刻SCADA数据断面与对应的一段时间范围内所有PMU数据的匹配度，选择匹配度最高时刻的PMU数据。

匹配度计算公式如下

$$\varepsilon_k = \frac{1}{\sum_i w_i \left(m_i^{\text{tru}} - m_i^{\text{pmu}} \right)^2} \tag{3-1}$$

式中：m_i^{tru} 表示第 i 个SCADA采样值；m_i^{pmu} 表示第 i 个PMU采样值；w_i 表示第 i 个量测权重，根据量测类型确定。

该方法构造的数据保证了电网的可观测性，可为状态估计提供冗余度。

二、状态估计方法

电力系统状态估计理论于20世纪60年代首次在电力系统的监控与安全运行领域提出，最早被挪威水利电力局和美国电力公司采用。70年代，国外许多国家相继对输电网状态估计的相关内容展开了研究，掀起了状态估计算法的研究热潮。电网状态估计作为电力管理系统的重要组成部分，其主要功能是利用冗余的系统量测数据，根据最佳估计准则来排除偶然的错误信息和少量不良数据，估计或预报出系统的实时运行状态，并为电网管理系统的高级应用软件提供完整可靠的实时数据。因此，高效、可靠的电网状态估计有利于保证电力管理系统正常工作并发挥其功能，从而最终提高电力系统运行的安全性和经济性。

电网状态估计可直接利用的实时量测数据主要是节点电压幅值、支路电流幅值和少量的功率量测。状态估计是“态势感知技术”的基础，可为韧性电网的状态实时监控和预测、事故分析等功能提供可靠的估计数据。近年来，状态估计在输电网中有了充分的应用，而在配电网中却应用较少，主要原因是配电网中的数据采集量较少，网络信息冗余度不足，可观测性较差。因此，电网状态估计可从混合量测模型、电网可观测性分析、状态估计方法三个方面展开介绍。

（一）混合量测模型

鉴于目前电网中的实时量测数据主要是由PMU量测、SCADA量测、AMI量测采集获得。以下分别建立PMU量测、SCADA量测和AMI量测的数学模型。

（1）PMU量测数学模型。PMU基于北斗/GPS全球定位系统，能够赋予系统内全局量测数据统一的时标，同时能够直接测量配电网中的相量信息，保障量测数据同步性与准确度。目前PMU量测设备采样时间步长通常为20～40 ms，并通过相量数据集中器（Phasor data concentrator，PDC）输出量测点的电压与电流的幅值、相角、频率等信息。其对应的量测数学模型如下[16]。

节点电压相量的量测数学模型为

$$\begin{cases}\tilde{e}_i = e_i + \Delta e_i \\ \tilde{f}_i = f_i + \Delta f_i\end{cases} \tag{3-2}$$

式中：符号～代表量测值；Δ 为相应的量测误差；e_i、f_i 分别为节点电压相量的实部和虚部。

支路电流量测方程为

$$\begin{cases}\tilde{I}_{ijx}^{d} - \sum\limits_{t\in B_{\mathrm{P}}}\left(g_{ii}^{dt}e_i^t - b_{ii}^{dt}f_i^t + g_{ij}^{dt}e_j^t - b_{ij}^{dt}f_j^t\right) + \Delta I_{ijx}^{d} \\ \tilde{I}_{ijy}^{d} = \sum\limits_{t\in B_{\mathrm{P}}}\left(g_{ii}^{dt}f_j^t + b_{ii}^{dt}e_j^t + g_{ij}^{dt}f_j^t + b_{ij}^{dt}e_j^t\right) + \Delta I_{ijy}^{d}\end{cases} \tag{3-3}$$

式中：$B_{\mathrm{P}} = \{a,b,c\}$，$d \in B_{\mathrm{P}}$；$\tilde{I}_{ij}^{d}$ 为从节点 i 流向节点 j 的 d 相支路电流相量，$\tilde{I}_{ijx}^{d}$ 为其实部，$\tilde{I}_{ijy}^{d}$ 为其虚部；g_{ij}^{dt} 和 b_{ij}^{dt} 分别为节点导纳矩阵中节点 i 自导纳的实部和虚部；g_{ij}^{dt} 和 b_{ij}^{dt} 分别为节点导纳矩阵中支路 ij 相应导纳的实部和虚部；e_i^t 和 f_i^t 分别为节点 i 的 t 相电压相量的实部和虚部；e_j^t 和 f_j^t 分别为节点 j 的 t 相电压相量的实部和虚部。

节点注入电流量测方程为

$$\begin{cases}\tilde{I}_{ix}^{d} = \sum\limits_{j\in\varphi_i}\sum\limits_{t\in B_{\mathrm{P}}}\left(G_{ij}^{dt}e_j^t - B_{ij}^{dt}f_j^t\right) + \Delta I_{ix}^{d} \\ \tilde{I}_{iy}^{d} = \sum\limits_{j\in\varphi_i}\sum\limits_{t\in B_{\mathrm{P}}}\left(G_{ij}^{dt}f_j^t + B_{ij}^{dt}e_j^t\right) + \Delta I_{iy}^{d}\end{cases} \tag{3-4}$$

式中：G_{ij}^{dt}、B_{ij}^{dt} 分别为相应导纳矩阵元素的实部和虚部。

对于零注入节点，其节点注入电流也必须为零，即

$$\begin{cases}\sum\limits_{j\in\varphi_i}\sum\limits_{t\in B_{\mathrm{P}}}\left(G_{ij}^{kt}f_j^t + B_{ij}^{kt}e_j^t\right) = 0 \\ \sum\limits_{j\in\varphi_i}\sum\limits_{t\in B_{\mathrm{P}}}\left(G_{ij}^{kt}e_j^t - B_{ij}^{kt}f_j^t\right) = 0\end{cases} \tag{3-5}$$

式中：$k \in B_{\mathrm{P}}$，$B_{\mathrm{P}} = \{a,b,c\}$；$\varphi_i$ 为包含节点 i 及与节点 i 直接相连节点的集合；G_{ij}^{kt}、B_{ij}^{kt} 分别为相应导纳矩阵元素的实部和虚部。

（2）SCADA 量测数学模型。传统电网的量测体系主要基于 SCADA 系统。

相较于PMU，SCADA不具有统一时标，采样频率较低（每2s上传一次数据），SCADA的量测数据包括电压、电流幅值、有功功率和无功功率[17]。SCADA采集的节点电压幅值量测数学模型可表示为

$$\tilde{U}_i^d = \sqrt{(e_i^d - e_i^n)^2 + (f_i^d - f_i^n)^2} + \Delta U_i^d \tag{3-6}$$

式中：$d \in B_{\mathrm{P}}$；$\tilde{U}_i^d$ 为端点i中d相节点相对中性点的节点电压幅值量测。

由式（3-6）可以看出，节点电压幅值量测方程并不是二次形式的，故引入中间变量U_i^d，添加如下等式约束

$$(U_i^d)^2 = (e_i^d - e_i^n)^2 + (f_i^d - f_i^n)^2 \tag{3-7}$$

则节点电压幅值量测方程转化为线性形式

$$\tilde{U}_i^d = U_i^d + \Delta U_i^d \tag{3-8}$$

引入中间变量I_i^d及等式约束

$$(I_i^d)^2 = \left(G_{ij}^{dt} f_j^t + B_{ij}^{dt} e_j^t\right)^2 + \left(G_{ij}^{dt} e_j^t - B_{ij}^{dt} f_j^t\right)^2 \tag{3-9}$$

则节点注入电流量测方程可描述为

$$\tilde{I}_i^d = I_i^d + \Delta I_i^d \tag{3-10}$$

（3）AMI量测数学模型。由于同一台区的AMI数据之间存在延迟，如果直接运用瞬时功率进行状态估计，可能会造成状态估计不收敛或者结果准确度较差，因此，需要对AMI延迟数据进行处理。不同读取方式下AMI量测数据时间延迟问题的处理方式也不相同，其中对于常见招读方式下的AMI量测延迟数据，可以借助智能电能表的电能值计算得到的平均有功功率代替瞬时有功功率。同时还需要对平均有功功率数据进行修正，具体数学模型如下：

$$P_i = k\frac{\int_{t_0}^{t_1} p\mathrm{d}t}{t_1 - t_0} = \frac{P_{\mathrm{s}}}{P_{\mathrm{A}}} \cdot \frac{W}{t_1 - t_0} \tag{3-11}$$

式中：P_i为第i用户从t_0至t_1的平均有功功率；t_0和t_1分别为每个智能电能表相邻量测读取时刻；p为t_0至t_1每个时刻的瞬时有功功率；W为t_0和t_1两个时刻智能电能表电能量测的差值；k为修正系数；P_{A}为低压侧同一台区各用户的AMI平均有功功率自下而上地叠加起来，得到台式变压器的叠加平均有功功率；P_{s}为台式变压器处已安装的实时SCADA量测有功功率值。

（二）电网可观测性分析

电力系统可观测性可以通过两种方式来构造：一种是从量测角度来看，就是指系统内能够量测到的数据满足求解系统中所需的全部状态量；另一种是在难以实现量测配置完全覆盖的情况下，通过构造伪量测，使得电网的各种参数都已知，从而由量测所得的实际数据经过换算方式求得所有状态量。

1. 电网可观测性原理

以数学方法来表示，则可以从代数和拓扑两个角度对电力系统的全网可观测性原理进行论述。

（1）代数可观。将电网的节点设为N_b，系统中所有量测状态量数目设为m，根据状态估计模型线性化原理，目标量测方程为$Z=\boldsymbol{H}x+w$，该式中Z表示量测值，它的维度是m；$\boldsymbol{H}$是测量量测雅可比矩阵，维度为$m\times(2N_b-1)$；x表示除了已知参考节点之外的$2N_b-1$维的电压状态量；w代表的是测量中所产生的误差值。对于这个表达式，如果矩阵$\boldsymbol{H}$满秩，则表示这个电力系统是代数可观的。

具体来说，针对系统中的单个节点，若可得知其电压状态量，则表示该点可观测，故系统完全可观测也可以看成每一个节点都可观所构成的集合[18-20]。

（2）拓扑可观。根据图论的原理，可以将电力系统看成一个支路图，设顶点为节点数N_b，边为支路数b，再将形成的图设为$G=(V, E)$，该式中顶点的集合设为V（对应于母线集合），边的集合设为E（对应于支路集合），则设量测网为$G'=(V', E')$，如果G'是G的一个子图并能够包含G的所有顶点，则该系统可以称为拓扑可观。

拓扑可观的核心原理在于，相应量测量的集合可以建立一个能够涵盖所有节点的满秩支撑树，从而使得全网所有节点的状态量都能被测量到，这种方法在适用性上比代数方法更强。

2. 不可观测区域的伪量测构造方法

当前配电网状态估计面临的一个突出问题是实时量测数目不足，为了保证系统的可观测性、提高量测冗余度，一般将超短期负荷预测软件提供的负荷节点注入功率作为伪量测。但是伪量测的量测误差远远大于实时量测误差，使得状态估计精度下降，难以为电网提供准确、可靠的参考。因此，不可观测区域的伪量测构造方法是值得深入研究的问题。

（三）状态估计算法

根据状态变量的选取不同，电网状态估计算法可以分为以节点电压为状态变量、以支路电流为状态变量和以支路功率为状态变量的计算方法。同时随着新理论技术的发展，电网也出现了其他新的状态估计算法[21]。

（1）节点电压为状态变量：该类方法利用节点电压作为状态变量，可以说是广义的潮流计算方法，通过建立雅克比矩阵，迭代求解目标函数。基于最小二乘法类算法的状态估计模型，简单、计算效率较高，保证了有效性、无偏性、一致性和稳健性，能适应多种类型的网络及系统量测。但是由于雅可比矩阵在每次迭代中都要重新计算且不对称，导致计算量大、计算时间长。因此后续研究引入了量测变换技术，将电压、电流幅值和功率量测等效变换成节点注入电流相量量测，从而实现量测雅克比矩阵常数化。但是，利用量测变换得到的等效量测并非真实量测，而且电压电流幅值量测的权重与电压电流相量的量测权重的变换过程并不等价，也将影响状态估计效果。

（2）支路电流为状态变量：该类方法是以支路电流相量为状态变量，利用量测变换方法将负荷功率量测和支路功率量测等效转换为相应的负荷电流相量量测和支路电流相量量测。但该方法难以处理电压幅值量测，对于存在大量电压幅值和支路电流幅值量测的情况，该方法估计效果较差。

（3）支路功率为状态变量：与基于等效支路电流量测变换的思想类似，这类方法利用量测变换技术，将节点注入功率转换为等效支路功率量测，得到三相解耦的雅可比常数阵，因此，该方法能够有效处理大量的功率量测，且不要求有功和无功成对出现。但是这类方法最早提出的时候只适用于仅有实时功率量测的系统，且没有给出电压和电流幅值量测的处理方法。

美国麻省理工学院的F.C.Schweppe等人提出了基于加权最小二乘法（Weighted Least Squares，WLS）的状态估计算法，目前也是电力系统状态估计的最基本解法，非常具有代表性[22]。在含等式约束的量测方程模型基础上，根据加权最小二乘估计算法，可得

$$\begin{cases} \min J(x) = \left[z - h(x)\right]^T W \left[z - h(x)\right] \\ s.t. \quad c(x) = 0 \end{cases} \tag{3-12}$$

式中：W为量测权重矩阵。

最小二乘估计是正态分布量测残差的最优一致无偏估计，模型简单。

三、概率统计模型

电网运行态势用于理解自然灾害、信息安全、物理摧毁、人为破坏、持续随机扰动和设备故障隐患等破坏性事件对韧性电网的影响。以电网环境中态势要素数据为基础，利用概率统计数学方法建立台风、冰灾、地震等自然灾害和持续随机扰动下反映电网结构重要性、冰风荷载作用、地震波冲击作用和持续随机扰动影响的安全态势指标，定量推理电网当前安全运行状态和破坏性事件下电网故障易发程度。

（一）台风（飓风）风险概率分析

台风（飓风）灾害评估工作所要解决的是台风（飓风）灾害发生与尽量减轻灾害对电网影响之间的矛盾。台风（飓风）灾害的发生往往不是单一的，时常伴有次生灾害，这使得在台风（飓风）灾害研究时不仅要考虑到主灾害的损失，还要考虑次生灾害和诱发灾害的损失，因此台风（飓风）灾害具有可拓性。本章重点介绍台风（飓风）导致的输电线路故障率计算模型。

1. 台风（飓风）风场模型

线路受损范围及严重程度与台风（飓风）登陆路径、风速、风向密切相关，因此需对台风（飓风）天气进行准确、有效的模拟。Batts模型是目前发展较为成熟的风场模型，可以模拟台风（飓风）影响范围内各点的风速与风向。Batts模型包括台风风场模型和台风登陆后的衰减模型，通过台风中心和研究点的位置关系确定该点的风速值。在气象学中，常将台风（飓风）风场看作轴对称的圆形漩涡来进行分析，台风（飓风）的等温线与等压线近似于一组围绕中心的同心圆，台风（飓风）风场数值模拟中将其称作模拟圆。该圆上研究点的风速大小V研究点到台风中心点之间的距离r有如下关系

$$V=\begin{cases}\dfrac{V_{R_{\max}}r}{R_{\max}},r\leqslant R_{\max}\\ V_{R_{\max}}\left(\dfrac{R_{\max}}{r}\right)^{x},r\geqslant R_{\max}\end{cases}\tag{3-13}$$

式中：$V_{R_{max}}$是最大半径风速；R_{max}为取到最大风速的半径；R为线路研究点到台风中心点的距离；x值根据不同台风取为0.5～0.7，模拟圆上各点风向为逆时针切向方向。由于气旋最大风速半径R_{max}通常难以通过实测获得，因而通常可根据R_{max}与台风中心的气压差成反比的数学关系，得到R_{max}的计算式

$$R_{max}=\exp(-0.1239\Delta p(t)^{0.6003}+5.103 \tag{3-14}$$

式中：$\Delta p(t)$为台风登陆时间为t时刻的台风中心气压与台风外围气压之差。

最大风速半径处的最大风速V_{Rmax}由最大梯度风速V_{gx}以及台风的移动速度V_T共同影响决定。

$$V_{gx}=k\sqrt{\Delta p(t)}-\left(\frac{R_{max}}{2}\right)f \tag{3-15}$$

式中：k取常数，一般为6.72；f为地球自转科氏力参数。

2. 台风（飓风）导致的线路断线故障率

将导线视为铰链，并假设导线荷载沿长度均匀分布，采用斜抛物线计算相关参数。在水平风速v的作用下，忽略顺线路方向的风荷载，每档导线上垂直于导线方向的水平风荷载W_1为

$$W_1=0.625\alpha_1\mu_1N'LDv^2\sin^2\theta\times10^{-3} \tag{3-16}$$

式中：α_1为导线风压不均匀系数；μ_1为导线体型系数；N'为相导线分裂数；L为导线在风荷载下的长度；D为导线外径；θ为风向与导线方向的夹角。

在平原地区或大尺度地形环境的研究中，一般只考虑W_1，但在山坡处则应考虑导线上的垂直风荷载F_v为

$$F_v=0.625\alpha_1\mu_1N'LDv_v^2\times10^{-3} \tag{3-17}$$

式中：V_v为垂直线路向上的风速。

输电线路的自重G为

$$G=N'm_0gL \tag{3-18}$$

式中：m_0为单位长度导线的质量；g为重力加速度。

在风作用下该档导线的总荷载Q及总比载γ分别为

$$Q=\sqrt{(G-F_v)^2+W_1^2} \tag{3-19}$$

$$\gamma=\frac{4Q}{\pi LD^2} \tag{3-20}$$

对连续档中的导线，忽略绝缘子的偏移对悬点间高差角的影响。导线最低点到较高杆塔的水平距离为

$$l_{\mathrm{m}}=\frac{l}{2}+\frac{\sigma_0}{\gamma}\sin\beta \tag{3-21}$$

式中：l为该档线路档距；β为悬点间高差角；σ_0为风荷载下导线的水平应力。

该档导线最大应力σ_{m}为较高杆塔导线悬挂点所受应力

$$\sigma_{\mathrm{m}}=\sqrt{\sigma_0^2+\frac{\gamma^2 l_{\mathrm{m}}^2}{\cos^2\beta}} \tag{3-22}$$

采用指数函数拟合输电线路风荷载过载断线故障率P_1与导线最大应力σ_{m}间的关系为

$$P_1=\begin{cases}K_1\mathrm{e}^{\frac{\sigma_{\mathrm{m}}}{T_1}} & \sigma_{\mathrm{m}}<\mu_1\sigma_1\\ 0.01 & \sigma_{\mathrm{m}}\geqslant\mu_1\sigma_1\end{cases} \tag{3-23}$$

式中：$\mu_1\sigma_1$为导线所能承受的极限应力，其中σ_1为导线的设计应力，μ_1为导线安全系数；K_1和T_1为与线路参数相关的常数。

3. 台风（飓风）导致的倒塔故障率

折杆或倒塔的主要原因有：①杆塔顺线路方向两侧的不平衡力；②杆塔风荷载超过杆塔的承受能力。

杆塔所受的不平衡力ΔF可以根据杆塔两侧的导线水平应力σ_{10}及σ_{20}求得

$$\Delta F=\frac{\pi ND^2}{4}\sqrt{\sigma_{10}^2\sigma_{20}^2-2\sigma_{10}\sigma_{20}\cos\varphi_{\mathrm{z}}} \tag{3-24}$$

式中：φ_{z}为转角塔两侧输电线路的夹角，对直线塔$\varphi_{\mathrm{z}}=0$；N为杆塔上的导线数量。

杆塔在水平方向受到的风总荷载W_{t}包括垂直于线路方向的风荷载W_{t1}和顺线路方向的风荷载W_{t2}，为

$$W_{\mathrm{t}}=\sqrt{\left(\Delta F\pm W_{\mathrm{t2}}\right)^2+W_{\mathrm{t1}}^2} \tag{3-25}$$

式中：当ΔF与W_{t2}方向一致时，取“+”，否则取“−”。

倒塔故障率P_t为

$$P_t=\begin{cases}K_2 e^{\frac{W_t}{T_2}} & W_t<\mu_t H_t\\ 0.01 & W_t\geqslant\mu_t H_t\end{cases} \tag{3-26}$$

式中：$\mu_t H_t$为杆塔所能承受的极限荷载，其中H_t为杆塔的设计荷载，μ_t为杆塔安全系数；K_2和T_2为与线路参数相关的常数。

4. 台风（飓风）导致的异物挂线故障率

采用影响异物挂线的因素作为输入量，建立相关故障率的模糊数学模型。这些因素包括：①线路所处风速v，取其归一化值v'（基准值根据每段线路的实际环境选取）；②风向与导线走向的夹角θ；③导线密集系数$\alpha_d=N/3$；④线路档距系数α_1=1/400；⑤线路周边环境α_s，以空旷环境为基准，根据线路走廊附近工业区、居民区、树木、交叉线路等情况取系数为1.0～2.0。

将上述因素综合为两个参数，即易挂环境参数E_f及易挂线路参数L_p

$$E_f=\alpha_s v'\sin\theta \tag{3-27}$$

$$L_p=\alpha_d\alpha_1 \tag{3-28}$$

E_f的隶属函数可根据模糊分割数分为七部分，即E_f极小、E_f很小、E_f小、E_f中等、E_f大、E_f很大和E_f极大。L_p的隶属函数可根据模糊分割数分为五部分，即L_p很小、L_p小、L_p中等、L_p大和L_p很大。然后，根据最小－最大－重心法去模糊化得到异物挂线故障率P_y。

5. 台风（飓风）导致的风偏闪络故障率

将绝缘子串视为刚性直杆，不会弯曲。在平原地区或大尺度地形环境的研究中，一般只考虑水平风荷载引起的风偏；但在山坡等微地形处，应计及垂直风速分量的影响。按静力学计算悬垂绝缘子串的风偏角η。

$$\eta=\arctan\left[\frac{(0.5F_j+W_H)\cos\varphi'}{0.5G_j+W_v-(0.5F_j+W_H)\sin\varphi'}\right] \tag{3-29}$$

式中：W_H为垂直于导线走向的水平风荷载；W_V为导线垂直荷载；G_j和F_j分别为绝缘子串重力及其风荷载。

根据风偏角及塔型，可得导线对塔身的距离L_s。绝缘子风偏闪络故障率P_f为

$$P_{\mathrm{f}}=\begin{cases}K_3\mathrm{e}^{\frac{L_{\mathrm{a}}-L_{\mathrm{s}}}{T_3}} & L_{\mathrm{s}}>L_{\mathrm{a}}\\ 0.01 & L_{\mathrm{s}}\leqslant L_{\mathrm{a}}\end{cases} \tag{3-30}$$

式中：L_{a}为线路允许的最小风偏距离；K_3和T_3为与线路参数相关的常数。

6. 线路在台风中的总故障率

设线路i的档j的断线故障率$P_{ij,\mathrm{l}}$、倒塔故障率$P_{ij,\mathrm{t}}$、异物挂线故障率$P_{ij,\mathrm{y}}$和风偏闪络故障率$P_{ij,\mathrm{f}}$。在一定条件下，各档间以及档内不同类型故障间相互独立[23]。第j档的故障率为

$$P_{\mathrm{t},ij}=1-(1-P_{ij,\mathrm{l}})(1-P_{ij,\mathrm{t}})\cdot(1-P_{ij,\mathrm{y}})(1-P_{ij,\mathrm{f}}) \tag{3-31}$$

线路i的故障率为

$$P_{\mathrm{t},i}=1-\prod_{j=1}^{z}(1-P_{\mathrm{t},ij}) \tag{3-32}$$

式中：z为线路档数。

（二）冰灾风险概率分析

受冰灾影响，线路可能出现冰灾故障（即机械故障）、受灾害直接影响的线路段停运和受灾害间接影响的线路段停运等风险[24]。

1. 冰灾下线路机械故障率

导线断线的根本原因是导线比载超过设计极限。其中，影响风荷载的根本原因是导线迎风面积，对覆冰导线截面采用等效直径$D=d_0+2L_{\mathrm{b}}$，其中d_0为导线设计直径，L_{b}为覆冰厚度。则长度为L的线路段所受风荷载、冰荷载为

$$W_x=\frac{V_x^2DL}{1600},x=1,2 \tag{3-33}$$

$$H=10^{-4}\pi\rho Lg_0\frac{D^2-d_0^2}{4} \tag{3-34}$$

式中：x取1、2分别表示垂直和水平风荷载；H为冰荷载。设导线自重为G，分析得导线比载g为

$$g=\frac{\left[(H+G+W_1)^2+W_2^2\right]^{1/2}}{\pi d_0^2L/4} \tag{3-35}$$

采用指数函数拟合断线导致的冰灾故障概率f_{ice}与导线比载g之间的关系，有

$$f_{ice} = A\exp(g/B) \tag{3-36}$$

式中：A、B是与导线型号、长度、使用年限等相关的拟合系数。

2. 冰灾直接影响的线路段停运概率

绝缘子闪络因素主要有覆冰水电导率、覆冰重量、覆冰前绝缘子盐密、绝缘子类型等；线路舞动引起线路故障率与风速、风向与线路的夹角、覆冰厚度、导线类型、档距等因素相关。上述冰灾直接影响造成的线路停运概率可通过作用机理或模糊关系给出计算模型，但计算中涉及大量电网结构和状态参数以及空气动力学参数，受配网相关监测系统局限，部分参数无法获取，一般可根据现有文献和实际情况的统计数据对冰灾直接影响的线路段停运概率f_{ez}进行简化计算。

$$f_{ez} = 1-(1-P_{SL})(1-P_{WD}) \tag{3-37}$$

式中：P_{SL}为绝缘子闪络导致的故障率；P_{WD}为线路舞动导致的故障率。

3. 冰灾间接影响的线路段停运概率

该指标反映冰灾间接影响下源荷波动与停运概率之间的关系。配电网态势演化过程中，线路段的停运概率随线路潮流变化而变化。DG的不确定性、冰灾造成的电力负荷波动，使线路的三相潮流变得更加复杂。假设线路段配备反时限过电流保护，P_{nor}为有功额定值，P_{max}为最大负荷功率，$P_{set}=KP_{max}$为保护装置整定值，K_1为整定系数。$\bar{f}=n/n_{dn}$表示线路段故障率的统计平均值，n为线路段故障次数，n_{dn}为配电网故障次数。利用如下分段函数描述线路段受冰灾间接影响的线路段停运概率为

$$f_{ej} = \begin{cases} \bar{f}, & 0 < P \leqslant P_{nor} \\ \bar{f} + \dfrac{(1-\bar{f})(P-P_{nor})}{P_{set}-P_{nor}}, & P_{nor} < P < P_{set} \\ 1, & P \geqslant P_{set} \end{cases} \tag{3-38}$$

4. 线路在冰灾中的总故障概率

假设线路段发生冰灾故障（即机械故障）、受灾害直接影响的线路段停运和受灾害间接影响的线路段停运这3种故障是相对独立的，则线路在冰灾中的总故障概率f_b可表示为

$$f_b = 1-(1-f_{ice})(1-f_{ej})(1-f_{ez}) \tag{3-39}$$

（三）洪水风险概率分析

1. 滑坡导致的输电线路故障率

基于滑坡机理分析，杆塔滑坡灾害影响的主要因素有：①有效降雨量R_e的归一化值R_e'（基准值根据每段线路实际环境选取）；②地形坡度系数S_1，坡度在20°～40°时取为1.0，坡度大于40°时调高系数取1.0～1.5，坡度小于20°时取0.5～1.0；③地形高度系数S_2，高度为50～100 m时取为1.0，大于100 m时取1.0～1.3，小于50 m时取0.8～1.0；④坡面形态系数S_3，以直线型坡面为基准，凸型坡面时取1.0～1.5，凹型坡面时取0.5～1.0；⑤地质系数α_g，以杆塔所处地带无断层和褶皱的岩层为基准，根据断层和岩层结构恶化情况取为0.5～1.0；⑥水文条件系数α_h，以地表基本无径流，地下水埋藏很深时为基准，根据地表径流和地下水埋藏深度条件的变化，取为1.0～2.0；⑦疲劳系数α_f，即线路投运时长与设计寿命周期的比值；⑧杆塔相对灾害体的位置系数α_p，在灾害影响范围外为基准，否则取为1.0～2.0；⑨杆塔基岩安全系数α_b，以基岩完整且无风化为基准，其他情况取为0.5～1.0。

将上述因素综合为两个系数，即滑坡强度系数E_s及杆塔易损系数λ_t

$$E_s = \frac{S_1 S_2 S_3 \alpha_h}{\alpha_g} R_e' \tag{3-40}$$

$$\lambda_t = \frac{\alpha_f \alpha_p}{\alpha_b} \tag{3-41}$$

通过分别建立滑坡强度系数E_s及杆塔易损系数λ_t的模糊隶属度函数，进而利用去模糊化可得到滑坡引发的线路故障率$P_{ij,ls}$。

2. 山洪导致的输电线路故障率

山洪灾害影响杆塔安全的主要因素有：①沟道分布系数α_c；②沟道堵塞系数α_k，以沟道通直为基准，按其弯曲程度和沟道流通情况取1.0～2.0；③地形坡度系数S_1'，以坡度在25°～50°为基准，坡度大于50°时取为1.0～1.5，坡度小于25°时取为0.7～1.0；④其他因素与滑坡因素中的有效降雨量、地形高度系数、水文条件系数、疲劳系数、杆塔相对灾害体的位置系数及杆塔基岩安全系数相同。

将上述因素综合为两个系数，即山洪强度系数E_m及杆塔易损系数λ_t。

$$E_m = \alpha_c \alpha_k \alpha_h S_1' S_2 R_e' \tag{3-42}$$

通过分别建立山洪强度系数E_m及杆塔易损系数λ_t的模糊隶属度函数，进而利用去模糊化可得到山洪引发的线路故障率$P_{ij,mf}$。

3. 泥石流引发的线路故障率

泥石流影响杆塔灾害的主要因素除了山洪的致灾因素外，还有松散固体物质的稳定系数K_d。将上述因素综合为两个系数，即泥石流强度系数E_d及杆塔易损系数λ_t。

$$E_d = \frac{\alpha_c \alpha_k \alpha_h S_1' S_2 R_e'}{K_d} \tag{3-43}$$

通过分别建立山洪强度系数E_d及杆塔易损系数λ_t的模糊隶属度函数，进而利用去模糊化可得到山洪引发的线路故障率$P_{ij,df}$[25]。

4. 线路在洪水中的总故障概率

线路i在洪水中的总故障概率为

$$P_{R,i} = 1 - \prod_{j=1}^{z}(1 - P_{R,ij}) = 1 - \prod_{j=1}^{z}\left[(1 - P_{ij,mf})(1 - P_{ij,ls})(1 - P_{ij,df})\right] \tag{3-44}$$

式中：$P_{R,ij}$为第j档的故障率。

（四）地震风险概率分析

地震发生时，线路上不同位置处线路段受地震影响遭受损失的概率和程度不同。首先计算不同位置处杆塔的地震动峰值加速度，然后计算在该地震动峰值加速度下杆塔的损失概率，最后推算线路段上所有杆塔损失场景的概率。

地震灾害下的电网破坏包括杆塔倾斜、倒塌以及架空线路断线等类型。为了便于研究，可选择体现地震动衰减特性的模型，其中地震动参数与场地条件、传播路径及震源辐射能量有关，得到不同震级、不同距离处的地震动参数为

$$\lg[Y(M,R)] = F(M) + G(M,R) + S + \varepsilon \tag{3-45}$$

式中：$Y(M,R)$为地震动参数；$F(M)$为震项级；$G(M,R)$为距离衰减项，其中M为震级；R为与震中的距离；S为场地效应函数；ε为具有方差的随机量。

根据杆塔的结构安全性和使用性要求，将杆塔在地震中附属设施轻微损伤、构件屈服、结构屈服、结构倒塌4个性能水平所对应的震害等级作为极限状态，

分别量化指标为L_1、L_2、L_3、L_4，并选取地震动峰值加速度α_{PGA}作为地震动参数。不同地震等级下杆塔的损伤破坏条件概率，即损失概率满足

$$q(S_i|\ \alpha_{PGA}) = q(L_{max} > L_i|\ \alpha_{PGA}) \tag{3-46}$$

式中：S_i为震害等级状态；L_{max}表示杆塔在地震动峰值加速度α_{PGA}时的顶点最大水平位移；L_i（i=1,2,3,4）为各震害等级下不同极限状态塔顶水平位移限值。

杆塔损失能引起相应线路段断线等故障，距离震源位置越近对线路段破坏概率越大。为了简化计算，以震源为中心，杆塔与震源距离为半径，按照杆塔与震源距离划分为不同区间。由于配电网分布范围较小，所处位置的地质结构基本相同，所以地质结构差异不作为主要影响因素，可以假设相同区间内杆塔损失概率相同。因此研究地震灾害后杆塔损失概率，模拟得到电网中线路段上所有的杆塔损失场景。若线路段e上存在φ个杆塔，则线路段e上杆塔损失场景共有φ+1个。场景0为线路段完好（损失0个杆塔）、场景1为损失1个杆塔、场景2为损失2个杆塔、场景ψ为损失ψ个杆塔，其中ψ为场景数。各场景的概率如下所示

$$q(\psi) = C_{\varphi}^{\psi} \prod_{\zeta \in \psi} q(\zeta) \cdot \prod_{\zeta \in (\varphi - \psi)} [1 - q(\zeta)] \tag{3-47}$$

式中：$q(\psi)$为线路段e所处场景$\psi(\psi = 0,1,2,\cdots,\varphi)$的概率；$q(\zeta)$为杆塔$\zeta$的损失概率；$C$为数学组合符号。

由式（3-47）可以确定线路段上所有杆塔损失场景的概率，其中线路段上只要存在一个损失杆塔，整个线路段都将处于失电状态。

（五）持续随机扰动概率分析

新能源发电、新网络技术、新负荷等，均表现出较强的随机性，进而向电网注入了持续的随机扰动。以下介绍风电出力、光伏出力和负荷的随机扰动模型。

1. 风电出力波动模型

风力发电输出功率具有很大的不确定性，其接入为电网的稳定运行带来了挑战，研究风电出力与风速间的数学关系是建立风电随机出力模型的基础。

风电的出力主要由叶轮旋转带来的风能所决定，计算式为

$$P_w = \frac{1}{2} \rho \pi r^2 c_p v^3 \tag{3-48}$$

式中：P_w为风机获得的风能；ρ为空气密度；r为叶片半径；c_p为风能转换效

率；v为风机叶轮转速。

然而，在工程实际中，受到风力发电传输系统的影响，风电获得的风能并不能完全转化为电能输出，其输出功率与风速之间的关系通常表示为

$$p_{\mathrm{WPG}}=\begin{cases}0 & \mathrm{v_w}<\mathrm{v_{ci}} \text{ 或 } \mathrm{v_w}>\mathrm{v_{co}} \\ p_{\mathrm{WPG-r}}\dfrac{v_{\mathrm{w}}-v_{\mathrm{ci}}}{v_{\mathrm{r}}-v_{\mathrm{ci}}} & \mathrm{v_{ci}}\leqslant v_{\mathrm{w}}\leqslant v_{\mathrm{r}} \\ p_{\mathrm{WPG-r}} & \mathrm{v_r}\leqslant v_{\mathrm{w}}\leqslant v_{\mathrm{co}}\end{cases} \tag{3-49}$$

式中：P_{WPG}为风电输出功率；v_{w}为风速；$P_{\mathrm{WPG-r}}$为额定转速对应的额定功率。

风速频率分布通常采用Weibull分布来描述风速的波动，具体表达式为

$$f(v_{\mathrm{w}})=\left(\frac{k_{\mathrm{w}}}{c_{\mathrm{w}}}\right)\left(\frac{v_{\mathrm{w}}}{c_{\mathrm{w}}}\right)^{k_{\mathrm{w}}-1}\exp\left[-\left(\frac{v_{\mathrm{w}}}{c_{\mathrm{w}}}\right)^{k_{\mathrm{w}}}\right] \tag{3-50}$$

式中：k_{w}和c_{w}分别为形状参数和尺度参数；v_{w}为实际风速。

2. 光伏出力波动模型

光伏发电的基本原理是根据光生伏特效应，利用光伏板组件将太阳能转化为电能。光伏板t时刻的实际出力P_t可以利用式（3-51）计算得到

$$P_t=P_{\mathrm{stc}}\frac{I_t}{I_{\mathrm{stc}}}[1+\alpha_{\mathrm{T}}(T_t-T_{\mathrm{stc}})] \tag{3-51}$$

式中：P_{stc}为标准额定条件下（对应太阳辐射强度I_{stc}=1000W/m^2，温度T_{stc}=25℃）光伏板的出力；α_{T}为光伏板的功率温度系数；I_t为t时刻实际的太阳辐射强度；T_t为t时刻光伏板的温度。

从式（3-51）中可以看出，光伏板实际出力受太阳辐射强度、温度等很多因素影响，其中受太阳辐射强度的影响最大。通常可采用Beta分布来描述太阳辐射强度的不确定性

$$f(I)=\frac{\Gamma(\alpha+\beta)}{\Gamma(\alpha)\Gamma(\beta)}\left(\frac{I}{I_{\mathrm{m}}}\right)^{\alpha-1}\left(1-\frac{I}{I_{\mathrm{m}}}\right)^{\beta-1} \tag{3-52}$$

式中：I为太阳辐射强度；I_{m}为表示太阳辐射强度最大值；α和β分别为Beta分布的两个参数；$\Gamma(\cdot)$为伽马函数。

在工程实际中，将式（3-51）进行转化，定义不考虑遮挡情况及温度影响时光伏板的出力$P_{\mathrm{c},t}$为

$$P_{c,t}=\begin{cases}P_{stc}\dfrac{I_t}{I_{stc}} & I_t\leqslant I_{stc}\\ P_{stc} & I_t>I_{stc}\end{cases} \tag{3-53}$$

式（3-53）反映了光伏输出的有功功率与太阳辐射强度之间的关系。

3. 负荷随机模型

用户需求侧负荷存在一定的波动性。系统的负荷的分布特性可认为近似服从正态分布，因而可将负荷概率分布以式（3-54）和式（3-55）进行处理。

$$f(P_L)=\frac{1}{\sqrt{2\pi\sigma P_L}}\exp\left(-\frac{P_L-\mu P_L}{2\sigma^2 P_L}\right) \tag{3-54}$$

$$f(Q_L)=\frac{1}{\sqrt{2\pi\sigma Q_L}}\exp\left(-\frac{Q_L-\mu Q_L}{2\sigma^2 Q_L}\right) \tag{3-55}$$

式中：μP_L、σP_L分别为有功负荷概率分布的均值、标准差；μQ_L、σQ_L分别为无功负荷概率分布的均值和标准差。从需求侧的角度对负荷的波动模型进行处理，具体公式为

$$P_L=\lambda N(\mu_{P_L},\sigma_{P_L})+(1-\lambda)P_{L,c} \tag{3-56}$$

$$Q_L=\lambda N(\mu_{Q_L},\sigma_{Q_L})+(1-\lambda)Q_{L,c} \tag{3-57}$$

式中：λ表示波动性负荷所占比例；$N(\cdot)$表示函数服从正态分布；μ_{P_L}、σ_{P_L}、μ_{PQ}、σ_{Q_L}分别表示有功和无功负荷服从正态分布的期望和方差；$P_{L,c}$、$Q_{L,c}$分别为有功和无功负荷的不变部分。

四、算例分析

本节算例采用如图3-10所示的IEEE33节点的配电网络模型。该配电网络由33个节点和37条支路组成，其中5条支路为联络开关支路，如虚线所示。算例选取的测量量为支路电流有效值。量测配置上，系统的所有节点及支路均设置了SCADA量测，PMU量测配置可调。误差设置上，令SCADA量测的标准差为0.01（标幺值），PMU量测标准差为0.001（标幺值）。

通过增加负荷波动模拟分布式新能源出力持续随机波动的影响，并对负荷波动下的配电网安全态势进行预警分析。在IEEE33系统增加的负荷波动服从正态分布，均值为系统总负荷的10%，标准差为1，如图3-11所示。

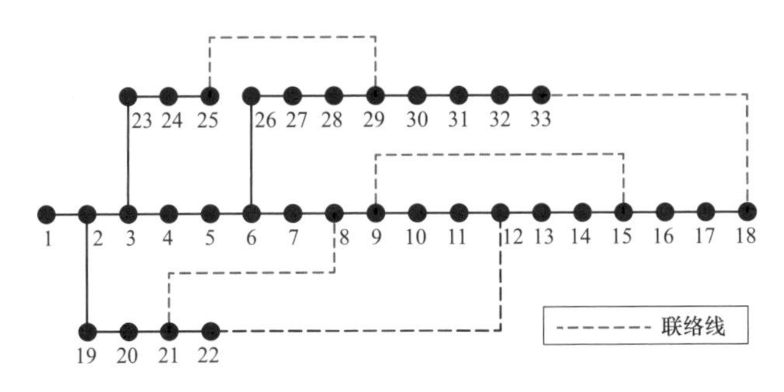

图3-10　算例拓扑结构图

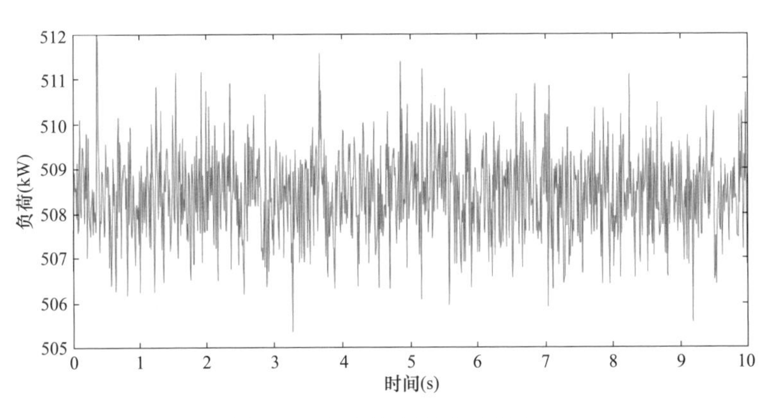

图3-11　持续随机波动波形图

采用WLS状态估计方法，对IEEE33节点系统进行状态估计，并测试不同PMU配置比例对估计精度的影响。设置PMU量测比例分别为0%、5%、10%、15%、20%、25%、50%、75%、100%，仿真次数为100次，估计误差如表3-1所示。

表3-1　不同PMU配置比例情况下WLS状态估计方法的估计误差

PMU配置比例	平均估计误差（标幺值）	平均最大估计误差
0%	0.000 163	0.000 528
5%	0.000 074	0.000 201
10%	0.000 059	0.000 166
15%	0.000 045	0.000 138
20%	0.000 042	0.000 116
25%	0.000 037	0.000 102
50%	0.000 031	0.000 093

续表

PMU 配置比例	平均估计误差（标幺值）	平均最大估计误差
75%	0.000 027	0.000 086
100%	0.000 024	0.000 083

由表3-1可知，随着PMU量测配置比例的上升，WLS状态估计方法的估计误差均明显下降，即估计精度越来越高。PMU量测明显改善了状态估计的准确性。

第三节　韧性电网态势预测技术

在韧性电网态势预测层面，基于当前电网状态预测未来一段时间内电网状态变化的趋势、评估极端事件下群发性故障发生概率、极端事件下连锁故障的潜在风险，并输出动态预警。

一、电网状态趋势预测

电力系统智能感知装置能够记录每次监测、巡检的数据及视频图像，以报表形式详细记录，可供管理人员查看和导出；监测、巡检照片能够以时间曲线的形式进行调看，实现对电网设备及站房环境的可视化管理。通过整合电力系统各类感知装置的历史统计数据，形成电网运行设备的历史状态数据曲线，更直观地反应设备的状态变化趋势，通过分析不同时间段内不同设备数据间的曲线波动及走势，从宏观上把控电网未来运行状态趋势、常见故障及其产生原因，从而达到提前发现问题、分析及解决故障的目的。电网状态趋势预测包括对电网中电压幅值和相角、电流幅值和相角、负荷功率及其衍生出来的定量状态指标的变化趋势进行预测，常见方法有灰色预测法、支持向量机法、非线性回归预测法、时间序列预测法和长短时记忆神经网络预测法等。其中，时间序列预测法很好地反映了数据序列趋势外推的特性；长短时记忆神经网络预测法具有良好的数据处理能力和智能化的趋势，同时还避免了深度神经网络在对长时间距离序列学习时所面临的梯度爆炸或梯度消失风险。因此，本章着重对这两种趋势预测方法进行介绍。

1. 时间序列预测法

由于电网运行变化趋势影响因素比较复杂，其关联因素的数据顺序和数据大小表现出变化的时间序列，因而可采用时间序列模型进行预测。时间序列模型主要有四种：①自回归（Auto-regressive，AR）模型；②移动平均（Moving Average，MA）模型；③自回归-移动平均（Auto-regressive and Moving Average，ARMA）模型；④累积式自回归移动平均（Auto Regression Integrated Moving Average，ARIMA）模型。针对非平稳的能源需求总量时间序列，可采用对数据序列进行平稳化预处理的ARIMA模型进行预测。

Box-Jenkins随机时间序列回归理论提出了平稳时间序列$y_1, y_2, \cdots, y_t, \cdots$，的线性方程模型。由于电网运行趋势时间序列通常为非平稳的数据，所以首先需要对统计数据序列进行平稳化处理，将非平稳的数据序列转成均值为零的平稳随机序列。线性差分方程是目前主要的平稳化处理方式，将序列差分，变为ARIMA形式进行回归，差分后如式（3-58）所示

$$\Delta y_t - \eta_1 \Delta y_{t-1} - \cdots - \eta_{\mathrm{p}} \Delta y_{t-\mathrm{p}} = a_{\mathrm{t}} - \sigma_1 a_{t-1} - \cdots - \sigma_{\mathrm{q}} a_{t-\mathrm{q}} \tag{3-58}$$

其中，一阶差分公式可以表示为

$$\Delta y_t = y_t - y_{t-1} = (1-B) y_t \tag{3-59}$$

一个d阶差分序列可以写为

$$\Delta^d y_t = (1-B)^d y_t \tag{3-60}$$

$$B y_t = y_{t-1} \tag{3-61}$$

由以上公式可以看出，ARIMA（p, d, q）将获取的非平稳性时间序列按相应次数d进行差分得到平稳序列，进而对平稳时间序列构建ARMA（p, q）模型，即当$d=0$时，ARIMA模型变成了ARMA模型。通过对时间序列法中的累积式自回归-滑动平均（ARIMA）模型进行参数估计和模型定阶，来确定一个能够描述所研究能源需求总量变化规律的数学模型。

2. 长短时记忆神经网络

长短时记忆神经网络（long short term memory，LSTM）是在循环神经网络（recurrent neural network，RNN）的基础上为了解决梯度消失和爆炸等问题而设计的一种神经网络，它以如图3-12所示的LSTM单元来代替原RNN的隐含层，

除了输入、输出门之外，LSTM单元还内置了1个能够控制历史输入量的遗忘门，3个门的激活函数均为sigmoid函数。这3个门的作用就相当于对历史输入、当前输入和历史输出进行加权学习，进而达到对历史输入、历史输出的记忆功能。

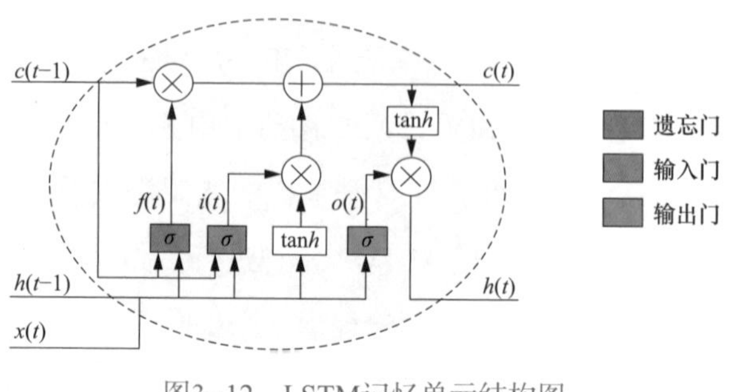

图3-12　LSTM记忆单元结构图

输入门为

$$i(t)=\sigma[\omega_{ih}h(t-1)+\omega_{ix}x(t)+\omega_{ic}c(t-1)+b_i] \tag{3-62}$$

式中：ω_{ix}、ω_{ih}、ω_{ic}分别表示当前时刻系统各节点的运行量测数据$x(t)$、前一时刻LSTM单元输出数据$h(t-1)$和前一时刻细胞单元输出数据$c(t-1)$对输入门的连接权重，b_i表示输入门的偏置向量。

遗忘门为

$$f(t)=\sigma[\omega_{fh}h(t-1)+\omega_{fx}x(t)+\omega_{fi}c(t-1)+b_f] \tag{3-63}$$

式中：ω_{fx}、ω_{fh}、ω_{fx}分别表示当前时刻系统各节点的运行量测数据$x(t)$、前一时刻LSTM单元输出数据$h(t-1)$和前一时刻细胞单元输出数据$c(t-1)$对遗忘门的连接权重，b_f表示遗忘门的偏置向量。

当前记忆状态为

$$c(t)=f(t)\odot c(t-1)\tan h[\omega_{ch}h(t-1)+\omega_{cx}x(t)+b_c] \tag{3-64}$$

式中：ω_{cx}、ω_{ch}分别表示当前时刻系统各节点的运行量测数据$x(t)$和前一时刻LSTM单元输出数据$h(t-1)$这两项的连接权值，b_c表示当前记忆状态的偏置量。

输出门为

$$o(t)=\sigma[\omega_{oh}h(t-1)+\omega_{ox}x(t)+\omega_{oc}c(t)+b_o] \tag{3-65}$$

式中：ω_{ox}、ω_{oh}、ω_{oc}分别表示当前时刻系统各节点的运行量测数据$x(t)$、前

一时刻LSTM单元输出数据$h(t-1)$和前一时刻细胞单元输出数据$c(t-1)$对输出门的连接权重，b_o表示输出门的偏置。

LSTM单元在t时刻的输出结果$h(t)$为

$$h(t)=o(t)\odot \tanh(c(t)) \tag{3-66}$$

按照对象，又可将电网运行趋势预测分为输电网未来发展趋势预测和配电网运行趋势预测两类。

（一）输电网未来发展趋势预测

输电网发展趋势指标是在有关特征基础上考虑输电网未来态（预估态）进一步恶化的情况下建立的，其主要物理含义是未来态相对于当前态的特征增量或增量变化率。特征增量或增量变化率越大，预示着趋势恶化就会越迅速。如果当前状态（通过特征反映）本身已处于比较异常的水平，再加上特征增量或增量变化率过高，则有理由认为趋势将更为恶化甚至即将进入恶劣程度。输电网层面的未来发展趋势信息主要包括以下几个方面：

（1）系统的故障信息，包括发电机组、输变电设备、直流系统的强迫停运率、非计划停运时间、计划停运时间等，这些故障信息可利用发电机组、输变电设备、直流系统的运行统计数据建立概率分布模型，对其强迫停运率、非计划停运时间、计划停运时间进行预测。

（2）系统的运行信息，包括节点电压越上限恶化率、节点电压越下限恶化率、电压上下波动幅度过量恶化率、系统频率越上限恶化率、系统频率越下限恶化率等，可以采用时序数据的各种预测方法对输电网运行趋势进行预测，并计算得出各项运行指标潜在的恶化率。

（3）电网网架结构信息，包括网架走廊线路数、线路长度、线路输电容量、线路阻抗状态等，可以利用序贯蒙特卡罗抽样法模拟线路的全年时序工作态势。

（4）供能单元的输出功率信息，包括风光等可再生能源出力、常规机组出力等，其中风电出力的数学模型可利用时间序列模型模拟全年的风速曲线，基于风速－功率分段函数提取风电出力特性；光伏出力的数学模型，可利用Beta分布模拟光照强度，基于光照强度－功率函数提取光伏出力特性；常规机组出力也可利用历史出力统计数据预测常规机组的全年时序工作态势。

（5）负荷时序信息，包括负荷超常变化、电动汽车增长趋势等，此类信息既可利用历史数据的趋势外推性进行未来发展态势预测，也可建立统计概率模型对未来变化趋势的可能性进行预测。

（6）系统安全类指标，包括功角稳定裕度不足恶化率、电压稳定裕度不足恶化率、输电线路（设备）或断面裕度不足恶化率、主导振荡模式的阻尼不足恶化率、脆弱性（强壮性不足）恶化率、旋转备用（含非旋转快速备用）率不足恶化率等。其中功角稳定裕度不足恶化率可在异常工况下，直接由WAMS提供的信息，通过快速暂态稳定预测方法获得稳定裕度指标，功角暂态稳定裕度可由临界机群和余下机群构成的两机群等值扩展等面积准则、单机对惯性中心等值的两机等值法、由临界机和非临界机构成的临界机组对法等快速求得，对失稳情况，需要由WAMS提供的信息快速预测失稳程度、越过不稳定平衡点的时间，以及捕捉失稳临界机组等；电压稳定裕度不足恶化率可利用EMS和WAMS的在线测量信息时，可以利用基于多端口等值的解析方法。该方法在对电力网络进行等值和解析的基础上，建立识别节点电压薄弱性的解析指标，然后将其分解为与各负荷节点相对应的贡献度指标，由此解析地识别出导致节点电压薄弱的关键因素；主导振荡模式的阻尼不足恶化率，具体可以采用Prony或矩阵束辨识方法在线识别主导振荡模态，或由基于电气剖分网络的阻尼特性分析方法获得关于阻尼系数、阻尼比或区域阻尼等信息；脆弱性（强壮性不足）恶化率可以通过计算能综合反映电网结构自身的脆弱性和运行方式引起的脆弱性指标来表征；旋转备用率不足恶化率可以参照各电网电力调度规程求得，还可以通过从备用风险的角度以备用风险值代替来表示。

（二）配电网未来发展趋势预测

配电网常见的发展趋势指标主要包括以下几类：

（1）配电网运行趋势指标，包括电网中电压幅值和相角、电流幅值和相角、功率等。其中，功率主要由两部分构成，一部分是各母线节点连接的负荷消耗的功率，对含DG的配电网，可将DG节点处理为倒送负荷的PQ节点；另一部分为配电网功率损耗。

（2）电压合格率指标，是评价电能质量的重要指标。主变母线供电电压允许偏差为额定电压的 ±7%，电压合格率计算公式为

$$电压合格率=\left(1-\frac{电压越限时间}{统计时间}\right)\times 100\% \tag{3-67}$$

系统中各类电压合格率取各类电压监测点的电压合格率平均值。此指标旨在能够全面反映配电网不同层次的电压情况。

（3）供电可靠性指标，反映电力系统不间断地向电力用户提供合格电能的能力，相关规程中详细描述了供电可靠性相关的各种评估指标，从规程中选取典型指标，指标具体计算公式为

$$供电可靠率=\left(1-\frac{平均停电时间}{统计时间}\right)\times 100\% \tag{3-68}$$

（4）线损指标，是反映配电网运行经济性的重要指标。统计线损率计算公式为

$$统计线损率=\frac{供电量-售电量}{供电量}\times 100\% \tag{3-69}$$

二、电网风险态势评估

风险预测和连锁故障分析的结果是电网状态发展趋势预判的重要依据，其通过概率分布模型和风险损失函数来考虑发生连锁故障的可能性和严重程度，从而预测未来电力系统可能的发展趋势。根据美国电力专家Vittal明确提出的电力系统运行风险定义，将运行风险描述为

$$Risk(X_{tf})=\sum_{i}\Pr(E_i)\left[\sum_{j}\Pr(X_{tj}|\ X_{tf})Sev(E_j,X_{tj})\right] \tag{3-70}$$

其中X_{tf}是t时刻预测的运行方式，X_{tj}是t时刻第j种负荷情况，$\Pr(X_{tj}|X_{tf})$是t时刻发生第j种负荷情况X_{tj}的概率，E_i为第i种破坏性事件下的预想事故，$\Pr(E_i)$为第i种破坏性事件下的预想事故发生的概率，$Sev(E_j,X_{tj})$为第j种破坏性事件下的预想事故发生的严重程度。定义式将韧性电网运行风险态势评估量化为破坏性事件下的事故概率与其严重程度乘积的累加，从数学上看，其本质是事故严重程度的期望值。

现有文献中关于电网运行风险态势的评估方法与指标构成，以运行风险定义式为准，主要考虑电网在故障后的运行风险。而韧性电网是实现间歇式新能

源并网运行控制、电网与充放电设施互动、智能配用电等电网分析与运行关键技术的网架基础，具有运行状态的时变性、DG与互动负荷的间歇不确定性、网络元件多样性、自动化系统的主动自愈性等关键特性。韧性电网高渗透间歇式新能源并网和高比例电力电子设备接入的新特征不仅给系统的安全稳定运行提出了新的挑战，而且使得现有常规监测手段和风险评估方法难以准确刻画电网运行状态及其影响。要对电网风险态势进行分析，应根据电力设备所承受的破坏性事件预测发生严重度来得到设备的时变故障率。例如，台风灾害往往会破坏大量的电力设备，引发电网的群发性故障，甚至造成大停电事故。因此，在电网风险态势评估阶段，应重点研究和评估发生群发性故障的风险，在电网台风预警防御系统中生成预想事故集及其发生概率。除此之外，连锁故障也是导致电力系统大面积停电事故的重要原因。相较于群发性故障，连锁故障一般指有明确因果关系的相继故障，例如，当电网中某元件故障或投切，系统潮流会发生改变，若余下支路的潮流超过其承受能力，则保护设备会动作造成其余支路的断开，如此反复可能会导致大停电事故。因此可认为，在考虑韧性电网故障后的运行风险的同时，需要同时考虑正常运行时的运行风险，即在正常运行态时关注韧性电网中的重点监测对象运行风险态势，在故障态时关注韧性电网中的重点预想故障运行风险态势。

三、电网态势预警技术

电网态势预警技术是指在电网当前运行状态和电网运行趋势预测的基础上，辨识危害网络安全的潜在异常运行信息并输出警告，其关键是分析影响电网运行当前态和未来态的各项态势要素，即基于对设备的实时感知与精确识别，获取设备的运行状态，并将量测、巡检数据有效整合、关联，通过按时间维度的设备状态分析、多故障交叉比对分析等方式，判断异常原因、预测预警异常态势。

（一）电力设备异常态势预警分析

根据电力设备的不同，设立不平衡异常、环境异常、数值异常、状态异常等各类异常规则，监测、巡检系统统计设备运行电流、电压、开关状态等信息，同时记录站内温度、气体含量等环境信息，按不同的异常规则定义计算和分析相应设备运行状况，实现对电力设备运行异常的精确判断与定位。发现异常态

势后，智能巡检系统能够及时发出告警，通知运维管理人员。管理人员可通过登录智能巡检系统查看站内任意设备的监控视频、照片、设备状态信息、环境信息等数据，并通过智能巡检系统给出异常处理意见，实现设备异常现场的远程实时管理。

另外，智能监测、巡检系统可整合各类型量测数据，从时间、设备、异常类型等多个维度对数据进行分析与比对，实现设备的关联分析。

（1）开关状态一致性分析。对于电力柜上的开关状态指示而言，存在机械分合不到位、开关虚接、电气指示灯故障等问题，导致巡检数据置信度降低。为解决这个问题，对多个设备的巡检结果进行关联，确保开关状态检测的正确性。

a）电气－机械指示关联。同一开关的电气指示与机械指示具备直接一致性，对电气指示和机械指示结果进行关联，当检测到结果不一致时，向管理人员发出告警。实际运行中，发现的不一致通常表现为两类：①电气指示灯坏导致的电气－机械指示不一致；②开关分合不到位导致的机械－电气指示不一致。

b）电流－开关状态关联。正常运行的设备，当开关闭合时，其电流表应表现为有读数且读数在正常阈值范围内。根据设备投运状况数据，结合电流与开关状态的关联分析，可及时发现开关接触故障或是电流表故障，实现对设备运行异常的预警。当检测到断路器处于“合”状态，对应电流表有读数且读数正常时，判断开关状态一致，反之则向管理人员发出预警。

（2）三相温差分析。对配电变压器三相桩头、三相线缆接头等的温度进行检测，并计算相间温差，并结合负载不平衡度状况、环境散热状况对温差进行分析，当三相负载接近，而相间温差超过阈值（通常设置为10℃）时，及时向管理人员发出告警。

（二）电网异常态势预警指标

1. 输电网异常态势预警指标

对输电网异常态势风险的规避和控制取决于对不确定信息的有效描述和对输电网运行方式风险度的刻画和评估。以下选择输电网异常态势预警范围内具有代表性的最小切负荷值和概率可用传输能力指标。

（1）最小切负荷。最小切负荷（Minimum Load Shedding，MLS）是指电网运行中由于网架结构不合理或者电网故障时出现支路过负荷而造成的切负荷量。最小切负荷量计算的核心问题是切负荷节点和数量的选择。它取决于节点切负荷对于消除系统过负荷支路的有效度，即节点切除负荷对于消除系统过负荷的总体效应。基于直流潮流模型，最小切负荷计算的线性规划方法为

$$\min MLS = \sum_{j \in N_{\mathrm{D}}} P_{\mathrm{C}j} \tag{3-71}$$

$$\text{s.t.} \quad P_L = \sum_{f \in N} S_{Lf} P_f \quad L \in N_{\mathrm{B}} \tag{3-72}$$

$$P_{\mathrm{G}j}^{\min} \leqslant P_{\mathrm{G}j} \leqslant P_{\mathrm{G}j}^{\max} \quad j \in N_{\mathrm{G}} \tag{3-73}$$

$$0 \leqslant P_{\mathrm{C}j} \leqslant P_{\mathrm{D}j} \qquad j \in N_{\mathrm{D}} \tag{3-74}$$

$$P_L^{\min} \leqslant P_L \leqslant P_L^{\max} \quad L \in N_{\mathrm{B}} \tag{3-75}$$

式中：MLS为系统最小切负荷费用，是随机变量；$P_{\mathrm{C}j}$为节点j的切负荷量；P_L为支路功率；S_{Lf}为节点f对支路L的功率灵敏系数；N_{B}为支路集；$P_{\mathrm{G}j}^{\min}, P_{\mathrm{G}j}^{\max}$为发电机出力上下限；$P_{\mathrm{C}j}$为节点$j$的发电机出力；$N_{\mathrm{G}}$为发电机节点集；$P_{\mathrm{D}j}$为节点$j$的负荷；$N_{\mathrm{D}}$为负荷节点集；$P_L^{\max}$、$P_L^{\min}$为支路潮流上下限。

基于电力系统所具有的随机特征，通过模拟发输电设备的随机开断及负荷变化确定系统可能出现的运行方式，然后使用适当的优化算法求解这些运行方式下系统的MLS，最后分析综合各运行状态下的MLS值，据此可分析系统的运行性能，当最小切负荷量大于0时，输出输电网异常运行态势预警。

（2）概率可用传输能力。电网传输容量是电网规划与运行部门长期关注的重点。电网充裕的传输容量是提高系统功率传输水平的基础和前提，可在正常运行和事故方式下满足系统功率传输和事故处理需要。电网扩展目标也在于提高系统传输容量，最大限度满足负荷增长需求。

电网可用传输容量（Available Transfer Capability，ATC）是电网传输能力的一种度量标准，指在已成交的传输容量基础上，在满足一定的安全约束条件下，输电网能提供的可供电力交易的最大剩余容量。在数学上，ATC等于极限传输容量（Total Transfer Capability，TTC）减去输电可靠性裕度（Transmission Reliability Margin，TRM）再减去容量效益裕度（Capacity Benefit Margin，CBM）。

现有的ATC计算方法概括而言可分为基于确定性的方法和基于概率性的方法两类。所谓基于确定性的方法，就是针对所求问题的模型，通过严格的数学计算过程，得出精确的解，物理概念清楚，模型精确度高，如基于直流潮流的分布因子法、连续潮流法、最优潮流法、重复潮流计算法等。所谓基于概率性的方法就是利用概率理论和数理统计分析，模拟发输电设备的随机开断及负荷变化确定系统可能出现的运行方式，然后使用适当的优化算法求解这些运行方式下系统的ATC，最后分析综合各运行状态下的ATC值得到系统ATC值的期望值，包括随机规划法、状态枚举法、蒙特卡罗模拟法、Bootstrap算法等。

到目前为止，针对TRM和CBM并没有很好的计算方法。本章不考虑TRM和CBM的影响，以基于直流潮流的模型为例，可用传输容量计算的线性规划模型如下

$$\max \ ATC = e^T d \tag{3-76}$$

$$\text{s.t.} \ Sf + g = l + d \tag{3-77}$$

$$f_{ij1} - \gamma_{ij}(n_{ij}^0 + n_{ij})(\theta_i - \theta_j) = 0 \tag{3-78}$$

$$\left| f_{ij1} \right| \leqslant (n_{ij}^0 + n_{ij})\overline{f}_{ij} \tag{3-79}$$

$$0 \leqslant g \leqslant \overline{g} \tag{3-80}$$

$$d \geqslant 0 \tag{3-81}$$

式中：l、f、g、d、$\overline{g}$、e分别为负荷列向量、支路有功功率列相量、发电出力列相量、负荷增长列相量、发电出力上限列向量和单位1列相量；θ_i、θ_j为节点i、j的相角；S为节点支路关联矩阵；n_{ij}^0、n_{ij}、γ_{ij}、$\overline{f}_{ij}$分别为支路$i-j$间原有线路条数、规划架线条数、单条线路导纳以及有功传输极限。通过求解此模型，即可求得网络的可用传输能力。

计及电力系统中的不确定性因素，定义概率可用传输容量如下：基于电力系统所具有的随机特征，通过模拟发输电设备的随机开断及负荷变化确定系统可能出现的运行方式，然后使用适当的优化算法求解这些运行方式下系统的ATC，最后综合分析各运行状态下的ATC值得到系统ATC值的期望值。当输电系统的ATC值小于设定允许的阈值时，可输出输电网异常态势预警。

2. 配电网异常态势预警指标

建立反映配电网安全运行态势的多维预警指标。以下将从节点－支路－网络递进结合的角度介绍一些典型的预警指标。

（1）零序电压。PMU装置可采集配置节点处零序电压。以城市中压配电网为例，设其中性点采用不接地的运行方式，发生单相接地故障或两相接地故障时，零序电压存在骤升现象。因此可通过零序电压的突变识别系统当前安全状态。

（2）电压越限裕度指标。采用电压越限裕度指标来反映电网电压当前安全状态和未来安全运行趋势，如短路故障、用电设备投入与切除等将会引起电压变化。

$$EW_{Ui}=1-\left|\frac{U_i-(U_{iup}+U_{ilow})/2}{(U_{iup}+U_{ilow})/2}\right| \tag{3-82}$$

式中：EW_{Ui}为第i节点电压越限裕度指标值；U_i、U_{iup}和U_{ilow}分别为第i节点电压值、电压上、下限值。

（3）支路过载严重度指标。针对支路电流的过载安全问题，本节引入支路过载严重度指标S_{ol}来反应系统当前安全状态和未来安全运行趋势，以挖掘和评估系统运行潜在的安全风险。其计算公式为

定义线路过载值L_{ol}为

$$L_{ol}=L-0.8 \tag{3-83}$$

式中：L表示流过线路的电流占其额定电流的比例。

式（3-83）反映了单一线路的过载值，而安全态势预警指标的评估对象为电网，因而在此基础上，定义支路过载严重度指标S_{ol}，反映发生安全事件导致电网中带电设备传输功率过载的危险程度。

$$S_{ol}=e^{\max(L_{ol})}-1 \tag{3-84}$$

当设备电流小于或者等于额定电流的80%时，S_{ol}取为0；随着流过设备电流的增加，S_{ol}增大，且增加速率变快。

（4）电压相位变化量。表征电网未来态电压相位变化趋势的平稳性。在预测时间段内，节点频率f_p和相位绝对值φ_j各有N_p个，节点编号标记为i。数据点采集时间间隔为ΔT，节点j电压相位变化量为

$$\begin{cases} \Delta\overline{\varphi}_j = \mathrm{mod}(2\pi\overline{f}_j \cdot \Delta T，2\pi) & \overline{f}_j \geqslant 50\mathrm{Hz} \\ \Delta\overline{\varphi}_j = \mathrm{mod}(2\pi，2\pi\overline{f}_j \cdot \Delta T) & \overline{f}_j < 50\mathrm{Hz} \end{cases} \tag{3-85}$$

式中：mod（ ）为求余函数；$\overline{f}_j$ 为该时段内电压频率平均值，频率可由量测设备采集获得，即

$$\overline{f}_j = \frac{1}{N_\mathrm{p}} \sum_{i=1}^{N_\mathrm{p}-1} f_i \tag{3-86}$$

当相位变化量位于$[0.95\Delta\overline{\varphi}_j, 1.05\Delta\overline{\varphi}_j]$区间内，认为相位处于平稳状态，否则处于非平稳状态。非平稳状态可能是由故障、用电设备投入与切除等冲击引起。相位变化量越大说明预测时间段内配电网安全态势受到冲击带来的动态威胁程度越大。

计算配电网零序电压、电压越限裕度指标、支路电流过载严重度和电压相位变化量等安全态势预警指标，进而对配电网的安全态势潜在威胁进行评估[27]。

四、算例分析

基于本章第二节算例，采用LSTM和RNN、BP神经网络分别对IEEE33在正常运行下的运行趋势进行预测，其预测比较结果分别如图3-13所示，其中，使用采集次数取代高密时刻作为横坐标，可更清晰展示该预测时段内所获得的高密预测数据。运用平均绝对误差MAE（mean absolute error，MAE）和平均绝对百分比误差（mean absolute percent error，MAPE）对IEEE33节点算例态势预测结果的精度进行评估，如表3-2所示。

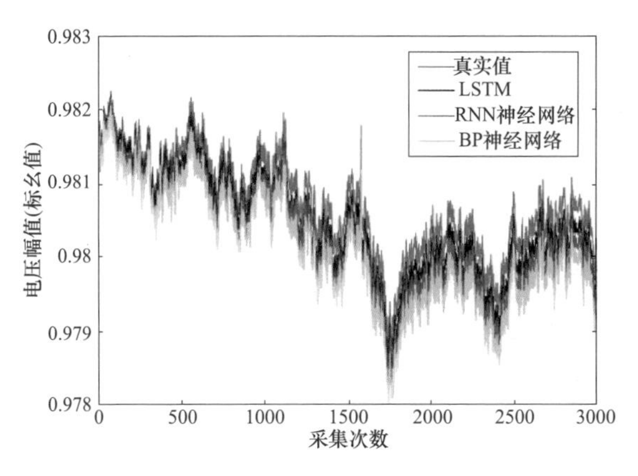

图3-13　基于LSTM、RNN和BP神经网络的IEEE33系统运行趋势预测结果

表 3-2　　IEEE33 系统运行趋势预测结果评价指标比较

预测模型	MAE	MAPE（%）
LSTM	0.061	1.025
RNN	0.112	1.574
BP	0.193	2.386

由图3-13和表3-2可知，在MAE和MAPE指标上，LSTM均优于RNN和BP神经网络，说明基于LSTM的运行趋势预测精度高于RNN和BP神经网络。

为了对电网未来运行趋势中的韧性进行预警评估，本节以增加持续随机扰动事件为例，在IEEE33节点系统中设置两种场景进行态势预警比对分析。

场景1：不考虑负荷波动情况下，对IEEE33节点电网正常和故障状态下的安全态势进行预警分析；

场景2：通过增加图3-11中持续随机波动模拟分布式新能源出力波动或新型负荷波动的影响，并对负荷波动下的电网态势进行预警分析。

基于以上两种场景，计算电网态势预警指标如下：

1. 零序电压

利用量测装置采集配置点零序电压量测，可通过中性点不接地下零序电压值或零序电压的跃变识别系统中存在的不对称故障，发现系统存在的安全问题，如图3-14所示系统零序电压安全态势图。在0～2 s时段，各节点零序电压值为零，此时系统为正常态势。在2～5 s时段，设定2 s时刻IEEE33节点系统节点16发生A相单相接地故障。此时，在场景1中，IEEE33节点系统不考虑持续随机波动，其零序电压将沿着0～2 s时段变化趋势变化，如图3-14（a）所示；在场景2中，IEEE33节点系统的节点16增加持续随机波动，对应故障零序电压如图3-14（b）所示。

对比图3-14（a）和（b）中IEEE33节点系统在场景1和场景2下发生单相接地故障的零序电压安全态势图可知：①故障点零序电压最高，此时系统发出预警信息，处于故障态势，电网韧性指标较差；②在5～10s时段，5s时刻故障切除，零序电压降至0，系统处于正常态势；③场景2中考虑持续随机波动，会影响零序电压的幅值，但并不会改变反映电网韧性程度的安全态势预警输出。

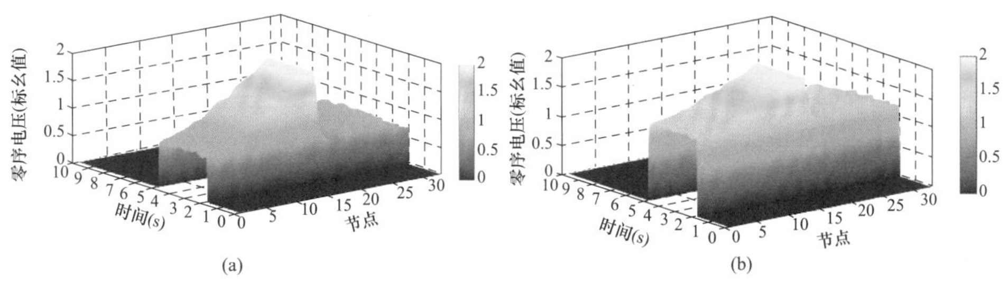

图3-14　IEEE33节点系统零序电压态势图

（a）场景 1 中零序电压态势；（b）场景 2 中零序电压态势

2. 电压越限裕度指标

结合量测信息和安全态势信息，获取未来10s的IEEE33节点各节点电压越限风险值。场景1下和场景2下IEEE33节点系统的电压越限裕度安全态势值分别如图3-15（a）、（b）所示。

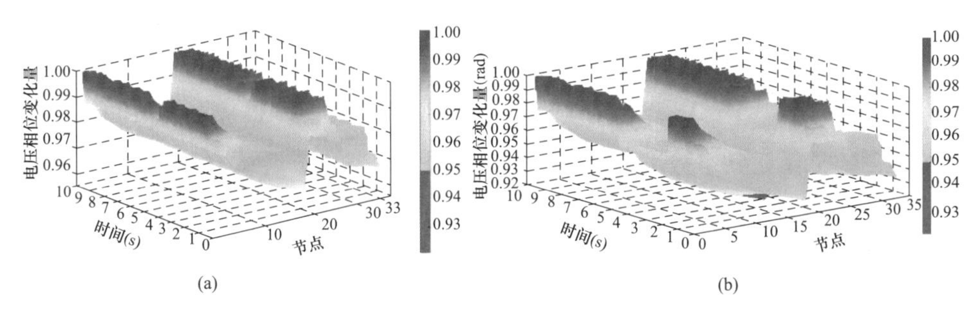

图3-15　IEEE33节点系统的节点电压越限裕度态势图

（a）场景 1 中节点电压越限裕度态势；（b）场景 2 中节点电压越限裕度态势

式（3-82）中U_{iup}和U_{ilow}分别取1.1（标幺值）和0.95（标幺值）。图3-15中E_{WUi}<0.95时发出低电压越限预警。对比图3-15（a）和（b）中IEEE33节点系统在场景1和场景2下各节点电压越限裕度态势图可知：① 场景1中IEEE33节点系统不考虑持续随机波动，系统正常运行时各节点电压越限指标值均位于［0.95（标幺值），1.05（标幺值）］，各节点电压无越限风险，为正常态势；② 场景2中IEEE33节点系统分别在2s时刻增加持续随机波动，IEEE33节点系统中的节点9～节点17对应的电压幅值均小于0.95（标幺值），发出低电压越限预警，表征电网韧性有待提高。

3. 支路过载严重度指标

求取场景1和场景2下IEEE33节点系统的支路过载严重度指标。其中，场景1中的IEEE33节点系统不考虑持续随机波动，系统正常运行状态下无过载支路，均处于正常态势，且支路过载严重度安全态势值为零。场景2中IEEE33节点系统在2～5s时段内增加持续随机波动，对应支路过载严重度安全态势值如图3-16所示。

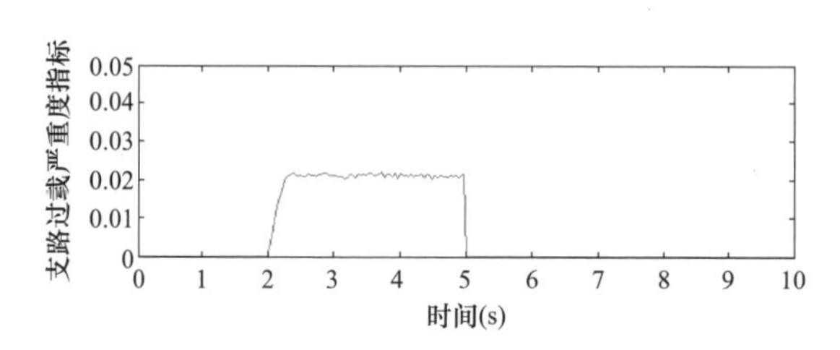

图3-16　IEEE33支路过载严重度态势指标

当$0<S_{ol}\leqslant e^{0.2}$时，发出重载预警信息，当$S_{ol}>e^{0.2}$时，发出过载预警信息。由图3-16可以看出：①在0～2s时段内，IEEE33节点系统正常运行时间，均无过载支路，处于正常态势；②在2～5s时段内，IEEE33节点系统中节点13-15支路、节点15-16支路以及节点16-17支路过载，且节点16-17支路的S_{ol}值大于其他支路，均处于［$0,e^{0.2}$］范围，输出重载预警，需要提高电网韧性；③5s时刻切除波动因素，各支路过载严重度安全态势值为零，系统恢复正常安全态势。

4. 电压相位变化量

利用量测的电压相量和频率值，求取电压相位变化量安全态势指标。场景1下IEEE33节点系统的电压相位变化量安全态势值如图3-17（a）所示；场景2下IEEE33节点在2～5s时段内分别增加持续随机波动，相应电压相位变化量安全态势值如图3-17（b）所示。

对比图3-17（a）和（b）中IEEE33节点系统在场景1和场景2下电压相位变化量安全态势图可知：①场景1中IEEE33节点系统各节点电压相位变化量均位于［0.01194,0.0139］平稳区间内，说明系统处于平稳安全态势；②场景2中IEEE33节点系统考虑2～5s时段内的持续随机波动，持续随机波动因素的投入与切除导致电压相位的变化量超出平稳区间，处于非平稳的动态安全态势，说

明面临持续随机波动带来的动态威胁程度较高，电网韧性有所降低，进而输出预警。

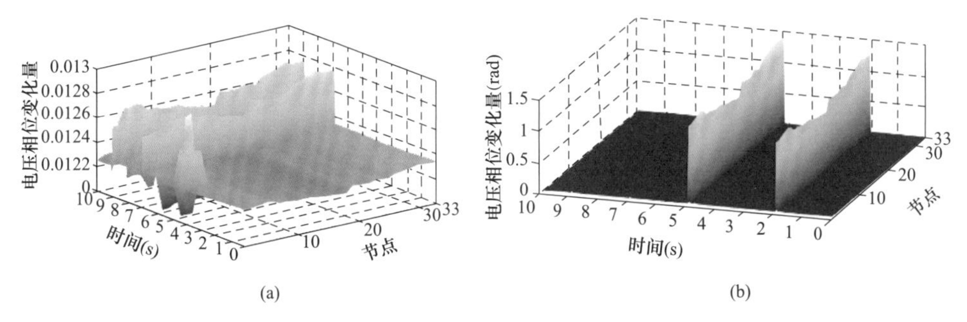

图3-17　IEEE33节点系统电压相位变化量态势图

（a）场景 1 中电压相位变化量态势；（b）场景 2 中电压相位变化量态势

第四节　本章小结与展望

一、本章小结

同步准确地获取电网故障状态的系统运行工况是提高韧性电网感知力的基础。通过精确感知应急场景或破坏性事件下电网发生多重故障时的实时电气量数据，为最快速度定位风险源和制定相应供电修复策略提供支撑。本章引入态势感知理论，其定义是指在特定时空范围内，认知、理解环境因素，并对未来发展趋势进行预测，对应的感知过程一般可以分为态势觉察、态势理解和态势预测三个阶段。态势感知主要面向不确定性强、专家参与决策的大型或巨型动态复杂系统，其在韧性电网中的相关应用主要是对常态情景、应急情景和极端情景下电网运行态势进行感知。本章从介绍输配电网监测设备着手，对韧性电网态势要素进行识别和提取，从不同量测体系中获取反映电网安全态势的多源信息；通过对PMU量测和SCADA量测数据进行有机融合，可以提高网络信息冗余度，增强系统的整体可观测性；综合考虑网络拓扑模型和系统量测量特征，建立相应的量测方程来处理系统各种不同类型的量测量，保证状态估计结果的准确性；实时评估台风、冰灾、地震等自然灾害和持续随机扰动下电网设备实时风险状态、供电设备风险状态、社会资源风险状态和灾害故障风险状态，定量推理电网当前安全运行状态和破坏性事件下电网故障易发程度；基于历史时序数据进行趋势外推的方法，对电网运行状态的变化趋势进行预测；建立适当的概率模型来模拟未来风险态势变化的可能性；通过准确预警预测态的电网安全运行态势，从而使电网调度中心对安全风险的提前预防成为可能。

二、韧性电网感知力提升技术发展展望

（一）配电网同步量测体系

配电网同步量测体系是提升韧性电网感知力的物理基础。现有配电网同步相量量测体系在数据传输层面存在传输时延过长、时延分布不确定等问题，在终端接入层面存在通信方式缺乏统一规划、双向信息通信不足等问题。对此，可融合物联网与智能配电网组网架构思想，引入配电边缘终端与云主站，提出基于多应用功能模块划分与云/边灵活配置的配电网同步量测体系。将不同配电应用按照对不同区域内数据的需求进行功能模块划分，并灵活配置在云端边缘，实现边缘与云端、边缘与边缘之间的资源协调优化，减少数据传输量，满足同步数据时延与韧性电网感知需求相匹配的要求。

（二）基于同步动态量测的韧性电网等值模型参数辨识技术

韧性电网源网荷储主导动态控制特性研究需要准确的等值模型及其参数。基于扰动信息，利用PMU动态量测对动态等值模型参数进行辨识，为在线设备在线控制提供参数初值。一方面，可以建立韧性电网源网荷储控制设备的等值输入输出模型，并根据轨迹灵敏度确定主导参数；另一方面，利用扰动时间段内PMU记录的动态量测信息对系统控制设备动态控制模型的等值参数进行预测和辨识，并通过预测误差实时反馈来对预测模型进行校正，以避免降阶模型与实际模型、线性化模型与原非线性模型以及参数错误/时变等因素导致的预测模型失配问题，从而保证韧性电网等值模型参数辨识的可靠性。

（三）基于云－边协同的韧性电网故障态势感知技术

在靠近高频次PMU和低频次配电自动化多类型数据源的地方部署“边缘节点”，由此计算节点就地完成数据采集、数据处理和故障分析，将处理后的结果上送到云平台，由云平台进行统一管理和告警推送。破坏性事件下，韧性电网发生群发性故障和连锁故障的概率增加，可利用PMU通过云－边协同从云端获

取包括自身和相邻开关设备的局部网络拓扑模型，且在故障发生后，依托PMU所具有的边缘计算能力，通过边－边协同使得相邻PMU之间互相获取故障发生时的同步量测数据和波形数据等故障态势的特征信息，分析计算出所发生的故障类型和故障位置，利用局部拓扑参数的故障处理算法来实现电网多点故障的定位、隔离和恢复，并通过云－边协同上报云主站，完成韧性电网故障态势感知过程。

参 考 文 献

[1] 符杨，郑紫宸，时帅，等.考虑气象相似性与数值天气预报修正的海上风功率预测[J].电网技术，2019，43(4)：1253-1259.

[2] 彭小圣，熊磊，文劲宇，等.风电集群短期及超短期功率预测精度改进方法综述[J].中国电机工程学报，2016，36(23)：6315-6326.

[3] 王印峰，陆超，李依泽，等.一种配电网高精度快响应同步相量算法及其实现[J].电网技术，2019，43(3)：753-760.

[4] 许苏迪，刘灏，毕天姝，等.适用于PMU现场测试校准的参考值测量算法[J].中国电机工程学报，2020，40(11)：3452-3462.

[5] 王宾，孙华东，张道农.配电网信息共享与同步相量测量应用技术评述[J].中国电机工程学报，2015，35(S1)：1-7.

[6] 相晨萌，曾四鸣，闫鹏，等.数字孪生技术在电网运行中的典型应用与展望[J].高电压技术，2021，47(5)：1564-1575.

[7] 刘安迪，李妍，谢伟，等.基于多源数据多时间断面的配电网线路参数估计方法[J].电力系统自动化，2021，45(2)：46-54.

[8] Huang S C, Lu C N, Lo Y L. Evaluation of AMI and SCADA data synergy for distribution feeder modeling[J]. IEEE Transactions on Smart Grid, 2015, 6(4): 1639-1647.

[9] 荆孟春，王继业，程志华，等.电力物联网传感器信息模型研究与应用[J].电网技术，2014，38(2)：532-537.

[10] 周景.电网自然灾害预警管理模型及决策支持系统研究[D].北京：华北电力大学，2016.

[11] 张涛，赵东艳，薛峰，等. 电力系统智能终端信息安全防护技术研究框架[J].电力系统自动化，2019，43(19)：1-8+67.

[12] 鞠平，王冲，辛焕海，等.电力系统的柔性、弹性与韧性研究[J].电力自动化设备，2019，39(11)：1-7.

[13] 刘鑫蕊，李欣，孙秋野，等.考虑冰灾环境的配电网态势感知和薄弱环节辨识方法

[J].电网技术，2019，43(7)：2243-2250.

[14] Huang Y, Xu J, Wu Q, et al. Multi-pseudo regularized label for generated data in person re-identification[J]. IEEE Transactions on Image Processing, 2018, 28(3): 1391-1403.

[15] Wan C, Chen H, Guo M, et al. Wrong data identification and correction for WAMS[C]. 2016 IEEE PES Asia-Pacific Power and Energy Engineering Conference (APPEEC), Xi' an, China, 2016: 1-5.

[16] 朱鹏程，柳劲松，范士雄，等.考虑混合量测的配电网二次约束二次估计方法[J].电网技术，2019，43(3)：841-847.

[17] 张海波，刁智伟.基于状态空间转换的SCADA系统支路静态参数局部辨识方法[J].电网技术，2020，44(07)：2624-2633.

[18] Duan N, Stewart E M. Frequency event categorization in power distribution systems using micro pmu measurements[J]. IEEE Transactions on Smart Grid, 2020, 11(4): 3043-3053.

[19] 田家辉，梁栋，葛磊蛟，等.面向高精度状态感知的配电系统微型同步相量测量单元优化配置[J].电网技术，2019，43(07)：2235-2242.

[20] Qi J, Sun K, Kang W. Optimal PMU placement for power system dynamic state estimation by using empirical observability Gramian[J]. IEEE Transactions on Power Systems, 2014, 30(4): 2041-2054.

[21] 常鲜戎，樊瑞.计及零注入节点约束的混合量测分区状态估计方法[J].电网技术，2015，39(08)：2253-2257.

[22] Lin C, Wu W, Guo Y. Decentralized robust state estimation of active distribution grids incorporating microgrids based on PMU measurements[J]. IEEE Transactions on Smart Grid, 2019, 11(1): 810-820.

[23] 吴勇军，薛禹胜，谢云云，等.台风及暴雨对电网故障率的时空影响[J].电力系统自动化，2016，40(2)：20-29+83.

[24] 晏鸣宇，周志宇，文劲宇，等.基于短期覆冰预测的电网覆冰灾害风险评估方法[J].电力系统自动化，2016，40(21)：168-175.

[25] 谢亚娟.洪水风险评估中多源信息融合及不确定性建模研究[D].武汉：华中科技大学，2012.

[26] 王守相，王林，王洪坤，等.地震灾害下提升恢复力的配电网优化恢复策略[J].电力系统及其自动化学报，2020，32(6)：28-35.

[27] 田书欣，李昆鹏，魏书荣，等.基于同步相量测量装置的配电网安全态势感知方法[J].中国电机工程学报，2021，41(02)：617-632.

第四章　韧性电网应变力关键技术

“应变”在大辞海中的释义是“应付事态的突然变化”，如随机应变，应变自如。《荀子·王制》：“举措应变而不穷。”《新唐书·李勣传》：“其用兵多筹算，料敌应变，皆契事机。”

应变力是指电网在事故前主动预判事件影响，制定预案，并采取预备措施以应对突发扰动的能力。电力系统事故分为可预知和不可预知两类。可预知事故包括常规N-1和N-2预想事故、台风暴雪等可提前足够长时间预报的自然灾害以及机理相对明确的连锁故障事故等。针对这类事故，韧性电网应有针对性地做好预案，结合事故预测模型，对电力系统面临的风险进行预判和评估，积极开展事故前部署（如应急资源预布置等），并做出预警。不可预知事故包括地震和超级台风等罕见的极端灾害、精心策划的网络攻击以及不在常规预想事故集中的N-k事故等。这类事故难以有针对性地预防，韧性电网应具备以不变应万变的能力，识别电网薄弱环节并采取改善措施，部署校正控制、紧急控制、主动解列和孤岛运行等先进运行控制系统，提升电网的整体应变力。

本章着重介绍提升电网韧性的优化规划技术、提升应变力的电网优化运行技术、提升应变力的优化预防决策技术3项关键技术。

（1）提升应变力的电网优化规划技术通过电网网架结构优化、分布式储能部署以及需求侧响应技术部署，提高电网抵御极端事件冲击的能力。

（2）提升应变力的电网优化运行技术通过最优潮流调度防范连锁故障，合理安排预警和预防措施，并且对设备进行加固，从而减少故障后电网失稳风险，降低负荷停电损失。

（3）提升应变力的优化预防决策技术通过制定协调预防性策略，并对灾前应急资源进行优化调配，提升电网受灾后的恢复能力。

第一节　提升应变力的电网优化规划技术

本节以电网韧性提升手段为技术划分依据，介绍了目前面向韧性的电网优化规划的四个主要研究方向，包括输电网、配电网网架结构优化、多形态储能的规划以及需求侧响应技术，并给出了对应的典型优化规划的数学模型。其中，输电网网架优化规划中以最小化系统中的脆弱环节为目标，将规划问题分解为拓扑规划和状态规划，并且引入了单位成本抗毁性贡献度指标来建立拓扑和韧性之间的影响关系。配电网规划中提出了一种预防高停电风险的多目标拓扑规划模型，综合考虑三个方面的影响，从而得到最优的规划方案。多形态储能规划中考虑了韧性和经济性的平衡，采用纳什博弈模型来求解韧性和经济性两个主体之间的权重关系。需求侧响应技术介绍了以灰色关联度和灰色预测为基础的需求侧响应能力的预测模型。

一、提升韧性的输电网网架优化规划

极端事件冲击容易导致多条线路损坏，诱发连锁故障，从而导致大规模的停电事故，而电网拓扑和电网中的脆弱环节是影响连锁故障规模的两大因素。优化输电网的拓扑结构，能够减少停电风险和损失，从而提高输电网的韧性。极端事件发生前（即规划阶段）、极端事件发生中以及极端事件之后三个阶段都可以进行电网的拓扑结构优化，从而达到提升电网韧性的效果。

本节研究着眼于如何在电网规划阶段优化电网拓扑，并且尽可能地避免系统中存在显著脆弱的环节。解决思路是将考虑停电风险约束的电力系统规划问题分解为拓扑规划和状态规划两步进行优化，这一思路将在“2. 高抗毁性的输电网拓扑规划算法”详细阐述。在拓扑规划阶段，以最短的新建线路获取尽可能多的供电路径，以减小系统在故障后中断供电的可能性，该部分内容在“3. 输电网拓扑规划的流程”介绍。“4. 示例和分析”给出状态规划阶段的方法，以确定电源的容量、发电出力和输电线路回数。最后是以某区域电网的实际算例进行分析。

1. 预防高停电风险的输电系统规划框架

考虑到停电导致的损失既包含直接经济损失也包括难以估计的间接损失，因此本节将停电风险作为输电系统规划的约束之一。于是，以建设成本最小为目标的规划原问题可以表示为

$$\min\sum_{i=1}^{n_p} c_{g,i} X_i^C + \sum_{l=1}^{n_l} c_l C_l Y_l^C \qquad (4-1)$$

$$\text{s.t.}\quad \boldsymbol{\theta}=(\boldsymbol{B}+\sum_{i=1}^{nl}Y_l^C\bullet\Delta\boldsymbol{B}_l)^{-1}\begin{bmatrix}\boldsymbol{P}_{\mathbf{g}} & \boldsymbol{P}_{\mathbf{d}}\end{bmatrix}^T \tag{4-2}$$

$$F_l=(\theta_{l1}-\theta_{l2})/x_l \tag{4-3}$$

$$(Y_l^C+Y_l^E)(1+R_l)C_l\geqslant|F_l| \tag{4-4}$$

$$\sum_{i=1}^{n_\mathrm{p}}P_{\mathrm{g},i}\geqslant\sum_{j=1}^{n_\mathrm{d}}P_{\mathrm{d},j}(1+R_\mathrm{p}) \tag{4-5}$$

$$\sum_{i=1}^{n_\mathrm{p}}A_iP_{\mathrm{g},i}\geqslant\sum_{j=1}^{n_\mathrm{d}}T_jP_{\mathrm{d},j}(1+R_\mathrm{e}) \tag{4-6}$$

$$\sum_{i=1}^{n_\mathrm{p}}P_{\mathrm{R},i}P_{\mathrm{g},i}\geqslant\sum_{j=1}^{n_\mathrm{d}}F_jP_{\mathrm{d},j} \tag{4-7}$$

$$\sum_{i=1}^{n_\mathrm{p}}P_{\mathrm{oll},i}P_{\mathrm{g},i}\leqslant P_{\mathrm{o,max}} \tag{4-8}$$

$$P_{\mathrm{g},i}\leqslant(X_i^C+X_i^E)C_i\leqslant P_{\mathrm{M},i} \tag{4-9}$$

$$risk(P_{\mathrm{cut}})\leqslant\varepsilon \tag{4-10}$$

式中：Y_l^C为输电网决策变量，其为整数，代表的是线路l新增的并联条数。Y_l^E为线路l已并联条数。c_l为线路l单位容量建设费用；C_l为线路l的单条容量；R_l为线路容量备用系数；F_l为线路l潮流；θ_{l1}和θ_{l2}分别为线路l首末端相角；θ为节点相角向量；$\boldsymbol{B}$代表的是节点导纳矩阵，$\Delta\boldsymbol{B}_l$表示的是因新建支路l而引起的$\boldsymbol{B}$矩阵改变量；向量$\boldsymbol{P}_\mathrm{g}$为不包含平衡节点的各发电机有功出力，向量$\boldsymbol{P}_\mathrm{d}$为负荷节点的有功功率。电源决策变量包含$X_i^C$与$P_{\mathrm{g},i}$，一共有$2n_p$个，前者表示点$i$处新建发电机的个数，后者表示在点$i$处投运发电机的预期出力。$R_\mathrm{p}$为容量备用系数，$R_\mathrm{e}$为电量备用系数。$A_i$为电厂$i$的可用时间；$P_{\mathrm{R},i}$为电厂$i$的单位发电调峰深度，对于新能源机组，由于反调峰特性，该值可以为负；$P_{\mathrm{oll},i}$为电厂i的单位发电污染量。T_j为负荷点j最大负荷利用小时；F_j为负荷点j最大波动比例；$P_{\mathrm{o,max}}$为当年系统最大允许污染量，该值可以总量形式给出，也可以平均污染量形式给出。X_i^E为点i处已经存在的电厂数量。C_i为点i处单个电厂的建设维护费用，即全寿命周期费用（life cycle cost，LCC），该参数的大小取决于该点处的发电机能源类型和额定容量。

式（4-1）～式（4-10）的约束考虑了线路潮流约束［见式（4-4）］、电力平衡约束［见式（4-5）］、电量约束［见式（4-6）］、调峰约束［见式（4-7）］、环保约束［见式（4-8）］以及停电风险约束［见式（4-10）］。其中不仅面临一般的混合整数非线性规划的难点，而且停电风险与各决策变量之间没有显式的表达式。尤其，规划后电网的拓扑结构将发生变化，这导致可能的连锁故障路径显著不同。考虑单重或多重故障后系统是否能够保持连通性是电力持续供给的基础，本节将问题式（4-1）～式（4-10）分解为拓扑规划、状态规划和停电风险校验。

2. 高抗毁性的输电网拓扑规划算法

本部分介绍算法的目的在于通过在电网规划阶段优化拓扑，从而减小系统在故障后中断供电的可能性。提出了抗毁性贡献度指标来衡量拓扑变化对电网停电风险的影响。

（1）单位成本抗毁性贡献度指标。

根据每条线路对于系统连通性的贡献和线路建设成本的大小，对新建的线路进行排序，基于链路分解因子构建新建线路的衡量指标，即单位成本抗毁性贡献度为

$$Ld(k)=\frac{T_k}{T_s}/C_k \tag{4-11}$$

式中：T_k为电网拓扑图G去除线路k时的情况下的生成树数量；T_s为电网拓扑图中所有生成树的数量；C_k为线路k的建设成本。

采用基尔霍夫矩阵树定理对生成树的数量T_k和T_s分别进行计算。生成树的数量实质上对应着系统中所有不同的供电路径，若删去线路k导致拓扑图的生成树数量大幅减少，则说明该线路对于系统的抗毁性具有很高的贡献值。将生成树数量的变化比例除以该线路的建设成本，这个指标实现了系统建设的经济性和安全性的统一。

抗毁性贡献度指标衡量的是系统拓扑变化对于系统供电路径数量的影响。一般而言，系统的供电路径越多，系统停电事故的发生概率也就越低。因此抗毁性贡献度指标可以一定程度上表征拓扑变化（单一线路开断）对于系统停电风险的影响，也为删除单个线路提供了依据。

该指标的引入建立了系统拓扑变化与系统停电风险之间的关联。然而，要形成以预防高停电风险为目的的拓扑优化算法，仍然有两个问题需要解决：一是如何形成初始冗余网络，二是如何设定冗余线路删除的终止条件。这两个问题也是后续部分将要解决的问题。

（2）初始冗余网络形成的原则。

本节所提出的方法采用多年统一规划的方式，针对若干年内新建的节点形成冗余随机网络，并在冗余随机网络的基础上进行优化，为了保证冗余随机网络及最终输电网结构更加合理，可以借鉴铁路网络规划思路，采用去三角校验。此外，在电网规划过程中应当尽量避免交叉供电的情况产生。据此，在新建线路时需要校验以下两条准则：

1）去三角校验：出于节省成本的考虑，对于走向相近的线路进行优化，从而提升所建设线路的经济效益。因此，新建线路与原有线路夹角不能过小，若夹角过小，则删除其所构成的三角形中最大角对应的线路边。

2）非交叉供电：新建线路不能与原线路交叉。

在进行去三角校验和非交叉供电分析时，由于线路删除先后顺序的不同，会产生多个初始拓扑结果。对多种不同的方案进行保留并分别在后续流程中对它们进行进一步的拓扑优化分析。

（3）冗余线路删除的终止原则。

虽然抗毁性贡献度指标为删除初始拓扑中冗余线路提供了依据，但是却难以给出终止条件。本节参考复杂网络理论和实际电网的统计特征，建立了以下冗余线路删除的终止原则：

1）平均路径原则：电网的网络拓扑应当具有较高的传输效率，即平均路径长度较短，平均路径长度小于规则网络，而与同规模的随机网络接近。

从物理意义上而言，平均路径长度是衡量一个网络上的信息或者质量传输效率的方法，一般而言，平均路径长度较长的系统往往具有较低的传输效率，因此采用平均路径长度可以很好地将高效与低效网络区分开。对于大部分实际网络而言，其网络结构复杂且节点数众多，但计算所得到的平均路径长度L值并没有随着节点数的增多而急剧增加。

2）供电可靠性原则：电网的网络拓扑结构应当保证网络中每个节点都能

够被可靠供电。$N-1$校验被广泛地引入电网的规划建设之中，这也意味着单个节点的度至少应当大于等于2，即$\min(k_i)\geqslant 2$。现实世界电力网络的平均度在2～4。

3. 输电网拓扑规划的流程

利用前文定义的指标和两个原则，本节提出的有利于预防高停电风险的拓扑规划算法的具体步骤如下：

步骤1：将所有n年内建设的节点做统一规划，每个节点与周围最近的k个节点以概率p连接。

步骤2：删去相交的线路并进行去三角校验，从而形成m个初始的网架方案，对于每个方案进行步骤3与步骤4的计算分析。

步骤3：对新建的线路计算单位成本抗毁性贡献度，并由小到大进行排序。

步骤4：每次均从网架中删除抗毁性贡献度靠前的线路，每次删除相应线路时需要判断线路移除后是否会导致某些节点的度小于2，若是，则不移除该线路。每次移除后计算系统的平均路径长度，当拓扑图的平均路径长度与实际电网接近时（一般而言$L<L_{regular}$），即大于L_{max}，结束循环产生最终的负荷接入拓扑方案。

$$L_{max}=k_1\times L_{random} \tag{4-12}$$

在L_{max}的定义中，以相同节点数和平均度的随机网络平均路径长度L_{random}作为参考项，通过选取合适的参数k_1决定何时终止线路的删除过程，参数的选择将会在本节的算例部分进行讨论。

步骤5：对于步骤4删除冗余线路得到的m个拓扑方案，计算如下指标

$$LT=T_s/C \tag{4-13}$$

式中：C为线路的建设成本；T_s为电网拓扑图中所有生成树的数量，表征的是电网拓扑的抗毁性。

根据所计算的指标值对所有的拓扑优化方案进行排序，并选择其中指标值较大的几种方案作为拓扑优化算法的输出结果。

在完成负荷接入的拓扑优化后，我们采用文献［1］中的电源与电网规划模型来决定系统的电源与电网建设方案。通过该模型的计算决定系统的电源容量、预期出力与线路并联回数等非拓扑“状态”。

该模型将电源规划与电网规划解耦考虑从而简化求解难度，在电源规划部分考虑了电力约束、电量约束、调峰约束及环保约束，同时考虑了新能源接入情况下约束项系数的修正。电源规划的模型为

$$\min \sum_{i=1}^{n_{\mathrm{p}}} (c_{\mathrm{g},i} + c_{\mathrm{b},i}) X_i^C \tag{4-14}$$

$$\text{s.t.} \begin{cases} \sum_{i=1}^{n_{\mathrm{p}}} P_{\mathrm{g},i} \geqslant \sum_{j=1}^{n_{\mathrm{d}}} P_{\mathrm{d},j}(1+R_{\mathrm{p}}) \\ \sum_{i=1}^{n_{\mathrm{p}}} A_i P_{\mathrm{g},i} \geqslant \sum_{j=1}^{n_{\mathrm{d}}} T_j P_{\mathrm{d},j}(1+R_{\mathrm{e}}) \\ \sum_{i=1}^{n_{\mathrm{p}}} P_{\mathrm{R},i} P_{\mathrm{g},i} \geqslant \sum_{j=1}^{n_{\mathrm{d}}} F_j P_{\mathrm{d},j} \\ \sum_{i=1}^{n_{\mathrm{p}}} P_{\mathrm{oll},i} P_{\mathrm{g},i} \leqslant P_{\mathrm{o,max}} \\ P_{\mathrm{g},i} \leqslant (X_i^C + X_i^E) C_i \leqslant P_{\mathrm{M},i} \end{cases} \tag{4-15}$$

式中：电源决策变量包含 X_i^C 与 $P_{\mathrm{g},i}$，一共有 $2n_{\mathrm{p}}$ 个，前者表示点 i 处新建发电机的个数，后者表示在点 i 处投运发电机的预期出力。R_{p} 为容量备用系数，R_{e} 为电量备用系数。A_i 为电厂 i 的可用时间；$P_{\mathrm{R},i}$ 为发电厂 i 的单位发电调峰深度，当点 i 处的发电厂为新能源机组时，该值取负，代表着反调峰特性；$P_{\mathrm{oll},i}$ 为电厂 i 的单位发电污染量。T_j 为负荷点 j 最大负荷利用小时；F_j 为负荷点 j 最大波动比例；$P_{\mathrm{o,max}}$ 为当年系统最大允许污染量，该值可以总量形式给出，也可以平均污染量形式给出。X_i^E 为点 i 处已经存在的电厂数量。C_i 为点 i 处单个电厂的建设维护费用，即全寿命周期费用（life cycle cost，LCC），该参数的大小取决于该点处的发电机能源类型和额定容量。$c_{\mathrm{b},i}$ 是对该电厂送电所需输电网络建设的成本估计。

电源规划的决策变量为新建电源的个数及新建电源的预期出力信息。在完成电源规划后，若系统中存在若干过载线路，则进行下面的输电网规划模型，通过并联线路的方式消除过载线路，输电网规划模型为

$$\min \sum_{l=1}^{n_l} c_l C_l Y_l^C \tag{4-16}$$

$$
\text{s.t.}\quad\begin{cases}(Y_l^C+Y_l^E)(1+R_l)C_l\geqslant|F_l|\\ F_l=\dfrac{\theta_{l1}-\theta_{l1}}{x_l}\\ \theta=\left(\boldsymbol{B}+\sum\limits_{i=1}^{nl}Y_l^C\bullet\Delta\boldsymbol{B}_l\right)^{-1}P_{inj}\end{cases}\tag{4-17}
$$

式中：Y_l^E 为线路l已并联条数；决策变量 Y_l^C 为表示的是线路l新增的并联条数，取整数。c_l为线路l单位容量建设费用；C_l为线路l的单条容量；R_l为线路容量备用系数；F_l为线路l潮流；θ_{l1}和θ_{l2}分别为线路l首末端相角；θ为节点相角向量；$\boldsymbol{B}$代表的是节点导纳矩阵，$\Delta\boldsymbol{B}_l$表示的是因新建支路l而引起的$\boldsymbol{B}$矩阵改变量；P_{inj}为节点的注入功率，可以通过根据电源规划的$P_{\mathrm{g},i}$和$P_{\mathrm{d},j}$计算得到。在电网规划模型中，我们只关心有功功率的过载问题，因此此处采用了直流潮流进行计算，大大提升了计算效率。

在上述的电源规划与电网规划完成后，可以得到一个满足约束式（4-2）～式（4-9）的规划方案。

4. 示例和分析

仿真选取某区域电网2020年的实际电网的500kV主网架拓扑作为研究对象，其主网架拓扑如图4-1所示，图中三角形标志代表的是发电厂节点，圆形标志代表的是变电站节点。2020年的500kV网架拓扑中，共有64个节点、109条线路和28个发电厂（包括外网等效发电厂），总负荷30 206MW，总装机容量为41 180MW。

该区域的电网总体为受端电网，电力供需关系紧张，随着社会经济发展，全网的负荷总量将会稳定增长。预计到2025年，该区域电网的电网负荷将达到46 580MW，区外受电将达到16 673MW。在拓扑规划中，统一考虑5年内要接入的变电站节点。每个变电站节点与离其最近的8个节点相连接，形成的冗余拓扑如图4-1所示，共包括了96条线路。

可以发现，图中的冗余拓扑网络杂乱无章，存在众多不合理之处，需要根据前文所述准则进行去三角校验，并去除交叉线路。所形成满足准则的基本合理的拓扑方案共有13 410种。

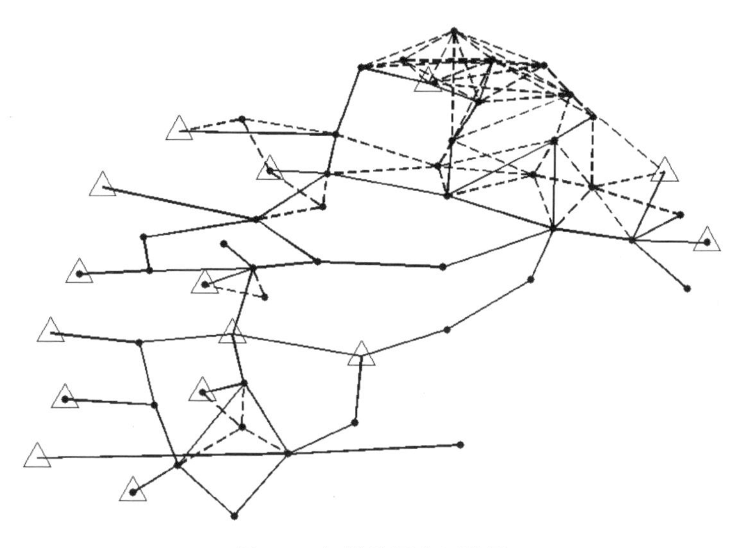

图4-1　初始的冗余拓扑图

针对基本合理的冗余网络拓扑方案，利用前文提出的抗毁性贡献度指标对新建线路进行排序。在保证删除对应线路后所有节点的度仍满足可靠性原则的前提下，逐步删除抗毁性贡献值较低的线路，直至系统拓扑不满足平均路径原则。这里式（4-12）中的参数k_1取值为2。每种初始拓扑保留满足这两个原则的最后10个拓扑方案。

之后，利用式（4-13）的抗毁度指标对于13410种方案筛选，保留抗毁度最大的20种方案。以10个拓扑方案中的一种为例，在其准则校验过程中，共删除了57条线路。之后根据前文所定义的单位成本抗毁性贡献度指标删除了8条线路，该方案删除线路的列表如表4-1所示。

表 4-1　节点接入的拓扑优化过程

删除线路顺序	首端节点	末端节点	单位成本抗毁度贡献值	线路建设成本（亿元）
1	71	43	0.3307	1.81
2	69	6	0.3348	1.78
3	71	34	0.3427	1.43
4	69	50	0.3674	1.35
5	69	7	0.3754	1.08
6	71	6	0.3775	1.12

续表

删除线路顺序	首端节点	末端节点	单位成本抗毁度贡献值	线路建设成本（亿元）
7	69	51	0.3878	1.18
8	71	48	0.4050	1.05

由表4-1可见，线路的删除顺序严格按照单位成本抗毁性贡献指标排序进行，指标值越小的线路越早被删除。通过对该方案对应系统进行网架拓扑特征和电力、电量、调峰等参数的统计分析可知，由于还未增加发电容量，系统并不满足电量约束和电力约束，需要新建发电机组。采用文献［2］所提到的电网规划与电源规划模型来决定新建的电源位置及容量，并针对过载的线路更改线路的建设方案。在电源建设阶段共新建了6个发电基地，系统新增发电容量9320MW。在电网规划阶段，针对过载的1条线路，采用了并联线路的方式消除过载。

表4-2列出了人工规划系统与本节算法所形成的3种规划系统宏观参数对比，其中的方案1～方案3为排序靠前的3种拓扑规划方案，并且基于国务院599号令中的相关规定给出各方案下的等级概率。

表4-2　　本节方法的规划结果与人工规划结果的对比

项目	本节算法所得到的3种规划结果			人工规划结果
	方案1	方案2	方案3	
发电机组数	34	34	34	34
总装机容量	50500	50500	50500	50500
N-1通过率	100%	100%	100%	100%
平均节点度	3.96	3.88	3.60	3.58
生成树参数lg（T_s）	39.17	34.53	32.34	30.32
平均路径长度	6.18	6.36	6.33	6.57
对应随机网络平均路径长度	3.17	3.24	3.43	3.44
线路数	162	157	146	149
平均负载率（%）	27.1	26.5	30.6	28.3
电源成本（亿元）	412	412	412	412
电网成本（亿元）	43.7	41.9	38.6	40.3
等级事故概率（%）	0.013	0.007	0.011	0.0217

由表4-2可以看出，本节的规划算法能够自动形成较为合理的电网规划拓扑。由于在拓扑优化阶段，考虑了删除线路对于生成树的影响，因此所形成规划方案的生成树个数普遍优于人工规划系统，从侧面反映了算法所得到网架拓扑的供电可靠性。

从系统风险水平的角度来看，本节算法所得到的3个规划系统都满足等级事故概率标准的，省级电网一般事故（负荷损失大于8%）的发生概率分别0.013%、0.007%和0.011%。而人工规划电力系统发生省级电网一般事故的概率为0.0217%。这说明，人工规划系统发生等级事故概率高于算法形成的系统，这也验证了所提算法的合理性。从经济性来看，在相同的电源备用系数设置下，相较于人工规划系统，算法所得到的规划系统也能够减少电网的建设成本。

二、提升韧性的配电网网架优化规划

近年来，频发的极端自然灾害严重威胁着电力系统的安全、可靠运行。研究表明，极端自然灾害导致大停电事故发生的根本原因是电力设施现有的设防标准无法抵御日趋恶劣的自然灾害[3]。配电网处于电网末端，其损坏将直接影响用户负荷供电。加固配电网骨干网架中的重要电力设备和线路杆塔，可以维持骨干网架在极端灾害情况下的正常运行，是一种提升配电网韧性的有效方式。

由于变电站和杆塔等元件所处区域及其重要性的不同，因此需要根据“普遍提高，重点加强”的原则，在灾害来临前差异化地设计元件的抗灾标准，即通过建设抗灾型骨干网架来保障重要电力用户的供电需求[4]、[5]。现有的网架规划模型主要考虑了网架的差异化规划加固费用和保留的重要元件数量[6]。然而，抗灾型骨干网架不仅能维持电网中重要节点和线路的供电，还能作为全网供电的功率传输主干通道。在电力系统恢复过程中，需要考虑失电风险[7]、网络中节点重要度[8]、网架覆盖度[9]、负荷恢复价值和综合停电损失[10]等因素。本节主要介绍了一种考虑经济性、网架性能中的系统可恢复性和网架抗毁性3个方面的多目标规划模型。

1. 抗灾型骨干网架规划模型的目标函数

将区域电力系统抽象为网络拓扑图$G=G(E,L)$，其中节点集E有m个节点，线路集L有n条线路。设$V_E=[v_e(l),\cdots,v_e(i),\cdots,v_e(m)]^T$和$V_L=[v_l(l),\cdots,v_l(k),\cdots,v_l(n)]^T$

分别为节点和线路的二进制决策向量。筛选出的抗灾型骨干网架Gbone由V_{E}和V_{L}决定，其中$v_{\mathrm{e}}(i)=1$和$v_{\mathrm{l}}(k)=1$表示骨干网架中包含第i个节点和第k条线路；$v_{\mathrm{e}}(i)=0$和$v_{\mathrm{l}}(k)=0$则表示骨干网架中不包含第i个节点和第k条线路。下面从经济性、网架性能中的系统可恢复性和网架抗毁性3个方面来分析抗灾型骨干网架多目标规划的目标函数。

（1）最大化差异化规划经济性。

抗灾型骨干网架用于保障重要电力用户在突发情况下的持续供电。由于电力部门常用负荷保障率来描述电网的保障供电能力，故将满足负荷保障率γ作为骨干网架构建的首要要求，即

$$\frac{(V_{\mathrm{E}})^{T}M_{\mathrm{E}}^{L}}{U^{E}M_{\mathrm{E}}^{L}}\geqslant\gamma \tag{4-18}$$

式中：m维列向量M_{E}^{L}为负荷节点功率向量；m维行向量$U^{E}=[1,1,\cdots,1]$。

电网企业一般通过对电力系统中的重要节点和线路实施加固措施，来提高电力设施的设备加固等级，进而构建抗灾型骨干网架。实际中由于节点性质和线路电压等级等的不同，不同节点和线路的加固费用也不同。这里对线路的加固费用测算进行了简化处理，即只考虑线路长度对加固费用的影响。考虑到抗灾应急人员和差异化投资费用有限，故在满足γ的前提下，以最小化加固费用作为差异化规划经济性目标函数，即

$$\max A(G^{\mathrm{bone}})=\frac{1}{(V_{\mathrm{E}})^{T}N_{\mathrm{E}}^{C}+k(V_{\mathrm{L}})^{T}N_{\mathrm{L}}^{C}} \tag{4-19}$$

式中：m维列向量N_{E}^{C}为节点加固费用向量；n维列向量N_{L}^{C}为线路长度向量；k为线路的单位长度加固费用。

（2）最大化系统可恢复性。

抗灾型骨干网架中保留供电的节点和线路可以构成带电区域，作为灾害后恢复全网供电的功率传输的主干通道。因此，骨干网架中应尽量地保留对恢复供电影响比较大且处于关键地位的节点和线路。

首先，综合考虑节点在拓扑结构和功率传输中的重要性，得到m维节点重要度列向量Z_{E}，即

$$Z_{E}=W_{\mathrm{C}}\circ Y_{E} \tag{4-20}$$

式中：Z_E表示两个向量的哈达玛积，即维数相等的两个向量的对应元素相乘所得到的新向量；m维列向量W_C和Y_E分别为节点的拓扑结构重要度向量和加权潮流通量向量。

W_C的第i个元素ω_i为

$$\omega_i = 1 - \frac{\varphi(G)}{\varphi(G - E_i)} \tag{4-21}$$

式中：$\varphi(G)$为电力系统G中所有节点对间的最短电气距离（即节点对间电抗和最小的路径的电抗值之和）的倒数的总和，即网络传输效率；$\varphi(G-E_i)$为移除节点i后的网络传输效率。

而加权潮流通量矩阵Y_E用于衡量节点在功率传输中的重要性

$$Y_E = M_E^P \circ W_G = M_E^P \circ e^{\frac{M_E^G}{\max(M_E^G)}} \tag{4-22}$$

式中：m维列向量M_E^P为节点传输功率向量，其元素等于与节点相连的所有支路的传输功率绝对值之和；m维列向量W_G用于计及电源节点的特殊性；$\max(M_E^G)$表示m维电源节点功率列向量M_E^G中最大的元素。

而抗灾型骨干网架中的线路应在原网络中承担较大的功率传输作用，有利于后续系统的恢复供电。因此，采用潮流介数指标来衡量线路对从发电机节点g传输到负荷节点d的有功功率$P(g,d)$的贡献，即衡量网络中线路的重要度

$$Z_{ij0} = \sum_{g\in E_G}\sum_{d\in E_D} \min(S_g, S_d)\frac{P_{ij}(g,d)}{P(g,d)} \tag{4-23}$$

式中：Z_{ij0}为连接节点i和j的线路的潮流介数值；E_G为发电机节点集；E_D为负荷节点集；$\min(S_g,S_d)$为节点g的有功出力S_g和节点d的有功负荷S_d中的较小值；$P_{ij}(g,d)$为$P(g,d)$在连接节点i和j的线路上的分量。

此外，考虑到骨干网架中的线路传输容量越大，线路承载功率传输的能力越强，其作为后续恢复供电通道的可利用空间越大。进而得到n维线路重要度列向量Z_L，其第k个元素Z_k代表第k条线路的加权潮流介数，计算式为

$$\begin{aligned} Z_k = \frac{S_{ij,k}}{\max\limits_{k=1,2,\cdots,m}(S_{ij,k})} Z_{ij0} = \frac{S_{ij,k}}{\max\limits_{k=1,2,\cdots,m}(S_{ij,k})} \cdot \\ \sum_{g\in E_G}\sum_{d\in E_D} \min(S_g, S_d)\frac{P_{ij}(g,d)}{P(g,d)} \end{aligned} \tag{4-24}$$

式中：$S_{ij,k}$为连接节点i和j的第k条线路的传输容量。由于骨干网架对关键节点和关键线路的覆盖情况将影响灾害后整个电网恢复供电的效率，故定义网架覆盖度B（G^{bone}）为

$$\begin{gathered} B(G^{\text{bone}})=(V_E)^T Z_{E0}+(V_L)^T Z_{L0}-M_E^D Z_{E0} \\ Z_{E0}=\frac{Z_E-(U^E)^T \min(Z_E)}{\max(Z_E)-\min(Z_E)} \\ Z_{L0}=\frac{Z_E-(U^L)^T \min(Z_L)}{\max(Z_L)-\min(Z_L)} \end{gathered} \tag{4-25}$$

$$M_{\text{E}}^D=\left[\frac{d(1,G^{\text{bone}})}{2^\alpha},\cdots,\frac{d(i,G^{\text{bone}})}{2^\alpha},\cdots,\frac{d(m,G^{\text{bone}})}{2^\alpha}\right] \tag{4-26}$$

$$\begin{gathered} 2^{\alpha-1}\leqslant\max_{i,j\in E}(d(i,j))\leqslant 2^\alpha \quad \alpha\in\mathbf{Z} \\ d(i,G^{\text{bone}})=\begin{cases}0 & v_{\text{e}}(i)=1 \\ \min\limits_{j\in G^{\text{bone}}} d(i,j) & v_{\text{e}}(i)=0\end{cases} \end{gathered} \tag{4-27}$$

式中：Z_{E0}和Z_{L0}分别为归一化处理后的节点、线路重要度向量；n维行向量$U^L=[1,1,\cdots,1]$；Z表示整数集；距离向量M_E^D存储了节点i到骨干网架G^{bone}的最短电气距离$d(i,G^{\text{bone}})$，i=1,2,⋯,m；由于重要度向量Z_{E0}和Z_{L0}元素的大小与距离向量M_{E}^D中元素的大小不同，故用比例参数α来调整距离向量的大小，即调整d（i,G^{bone}）对网架覆盖度$B(G^{\text{bone}})$的贡献的大小，α的大小由网络规模决定。

通过简单分析可知，网架覆盖度越高，说明骨干网架保留的重要节点和线路越多，且与未恢复节点的距离越近，则系统可恢复性越强。因此，以最大化网架覆盖度$B(G^{\text{bone}})$作为系统可恢复性的目标函数。

（3）最大化网络抗毁性。

网络抗毁性描述了当网络中的节点或边遭受攻击后，网络仍能维持其传输功能的能力，可用于评价极端自然灾害下抗灾型骨干网架遭受进一步破坏时的运行稳定性和可靠性。通过分析骨干网架的拓扑参数来选择较优的网架拓扑结构，可以提高骨干网架的抗毁性。

本节从骨干网架的连通性能和传输性能两方面，定义了网络连通度和网络等效最短路径数作为网络抗毁性的量度指标。

网络连通度$C_1(G^{\text{bone}})$定义为移除网络中的任一节点后，剩余网络中仍连通的

节点对的平均值与原网络的连通节点对的比值，即

$$C_1(G^{\text{bone}})=\frac{\sum_{i_1=1}^{m_G}\sum_{i,j\in G^{\text{bone}-i_1}}R_{ij}}{(m_G-1)\sum_{i,j\in G^{\text{bone}}}R_{ij}} \tag{4-28}$$

式中：$G^{\text{bone}-i_1}$为移除节点i_1后的骨干网架；m_G为原骨干网架的节点数；R_{ij}为节点i和j的连通系数，节点i和j连通时$R_{ij}=1$，否则为0。

可以看出，网络连通度主要由节点和线路间的连接关系决定，节点间连接越紧密，则网络连通度越大，表示网络在遭受破坏时保持其连通性的能力也越强。

在网络传输性能方面，可将所有节点对间都有线路直接相连的网络定义为全连通网络，提出网络等效最短路径数来分析网络的全局传输效率。由于全连通网络是理论上结构最紧凑的网络，可基于骨干网架G^{bone}与其对应的全连通网络$G_{\text{all}}^{\text{bone}}$的差异来分析网架的结构紧密度，两者的结构差异越大，说明G^{bone}越稀疏，抗毁性越差。因此，可将G^{bone}和$G_{\text{all}}^{\text{bone}}$看作是无向无权网络，则骨干网架$G^{\text{bone}}$的网络等效最短路径数$C_2$（$G^{\text{bone}}$）可定义如下

$$C_2(G^{\text{bone}})=\frac{\sum_{i=1}^{m_G-1}\sum_{j=i+1}^{m_G}\frac{C_{ij}^{zd}(G^{\text{bone}})}{C_{ij}^{zdx}(G_{\text{all}}^{\text{bone}})}}{2m_G} \tag{4-29}$$

式中：$C_{ij}^{zd}(G^{\text{bone}})$为节点$i$和$j$间的最短路径的数量；$C_{ij}^{zdx}(G_{\text{all}}^{\text{bone}})$为中$G_{\text{all}}^{\text{bone}}$节点$i$和$j$间长度不大于$D_{ij}(G^{\text{bone}})$的路径的数量，其中$D_{ij}(G^{\text{bone}})$为$G^{\text{bone}}$中节点$i$和$j$间的最短路径长度。

对电力系统来说，网络的节点数越多（即网络的规模越大），则网络与其对应的全连通网络的差异越大，网络的连通度越小，传输性能越差。因此，将最大化骨干网架的网络连通度$C_1(G^{\text{bone}})$和网络等效最短路径数$C_2(G^{\text{bone}})$作为衡量骨干网架抗毁性的目标函数，即

$$\max C(G^{\text{bone}})=\mu C_1(G^{\text{bone}})+(1-\mu)C_2(G^{\text{bone}}) \tag{4-30}$$

式中：μ为权重系数，可由电力专家对骨干网架连通性能的重视程度及骨干网架的特征决定。该权重系数考虑了决策人员在网架性能评估方面的经验，一

般取$\mu \geqslant 0.5$，即更偏重于骨干网架的连通性能。

2. 多目标骨干网架优化模型的约束条件

抗灾型骨干网架除了要满足式（4−18）的负荷保障率约束外，还需满足以下约束。其中，式（4−31）用于确保电力系统中具有特殊重要性的节点和线路的持续供电；式（4−32）为网络连通性约束，用于剔除骨干网架优化选择过程中产生的含有孤立节点或线路的子网络；式（4−33）为电力系统安全运行的潮流等式和不等式约束，即电力系统在骨干网架运行方式下需要满足的运行要求为

$$\begin{cases}(V_E)^T M_E^S = m^s \\ (V_L)^T M_L^S = n^s\end{cases} \tag{4-31}$$

$$\phi(v_1(l),\cdots,v_1(k),\cdots,v_1(n)) = 1 \tag{4-32}$$

$$\begin{cases}g(\boldsymbol{P},\boldsymbol{Q},\boldsymbol{U},\boldsymbol{\theta},\boldsymbol{Y}_A,\boldsymbol{Y}_B,\boldsymbol{V}_L,\boldsymbol{V}_E) = 0 \\ h(\boldsymbol{P},\boldsymbol{Q},\boldsymbol{U},V_E) \leqslant 0\end{cases} \tag{4-33}$$

式中：M_E^S和M_L^S为特殊节点、特殊线路的位置行向量，共有m^s个特殊节点，n^s条特殊线路；ϕ=0表明网络不连通，ϕ=1表明网络连通；P和Q分别为节点注入的有功功率和无功功率列向量；U和θ分别为节点的电压幅值和相角列向量；Y_A和Y_B分别为节点导纳矩阵的实部和虚部矩阵。

三、韧性和经济性平衡的多形态储能规划

配电网中的生命线负荷在台风等极端自然灾害下面临着范围大、持续时间长的停电问题。近年来台风的发生频率越来越高，因此，有必要增强配电网的恢复能力，以提高生命线负荷供电能力。然而，应急电源配置等恢复力增强战略的成本往往很昂贵，而极端自然灾害具有低概率特征。如果不考虑经济效应，可能会出现对韧性的过度投资，因此，在配置阶段，配电网的韧性和经济性必须得到很好的平衡。此外，如何准确地评估台风等灾害下配电网的失效概率，是平衡配电网的韧性和经济性的关键。

为了解决配网规划中如何兼顾极端事件下的恢复力和常态运行收益问题，本节研究可用于处理极端事件韧性恢复和常态运行收益均衡的规划模型和求解方法。通过历史数据构建适用于上海地区的极端灾害天气分析模型，预测规划年限内系统受灾风险和损失；构建常态下系统经济性优先的配网规划模型；构

建兼顾经济性和韧性的优化规划模型，采用博弈算法获取最优决策权重，量化评估提升系统韧性的规划投资边际。

1. 均衡韧性与经济性的储能规划模型

（1）基于风险值理论的极端灾害下配电网故障率的计算。

通过获取上海地区极端气象灾害的历史数据，基于风险值理论建立配电网故障率鲁棒优化模型，构建灾害发生范围、强度和变化过程的概率模型，进而模拟灾害下配电网受到的影响，最终获得配电网各负荷节点的失电概率。

将数据模型得到的台风持续时间作为配电网故障率模型的时间变量，与某一时刻下风速与降水强度的表达式结合作为机理模型输入，考虑配电网线路、杆塔、变压器等元件在台风影响下的受灾机理，构建数据－机理联合驱动的故障率时变模型。数据－机理联合驱动的故障率建模总体流程如图4-2所示。

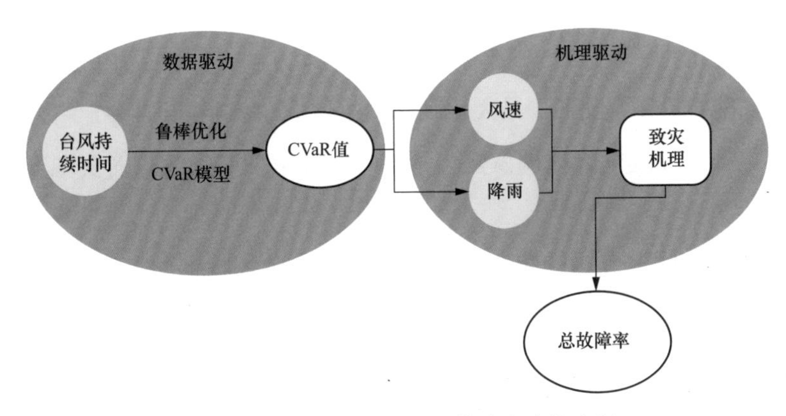

图4-2　台风灾害下配电网故障率建模流程

针对台风成灾全过程复杂且不确定性强、数据量小难以准确刻画的问题，首先基于φ散度求解不确定参数集合的置信区间，然后在此基础上建立鲁棒优化模型，最后求解台风持续时间的条件风险价值（conditional value at risk，CVaR）。

台风持续时间的概率密度函数$P(T)$在置信水平β下的$CVaR$值为

$$CVaR(t)=\alpha+\frac{1}{1-\beta}\int_{t\in T}(t-\alpha)^{+}p(t)\mathrm{d}t \tag{4-34}$$

结合不确定概率p，式（4-34）的鲁棒优化形式可等价为

$$\max_{t} \min_{p} CVaR_{\beta}(t) = \max_{t} \min_{p} \max_{\alpha} F_{\beta}(t,\alpha) \tag{4-35}$$

经过变换，可建立如下规划模型

$$obj. \max_{T,a,\lambda,\eta,u} T$$

$$s.t. \begin{cases} a-\eta-\lambda\rho-\lambda\sum_{i=1}^{m} p_{i,N}\phi^{*}\left(\dfrac{\beta^{-1}u_i-\eta}{\lambda}\right) \geqslant T \\ u_i \geqslant a-T_i, \quad i=1,2,3,\cdots,m \\ u_i \geqslant 0 \\ \lambda \geqslant 0 \end{cases} \tag{4-36}$$

式中：a代表台风持续时间的历史最大值；λ、η为约束参数；ϕ^{*}为散度函数ϕ的对偶函数。根据式（4-36），结合已有的小样本历史数据，即得到经鲁棒优化后台风时间的$CVaR$。

（2）极端灾害下利用微电网提升配电网恢复力。

通过多微电网恢复多个关键负荷的组网决策方法，优化扩张应急供电范围，配置移动储能和DG等设备，最大化利用微电网应急供电能力，减小台风灾害下配电网停电损失，提升配电网恢复力；同时在配电网常态运行时实现削峰填谷，提升经济性。

台风灾害下的恢复力建模方面，分别建立台风影响下配电网形成微电网前后的生命线负荷损失模型，通过二者差值反映恢复力的提升效果。基于风险值理论，配电网损失可表示为负荷失电概率与故障后果的乘积之和，即

$$R_{\text{total}} = \sum_{i} R(i) = \sum_{i} P(i) \bullet S(i) \tag{4-37}$$

式中：$P(i)$、$S(i)$分别为第i处故障发生的概率和后果。用整个停电过程的带权重的负荷损失反映配电网故障后果，表达式为

$$S(i) = \sum_{i=1}^{m} c_0 Z_i x_i \Delta t_i \tag{4-38}$$

式中：x_i为第i处储能系统的供电状态，0表示i处有移动储能供电，1表示i处没有移动储能供电；Δt_i为第i处停电时间；Z_i为第i处停电损失功率；c_0为单位负荷停电损失，其值取决于负荷的重要程度。

本节以最大程度减小配电网负荷的停电损失作为优化目标，构建微电网对配电网恢复力的提升作用模型为

$$F_C=\sum_i P_i\left[CVaR(t)\right]\cdot\Delta S(i) \tag{4-39}$$

式中：$CVaR(t)$为台风持续时间的条件风险值；$\Delta S(i)$为在第i处加入储能装置和DG后负荷停电损失的减少量；P_i［$CVaR(t)$］即为该条件风险值下配电网第i处的总故障率。

（3）配电网常态运行下微电网经济性建模。

配电网常态运行的微电网经济性建模方面，本节采用文献［11］所提的峰谷套利的方法计算微电网内装置的经济收入F_I为

$$F_I=\sum_{m=1}^{T_2}K_m\Delta Q_m(p_{fm}-p_{gm}) \tag{4-40}$$

式中：T_2为规划周期（年）；K_m为T_2内第m年的限值系数，K_m=1/(1+r)^m，其中γ为年利率；ΔQ_m为第m年微电网系统进行削峰填谷的电量，即为放电功率与投入运行时间之积；p_{fm}、p_{gm}分别为第m年实行的峰、谷分时电价。

将微网内装置的安装成本以年平均成本的形式表达，得到单个装置在第m年的投资成本C_{Cm}为

$$C_{Cm}=C_E\frac{P_{rat}t_{mf}}{\eta}\cdot\frac{i(1+i)^{T_2}}{(1+i)^{T_2}-1} \tag{4-41}$$

式中：C_E为移动储能的单位能量价格，元/kWh；P_{rat}为移动储能的额定功率，kW；t_{mf}为第m年移动储能额定放电时间，h；η为移动储能的转换效率，%；i为贴现率，%。

将微电网装置的经济性定义为经济效益与运行成本的差，得到的表达式为

$$F_E=F_I-\sum_{m=1}^{T_2}n_cC_{Cm} \tag{4-42}$$

式中：n_c为配置的移动储能数量。

2. 配电网恢复力与经济性均衡方案

（1）纳什均衡谈判模型。

将配电网经济性、恢复力作为两个博弈主体，并定义F_E、F_C为经济性和恢复力子目标。本节将配电网经济性、恢复力作为两个博弈主体，并定义F_E、F_C为经济性和恢复力的子目标函数。从谈判者F_E的角度出发，考虑到移动储能在

配电网常态运行下的经济性一般为负，$d_1=F_E(\max\{x\})$ 即为谈判过程中经济性的下限值；而从F_C的角度出发，d_2=0即为谈判过程中恢复力的下限值。因此将（d_1,d_2）的值取为目标函数F_E、F_C的最小值，得到台风气候下配电网恢复力、经济性的纳什谈判博弈目标函数为

$$F_0=\max_{x\in X}(d_1-F_E)(F_C-d_2) \tag{4-43}$$

（2）熵权模型。

熵在热力学中为反应自然界热变化过程方向的物理量，而信息熵则体现了决策者在决策中所获得信息的质量，熵权法的基本思想为：首先建立包含对配电网恢复力、经济性的M_0个评价指标、N_0个备选方案的评价指标矩阵$\boldsymbol{Y}$；再对矩阵$\boldsymbol{Y}$进行标准化处理后，得到归一化处理后的矩阵$\boldsymbol{R}$；矩阵$\boldsymbol{R}$中对应的各个元素的值即为对配电网恢复力、经济性各个指标的权重向量W；再根据移动储能机组对各个指标或方案所划分的权重，进行容量的配置，所得配置容量的自变量集合即为多目标决策方案的解，模型的基本求解步骤如图4-3所示。

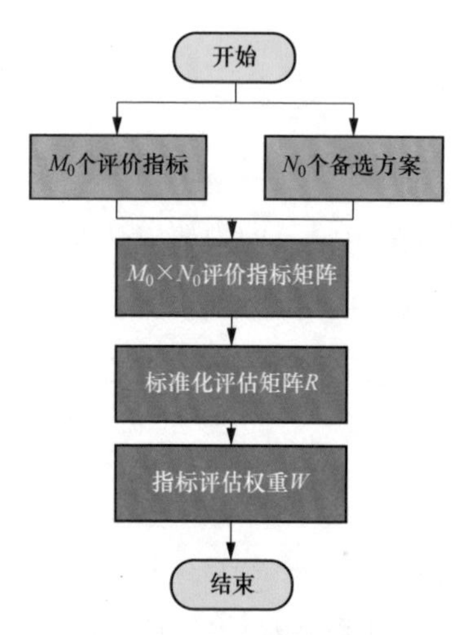

图4-3　熵权模型求解示意图

同时，矩阵$\boldsymbol{Y}$中非对角线元素y_{ij}的数值代表了第i个目标与第j个目标之间的关系程度，本节两种模型中，一种模型突出了配电网恢复力、经济性间的相互影响，即y_{ij}的数值较大；另一种模型则弱化了配电网恢复力、经济性间的相互影响，即y_{ij}的数值较小。

3. 示例和分析

以图4-4所示的改进的IEEE33节点配电系统作为算例模型，验证所提模型和方法的有效性，其中圆圈标识为系统中的一级负荷节点，其余编号为普通负荷节点；实线和虚线分别代表开关支路与联络开关支路。

算例中配电网架空线型号为LGJ-300/40，假设每个负荷节点处包含一座杆塔与一台变压器。假定配电网中所有负荷皆以额定功率运行，模拟周期为一年（8760h）的配电网运行过程。

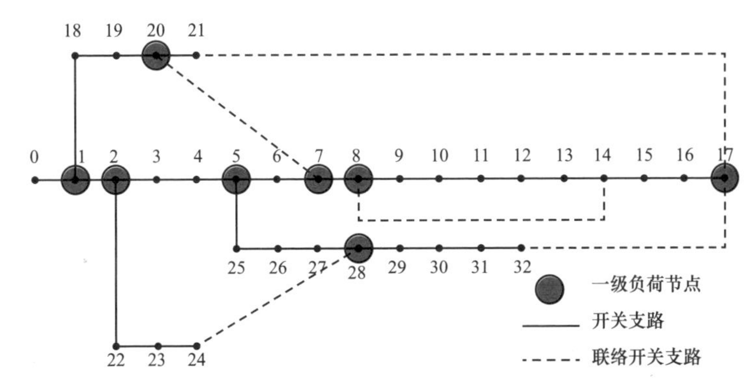

图4-4　IEEE33节点拓扑结构示意图

在微电网中的供电资源方面，使用功率为10kW、容量为44kWh的阀控铅酸电池进行应急供电，并将全网最大可能损失功率作为投入机组功率的上限值，结合极端灾害下移动储能对负荷节点的供电过程建立配电网恢复力模型。假设移动储能配置的位置固定，且在恢复期内可灵活移动至配网邻近节点参与恢复。在配电网经济运行方面，设一年内无台风灾害的时间为配电网常态运行时间，并设移动储能正常工作下经济效益的年利率为2%，峰、谷电价分别为1.2元/kWh和0.6元/kWh，电池的单位能量价格C_E为1240元/kWh。一级负荷节点的c_0为1万元/kW，普通负荷节点的c_0为0.5万元/kW。假设储能电池每天以额定功率完全充放电1次来进行配电网的削峰填谷工作，并设储能单次放电时间为2.5小时。

为获得配电网中微电网可用供电资源的最优容量配置方案，本节考虑均衡恢复力、经济性等多方面因素，采用不同的优化方法，设计对比方案如下：

方案1：考虑极端灾害下配电网恢复力、经济性的均衡问题，建立纳什谈判博弈模型，利用NSGA-Ⅱ算法求解，得到移动储能容量的最优配置方案；

方案2：考虑极端灾害下配电网恢复力、经济性的均衡问题，建立纳什谈判博弈模型，利用GA算法求解，得到微电网可用供电资源容量的最优配置方案；

方案3：考虑极端灾害下配电网恢复力、经济性的均衡问题，建立熵权模型，得到微电网可用供电资源容量的最优配置方案；在熵权法的判断矩阵中，设置恢复水平、投资收益两种评估指标，并突出配电网恢复力、经济性间的相互影响，其值转化成权重向量为：X_1=[0.716,0.284]；

方案4：考虑极端灾害下配电网恢复力、经济性的均衡问题，建立熵权模型，得到微电网可用供电资源容量的最优配置方案；在熵权法的判断矩阵中，同样设置上述两种评估指标，但弱化了配电网恢复力、经济性间的相互影响，其值转化成权重向量为：X_2=[0.879,0.121]。

方案1～方案4得到的微电网可用供电资源容量配置结果如表4-3所示，其对应的配电网恢复力、经济性的均衡结果如表4-4所示。由方案3、4的配置容量数据可得，熵权法在判断矩阵的值进行微调之后，配置方案中恢复力、经济性的数值变化巨大，可见熵权模型计算结果稳定性不强，受权重设置影响极大；同时，由表4-3、表4-4中的优化结果可得，方案1的配置容量为94.805kW，相较于方案3的配置结果，将配电网恢复力缩减了约7.04%；同时方案1的经济性约为-1.39×10^7元，相较于方案3增加了约12.23%；而相较于方案4的结果，方案1则将配电网恢复力缩减了约8.73%，而将经济性提升了约15.24%。同时，对比方案1、2的均衡结果，可以看出NSGA-Ⅱ相比于GA求解结果更优，更易到达帕累托最优解。同时，对比上述方案的结果可以看出，当完成对各级重要负荷应急供电后，微电网可用供电资源装置对剩下的一般负荷进行应急供电显得经济性不足。熵权法通过加权形式将多目标转化为单目标，由于很难设置合适的权重，导致过多地配置微电网供电资源，继而造成相应的经济损失；然而纳什谈判博弈能客观地反映谈判双方之间的协调过程和利益驱动过程，从而较好地处理高风险、低概率的恢复力子目标与常态运行经济性子目标的均衡问题。因此，利用纳什谈判博弈模型得到的微电网可用供电资源容量配置方案更优，从而更好地均衡提升配电网恢复力和经济性。

表4-3　　微电网可用供电资源容量配置结果

方案	配置容量（kWh）
1	94.805
2	93.537
3	106.687
4	111.513

表 4-4　　不同配置方案对配电网恢复力和经济性的影响

方案	恢复力（元）	经济性（元）
1	8.740×10^6	-1.39×10^7
2	8.677×10^6	-1.37×10^7
3	9.334×10^6	-1.56×10^7
4	9.576×10^6	-1.64×10^7

第二节　提升应变力的电网优化运行技术

本节分别从电网运行方式、应急预警机制以及关键设备强化决策方面介绍提升应变力的三方面电网优化运行技术。在电网运行方式方面，考虑由极端气象事件导致的过载连锁故障问题，对连锁故障进行预测，基于预测结果来实施风险防范和控制措施；在电网应急预警机制方面，提出了停电风险计算方法，并以停电风险值来划分预警等级，从而提出了基于配电网停电风险评估的城市电网应急预警实现方法；在关键设备强化决策方面，采用贝叶斯网络进行灾情的推断，在此基础上，建立了设备强化和设备停运风险之间的关系，从而建立了基于贝叶斯网络灾情推断的设备强化决策模型。

一、极端气象条件下的电网运行方式优化调整

对世界范围内大停电事故的统计数据表明，由元件过载（主要是线路和变压器等支路过载）造成的连锁故障进而引发大停电的事故占相当大的比例。因此在系统运行中，如果能够有效地监测并且消除过载，则有望有效地降低连锁故障发生的概率，进而降低大停电的风险。从连锁故障阻断的角度看，通过采取措施有效消除系统中的过载，从而降低潜在的连锁故障路径发生概率，达到故障阻断效果。在电力系统中，当元件出现过载（主要是线路、变压器等）时，可以采取的调整方法主要有调整发电机、FACTS装置调节、切除负荷等。消除过载控制方案的制定取决于使用的控制设备。目前的研究成果主要集中于调节发电机和切除负荷的配合，其策略主要取决于系统的实际状况、运行方式等因素，而且为了发挥出其调节速度快的优势，可以采取策略表的形式来实现调节，其具体控制策略需要通过对实际系统的模型进行仿真分析来确定。

本节提出了考虑过载连锁故障路径风险的OPF模型，利用连锁故障预测结果对可能的连锁故障路径进行风险防范和控制，将其融合到OPF中，使OPF不仅能够消除过载，还能够有效地降低预测所得连锁故障路径的风险。

1. 考虑过载风险控制的OPF模型

分析计算中，系统的发电、负荷、线路潮流等变量需要满足潮流等式约束，同时需要满足线路潮流约束，对于不满足线路潮流约束的线路，需要调整发电与负荷使其满足，并使切负荷量最小。这个问题可以建模为一个优化问题，也即OPF问题。若在系统中只关注有功功率分布，即采用直流潮流模型，则电力系统模型可以建立为直流OPF，是一个线性规划问题，在可解性和求解效率方面都有保证。

提出消除过载直流潮流OPF模型，其形式为

$$\min f=\sum_{i=1}^{m}x_{gi}-K\sum_{i=1}^{m}x_{di},\quad K>1$$

$$\text{s.t.}\quad \begin{cases}\sum P_{gi}=\sum P_{di}\\ -P_{li,\max}\leqslant P_{li}\leqslant P_{li,\max}\\ 0\leqslant x_{gi}\leqslant P_{gi,\max}\\ 0\leqslant x_{di}\leqslant P_{di,\text{initial}}\end{cases} \tag{4-44}$$

式中：x_{gi}为各节点上发电机的发电功率；x_{di}为各节点上负荷的功率；P_{li}为各交流支路上的功率（可通过直流潮流解的表达式获得）；$P_{li,\max}$为交流支路的潮流限值；$P_{gi,\max}$为发电机出力上限；$P_{di,\text{initial}}$为初始态负荷（节点负荷最大值）；K为负荷功率权值。

该OPF模型通过调整发电机、直流功率设定值以及负荷量，使约束达到满足，满足交流支路潮流不超过限值，即消除了过载。

上述的OPF模型中，最终求解出的解是满足交流线路潮流以及其他约束条件下，使系统切负荷量最小的调整方法。这种方法可以消除当前系统的过载，但并没有针对后续的连锁故障预防进行调整。这样，虽然当前系统没有过载发生，但可能有一些线路的潮流接近过载，因而该OPF模型无法保证系统运行状态发生一些变化后不会产生过载和连锁故障，特别地，若OPF模型解出的解对

应的系统状态使某些关键线路重载，当系统受到扰动或者发生保护误动时，则有可能会导致这些关键线路重载，进而引发连锁故障。针对该OPF模型的不足，有望通过修改，使OPF能够在保证系统当前状况不出现过载的情况下，进一步保证重点关注的线路的负载尽量控制在较低水平，使触发连锁故障的风险进一步降低。

要在OPF中实现连锁故障风险控制，可以考虑在潮流限值内设置一个潮流水平的软约束，通过支路潮流松弛变量将潮流大小与切负荷量在目标函数中进行权衡，形成新的优化问题。本部分试图基于连锁故障预测的结果，包括对连锁故障路径的搜索和连锁故障风险评估结果，修改OPF的形式，使其能够对预测的连锁故障路径进行过载风险控制。

若某条支路上的潮流为P_{li}，满足约束$P_{li} \leqslant P_{li,\max}$和$P_{li} \geqslant -P_{li,\max}$。假设某条连锁故障路径$L_j$包含支路集合的潮流集合为$\{P_{ji}\}$，该连锁故障路径的风险评估为$C_j$，那么对该连锁故障路径中每一条线路$i$，预定某一个潮流水平$P_{li,\text{risk}}$，规定$|P_{li}| \geqslant P_{li,\text{risk}}$时有风险，否则没有风险，设定风险控制违背变量$P_{li}^{+}$和$P_{li}^{-}$，在OPF中加入如下约束

$$P_{li} - P_{li}^{+} \leqslant P_{li,\text{risk}} \tag{4-45}$$

$$P_{li} + P_{li}^{-} \geqslant -P_{li,\text{risk}} \tag{4-46}$$

其中，$P_{li}^{+} \geqslant 0$以及$P_{li}^{-} \geqslant 0$。为了使上面的约束起作用，应当有$P_{li,\text{risk}} < P_{li,\max}$。这里引入了过载风险控制违背变量，可以将这两组变量P_{li}^{+}和P_{li}^{-}作为变量加入目标函数中。我们的目标是通过优化过程使得P_{li}^{+}和P_{li}^{-}尽量小，也就是使违背风险控制目标的程度尽量小。

原OPF的目标函数为

$$\min f = \sum_{i=1}^{m} x_{gi} - K\sum_{i=1}^{n} x_{di}, K > 1 \tag{4-47}$$

在考虑风险控制，则可以在其中加入含P_{li}^{+}和P_{li}^{-}的风险控制项f_{risk}，使目标函数变为$f' = f + f_{\text{risk}}$。

风险控制项构造如下

$$f_{\text{risk}} = \sum_{i \in S_R} k_i (P_{li}^{+} + P_{li}^{-}) \tag{4-48}$$

即目标函数变为

$$\min f'=\sum_{i=1}^{m}x_{gi}-K\sum_{i=1}^{n}x_{di}+\sum_{i\in S_R}k_i(P_{li}^{+}+P_{li}^{-}),K>1 \tag{4-49}$$

采用 P_{li}^{+} 和 P_{li}^{-} 加入目标函数的好处是，加入项和原目标函数的量纲相同，k_i 是一个无量纲的系数，代表线路 i 在过载风险控制中的重要程度，可设为与该线路相关的连锁故障风险成正相关关系。

k_i 可以有如下定义方法

$$k_i=\frac{\sum_{i\in L_j}C_j}{C_0} \tag{4-50}$$

或者

$$k_i=\frac{\lg\left(1+\sum_{i\in L_j}C_j\right)}{\lg(1+C_0)} \tag{4-51}$$

其中 C_0 为风险控制基准值；$\sum_{i\in L_j}C_j$ 代表将线路 i 参与的所有连锁故障路径的风险和，即相当于线路 i 的在系统中的关键程度。第一种定义方法的缺点是线路参与的连锁故障路径的总风险差别可能会很大，跨度可以达到1～2个数量级以上，从而造成 k_i 差别很大，在优化中会发生某些项被淹没的现象。第二种定义方法减小了 k_i 系数的差异，而对数项中加1是为了防止取对数后负项的产生。综上，改进后的OPF模型表达式为

$$\begin{aligned}&\min f'=\sum_{i=1}^{m}x_{gi}-K\sum_{i=1}^{n}x_{di}+\sum_{i\in S_R}k_i(P_{li}^{+}+P_{li}^{-}),K>1\\&\text{s.t.}\\&\sum P_{gi}=\sum P_{di}\\&-P_{li,\max}\leqslant P_{li}\leqslant P_{li,\max}\\&P_{li}-P_{li}^{+}\leqslant P_{li,\text{risk}}\\&P_{li}+P_{li}^{-}\geqslant -P_{li,\text{risk}}\\&0\leqslant x_{gi}\leqslant P_{gi,\max}\\&0\leqslant x_{di}\leqslant P_{di,\text{initial}}\\&P_{li}^{+}\geqslant 0\\&P_{li}^{-}\geqslant 0\end{aligned} \tag{4-52}$$

该模型的意义在于，在过载硬约束范围内，又设置了过载风险控制的软目标，通过将目标违背量加入目标函数中，实现对过载风险的控制，其控制效果和尺度可以通过设定不同的参数值进行调整。在该OPF模型中需要设置的参数有各条线路有连锁风险时的潮流水平$P_{li,\mathrm{risk}}$，过载风险控制基准值C_0，以及负荷功率项权值K。

通过以上过程建立的OPF模型可以在线路过载风险和系统供电能力之间进行权衡，当系统供电紧张时，相应地就要求线路的负载率相对高一些，而当系统供电能力充裕时，优化结果会趋近于将线路的负载率降低，这种权衡正是由将线路负载软约束中的风险违背量和系统负荷损失量共同放在目标函数中求解最优问题而得到。该方法可以对某一条连锁故障路径进行控制，也能综合若干连锁故障路径及其风险实现控制。当没有对连锁故障进行预测及风险评估或者在目标函数中不考虑过载风险项时，该OPF模型即退化为原先的OPF模型。由于该OPF模型中的高压直流输电（high voltage direct current，HVDC）相关约束与变量上下界的规定与原OPF模型相同，因此该考虑过载风险控制的OPF模型同样能够对HVDC进行调节。

2. 示例和分析

下面用修改的IEEE-118系统进行测试，系统的节点数量为122个，系统的总负荷为1024.7MW。我们首先对系统进行故障采样，设定最大初始故障数为2个，10000轮的连锁故障模拟（不含OPF调节），以完成对系统连锁故障路径的采样。我们将10000次连锁故障抽样得到的所有连锁故障所涉及的线路、概率以及停电损失都进行统计，形成故障路径L_j以及其所对应的风险C_j的集合。

将通过连锁故障模拟得到的典型故障路径及其风险输入到考虑风险控制的OPF模型中，设定线路有连锁风险时的潮流水平$P_{li,\mathrm{risk}}$为其限值的0.8倍，设定系统风险控制基准值C_0为500（MW）。在该设定下进行10000轮连锁故障仿真，获得负荷分布。为了与考虑风险控制的OPF模型进行比较，我们用同样的系统数据在原OPF模型下进行10000轮连锁故障仿真得到的连锁故障分布，以及不采用OPF控制的连锁故障分布作为对照组。三组不同数据下的连锁故障分布曲线如图4-5所示。

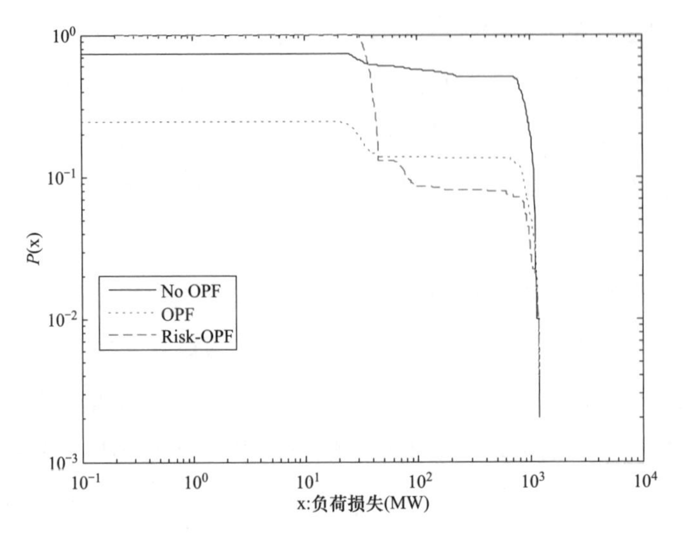

图4-5　不同OPF控制配置下的故障损失分布对比

表4-5是三种情况下对故障数据进行统计得到的停电风险指标风险价值（value at risk，VaR）和条件风险价值（conditional value at risk，CVaR）的比较，为了更全面地分析不同的方法对不同规模的负荷损失的影响，在不同的置信概率值下分别比较VaR和CVaR。

表4-5　IEEE-118节点系统不同OPF控制配置下的故障损失风险指标

风险指标（MW）		无OPF	不考虑过载风险的OPF	考虑过载风险控制的OPF
$\alpha=0.9$	VaR	948.4	883.6	81.3
	CVaR	98.77	103.3	79.98
$\alpha=0.95$	VaR	1032.3	1024.7	927.6
	CVaR	51.12	56.5	53.4

从停电损失分布图和停电风险损失统计结果中可以看到，与不使用OPF相比，采用OPF和过载风险控制的OPF进行防止过载的调整可以有效地降低停电损失。而对比不考虑过载风险的OPF和考虑过载风险控制的OPF，后者虽然可能会带来少量损失负荷的代价（约20MW），但其在降低规模较大的失负荷风险具有明显的效果，从图4-5可见，能够使规模较大停电的概率明显降低。可见考虑风险控制的OPF由于加强了对连锁故障路径涉及线路的风险控制，能够进一步降低大规模停电的发生风险。然而，考虑风险控制的代价就是会在一定程度上限

制系统供电的能力，从而在OPF控制下小规模失负荷的风险有所升高。从VaR指标和CVaR指标的统计结果也可以看出这一点，无OPF控制时的风险要明显高于传统OPF和考虑过载风险控制的OPF，而考虑过载风险控制的OPF由于降低了系统中的负载率，因而对停电特别是较大规模的停电具有较好的抑制作用，而从整体效果上降低了停电风险，从表4-5中的风险数据也可印证这一点。

二、针对极端气象条件的城市电网风险评估和合理预警

现代社会，稳定可靠的电力供应是社会稳定和经济发展的基础。为了应对突发事件的威胁，电监会、国家电网有限公司和中国南方电网有限责任公司均颁布了处置电网大面积停电事件应急预案和相关规定，督促各级电力企业建立规范、完善的应急管理体系。其中，由于城市电网为电力系统中绝大部分负荷提供电力，研究其应急管理所需的机制和方法具有重要的现实意义。电力应急管理的首要工作原则是以预防为主，即要通过加强管理，落实事故预防和隐患控制措施，有效防止重特大电力生产事故发生[20]。因而，对威胁电网正常运行的突发事件进行准确预警是开展各种应急管理活动的先决条件[21~22]。而且，合理准确地判定应急预警级别将有利于节约社会资源的使用，避免无效高级别应急管理活动的发生。

本节从城市电网应急预警机制的基本工作流程出发，分析了风险评估在应急预警中的作用，并提出了基于配电网停电风险评估的城市电网应急预警实现方法。该方法的基本思路是通过分析各类突发事件（主要是自然灾害）造成电力设备停运的概率，计算出相应的负荷停电损失和风险，进而给出了基于配电网停电风险的应急预警级别判定方法。所提出的配电网风险评估方法所得结果具有明确物理意义，综合考虑了拓扑重构和紧急切负荷等应急调度措施，并可有效处理多突发事件耦合发生情况。测试结果表明，本节提出的城市电网应急预警方法准确有效，具有较强的通用性和实用性。

1. 城市电网预警机制

城市电网应急预警的核心工作是根据突发事件的风险评估结果确定预警等级，并由权威部门发布预警信息。城市电网应急预警一般要经过突发事件信息监测、停电风险评估、预警发布和实施等工作过程。由于影响城市电网的突发

事件的性质、演变过程和发生机理各有不同，目前应急管理工作中是根据突发事件本身的严重程度和影响范围进行分级预警，例如，根据气象预报给出的台风或暴雨的级别，发布相应的城市电网应急预警信息。这样虽可表现出电网所受外界威胁的严重程度，却没有给出电网可能的损失情况，不利于指导制定有针对性的预防措施。需要指出的是，城市电网应急管理的根本目的在于最大限度地减少大面积停电造成的影响和损失，维护国家安全、社会稳定和人民生命财产安全。因此，科学的城市电网应急预警应是在监测突发事件预报信息后，评估其可能造成的电网停电风险，从停电损失严重程度出发确定其预警级别。

实现上述应急预警机制需要的关键技术包括灾害下电力设备的停运概率分析、配电网停电风险计算和基于停电风险的预警分级方法等，以下分别简述。

2. 实施方案

（1）突发事件下配电网停电风险计算。

a）停电风险的定义。

风险是能导致损失的灾难的可能性和这种损失的严重程度。一般采用灾害发生的概率ϕ和危害严重性S的乘积来计算风险$\Re$，如式（4-53）所示。

$$\Re = \phi \times S \tag{4-53}$$

相应地，可以给出突发事件下城市配电网中停电风险的计算方法，即突发事件引发的负荷停电概率和负荷停电造成的损失的乘积。具体地，设城市配电网中含有n个负荷，其有功功率集合为$\{P_1, P_2, \cdots, P_n\}$，单位为kW，负荷的社会经济价值系数为$\{c_1, c_2, \cdots, c_n\}$，单位为万元/kW；突发事件$E$发生时，所有负荷停电概率集合为$\{\phi_1, \phi_2, \cdots, \phi_n\}$，其中$\phi_i$为负荷$P_i$的停电概率；则有突发事件$E$导致配电网停电风险为$\Re(E)$。

$$\Re(E) = \sum_{i=1}^{n} \phi_i \times P_i \times c_i \tag{4-54}$$

式（4-54）中，P_i为负荷有功功率，由电网运行工况决定；c_i为表征负荷重要程度的价值系数，一般根据应急管理中保供电需求人为决定，例如日常情况下市政府、医院、交通系统等负荷价值系数较大的关键负荷，或在重大公共活动如奥运会等期间，针对相关场馆和交通设施，可根据需求，人为设置较大的价值系数；负荷停电概率ϕ_i需要根据突发事件对系统影响计算，是配电网停电风险计算的关键内容。

b）计算流程。

实际的城市电网应急管理工作中，一次突发事件，如台风等自然灾害即将来临时，电网运行机构往往可以得到气象部门预报，由灾害的地域特征可较为准确的估计出受其影响的电力设备范围。从而，可由设备停运概率模型计算出相关电力设备停运的概率。进一步，可分析得到每个设备停运后相应的停电负荷。如此，就可以计算出每个负荷受设备停运影响的停电概率，如式（4-55）所示。

$$\begin{cases} \phi_i = 1 - \overline{\phi}_i \\ \overline{\phi}_i = \prod_{j=1}^{m} (1 - \phi_{d_j}) \end{cases} \tag{4-55}$$

式（4-55）表示负荷P_i的停电概率ϕ_i等于能导致其停电的电力设备$\{d_1, d_2, \cdots, d_m\}$中有任意一个或多个发生停运的概率。$\phi_{d_j}$表示电力设备$d_j$受灾害影响的停运概率。$\overline{\phi}_i$为负荷$P_i$的不停电概率。

由上述思路出发，可以得到配电网停电风险计算的具体流程，包括如下6个关键步骤：

步骤1：初始化，根据突发事件E的地域特征确定受其影响的设备集合$\{d_1, d_2, \cdots, d_k\}$，并设定所有参与停电损失风险分析的负荷的不停电概率为1。

步骤2：对设备d_j，根据所建立的设备集停运概率模型计算其停运概率ϕ_{d_j}。

步骤3：令设备d_j停运，并启用应急管理预案中已设计了该设备停运后可启用的备用供电路径（或设备），进而更新电网拓扑结构。

步骤4：分析更新后的电网拓扑结构，如果出现孤岛电网脱离主网运行，则针对孤岛电网计算其中发电和负荷差额，进而得到其中停电负荷；如果电网保持完整，则由式（4-56）、式（4-57）所示最小损失切负荷问题，得到满足电网运行要求和设备容量约束情况下保持系统关键负荷供电所需切除的负荷。

最小损失切负荷问题的目标函数

$$\min G(P) = \sum_{i=1}^{n} c_i (P_i - P_i^*) \tag{4-56}$$

其约束条件为

$$\begin{cases} f(V,\theta,P^*,Q^*)=0 \\ V_k^{\min} \leqslant V_k \leqslant V_k^{\max}, k \in \boldsymbol{\Omega} \\ -F_l^{\max} \leqslant F_l \leqslant F_l^{\max}, l \in \boldsymbol{\Psi} \end{cases} \quad (4-57)$$

式（4-56）和式（4-57）中，c_i为价值系数；P_i负荷初始有功功率，P_i^*是采取紧急切负荷措施后的负荷有功功率；f表示网络潮流方程，其中V和θ为所有节点电压和相角相量，P^*和Q^*为切负荷措施后所有负荷有功和无功功率相量；V_k、$V_k^{\max}$和$V_k^{\min}$是节点k的电压幅值及上下限，$\boldsymbol{\Omega}$是所有节点的集合；F_l和$F_l^{\max}$是设备l传送功率及其容量上限，$\boldsymbol{\psi}$为具有容量限制的设备集合。

为了减少优化问题求解难度，对上述步骤4中计算可做如下简化：①可认为负荷已经做了足够详细的划分，即切负荷措施执行后$P_i^*=0$或$P_i^*=P_i$；②计算中没有考虑配电网中电源的作用，即不考虑发电机故障和备用发电设备的投运；③对于出现孤岛情况，认为主网中不需要进行切负荷操作即可保证正常供电和设备安全，而孤岛中则根据供电缺额将经济价值较低的负荷依次切除。

步骤5：针对步骤4中计算得到的所要切除的负荷更新其不停电概率，即设步骤4计算得到所有需要切除而导致停电的负荷集合为$\boldsymbol{\Phi}_{d_j}=\{P_i\}$，对每一个$P_i \in \boldsymbol{\Phi}_{d_j}$，根据式（4-58）更新其不停电概率$\overline{\phi}_i$。

$$\overline{\phi}_i=\overline{\phi}_i \times (1-\phi_{d_j}) \quad (4-58)$$

步骤6：重复执行步骤2～5，直到遍历所有受影响设备集合。然后，根据式（4-55）计算出每一个负荷的停电概率。最后根据式（4-54）计算出突发事件E情况下城市配电网停电风险。

（2）应急预警级别判定方法。

突发事件下配电网停电风险可作为判定应急预警级别的判据，进而根据有关规定，启动相应的应急预警和响应机制。

首先，由所有负荷$\{P_1,P_2,\cdots,P_n\}$和对应社会经济价值系数$\{c_1,c_2,\cdots,c_n\}$，以及城市核心功能负荷组成的集合$\boldsymbol{C}$，计算全网停电总损失L_{All}和核心功能负荷总损失L_{Core}。

$$\begin{cases} L_{\text{All}}=\sum_{i=1}^{n} c_i \times P_i \\ L_{\text{Core}}=\sum_{i \in C} c_i \times P_i \end{cases} \quad (4-59)$$

其次，参考国家、省市和地区的有关规定，将电力突发事件分为特别重大（Ⅰ级）、重大（Ⅱ级）、较大（Ⅲ级）和一般（Ⅳ级）四个级别，分别定义对应的全网和核心功能停电风险级别系数为

$$\begin{cases}1>\eta_{\mathrm{All}}^{\mathrm{I}}>\eta_{\mathrm{All}}^{\mathrm{II}}>\eta_{\mathrm{All}}^{\mathrm{III}}>0\\1>\eta_{\mathrm{Core}}^{\mathrm{I}}>\eta_{\mathrm{Core}}^{\mathrm{II}}>\eta_{\mathrm{Core}}^{\mathrm{III}}>0\end{cases}\tag{4-60}$$

最后，采用所提出的配电网停电风险计算方法，计算突发事件下的全网和核心功能停电风险 $\Re_{\mathrm{All}}(E)$ 和 $\Re_{\mathrm{Core}}(E)$，并根据表4-6判定预警级别。

表 4-6　　预警逻辑表

预警级别	$\eta_{\mathrm{All}}=\dfrac{\Re_{\mathrm{All}}(E)}{L_{\mathrm{All}}}$	逻辑关系	$\eta_{\mathrm{Core}}=\dfrac{\Re_{\mathrm{Core}}(E)}{L_{\mathrm{Core}}}$
Ⅰ	$\eta_{\mathrm{All}}>\eta_{\mathrm{All}}^{\mathrm{I}}$	或	$\eta_{\mathrm{Core}}>\eta_{\mathrm{Core}}^{\mathrm{I}}$
Ⅱ	$\eta_{\mathrm{All}}^{\mathrm{I}}>\eta_{\mathrm{All}}>\eta_{\mathrm{All}}^{\mathrm{II}}$	或	$\eta_{\mathrm{Core}}^{\mathrm{I}}>\eta_{\mathrm{Core}}>\eta_{\mathrm{Core}}^{\mathrm{II}}$
Ⅲ	$\eta_{\mathrm{All}}^{\mathrm{II}}>\eta_{\mathrm{All}}>\eta_{\mathrm{All}}^{\mathrm{III}}$	或	$\eta_{\mathrm{Core}}^{\mathrm{II}}>\eta_{\mathrm{All}}>\eta_{\mathrm{Core}}^{\mathrm{III}}$
Ⅳ	$\eta_{\mathrm{All}}^{\mathrm{III}}>\eta_{\mathrm{All}}>0$	或	$\eta_{\mathrm{Core}}^{\mathrm{III}}>\eta_{\mathrm{All}}>0$

3. 示例和分析

以IEEE43节点系统为例，如图4-6所示，该系统中为辐射状电网，共有15处负荷（图中连有黑箭头的节点），没有发电机，所有功率由1号节点承担，是一个典型的配电网。

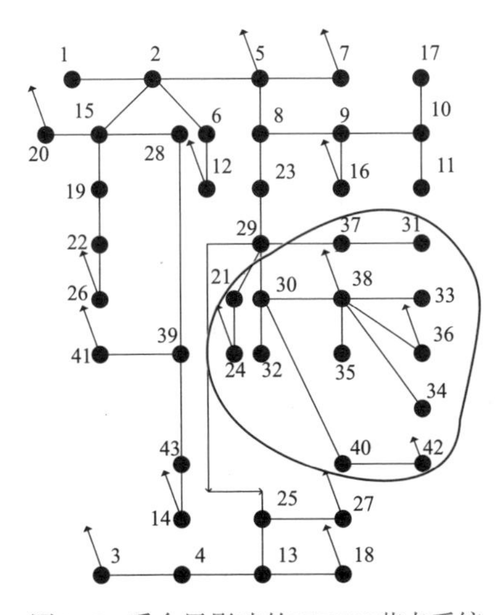

图4-6　受台风影响的IEEE43节点系统

假设有台风灾害将要袭击该系统，根据气象预报可知台风将要影响图4-6中曲线所包围的区域。根据灾害强度和设备抗灾能力计算出系统设备在灾害情况下的停运概率。设所有负荷的重要程度都相同，且经济价值系数都为1万元/kW，根据本节所述的模型进行仿真分析，可以得出各个负荷节点在台风灾害影响下的停电概率和停电风险，如表4-7所示。

表4-7　停电风险计算结果

节点	负荷量（kW）	停电概率	风险（万元）
3	1600	0	0
5	5300	0	0
7	16 900	0	0
20	8800	0	0
12	8000	0	0
16	6300	0	0
26	8000	0	0
38	14 400	0.4433	6383.85
41	8000	0	0
24	6400	0.1126	720.38
36	50	0.6493	32.46
14	8000	0	0
42	22 400	0.3009	6740.54
27	3200	0	0
18	2400	0	0

此时系统总风险为13 877.23万元，根据式（4-59）计算的L_{All}=119 750万元，进而可根据式（4-60）计算得η_{All}=11.59%。进一步，可定义$\eta_{\text{All}}^{\text{I}}=40\%$，$\eta_{\text{All}}^{\text{II}}=20\%$，$\eta_{\text{All}}^{\text{III}}=10\%$，则需要针对本算例所描述的台风灾害发布Ⅲ级预警信息。

如果能够事先制定设备加固预案，减小灾害下设备停运概率，则可在一定程度上减小系统风险。例如在本例中采取一定措施，如安排巡线检修等，加强线路（29→30）的抗灾能力，使其在台风灾害到来时的故障概率降低一半，则在此条件下相关负荷的停电概率和停电风险均有所改善，如表4-8所示。

表 4-8　　预防后停电风险计算结果

节点	负荷量（kW）	停电概率	风险
38	14 400	0.342 7	4934.83
24	6400	0.112 6	720.38
36	50	0.585 9	29.29
42	22 400	0.174 5	3909.88

从表4-8可以看出，系统总风险下降为9594.38万元，η_{All}=8.01%，预警级别由Ⅲ级降低为Ⅳ级。

由上述结果可见，所提出的方法可将各类突发事件对电网的影响折算为系统停电风险，因而可用来比较电网运行工况有差异的情况下不同突发事件引发威胁的大小。同时，由于计算过程中考虑了应急调度和预防措施的作用，所提出的风险计算方法不仅能评估电网应急预案效果，还可扩展用于自动生成优化的应急预防方案。

三、提升城市电网应变力关键设备强化决策

目前关于韧性配电网灾前预防的研究中，灾前的设备加固是重要的手段之一。本节针对基于负荷节点停运概率的灾前设备加固问题，以贝叶斯网络为工具，建立灾情推断-停运概率计算-灾前设备加固方案优化的策略流程。在定义了负荷节点韧性风险指标的基础上，建立了灾前设备加固优化的优化模型。该模型充分考虑了节点负荷量大小、重要程度高低及停运风险高低三方面因素，降低了配电网各节点韧性风险指标，并避免了过高风险节点的出现。最终，通过IEEE123节点算例验证了所提方法的有效性和鲁棒性。

1. 灾前设备加固基本思路

（1）基本概念。

停运概率，指负荷节点在给定气象条件下（及给定设备加固措施）出现停运情况的概率。特别地，将配置设备加固资源前的节点停运概率称为自然停运概率，表征在现有气象条件下，不加人为干预，出现停运情况的概率。对于节点n_i，其自然停运概率记为p_i^0。对于进行设备加固r_i后的节点停运概率称为配置后停运概率，记为$p_i(r_i)$。

（2）贝叶斯网络灾情推断。

对于配电网，在给定气象条件下，可采用贝叶斯网络建立气象－配电网点之间的概率图，进而推断各节点的自然停运概率 p_i^0 。

贝叶斯网络作为一种有向无环的概率图，可用于描述实际系统各随机变量之间的因果关系。对于一个复杂系统，可将其变量映射为贝叶斯网络的节点集，变量间关系映射为贝叶斯网络的有向边，分别记为$\boldsymbol{N}=\{n_1,n_2,\cdots,n_{\mathrm{N}}\}$和$\boldsymbol{E}=\{ln_i,n_j\}1\leqslant i,j\leqslant N$。一条从$n_i$指向$n_j$的有向边$ln_i$，$n_j$，称起点$n_i$是终点$n_j$的一个父节点，记作$\pi(n_i)$。

在贝叶斯网络中，每个变量的关系同且仅同其父节点有关，因此全局变量的联合概率可根据节点同其父节点的关系按链式法则展开，如下式所示

$$P(X_1,...,X_N)=\prod_{i=1}^{N}P(X_i\mid\pi(n_i))\tag{4-61}$$

所有的节点同其父节点间的条件概率矩阵$\boldsymbol{P}(X_i|\pi(n_i))$组成的集合即为贝叶斯网络的参数集$\boldsymbol{\theta}$，通可通过极大似然方法训练其参数，即（数据集为$\boldsymbol{D}$，每一条数据为$d_i$）

$$\max\sum_{d_i\in\boldsymbol{D}}\ln\boldsymbol{P}(X=d_i\mid N,E,\theta)\tag{4-62}$$

由于配电网中每个配网节点依赖于其上游相邻供电节点，这样的结构特性与贝叶斯网络的假设基本吻合，因此可利用贝叶斯网络进行配电网的灾情推断。

（3）设备加固参考依据。

在实际工程中，配电网所拥有的灾前设备加固物资往往极为有限，而配电网中节点众多，难以满足各节点的需求，因而需要参考一定的依据进行设备加固物资分配，主要涉及的依据包括：

节点的重要程度w_i：在配电网中各个负荷节点重要性不一。为简化分析，以离散量w_i表征节点的重要程度，其数值越大，表明其重要程度越高，在分配设备加固物资时更为优先。

节点的自然停运概率 p_i^0 ：配电网各个节点的自然停运概率不同。资源不宜配置在停运概率低的节点处，而应优先配置在停运概率高的节点。

负荷量P_i：实际配电网中每个节点由多个用户组成，优先保障大负荷节点

可能会保障更多的关键节点。

（4）物资调配流程。

整个流程分为四个步骤：

1）初始化灾情推断的贝叶斯网络，依据配电网的拓扑和实际灾害类型建立合适结构的贝叶斯网络，根据历史气象信息和受灾记录对贝叶斯网络进行训练，确定其参数。

2）气象预测及自然停运概率的计算。根据实时灾情预报情况，结合贝叶斯网络的结构，确定其相应输入（气象变量），代入贝叶斯网络中得到各个配电节点的自然停运概率 p_i^0 。

3）初始化配网基本信息，包括各节点的负荷量 P_i、重要程度 w_i，设备加固资源总量 R，并依据统计手段确定资源配置后停运概率模型。

4）建立配电网灾前设备加固资源优化配置模型，并求解该优化问题，得到各节点处的最佳资源配置量。

2. 灾前设备加固物资优化调配模型

（1）资源－停运概率模型。

对配网负荷节点，配置设备加固资源可有效降低其停运概率。为简化分析，下文所指的资源量为各种不同的设备加固资源按其实际对停运概率的降低作用折合后的数量。为导出设备加固资源与停运概率简化模型，考虑四个符合事实的假定：

假定1：当配置设备加固资源量为0时，负荷节点的停运概率即为其自然停运概率，即

$$p_i(0) = p_i^0 \tag{4-63}$$

假定2：当配置设备加固资源量趋于无穷时，负荷节点的停运概率趋于0，不会出现停电情况，即

$$\lim_{r_i \to +\infty} p_i(r_i) = 0 \tag{4-64}$$

假定3：配置加固资源越多，同一个负荷节点的停运概率越低，即

$$\frac{\mathrm{d}p_i(r_i)}{\mathrm{d}r_i} < 0 \tag{4-65}$$

假定4：配置加固资源对于停运概率的降低作用有可叠加效应，即

$$\frac{p_i(r_i^1)}{p_i(0)}\cdot\frac{p_i(r_i^2)}{p_i(0)}=\frac{p_i(r_i^1+r_i^2)}{p_i(0)} \tag{4-66}$$

基于以上四条假定，可推导出简化资源－停运概率模型为

$$p_i(r_i)=p_i^0\mathrm{e}^{-\lambda_i r_i},\lambda_i>0 \tag{4-67}$$

其中，λ_i是和节点自身物理特性（如地形、设备可靠性、加固程度）、灾害类型和资源折算方法有关，可通过统计历史数据拟合而来。

（2）目标函数。

因此对于一个节点，将三者的乘积，即$w_i \cdot P_i \cdot p_i(r_i)$为节点$n_i$的韧性风险指标。所有节点的韧性风险指标之和作为目标函数，其物理意义为按重要程度加权的停运负荷期望。

$$\min\sum_{i=1}^{N}w_i\cdot P_i\cdot p_i(r_i) \tag{4-68}$$

显然式（4-68）中欲令韧性风险指标$w_i \cdot P_i \cdot p_i(r_i)$最小，应令权重$w_i \cdot P_i$更大的项的$p_i(r_i)$更小，而$p_i(r_i)$与自然停运概率$p_i^0$正相关，与分配资源量$r_i$反相关。因而节点重要程度$w_i$，节点负荷量$P_i$和节点自然停运概率$p_i^0$越大，$w_i \cdot P_i \cdot p_i(r_i)$项则越大，应优先分配资源量$r_i$减小其值。

（3）约束条件。

优化模型以各节点分配得到的资源量r_i为决策变量，需要满足以下约束。

1）非负约束。各节点分配的资源量应满足非负约束，即

$$r_i\geqslant 0 \tag{4-69}$$

2）资源总量约束。所有节点分配得到的总资源量不得超过配电网可调度的全部资源总量R，即

$$\sum_{i=1}^{N}r_i\leqslant R \tag{4-70}$$

3）资源－停运概率关系约束。分配得到资源量r_i与各节点的实际停运概率$p_i(r_i)$应满足一定的关系。以式（4-68）为目标函数，式（4-67）、式（4-69）、式（4-70）为约束条件，建立灾前设备加固资源分配的优化模型，该优化模型为一非线性规划模型，可采用MATLAB+yalmip+cplex联合求解。

3. 示例和分析

本节在修正后的IEEE123节点系统上进行了仿真验证。123节点系统拓扑图及故障场景如图4-7所示。算例选取台风灾害，台风数据参考“玛丽亚”台风数据。

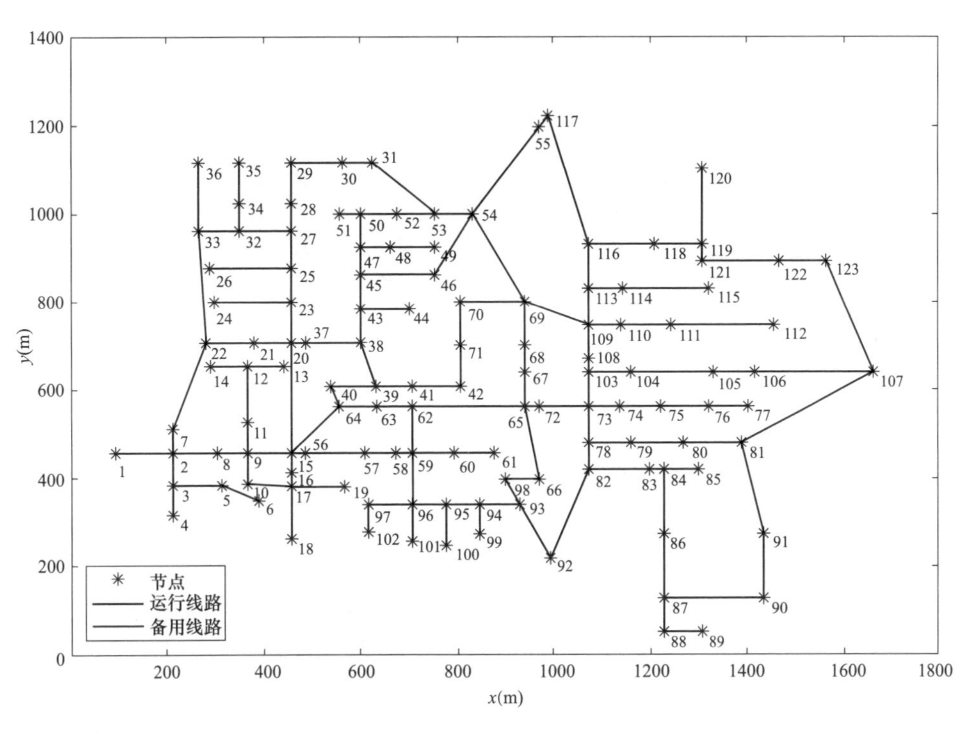

图4-7　改进123节点拓扑

（1）贝叶斯网络灾情推断。

针对123节点网络建立123个电网节点和123个台风节点的贝叶斯网络，基于历史数据完成参数学习。以“玛丽亚”台风的各位置连续时间断面风速向量为输入，求得123节点中各点停运概率见图4-8。此外各节点负荷量也在图4-8中标明。

图4-8可知，节点编号小、处于上游的节点，其自然停运概率较节点编号大，处于下游的节点更低，这也符合实际工程中配电网的特征。

（2）灾前设备加固资源分配方案。

图4-9展现了配电网在分配资源前后的停运概率、重要程度及负荷量之积，

即目标函数中的韧性风险指标$w_i \cdot P_i \cdot p_i(r_i)$。

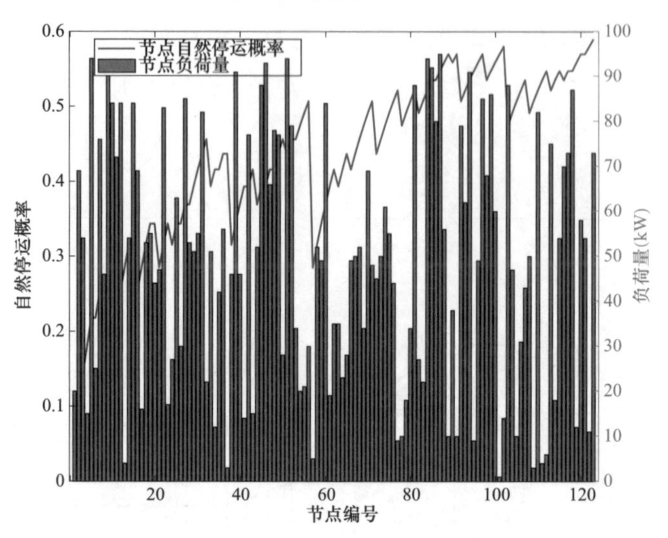

图4-8　各节点自然停运概率及负荷量

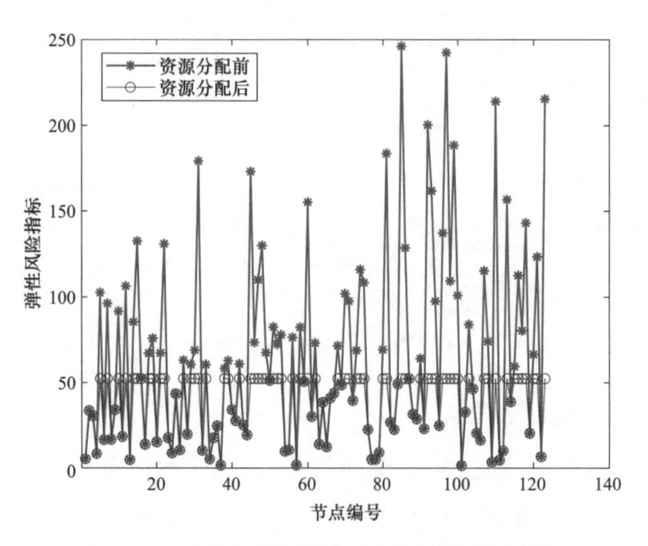

图4-9　各节点资源分配前后的韧性风险指标

从图4-9中表明，所有节点的韧性风险指标$w_i \cdot P_i \cdot p_i(r_i)$均在分配资源后出现了下降，由于节点的重要程度$w_i$和负荷量$P_i$不会在分配资源后发生改变，因此，造成该韧性风险指标下降的原因是各节点的停运概率大幅度下降。这体现了本节所提出的灾前防灾资源优化调配，使得配电网的总体韧性风险指标大幅下降，配电网的韧性显著上升。另外，图4-9表明，所有节点在资源分

配后不会出现某节点的韧性风险指标异常高的情况，即所有的节点的韧性风险指标均控制在一定限度内，也反映了本节所提出的灾前预防调配策略的鲁棒性。

总之，本节所提出的优化调配策略不仅实现了优先向高停运风险、重要程度高、负荷量大的节点分配资源，并且充分降低了全网韧性风险指标，提升了系统的韧性。本节所提方法具有较强的有效性和鲁棒性，对于电力系统灾前预防有一定的参考意义。

第三节　提升应变力的优化预防决策技术

本节介绍了极端气象条件下协调预防性策略、应急抢修人员和物资优化调配以及应急供电设备优化调配和部署三个方面的提升应变力的优化预防决策技术。极端气象条件下的协调预防性策略以尽可能减少系统潜在损失为目标，基于最优潮流模型来制定重调度方案。针对灾前应急资源优化调配技术，介绍了应急抢修人员和物资优化调配以及应急供电设备调配两种资源的优化模型以及其求解方法。其中，应急抢修人员和物资优化调配中考虑到应急人员和应急物资的相互依存关系，引入应急恢复效果可读表对其进行定量的研究；考虑路网约束，滚动迭代以调整应急物资和人员部署方案，使得灾害下配电网总体停电风险最小，从而得到最优的调配方案。应急供电设备优化调配和部署中考虑了应急电源参与配电网负荷恢复的可行性以及恢复供电的路径约束，从而制定最优的调配和部署方案。

一、极端气象条件下协调预防性策略

预防策略的主要目的是减轻极端天气带来的潜在影响。一旦预测到极端天气的出现，为了尽可能减小恶劣天气带来的损失，通常进行如下操作：

（1）切断并联输电线以加强电网安全性；

（2）根据天气预报，降低极端天气可能出现的中心区域负荷水平；

（3）重调度以减少极端天气事件发生后潮流对输电线路的影响；

（4）准备后备资源。

从系统运行角度来看，在预测的极端天气事件之前，应采取预防策略尽量

减少系统潜在的损失。

因此，本节所提方案首先确定系统中的关键元件和路径，然后根据（1）～（3）来确定潮流重调度方案，最后准备极端天气事件后的恢复资源。下文具体介绍该方案的实施。

1. 基于最优潮流的重调度方案

目标函数为

$$\min f(\boldsymbol{X})=\text{sum}[c^{\mathbf{1}}.\times(\boldsymbol{P}_L^{\mathbf{0}}-\boldsymbol{P}_L^{\mathbf{1}})] \tag{4-71}$$

其中，$\boldsymbol{P}_L^0$、$\boldsymbol{P}_L^1$为潮流重调度前后的负荷向量，c^1切负荷时成本系数，$.\times$表示向量和矩阵之间的点乘。假设在潮流重新分配前，潮流是给定的并且$\boldsymbol{P}_L^0$已知。

约束条件：

等式约束条件包括潮流重新分配后的交流潮流方程：

$$h(x)=\begin{bmatrix}\boldsymbol{P}_G^1-\boldsymbol{P}_L^1-\boldsymbol{e}^1.\times(\boldsymbol{G}^1\boldsymbol{e}^1-\boldsymbol{B}^1\boldsymbol{f}^1)-\boldsymbol{f}^1.\times(\boldsymbol{G}^1\boldsymbol{f}^1+\boldsymbol{B}^1\boldsymbol{e}^1)\\ \boldsymbol{Q}_C^1-\boldsymbol{Q}_L^1-\boldsymbol{f}^1.\times(\boldsymbol{G}^1\boldsymbol{e}^l-\boldsymbol{B}^1\boldsymbol{f}^1)-\boldsymbol{e}^1.\times(\boldsymbol{G}^1\boldsymbol{f}^1+\boldsymbol{B}^1\boldsymbol{e}^1)\end{bmatrix}=0 \tag{4-72}$$

式中：$\boldsymbol{P}_L^1$和$\boldsymbol{Q}_L^1$是所有母线有功和无功负荷向量；$\boldsymbol{G}^1$和$\boldsymbol{B}^1$为导纳矩阵实部和虚部；$\boldsymbol{e}^1$和$\boldsymbol{f}^1$为所有母线电压向量的实部和虚部；$\boldsymbol{Q}_C^1$为可控补偿无功输出。

不等式约束条件包括母线电压水平、发电机有功限制，发电机和分流器无功限制。

$$\begin{bmatrix}\underline{\boldsymbol{P}}_G^1\\ \underline{\boldsymbol{P}}_L^1\\ \underline{\boldsymbol{Q}}_C\\ \underline{\boldsymbol{P}}_T^1\\ \underline{\boldsymbol{V}}^1.\times\underline{\boldsymbol{V}}^1\end{bmatrix}\leqslant g(\mathrm{X})=\begin{bmatrix}\boldsymbol{P}_G^1\\ \boldsymbol{P}_L^1\\ \boldsymbol{Q}_C\\ \boldsymbol{P}_T^1\\ \boldsymbol{e}^1.\times\boldsymbol{e}^1+\boldsymbol{f}^1.\times\boldsymbol{f}^1\end{bmatrix}\leqslant\begin{bmatrix}\overline{\boldsymbol{P}}_G^1\\ \overline{\boldsymbol{P}}_L^1\\ \overline{\boldsymbol{Q}}_C\\ \overline{\boldsymbol{P}}_T^1\\ \overline{\boldsymbol{V}}^1.\times\overline{\boldsymbol{V}}^l\end{bmatrix} \tag{4-73}$$

式中：$\overline{(\cdot)}$，$\underline{(\cdot)}$分别表示变量上下限，$\boldsymbol{P}_T^1$为每条传输线上的有功向量。

在容易发生极端天气事件的区域，通过采取切负荷手段，抑制和缓解发电机输出功率和输电线潮流过载。通过降低负荷水平和线路潮流来减少极端天气事件可能造成的损失，该方法已在工业界得到广泛应用。

从物理意义上解释，极端天气事件引发元件切除后，因发电机最小输出功率的限制，需关停部分发电机机组来平衡减小的负荷水平。数学上来说，重调

度模型式（4-71）～式（4-73）无解。为了避免这样的情况发生，重调度以及极端事件后系统状态应归结在如下表示的一个最优潮流模型中：

目标函数为

$$\min f(\boldsymbol{X})=sum[\boldsymbol{c}^1.\times(\boldsymbol{P}_L^0-\boldsymbol{P}_L^1)+\boldsymbol{c}^2.\times(\boldsymbol{P}_L^1-\boldsymbol{P}_L^2)] \tag{4-74}$$

式中：$\boldsymbol{P}_L^0$、$\boldsymbol{P}_L^1$、$\boldsymbol{c}^1$含义见式（4-71）；负荷向量$\boldsymbol{P}_L^2$表示由于极端天气事件而损失的某些可用率不高的元件后的负荷水平；$\boldsymbol{c}^2$为负荷损失的成本系数向量。

约束条件：等式约束条件包括重调度后以及由于事件而损失了某些可靠性不高的元件后交流潮流方程。重调度后潮流方程仍为式（4-72）。极端事件后G^2和B^2为失掉低可用率元件后系统导纳矩阵的实部和虚部，潮流方程可表示为

$$h(x)=\begin{bmatrix}\boldsymbol{P}_G^2-\boldsymbol{P}_L^2-\boldsymbol{e}^2.\times(\boldsymbol{G}^2\boldsymbol{e}^2-\boldsymbol{B}^2\boldsymbol{f}^2)-\boldsymbol{f}^2.\times(\boldsymbol{G}^2\boldsymbol{f}^2+\boldsymbol{B}^2\boldsymbol{e}^2)\\ \boldsymbol{Q}_C^2-\boldsymbol{Q}_L^2-\boldsymbol{f}^2.\times(\boldsymbol{G}^2\boldsymbol{e}^2-\boldsymbol{B}^2\boldsymbol{f}^2)+\boldsymbol{e}^2.\times(\boldsymbol{G}^2\boldsymbol{f}^2+\boldsymbol{B}^2\boldsymbol{e}^2)\end{bmatrix}=0 \tag{4-75}$$

式中：$\boldsymbol{P}_L^2$和$\boldsymbol{Q}_L^2$为负荷有功和无功；$\boldsymbol{G}^2$和$\boldsymbol{B}^2$为导纳矩阵实部和虚部；$\boldsymbol{e}$和$\boldsymbol{f}$母线电压向量的实部和虚部；$\boldsymbol{Q}_C^2$可控器件的无功输出。

不等式约束条件包括极端天气事件发生后的母线电压水平、发电机有功出力限制、发电机和分流器无功限制。

$$\begin{bmatrix}\underline{\boldsymbol{P}}_G^k\\ \underline{\boldsymbol{P}}_L^k\\ \underline{\boldsymbol{Q}}_C^k\\ \underline{\boldsymbol{P}}_T^k\\ \underline{\boldsymbol{V}}^k.\times\underline{\boldsymbol{V}}^k\end{bmatrix}\leqslant g(\boldsymbol{X})=\begin{bmatrix}\boldsymbol{P}_G^k\\ \boldsymbol{P}_L^k\\ \boldsymbol{Q}_C^k\\ \boldsymbol{P}_T^k\\ \boldsymbol{e}^k.\times\boldsymbol{e}^k+\boldsymbol{f}^k.\times\boldsymbol{f}^k\end{bmatrix}\leqslant\begin{bmatrix}\bar{\boldsymbol{P}}_G^k\\ \bar{\boldsymbol{P}}_L^k\\ \bar{\boldsymbol{Q}}_C^k\\ \bar{\boldsymbol{P}}_T^k\\ \bar{\boldsymbol{V}}^k.\times\bar{\boldsymbol{V}}^k\end{bmatrix},k=1,2,... \tag{4-76}$$

变量含义同式（4-73）。

通过求解由式（4-72）、式（4-74）～式（4-76）所描述的模型，可避免发电机组在极端天气事件后被切除，在此基础上确保系统恢复的实现。

采用内点法来求解该模型即可得到该优化模型的最优解。

2. 示例和分析

本研究采用PSS/E中内置23节点测试系统来验证所提方法，所提预防策略在此系统上进行测试。23节点测试系统包括6台发电机和34条支路。系统拓扑图如图4-10所示，系统数据见PSS/E手册。假设有一个可预测的极端天气事件

将穿过系统底部区域，如图4-10虚线所示。

首先将母线203和205之间以及母线153和154之间单条线路将切除。位于母线206的发电机额定功率100MW，输出有功功率79.17MW，约为79.17%额定功率，无功功率为35.22Mvar。位于母线3018的发电机额定功率为120MW，输出有功功率为100.00MW，约为83%额定功率，无功功率为73.35Mvar。这两台发电机为燃煤机组，最小输出为额定容量的40%。负荷水平如表4-9所示。

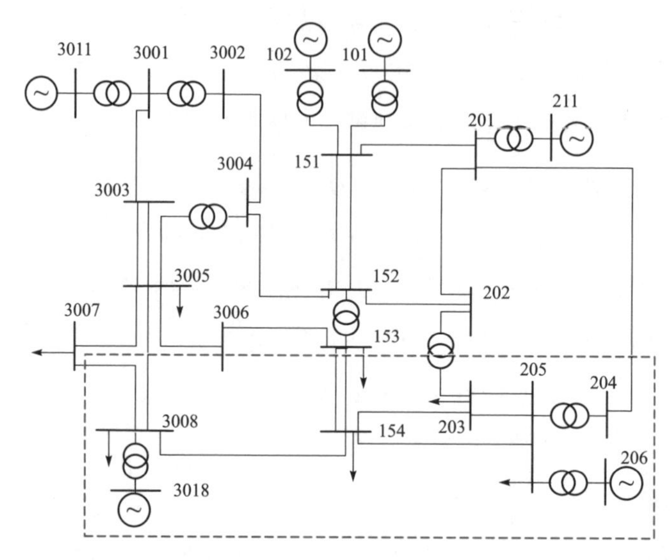

图4-10　测试系统拓扑图

表4-9　负　荷　水　平

母线	P（MW）	Q（Mvar）
153	100.00	50.00
154	180.00	80.00
205	120.00	70.00
3008	200.00	175.00

（1）预防策略测试结果。

假设所有的线路都投入运行，通过重调度策略将负荷水平降低到一定程度。母线206和母线3018上发电机输出功率分别为54.35MW和62.78MW。每条母线上负荷水平如表4-10所示。

表 4-10　　负荷水平（采取预防策略）

母线	P(MW)	Q(Mvar)
153	32.00	15.00
154	50.00	24.00
205	42.00	21.00
3008	72.00	52.50

发电机输出十分接近于最小出力，约40%额定容量。当极端事件发生时，在关键区域，将损失位于母线154的负荷以及线路154-205，位于母线3018和206的发电机组受最小出力限制必须关停。极端天气事件过后，系统恢复策略将启动位于母线3018和母线206的两个不具备黑启动能力的大型机组。若不采取协调预防控制，假定对发电机组的启动要求为15%的额定容量。通过采用EPRI开发的“System Restoration Navgator，SRN”V2.0的软件得到仿真结果来看，这些中断的发电机组将在20min重新启动，由此可见此过程十分缓慢。可利用的容量如图4-11所示。

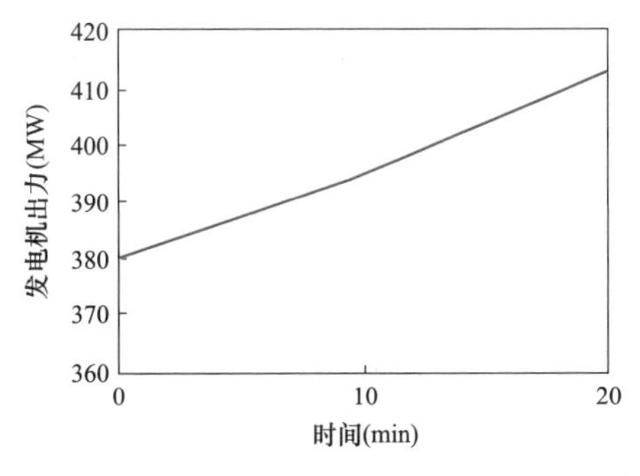

图4-11　系统恢复过程中可利用的容量

（2）采取协调策略的测试结果。

通过内点法进行模型求解得到结果如图4-12所示，极端天气事件过后发电机组仍可继续运行。在失掉母线154上的负荷以及线路154-205，位于母线206和3018上的机组出力高于最小出力。

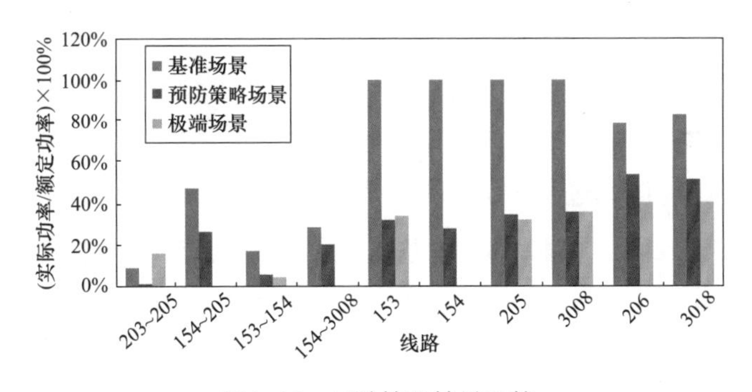

图4-12　三种情况结果比较

采用协调重调度后两台机组能继续运行，在极端事件之后，不需要图4-11所示较长的恢复持续时间。由此看来，所提的协调策略能够有效地保护极端时间下机组的正常运行，从而减少极端事件下电网的损失。

二、应急抢修人员和物资优化调配

面对自然灾害造成大规模停电的风险，相应的预防和应对措施是必不可少的。本节重点研究台风前配电网系统中的资源配置问题。在灾前可调配的资源主要包括应急人员、材料和设备等，这对于台风前的准备和灾后的恢复过程至关重要。目前，针对灾前应急物资的优化分配，已有文献研究了移动应急车载发电机在配电网应对极端自然灾害应急响应中的作用，并通过基于场景的两阶段随机优化问题完成求解，其目标是尽量减少关键负荷的停电持续时间。还有学者在针对台风灾害的防治研究中，综合考虑了柴油燃料、电池、应急供电车等可移动资源形式，通过在负荷节点间对其进行灵活的调配和部署，实现了配电网系统韧性指标的最优。

在实际工程应用中，应急资源主要分为四类：通信类主要保障灾后的通信联络以及灾情的收集；照明类主要保障抢修过程中的照明需求；供电类设备主要提供负荷短期用电；辅助类主要帮助供电设备接入指定的位置。分类情况见表4-11。

表 4-11　　灾前应急物资分类表

类别	组　成
通信类	卫星电话、对讲机
照明类	多功能升降工作灯、升降式照明装置、移动照明灯塔、调光工作灯
供电类	柴油发电机、移动发电车、UPS 电源车、应急发电机
辅助类	高空作业车、带电作业车、液压剪、发电焊机

在以上资源的调配过程中，都主要遵循灾害下系统设备的停运风险和负荷的重要度等级两方面的基本原则。其中，后者可以根据电网中的实际负荷类型进行重要度等级划分，而前者则需要对台风灾害下的设备故障风险进行分析，提出配电网受灾停电风险评估方法。下面，将分别介绍灾前预防阶段过程中的资源调配模型和配电网设备停运风险评估模型。

1. 配电网应急物资分配模型

灾前应急人员和物资优化调配决策算法的流程图如图4-13所示。其中关键环节包括：①考虑应急人员和物资部署的减灾效果，评估灾害下配网设备停运概率和负荷停电风险；②考虑灾害后设备健康水平，针对关键负荷的恢复供电路径，优化应急抢修预案，减少关键负荷停电时间和系统负荷停电损失；③滚动迭代，调整应急物资和人员部署方案，使得灾害下配电网总体停电风险最小。

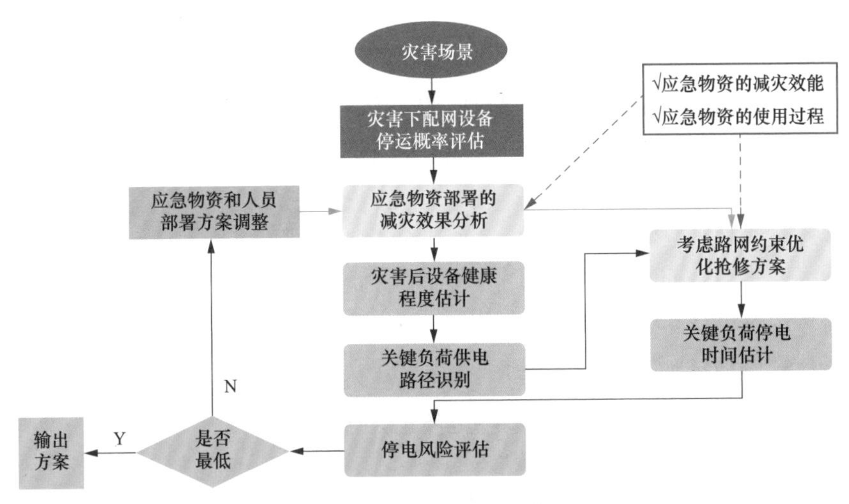

图4-13　灾前应急物资和抢修人员优化调配决策算法

针对预测的台风灾害，应急人员和物资优化调配旨在减少台风灾害引发的停电风险，并加速灾后的恢复供电，减少停电损失。相关优化决策的目标函数为

$$x = \underset{x \in X}{\operatorname{argmin}} \, R_s(x) + R_e(x) \tag{4-77}$$

其中，R_s表示的是配电网受到极端自然灾害冲击后系统负荷停运的风险，R_e是配电网受灾停电的最大可能损失。考虑到应急人员和物资属于预置采购项目，上述目标函数中没有考虑应急人员和物资的使用成本，即购置和分配应急物资，以及使用应急人员所需要付出的资金。$x=[r_d,h_d,r_m,h_m]$，$d \in D$，$m \in M$，表示部署在不同的配网设备d处和应急救援中心m处的应急资源和应急人员的数量。X表示的是所有可能的应急人员和物资调配方案。为了简化问题，这里认为所有的应急资源和人员都是均质的，即不考虑资源类型和人员能力的差异。

针对式（4-77）优化决策模型，需要考虑的约束条件包括：①应急人员和资源的总量约束条件；②台风灾害的范围和发展时间；③电气和信息设备受灾停运概率模型；④配电网潮流约束和辐射状拓扑结构约束；⑤抢修恢复设备功能的耗时模型；⑥抢修过程中人员物资转运交通耗时约束。

需要注意的是，在应急人员和资源总量的约束条件中，实际抢修恢复效果同时受到抢修人员数量和各节点处用于抢修恢复应急资源的配置量约束。也就是说，抗灾抢修过程中，应急人员和应急物资是相互依存的关系。为了更加清晰地描述两者之间的联系，本节引入应急恢复效果可读表对其进行定量的研究。

应急恢复效果可读表实现了将输出量与一系列输入量的关联，常用在应急响应的决策评估模型中。如表4-12的输出列y_c表示应急修复能力的综合水平，其受到各种类型资源的限制（输入量）。例如，如果人员的可用性是4个单位（缺失1个单位），材料可用性是5个单位，设备是1个单位，电力完全供应，此时整体输出水平是25%。为了让输出量y_c达到输出50%的水平，则需要补充5个单位的材料资源（x_{n2}）；进一步为了让输出量y_c达到输出75%的水平，则需要再分配1个单位的设备（x_{n3}）。如表4-12所示。

表 4-12　　应急恢复效果可读表

$y_c(PM_c(t))$	x_{n1}（抢修人员）（units）	x_{n2}（抢修材料）（units）	x_{n3}（供电设备）（units）	x_{n4}（供电状态）（binary）
100	4	20	2	1
75	3	15	1	N/A
50	2	10	N/A	N/A
25	1	5	N/A	N/A
0	0	0	0	0

在数学术语中，y_c被定义为N-非线性、独立的特征向量的函数，其输出值由对应于最小可用输入资源的y_c确定，如下所示

$$a_c = r_{\text{crews}}, r_{\text{materials}}, \dots, r_{\text{electricity}} \tag{4-78}$$

$$y_c := \text{HRT}\{\min(a_c)\} \tag{4-79}$$

式中：r_*是HRT的输入。

2. 配网受灾停电风险评估

对于配电网而言，变电站对强风具有较强的抵抗力，而架空配电线路更容易受到强风荷载的影响。为了对线路进行失效率评估，一种直接的方法是用条件概率模型作为灾害模型。这些条件概率模型通常被称为易损性模型。

如图4-14所示，易损性模型中使用易损性曲线描述线路部件的故障率与台风等灾害参数（如风速）的函数。通过仿真分析不同灾害强度参数下的设备故障概率，可以得到完整的配电线路故障率曲线。图4-14中给出了该曲线的变化趋势，其实际的形状随具体灾害类型而有所变化。

对于除线路外的其他配电网设备，为了实现定量评估配电网系统中各设备的故障停运风险，式（4-80）给出了更加通用的配网受灾停电风险计算公式。

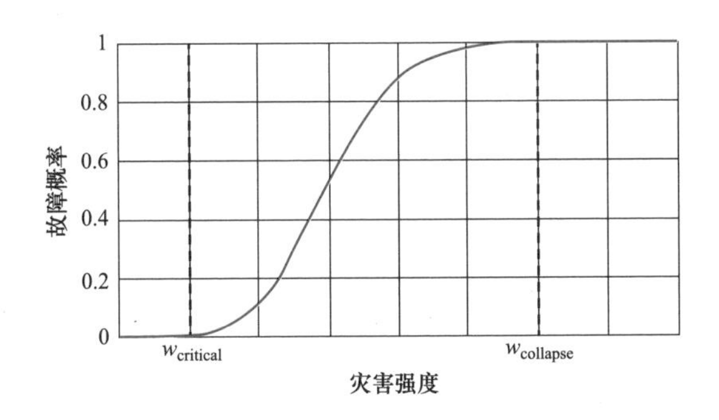

图4-14　典型易损性曲线

$$R_s(x)=\sum_{c\in C}\int_0^{T_s}P_c(x,t)\cdot V_c\cdot F_c(t) \tag{4-80}$$

其中，c代表负荷编号，C表示所有负荷的集合；T_s表示台风减弱到无害的时刻；$P_c(x,t)$表示的是t时刻负荷c的停运概率；V_c为负荷的价值系数；$F_c(t)$表示t时刻负荷c损失的功率。$P_c(x,t)$计算是量化配网受灾风险的关键。

式（4-81）给出了配网受灾最大停电损失计算公式，即

$$R_e(x)=\max_{s\in\Omega_x}\min_{\varphi(x,t)}\sum_{c\in C}\int_{T_s}^{T_e}\theta_c(s,\varphi(x,t)),V_c\cdot F_c(t) \tag{4-81}$$

式中：s表示的是受灾后配网设备损坏的场景；Ω_x表示的是当给定了应急人员和物资的调配方案后配网中设备受灾停运的可能场景集合；T_e代表抢修结束的

时刻；$\theta_c(s,\varphi(x,t))$是t时刻负荷c的失电函数，取值为1时，表示负荷c仍然处于失电状态，取值为0时，表示负荷c恢复供电；$\varphi(x,t)$代表的是供电路径抢修方案，即t时刻抢修人员和物资具体的调度和使用情况。

进一步，图4-15给出了通过灾前资源调配来实现设备故障率降低的示意图。

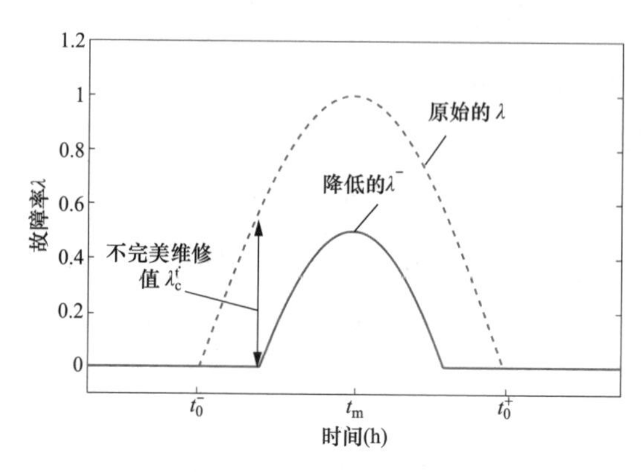

图4-15　设备故障概率降低示意图

如图4-15所示，台风灾害发生前进行的应急物资优化调配增加了图中$\dot{\lambda}_c^t$的值，相应的则降低了实际故障发生概率λ的值。相关计算公式为

$$\lambda_c^{t_m}=1-(1-\lambda_l(v_l))^{l_{f,total}} \tag{4-82}$$

$$\overline{\lambda}_c^{t_m}=\lambda_c^{t_m}-\dot{\lambda}_c^{t_m}(y_c) \tag{4-83}$$

$$\lambda_c^t \geqslant 0 \tag{4-84}$$

$$\dot{\lambda}_c^t(y_c)=\begin{cases}\dot{\lambda}_{\max,c}^t, & y_c=1\\ g(y_c), & 0\leqslant y_c\leqslant 1\\ 0, & y_c=0\end{cases} \tag{4-85}$$

$$\dot{\lambda}_{\max}=a\lambda_c^t \tag{4-86}$$

$$\overline{\overline{\lambda^{t_m}}}=\sum_{1}^{C}\overline{\lambda}_c^t \tag{4-87}$$

式中：$\overline{\lambda}_c^t$是降低后的设备故障概率；$\dot{\lambda}_{\max,c}^t$表示当表4-12给出的y_c达到100%时，$\dot{\lambda}_c^t$的最大值，它与λ_c^t成正比；函数$g(y_c)$体现了资源配置对降低设备故障概率的作用；$l_{f,total}$表示从根节点到给定节点c处的所有故障线路个数。

3. 示例和分析

本节使用IEEE33节点馈线系统对所提出的方法进行测试。如图4-16所示。节点10、26和31处的负载是具有相同优先级的故障关键负载。为了恢复它们，需要三种类型的应急资源：人员、材料和设备。这些资源可在三个不同的调度中心获得：S1、S2和S3。每个中心的可用资源量由表4-13给出，各关键节点恢复所需的维修资源如表4-14所示。假设台风仅对配电网中的架空线路产生影响，通过电气设备的易损性曲线可以计算出节点故障的概率。

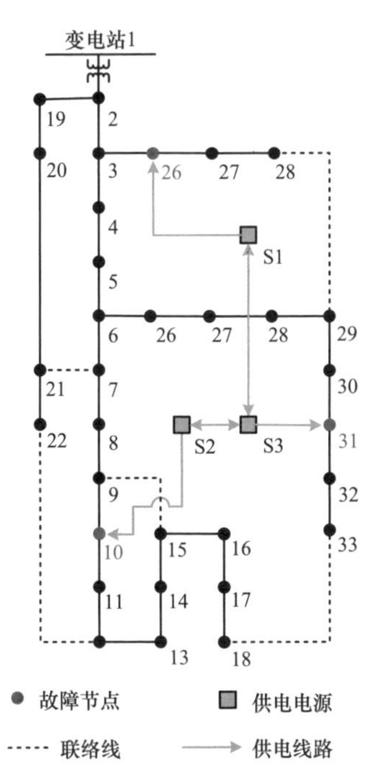

图4-16 配网拓扑以及耦合分配中心关系

表4-13 已有预备资源

位置	应急抢修人员数	应急材料量	应急设备量
10	10	5	2
26	5	5	2
31	2	10	1
Total	17	20	5

表4-14 各关键节点资源需求

位置	应急抢修人员数	应急材料量	应急设备量
10	10	10	4
26	15	15	5
31	30	35	10
Total	55	60	19

在恢复过程中，不同资源调配中心可相互协调，共同恢复某一个关键负荷。因此表4-15中，来自S1的6个单位的应急人员和4个单位的应急人员分别分配至关键负荷CL-26和CL-30处。注意到，S1处的应急人员完全分配到了关键负荷CL-26和CL-30处，也就是说，在系统完全恢复之前，S1处的抢修人员这一

应急物资已被完全分配。这说明故障的负荷对应急物资的需求远远高于调配中心所储备的物资总量。

表 4-15 资源调配方案

应急资源种类	CL-10	CL-26	CL-30
应急人员 _S1	0	6	4
应急人员 _S2	1	4	0
应急人员 _S3	2	0	0
应急材料 _S1	0	0	5
应急材料 _S2	0	5	0
应急材料 _S3	10	0	0
应急设备 _S1	0	2	0
应急设备 _S2	2	0	0
应急设备 _S3	1	0	0

通过蒙特卡洛随机抽样，本节生成了一千个故障场景，并计算两种情况下（优化调配和不优化调配）的系统风险指标的平均值ψ。其结果如表4-16中所示。

表 4-16 两种物资调配方式下的系统风险指标对比

资源调配方式	ψ
不优化的资源调配方式	0.8348
优化资源调配方式	0.5298

分析表4-16中结果看出，优化资源调配下，系统运行故障风险更低，相应的系统应对台风灾害的韧性更强。由此说明了所提方法在用于灾前应急资源调配中的有效性。

三、应急供电设备优化调配和部署

资源调配是灾害预防中的常用措施之一。在极端自然灾害到来前，配电网可以根据灾害预报信息对其在灾害中可能的损失情况进行估计，进而采取一定的资源调配措施。这些资源可为关键负荷在灾害过程中及之后一段时间内的持续供电和恢复发挥重要作用。一般可供调配的资源包括物力资源和人力资源。

由于可供调配的资源总量往往是有限的，所以调配时需要考虑具体的灾害预报信息，最大化配电网的某项供电指标。本章在预测极端自然灾害下配电网设备停运概率的基础上，优化调配配电网中的应急供电资源，包括燃料和储能设备。资源调配可为后续配电网关键负荷的恢复提供支持，提升配电网的灾害应对能力。

1. 应急电源参与配电网负荷恢复的可行性

在配电网停电过程中，应急电源参与配电网负荷恢复的前提是其内部重要负荷的供电需求得到满足。若忽略应急电源内部可再生能源的DG和负荷需求的不确定性，在给定配电网停电时间后，应急电源在此时间段中通过DG产生与通过负荷消耗的能量均近似为定值。若应急电源内部所存有供电资源的能量（在考虑转化效率的情况下，以电能形式衡量）小于应急电源内部重要负荷所需的供给能量，应急电源在配电网停电过程中可能停电，因而也无法参与到配电网的负荷恢复中。所以，应急电源参与配电网负荷恢复的必要条件为

$$E^0+F^0+e+f\geqslant P^I\cdot T^O \tag{4-88}$$

式中：E^0、F^0分别为应急电源内原有的储能电量与燃料储备能量（以电能形式衡量）；e、f分别为配电网在应急电源中额外配备的储能电量与燃料储备；T^O为配电网的预期停电时间，在T^O之后，配电网系统的供电逐步恢复，或是配电网可以得到供电资源的补给；P^I为应急电源中等效负荷功率在T^O中的平均值，所谓等效负荷功率是指将所有可再生能源DG视为负的负荷后，应急电源中所有负荷的功率之和。

式（4-88）给出了应急电源参与配电网负荷恢复的必要条件。若应急电源满足$E^0+F^0\leqslant P^I\cdot T^O$，这说明依靠其自身的供电资源储备不足以维持内部负荷的持续供电。若配电网将此应急电源用于关键负荷恢复，首先需要通过调配资源弥补应急电源内部的能量缺额。因为这部分供电资源无法用于恢复配电网关键负荷，所以它相当于配电网使用应急电源恢复负荷所做出的“补偿”。如果应急电源所需要的“补偿”资源总量较多，配电网可能会因代价太大而放弃利用此应急电源恢复关键负荷。

2. 资源调配优化模型的建立

配电网资源优化调配的目标［式（4-89）］为最大化考虑调配成本的配电网韧性指标，也即配电网关键负荷的供电收益与资源调配成本之差。其中，前者以关键负荷在不同故障情景下供电收益的期望值衡量，后者则包括购置燃料或租用储能设备的花费。

$$\max \sum_{c \in \boldsymbol{C}} E(W_c \cdot P_c \cdot T_c^R) - G \tag{4-89}$$

式中：$\boldsymbol{C}$为配电网中的关键负荷集合，c为其中的关键负荷，即$c \in \boldsymbol{C}$；P_c为关键负荷c在正常运行时的有功功率；T_c^R为关键负荷c在恢复中的供电时间；W_c为关键负荷单位功率的供电收益；$E(\cdot)$为考虑配电网故障场景的概率分布时，关键负荷恢复水平的期望值；G为配电网配置供电资源的总成本，其表达式为

$$G = g_f \cdot \sum_{m \in \boldsymbol{M}} f_m + g_b \cdot \sum_{m \in \boldsymbol{M}} e_m + g_b \cdot \sum_{c \in \boldsymbol{C}} e_c \tag{4-90}$$

式中：g_f、g_b分别为燃料和储能设备的单位发电成本；$\boldsymbol{M}$为配电网中的应急电源集合，m为其中的应急电源，即$m \in \boldsymbol{M}$；f_m、e_m分别为应急电源m中调配的燃料和储能设备能量，以电能的形式衡量；e_c为配电网在负荷c处配备的储能容量。

在配电网资源调配中，约束条件包括调配成本的总额约束、应急电源和负荷的供电资源储备约束、关键负荷的恢复时间约束以及应急电源到配电网关键负荷供电路径的潮流约束。同时，还需要保证配电网资源调配方案的总成本不超过总额度约束、应急电源与关键负荷处可以储存的最大资源储备约束、应急电源中的能量守恒关系、配电网关键负荷处的能量守恒关系、配电网中每个关键负荷的恢复时间范围、每条从应急电源到关键负荷的供电路径需要满足的潮流约束。进一步，每个配电网关键负荷的总恢复时间为其由配电网中各应急电源以及自身储能设备的供电时间之和，即

$$T_c^R = T_{c,c}^R + \sum_{m \in \boldsymbol{M}} T_{m,c}^R, c \in \boldsymbol{C} \tag{4-91}$$

3. 示例和分析

采用IEEE 123母线配电网对所提应急供电资源调配模型进行测试，其拓扑如图4-17所示。设母线50、56和66处分别接有应急电源。5个关键负荷分别接在母线37、46、90、94和106处，其权重（W_c）分别设置为50、50、10、10、

10元/kWh。根据极端自然灾害的预报信息，预估计算得到配电网系统中每条线路的故障率为0.06，应急电源的并网故障率为0.02。

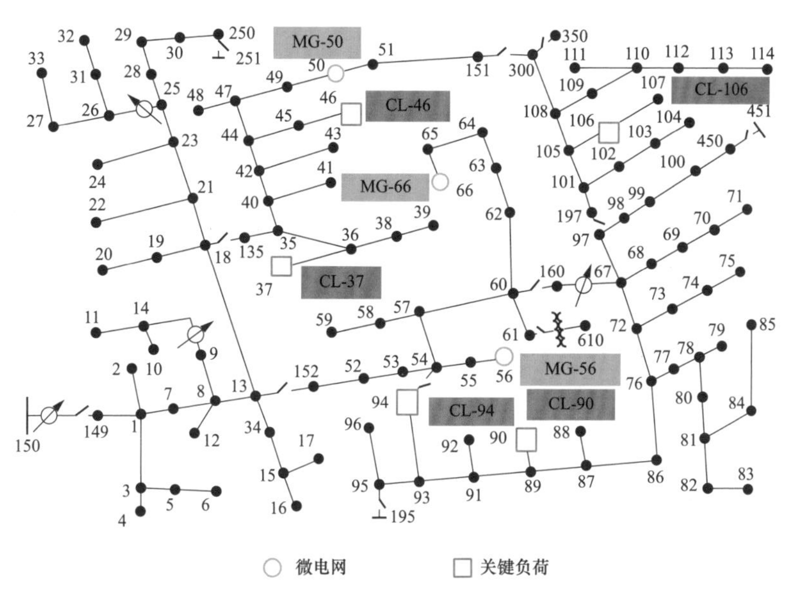

图4-17 IEEE123母线配电网拓扑结构

在算例测试中，配电网的三相不平衡潮流通过OpenDSS计算，优化问题使用CPLEX求解。

经过配电网中的路径搜索与潮流校验，得到连接应急电源与关键负荷的可行供电路径条数为43条。对应于不同的应急电源和关键负荷，路径条数如表4-17所示。

表4-17 应急电源与关键负荷间可行恢复路径的条数

应急电源	CL-37	CL-46	CL-90	CL-94	CL-106
EPS-50	3	3	2	4	2
EPS-56	3	3	2	3	2
EPS-66	4	4	2	4	2

求解资源调配的优化模型，得到在EPS-56和EPS-66参与负荷恢复时配电网的预期收益最大。此时配电网的资源调配方案以及各关键负荷的预期供电恢复时间分别如表4-18～表4-20所示。

表 4-18　　基础算例的应急电源资源调配方案

资源调配量	EPS-50	EPS-56	EPS-66
储能设备调配量（kWh）	0	0	0
燃料调配量（kWh）	0	600	1200

表 4-19　　基础算例的负荷侧资源调配方案

资源调配量	CL-37	CL-46	CL-90	CL-94	CL-106
储能设备调配量（kWh）	80	90	0	0	0

表 4-20　　基础算例的负荷供电恢复时间　　（h）

应急电源	CL-37	CL-46	CL-90	CL-94	CL-106
EPS-56	6.05	0.00	0.00	0.00	0.00
EPS-66	7.45	11.00	0.00	0.12	0.00
负荷侧储能设备	2.50	5.00	0.00	0.00	0.00

由表4-18可见，由于燃料的单位造价低于储能设备，所以配电网在2个应急电源中均只配备了燃料，且分别达到各自的燃料储备最大容量。在负荷侧，由于CL-37和CL-46较为重要（供电收益大），所以其储能设备的调配量也达到最大。在恢复时间方面，CL-37和CL-46除了利用自身配备的储能设备供电之外，还分别利用2个应急电源保证停电时间内的持续供电。其他负荷中仅CL-94由EPS-66恢复供电0.12h。此时模型的目标函数值为23850元，此为配电网通过资源调配所能获得的最大预期收益。

由此表明，所提优化模型能够有效地适用于考虑路径约束和有限资源选择下灾前应急供电设备的优化调度问题中，具体来说，主要针对燃料和储能设备进行调配。

第四节　本章小结与展望

一、本章小结

本章首先明确了韧性电网应变力的定义以及技术体系。接着，总结了韧性电网应变力的关键技术，主要从电网优化规划、电网优化运行技术以及电网优化预防决策技术三个方面进行介绍。在电网优化规划方面，介绍了四个主要研究方向，包括输电网、配电网网架结构优化、多形态储能的规划以及需求侧响应技术，为建设韧性电网提供指导；在电网优化运行方式方面，从连锁故障的预测与预防、应急预警机制的建立以及设备强化决策的制定三个方面进行介绍。这些技术保障韧性电网安全可靠地运行；在电网优化预防决策方面，介绍了协调预防性策略、应急抢修人员和物资优化调配模型、应急供电设备优化调配模型，灵活运行这些技术，能够使得电网面对极端气象灾害的风险和损失降低。

二、韧性电网应变力提升技术发展展望

本小节对韧性电网应变力支撑技术的发展进行展望，主要包括交直流协同技术和大数据技术的发展。下面分别介绍了其用于提升韧性电网应变力的方法。

（一）考虑交直流协同的城市电网韧性提升技术

利用交直流混联系统中的直流设备使得配电网的运行方式得以优化，增强配电网的安全性。通过拓扑重构和直流系统运行方式的调整使得配电网的应急供电方案得以优化，从而提升关键负荷供电安全性和持久能力。因此，可以应用该技术提升电网的韧性。

（二）大数据支撑的极端事件预警和灾害预防技术

基于DCS、PI等系统的实时数据、海量历史数据和其他第三方系统数据（例如天气状况、电网调度历史数据等），建立机组安全运行状态模型。该方法通过数据挖掘技术，可以自动发现某些不正常的数据分布，从而暴露设备运行中的异常变化，分析潜在的不安全因素，协助运行和检修人员预测机组运行状态，并迅速找出问题发生的范围及时检修和采取对策。数据挖掘技术具有定性分析能力，从大量数据中去除冗余信息，可将每一种状态的故障特征提取出来，成为判断机组状态、快速处理故障、准确决策的依据。此外，为提高电力系统信息网络对新型攻击方法的防御能力、增强电网的韧性，有必要研究智能化的网络攻击检测工具，利用人工智能技术来自动分析攻击方法的行为特征。

参 考 文 献

[1] 谢宇翔，张雪敏，罗金山，等.新能源大规模接入下的未来电力系统演化模型［J］.中国电机工程学报，2018，38(02)：421-430+673.

[2] Motter A E, Lai Y C. Cascade-based attacks on complex networks[J]. Physical Review E, 2002, 66(6): 065102.

[3] 夏清，徐国新，康重庆.抗灾型电力系统的规划［J］.电网技术，2009，33(3)：1-7.

[4] 彭显刚，林利祥，翁奕珊，等.基于模糊综合评判和综合赋权的抗灾型配电网骨干网架规划［J］.电力系统自动化，2015，39(12)：172-178.

[5] 黎灿兵，梁锦照.电网差异化规划新方法［J］.电力系统自动化，2009，33(24)：11-15.

[6] 宋春丽，刘涤尘，吴军，等.基于改进和声搜索算法的电网多目标差异化规划［J］.电力自动化设备，2014，34(11)：142-148.

[7] 刘艳，张华.基于失电风险最小的机组恢复顺序优化方法［J］.电力系统自动化，2015，39(14)：46-53.

[8] 赵腾，张焰，张志强.基于串行及并行恢复的电力系统重构［J］.电力系统自动化，2015，39(14)：60-67.

[9] 孙璞玉，张焰，罗雯清.考虑网架覆盖率与分散度的网架重构优化［J］.电网技术，2015，39(1)：271-278.

[10] 梁才，刘文颖，但扬清，等.输电线路的潮流介数及其在关键线路识别中的应用［J］.电力系统自动化，2014，38(8)：35-40.

[11] 熊雄，杨仁刚，叶林，等. 电力需求侧大规模储能系统经济性评估［J］. 电工技术学报，2013，28(09)：224-230.

[12] Gils H C. Economic potential for future demand response in Germany–Modeling approach and case study[J]. Applied Energy, 2016, 162: 401-415.

[13] 刘俊，罗凡，刘人境，等.大数据背景下电力需求侧管理的应用策略研究［J］.电力需求侧管理，2016，18(2)：5-10.

[14] 吴辉，嵇文路，等.微电网脆弱性预评估方法［J］.电力需求侧管理，2018，20(1)：20-24.

[15] 魏小曼，余昆，陈星莺，等.基于Affinity propagation和K-means算法的电力大用户细分方法分析［J］.电力需求侧管理，2018，20(1)：15-19+35.

[16] Soualhi A, Clerc G, Razik H, et al. Hidden Markov models for the prediction of impending faults[J]. IEEE Transactions on Industrial Electronics, 2016, 63(5): 3271-3281.

[17] Mistry K D, Roy R. Impact of demand response program in wind integrated distribution network[J]. Electric power systems research, 2014, 108: 269-281.

[18] 黄海涛，吴洁晶，顾丹珍，等.计及负荷率分档的峰谷分时电价定价模型［J］.电力系

统保护与控制，2016，44(14)：122-129.
[19] 陈厚合，何旭，姜涛，等.计及可中断负荷的电力系统可用输电能力计算[J].电力系统自动化，2017，41(15)：81-87+106.
[20] 曾有权.国家处置电网大面积停电事件应急预案[M].北京：中国电力出版社，2005.
[21] 王伟."治未病"之境-电网应急管理对策调查[J].国家电网，2007，(5)：41-43.
[22] 范明天，刘思革，张祖平，等.城市供电应急管理研究与展望[J].电网技术，2007，31(10)：38-41.

第五章　韧性电网防御力关键技术

“防御”在大辞海中的释义是“防守；抵御”。《吕氏春秋·论人》：“贤不肖异，皆巧言辩辞，以此防御，此不肖主之所以乱也。”

防御力是指在扰动事件动态发展过程中，电网采取主动防御措施以降低事件影响的能力。提升防御力的关键技术包括提升电网物理系统防御力和信息系统防御力的关键技术。对于电网物理系统，应从发、输、配、用各个环节中降低扰动事件影响，典型技术包括大电网安全“三道防线”、配电网故障定位与隔离技术、微电网平滑离网控制技术等。对于电网信息系统，可采用防火墙、身份认证技术、访问控制和入侵检测等被动防御技术和陷阱技术、取证技术和漏洞扫描技术等主动防御技术。此外，还可开展信息－物理联合防御，阻断故障在两系统间交叉传播，抵御信息物理攻击。

本章着重介绍交直流混联电网紧急频率控制技术、面向城市核心区域的配电网自愈技术、面向韧性提升的微网群控制技术和针对信息入侵的韧性防御技术4项关键技术。

（1）交直流混联电网紧急频率控制技术聚焦我国电网呈现出的特高压交直流混联新形态，协调利用多类控制资源（如直流、抽蓄、可控负荷、发电机、虚拟电厂等），实现多时间尺度协同的紧急控制，提升大电网防御力。

（2）面向城市核心区域的配电网自愈技术旨在优化电网结构，提高电网应对故障的自愈能力，提出了面向城市核心区域的智能分布式馈线自动化及面向特殊网架结构的自愈技术，可提高城市核心区域的供电可靠性，更好地发挥坚强网架结构的优势，提高配电网的防御力。

（3）面向韧性提升的微网群控制技术结合配电网中DG、储能和微电网，在故障情况下，通过多微电网平滑离网控制，实现可适应随机故障位置的自组态运行，为重要负荷快速构建供电生命线，提升微网群的防御力。

（4）针对信息入侵的电网韧性防御技术，构建了考虑多时间尺度信息物理电力系统信息攻防模型，以评估信息攻击对电网造成的损害，并基于信息攻防

模型，探讨了应对信息攻击的防御策略，提升电网信息系统防御力。

第一节 多资源协调的交直流混联电网紧急频率控制技术

根据第二章韧性电网的定义，防御力是韧性电网的关键特征之一，提升电网事故中的主动防御能力可以有效提升电网韧性。本节首先综述电网稳定分析技术相关研究现状，然后介绍交直流混联电网紧急频率控制技术，可充分调用多控制资源进行紧急控制进而实现主动防御，提升电网韧性。接着，本节介绍大电网状态评估及紧急控制优化决策方法，构建了多资源紧急控制优化决策模型；通过算例分析，验证了本节提出的紧急控制决策方法的有效性。

一、电网稳定分析技术

自20世纪20年代始，电力工作者就已认识到电力系统稳定问题，并将其作为系统安全运行的重要内容加以研究[1]。然而，电力系统的稳定问题十分复杂，包括功角稳定、电压稳定、频率稳定等。电力系统失去功角稳定的后果是系统发生电压、电流、功率振荡，导致电网不能继续向负荷正常供电，最终可导致系统大面积停电；失去电压稳定性的后果，则是系统的电压崩溃，使受影响的地区停电；失去频率稳定性的后果是发生系统频率崩溃，导致全系统停电[2]。

为了确保电力系统安全稳定运行，降低大停电事故风险，我国电力领域相关专家和学者做了大量探索和研究工作。在工业应用方面，我国通过制定导则和规范来指导电网安全稳定运行。科学合理的安全稳定标准，有助于更好地制定电力系统运行方案，采取更为有效的预防保障策略，规范电力系统规划、设计、使用等环节，提升电力系统的安全稳定性[3]。1981年，电力工业部制定《电力系统安全稳定导则》，将电力系统的扰动按严重程度和出现概率分为三类，要求分别采取措施，即电力系统“三道防线”[4]。2001年，为适应新世纪电网建设的标准，我国更新了《电力系统安全稳定导则》(DL 755-2001)，归纳确定了三级安全稳定标准，补充了对电网结构合理性的指导性原则，考虑了对特别重要城市安全供电的要求，确保电力系统安全稳定运行[5]。电网稳定水平逐年提高，然而随着电力系统逐渐复杂，该导则局限性凸显。2020年7月，新版《电力系统安全稳定导则》（GB 38755−2019）正式实施，增加了直流、新能源相关要求并更新电力系统安全稳定标准，有望进一步提升我国电网稳定运行水平[6]。

同样地，在学术研究方面，随着电网的发展，针对电网面临的诸多新挑战，我国学者从未停下探索的脚步。

在直流和新能源入网渗透率不断提升的趋势下，电力系统正逐渐演变为支撑力弱、出力不确定性强、频率调节能力差的低惯量电力系统[7]。为了提升电网防御力，增强电网韧性，降低大停电事故风险，确保电力系统安全稳定运行，我国电力领域相关专家和学者致力于新形势下电力系统功角稳定性、电压稳定性、频率稳定性、系统解列、连锁故障机理等电网稳定方面的研究，为保证电力系统在新形势下安全稳定运行提供了理论支持。下面从功角稳定、电压稳定、频率稳定三个方面展开，对新形势下电力系统稳定性的研究进行简要综述。

功角稳定分析是保证电力系统安全稳定运行的一项重要内容。电力系统存在着形式多样、发生频繁的各种不确定扰动，风机等新能源在电力系统中的接入增加了不稳定因素，若不能够及时妥善地针对功角稳定问题进行动态安全分析、界定安全域，易诱发系统功角失稳，导致连锁故障，甚至最终导致系统大停电事故。薛禹胜院士团队对传统的动态安全分析方法中的暂态能量函数法进行了拓展，提出了扩展等面积法（extend equal area criterion，EEAC），将多机系统中的发电机划分为两个子集：具有失稳趋势的临界机群和作为参考群的剩余机群，并进一步将其等效为等值两机系统，从而使等面积准则在多机系统中得以应用，且物理意义清晰，具有较好的在线应用潜力[8]。随着人工智能技术的发展，众多研究人员也基于模式识别[9]、专家系统[10]、人工神经网络[11]和模糊神经网络[12]等人工智能的方法试图提出新的安全分析理论。余贻鑫院士团队长期致力于电力系统安全域的相关研究，在工程关心范围内，通过将稳定边界用一个或少数几个超平面近似描述，给出了割集功率空间上保证静态电压稳定的安全域[13]。近几年，我国风力发电发展迅速，风电并网规模逐年增大，研究高比例风电接入对电力系统暂态功角稳定的影响具有重要的现实意义[14]，相关研究也在此背景下开展[15]−[17]，丰富了电力系统暂态功角稳定理论，为稳定性分析提供支撑。

随着电网规模的扩大，系统功率平衡受高比例可再生能源出力不确定性影响，系统的电压稳定问题日趋严重，电压稳定受到广泛关注。电力系统静态电

压稳定裕度是分析、评估电力系统电压稳定性的重要性能指标，直接反映了系统承受负荷、维持电压稳定的能力，因此相关学者在该领域做了大量工作[18]。韩祯祥院士团队开展了强力励磁调节器对电力系统稳定性的作用、电力系统非线性条件下的稳定域等研究，提出稳定性控制的新方法。随着可再生能源大规模并网，其出力具有波动性和随机性，导致基于给定的功率增长方向计算的电压稳定裕度将难以真实反映系统实际的电压稳定性[19]、[20]。文献［21-22］、［23］和［24］分别从全局角度、风电机组并网和大型光伏电站接入带来的挑战等三方面展开研究，得到在风光等新能源大规模接入情况下的系统电压稳定裕度变化情况以及维持稳定所需的相关控制策略。此外，相关学者在交直流混联电网暂态电压稳定性分析领域进行了大量探索，丰富了相关领域理论内涵并提出相应的控制方法，对促进交直流混联电网发展具有重要意义[25]。

频率稳定是指电力系统发生突然的有功功率扰动后，系统频率能够保持或恢复到允许的范围内不发生频率崩溃的能力，而系统频率失稳可能引发系统停电的恶劣后果。随着电网规模的扩大，电力需求的增长，众多学者从提升频率稳定性，到发生故障扰动后保持系统频率稳定、考虑频率稳定性的故障优化决策等各个方面，对电网频率稳定性开展了研究。为了解决电力电子化微电网惯性小、频率稳定性弱的问题，相关学者采用虚拟同步发电机（virtual synchronous generator，VSG）控制技术[26]、新型低频减载技术[27-28]、时域仿真技术[29]等不同技术作为突破口进行探索，为相关领域的应用和发展提供理论依据。此外，也有相关学者考虑风电并网系统的动态频率特征，对频率稳定控制方法进行相关探索，为风机参与调频奠定相关理论基础[30]。

电力系统稳定性研究是一项长期而重要的课题，在其研究中必将会遇到很多新问题和难点，全体电力工作者须迎接这一挑战，进一步研究先进技术，确保电网有能力应对小概率高风险事件，促进电力系统的安全稳定运行，并为国民经济的发展做出贡献[31]。

二、交直流混联电网紧急频率控制策略设计

（一）大电网紧急控制研究现状

在我国，大电网紧急控制主要通过三道防线应对故障等扰动，防止系统失

稳[32]。三道防线中，第一道防线基于预防控制，依靠继电保护装置，保证发生短路故障时快速、准确地切除故障元件。第二道防线是针对预想故障类型配置的主动防御措施，例如采取切机、集中切负荷、主动快速解列等措施。第三道防线的任务是避免系统在极其严重的故障下发生大停电，包括失步解列装置、低频低压减载装置、高频切机装置。

基于传统交流电网运行特性的三道防线体系已滞后于特高压交直流电网运行实践，需要对现代电力系统运行控制理念进行重新审视，重构大电网安全综合防御体系，实现电网防控技术的历史性突破。特高压电网建设过渡期，电网"强直弱交"矛盾突出，风电和光伏等新能源占比进一步提升，电网特性发生深刻变化，电网安全运行面临较大风险。为确保过渡期大电网安全，迫切需要创新理念、解放思想，研究高可靠性、高安全性的保护控制技术，构建大电网安全综合防御体系，即文献［33］提出的系统保护的概念，实现了直流紧急调控与切机、切负荷等传统安控措施的协调。文献［34］提出了系统保护体系设计方案，并着重介绍了全景状态感知、实时决策与多资源协同控制等关键技术的需求及框架。大电网紧急控制技术是系统保护的重要组成部分。对于特高压交直流混联电网，当直流输送功率较高时，一旦发生闭锁故障，将引起受端电网的大面积功率缺额以及送端电网的大量功率过剩，可能导致系统发生静态电压失稳、暂态功角失稳甚至诱发大范围连锁故障。文献［35］分析了含多直流馈入的受端电网面临的频率稳定问题，设计了频率紧急协调控制系统，以解决华东电网因直流闭锁导致的频率稳定问题。

在紧急控制中，切负荷控制是一种常见的措施，其优化方法不断得到改进，以实现对频率失稳[36]和电压崩溃[37]等问题的有效控制。考虑到大扰动会同时影响功角，电压和频率，文献［38］构建了考虑多个安全约束，包括暂态电压稳定性，暂态频率稳定性和暂态功度稳定性的切负荷优化模型，可以弥补基于单一安全约束的方法的局限性。除了切负荷控制以外，用于紧急控制的其他控制资源还包括高压直流紧急控制和抽水蓄能控制等。但是它们的控制量通常是单独确定的[39-41]。文献［42］、［43］在紧急控制策略中协调了高压直流输电，抽水蓄能和可中断负荷，以解决华东电网的频率稳定性问题。然而，如文献［36］在所提出的方案中仅考虑了频率稳定问题。文献［44］开发了一种针对实

际电网的多资源协调控制策略，以降低直流闭锁对交流系统的影响，但它是基于电网的特性而获得的，无须进行数学分析，不适合应用于其他系统。因此，需针对特高压交直流电网新形态下的故障特征及传播特性，通过源、网、荷协同不同控制资源多时间尺度协调，实现主动、有序的紧急控制。

（二）大电网紧急控制决策设计[45]

大电网紧急控制决策方案中，控制策略表以固定时间间隔更新。在每个时间间隔内，系统的运行状况均假定不变[46]，预想的突发事件仅包括故障和保护措施信息。根据严重性和发生的可能性，突发事件可以分为三个级别[47]：①单一元件故障；②单一元件严重故障；③多元件严重故障。特别是在第三级中，保护的操作故障和永久性故障引起的重合闸故障可能会引起高压直流输电（high voltage direct current，HVDC）闭锁事件，并导致受端系统不稳定[48]，应引起更多关注。

更新控制策略表时，将根据当前的运行状况对预想事故进行安全评估，如果出现系统安全性和稳定性问题，将制定紧急控制策略。因此，该过程可以分为三个阶段，如图5-1所示。

（1）离线准备。根据网络拓扑，电气参数，控制参数等信息构建机电－电磁混合模型。然后，在预想故障集和预定的典型运行条件下生成离线控制策略表（与在线控制策略表不同，离线控制策略表中需要考虑各种典型的运行条件[49]），这将为紧急控制策略决策提供初步的解决方案。

（2）基于机电－电磁混合仿真的在线安全评估。更新实时运行状态数据，包括系统的运行方式和主要线路潮流；从预想故障集中选择预想故障运行混合仿真。然后，根据安全性指标分析可能的安全性和稳定性问题。最后，生成存在安全性和稳定性问题的预想故障评估结果，包括当前电网运行状态，故障信息和受端系统的功率缺额。

（3）紧急控制策略决策。根据系统运行状态和控制策略初始化决策模型，从评估结果中获得在控制策略下的运行状态，基于功率缺额和通过对离线控制策略表的搜索匹配来获得控制策略，并作为初始解决方案的控制策略，然后，基于天牛须搜索算法（beetle antennae search，BAS）[50]求解决策模型，该算法是在模拟天牛觅食原理启发而开发的一种启发式算法，直到满足终止条件。

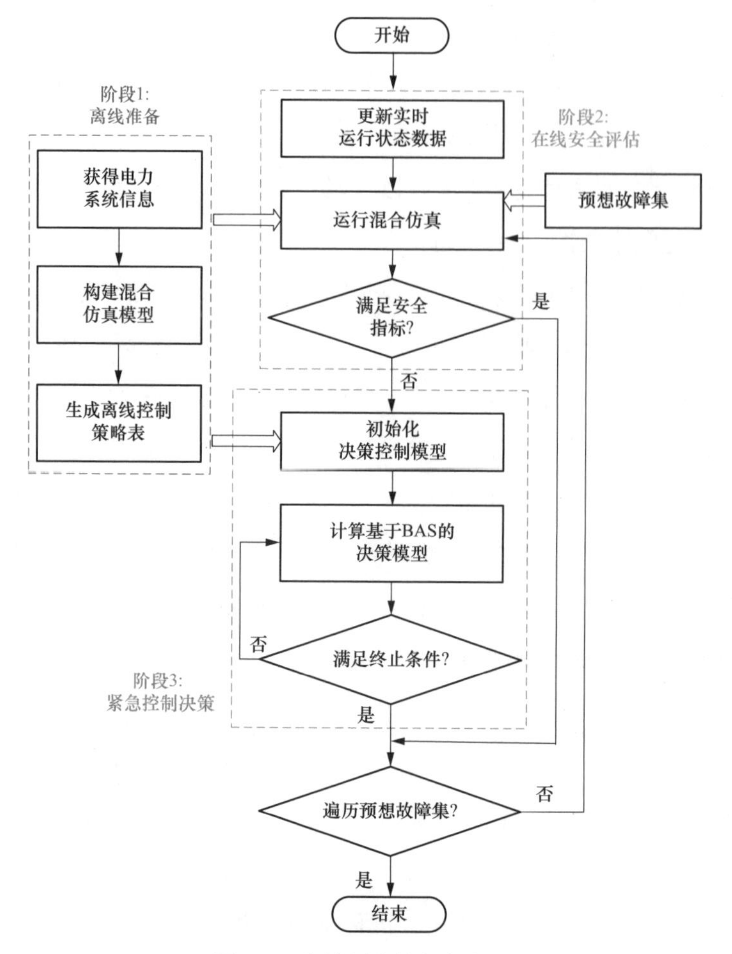

图5-1　在线预决策方案流程

三、大电网状态评估及紧急控制优化决策方法

（一）大电网安全评估指标体系

在进行状态安全评估时，将使用广域测量系统获得的实时运行数据来更新机电–电磁混合仿真模型，并在预想故障下运行。然后，基于安全评估指标系统对仿真结果进行评估，分析安全稳定性问题。一旦仿真结果中的任何安全指标超出预设范围，受端系统中的当前运行状况，突发故障事件和功率缺额将被发送到决策模型，以获得最佳的紧急控制策略。

安全评估指标体系由静态安全指标和动态安全指标组成。静态指标包括稳态频率偏差，电压偏差和线路传输功率，动态指标包括暂态电压和频率的最大值/最小值以及最大暂态功率角。参考文献［51］安全评估指标体系的预设范围如表5-1所示。在静态指标中，稳态频率偏差 Δf 和稳态电压偏差 ΔV 的阈值分别为0.05 Hz和0.1（标幺值）；线路功率应小于传输功率极限 p_{max}，即1（标幺值）。在研究中。对于动态指标，需要考虑电力设备的安全阈值以及不同设备之间的协调。为确保电力设备的安全，暂态电压的最大值应小于1.3（标幺值）。为了避免触发低频低压减载和高频切机，暂态电压的最小值应高于0.85（标幺值），最大/最小暂态频率的阈值分别为51.5 Hz和49.25 Hz。同时，任意两个发电机的功率角差 $\Delta\delta$ 应小于360°，以避免第一和第二摆的失稳。

表5-1　安全评估指标体系的预设范围

静态安全指标	预设范围	动态安全指标	预设范围
稳态频率偏差（Hz）	$\lvert\Delta f\rvert<0.05$	最大/最小暂态频率（Hz）	$49.25<f<51.5$
稳态电压偏差（标幺值）	$\lvert\Delta V\rvert<0.1$	最大/最小暂态电压（标幺值）	$0.85<V<1.3$
稳态线路传输功率（标幺值）	$p<p_{max}$	最大暂态功角差（°）	$\Delta\delta<360°$

（二）基于BAS的紧急控制优化

当系统在进行安全评估后确定发生指标越限或失稳的情况下，将通过使用BAS求解决策模型以生成紧急控制策略。在以下小节中，将描述紧急控制策略的数学决策模型和求解过程。多资源紧急控制策略可以表述为约束优化问题[45]。本节构建了多资源紧急控制决策模型，其中优化目标为最小化控制成本以及频率和电压的偏差，并考虑控制资源调整量约束，稳态约束和暂态约束。

1. 目标函数

对两个目标进行归一化处理并通过加权系数进行组合，得到目标函数f，即

$$\min f = f_1 + \omega_0 f_2 \tag{5-1}$$

$$\min f_1 = \left(\sum_{i=1}^{N_D} \Delta p_i^{DC} + \sum_{j=1}^{N_S} \Delta p_j^{pump} \cdot x_j + \sum_{k=1}^{N_L} \Delta p_k^{load} \right) / S^{base} \tag{5-2}$$

$$\min f_2 = \varepsilon_f \sum_g \frac{\Delta f_g(p)}{\sigma_g f^{base}} + \varepsilon_v \sum_m \frac{\Delta V_m(p)}{V^{base}} K_V \tag{5-3}$$

式中：f_1为主要目标；f_2是次要目标；ω_0是加权系数；N_D，N_S，N_L为HVDC、抽水蓄能电站和可中断负荷的数量；Δp_i^{DC}是HVDC（i）的功率调整量；Δp_j^{pump}

为抽蓄切泵机组 j 的容量；x_j 是0−1变量，1代表切除抽蓄机组，而0表示保持原始状态； Δp_k^{load} 是负荷 k 的可切容量；S^{base} 是电力系统容量的基值；ε_f 和 ε_v 分别是频率和电压的加权系数。

式（5−1）是目标函数，其中加权系数 ω_0 由用户决定。式（5−2）是主要目标，Δp_i^{DC}，x_j 和 Δp_k^{load} 作为决策变量。式（5−3）描述了次要目标。假设由于HVDC闭锁导致受端系统的功率不平衡将严重影响系统频率，假设 $\varepsilon_f > \varepsilon_v$。

需要说明的是，三种控制资源的优先级是不同的，这反映在控制策略中的控制动作时间上。考虑到控制响应速度和控制成本，此处采用的动作顺序是高压直流输电紧急控制，抽蓄切泵和切除可中断负荷。考虑到通信延迟和控制设备的响应时间，在发生直流闭锁故障后，HVDC的控制动作时间为100 ms，抽水蓄能和可中断负载动作时间分别为300 ms和500 ms[17]。因此，控制资源的控制动作时间是固定的，在决策过程中不作为决策变量。

2. 控制资源调整量约束

每个控制资源的调整量不应超过其最大功率容量，例如HVDC的最大有功功率可以增加到额定容量的1.1倍[52]。因此，紧急控制策略应满足以下约束条件

$$p_i^{\text{DC,min}} - p_i^{\text{DC}} \leqslant \Delta p_i^{\text{DC}} \leqslant p_i^{\text{DC,max}} - p_i^{\text{DC}} \quad (i=1,\cdots,N_{\text{D}}) \tag{5-4}$$

$$p_k^{\text{load,min}} - p_k^{\text{load}} \leqslant \Delta p_k^{\text{load}} \leqslant p_k^{\text{load,max}} - p_k^{\text{load}} \quad (k=1,\cdots,N_{\text{L}}) \tag{5-5}$$

式中：p_i^{DC} 为高压直流输电 i 的传输功率； $p_i^{\text{DC,max}}$ 和 $p_i^{\text{DC,min}}$ 是高压直流 i 的功率极限； p_k^{load} 是负荷 k 的大小； $p_k^{\text{load,max}}$ 和 $p_k^{\text{load,min}}$ 是负荷 k 的切除极限。

3. 稳态约束

$$\Delta f^{\text{s,min}} < \Delta f^{\text{s}}(p) < \Delta f^{\text{s,max}} \tag{5-6}$$

$$\Delta V_m^{\text{s,min}} < \Delta V_m^{\text{s}}(p) < \Delta V_m^{\text{s,max}} \quad (m=1,\cdots,N_{\text{B}}) \tag{5-7}$$

$$S_q^{\text{s}}(p) < S_q^{\text{s,max}} \quad (q=1,\cdots,N_{\text{T}}) \tag{5-8}$$

式中：$\Delta f^{\text{s,max}}$ 和 $\Delta f^{\text{s,min}}$ 是系统的稳态频率偏差极限；N_{B} 是母线总数；$\Delta V_m^{\text{s,max}}$ 和 $\Delta V_m^{\text{s,min}}$ 是母线稳态电压偏差的上限和下限；N_{T} 是线路总数； S_q^{s} 是线路 q 的传输功率； $S_q^{\text{s,max}}$ 是线路 q 的传输功率极限。

4. 暂态约束

$$\Delta f_g^{\mathrm{d,min}} < \Delta f_g^{\mathrm{d}}(p) < \Delta f_g^{\mathrm{d,max}} \quad (g=1,\cdots,N_{\mathrm{G}}) \tag{5-9}$$

$$\Delta V_m^{\mathrm{d,min}} < \Delta V_m^{\mathrm{d}}(p) < \Delta V_m^{\mathrm{d,max}} \quad (m=1,\cdots,N_{\mathrm{B}}) \tag{5-10}$$

$$\Delta \delta_{s,r}(p) < \Delta \delta^{\max} \quad (s,r=1,\cdots,N_{\mathrm{G}}) \tag{5-11}$$

式中：N_{G}为发电机的总数，$\Delta f_g^{\mathrm{d,max}}$和$\Delta f_g^{\mathrm{d,min}}$是发电机$g$暂态频率偏差的上限和下限；$\Delta V_m^{\mathrm{d,max}}$和$\Delta V_m^{\mathrm{d,min}}$是母线$m$暂态电压偏差的上限和下限；$\Delta \delta_{s,r}$是发电机$s$和$r$之间的功率角差；$\Delta \delta^{\max}$是暂态过程中发电机组之间的最大功率角差。

5. 紧急控制策略的决策流程

紧急控制资源的优先级和控制行动时间不同。在决策过程中，按优先级顺序优化资源，即高压直流输电，抽水蓄能和可中断负荷。只有当高优先级资源的可调控量不足以维持系统安全稳定运行时，低优先级资源才会动作。因此，首先应根据功率缺额和从离线表获得的控制策略来确定需要调控的控制资源类型。然后将优先级高的控制资源调整到最大调控量，并通过求解决策模型对优先级低的控制资源进行优化。

对于求解方法，有两种可用于解决非线性决策问题的方法：①将非线性函数转换为线性函数，例如文献［53］中基于轨迹灵敏度的方法；②使用启发式智能算法解决。在本研究中，采用后一种方法，利用BAS算法和暂态仿真相结合的方法以获得最优控制策略。考虑到BAS算法在决策过程中可能需要多次迭代，并且在机电暂态仿真中，准稳态模型对控制策略的影响相对较小，因此采用机电暂态仿真来提高计算效率。同时，求解模型决策变量中的抽水蓄能电站是整数变量。在优化求解中，将其视为连续变量，最后四舍五入为最接近的整数以获得决策结果。具体的决策过程如下，其流程图如图5-2所示。

步骤一：初始化决策模型。

通过比较控制资源的可调整量和功率缺额来确定需要调整的控制资源类型。通过对离线控制策略表进行搜索，获得预想故障相对应的控制策略。如果控制策略中的控制资源类型与根据功率缺额确定的类型相同，则将该控制策略作为初始种群$\boldsymbol{x}$；否则，如果控制策略中的控制资源类型与根据功率缺额确定的资源不同，则控制资源类型与根据功率缺额确定的资源一致；控制资源类型中优先级最低的资源将被优化，初始调整量为0。然后根据控制资源的运行状态，初始化种群$\boldsymbol{x}$和其他求解参数初始化决策模型。求解参数包括可变步长参数E，步长s^{p}，左右种群之间的距离d_0以及迭代次数n。

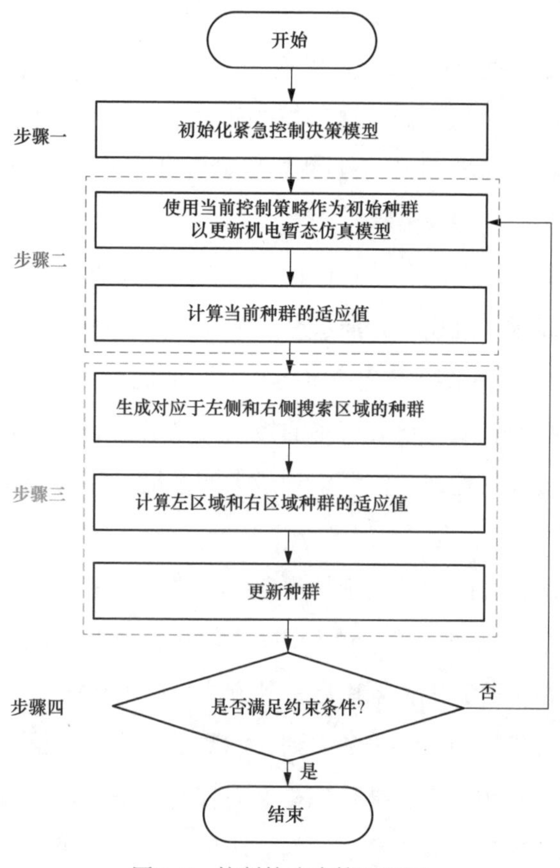

图5-2　控制策略决策流程图

步骤二：计算当前种群的适应值。

使用当前控制策略（即当前种群x）更新机电暂态仿真模型。然后，遍历仿真结果计算频率和电压的偏差。最后，根据式（5-1）～式（5-3）中所示的目标函数计算当前种群的适应值。

步骤三：更新种群。

假设天牛在任何方向随机觅食，那么从其右须到左须的方向向量也应该是随机的。因此，$k^{\dim}$维空间中的优化问题可以用随机向量表示并归一化，则

$$\boldsymbol{D}=\frac{rands(k^{\dim},1)}{\left|rands(k^{\dim},1)\right|} \tag{5-12}$$

式中：$k^{\dim}$是空间维度；$rands(\ )$是随机函数。

为了模仿天牛左右须的搜索活动，定义$\boldsymbol{x}_l$和$\boldsymbol{x}_r$分别代表左侧和右侧搜索区域中的种群，则

$$\begin{aligned}\boldsymbol{x}_l-\boldsymbol{x}_r&=d_0\bullet\boldsymbol{D}\\ \boldsymbol{x}_l&=\boldsymbol{x}+d_0\bullet\boldsymbol{D}/2\\ \boldsymbol{x}_r&=\boldsymbol{x}-d_0\bullet\boldsymbol{D}/2\end{aligned} \tag{5-13}$$

根据机电暂态仿真结果和式（5-1）～式（5-3）计算种群$\boldsymbol{x}_l$和$\boldsymbol{x}_r$的适应度值，分别表示为f^{left}和f^{right}。

最后，可以通过根据式（5-14）比较适应度值f^{left}和f^{right}来确定天牛下一步搜索的区域（即下一个种群）

$$\boldsymbol{x}=\begin{cases}\boldsymbol{x}+E\bullet s^{\text{p}}\bullet\boldsymbol{D} & (f^{\text{left}}<f^{\text{right}})\\ \boldsymbol{x}-E\bullet s^{\text{p}}\bullet\boldsymbol{D} & (f^{\text{left}}>f^{\text{right}})\end{cases} \tag{5-14}$$

可变步长参数E取值为0～1，上式取E=0.95。

步骤四：结束判据

如果两个相邻种群的适应值之差小于阈值ε或迭代次数n已达到最大值，如式（5-15）所示，则终止计算，新种群被认为是最优的紧急控制策略；否则，以上一代的种群作为输入并再次执行步骤二和步骤三，直到满足下式

$$f_n-f_{n-1}\leqslant\varepsilon \quad 或 \quad n\geqslant n^{\max} \tag{5-15}$$

式中：f_n和f_{n-1}分别是第n次迭代和第（n-1）次迭代的适应值；$n^{\max}$是最大迭代次数。

四、算例分析

本节以某省级电网模型为例对大电网紧急控制技术的有效性进行验证。该系统电网模型结构如图5-3所示，系统等值负荷64个，共59.6GW，等值发电机39台，1000kV或500kV交流线路共196条以及6回高压直流线路，分别为±660kV HVDC 1、±800kV HVDC 2和±800kV HVDC3。三条直流线路的输送

功率分别为4GW、8GW、8GW，直流馈入占比为电网负荷总量的33.56%。

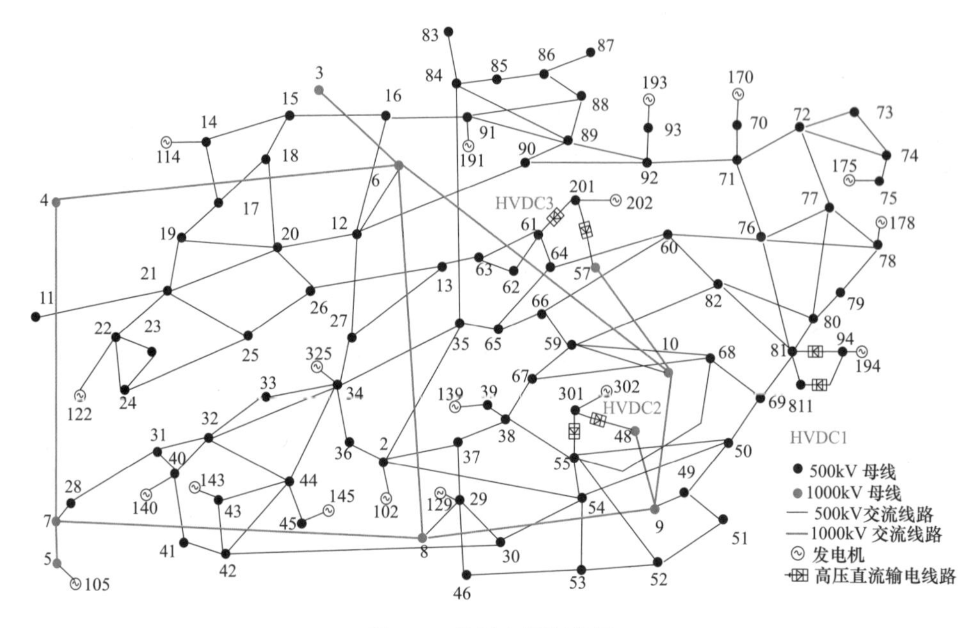

图5-3　省级电网拓扑图

（一）直流闭锁下的紧急控制策略

1. 故障场景1：HVDC2双极闭锁

HVDC2在1s时发生双回闭锁故障，系统保护策略为：1.1s时正常运行的4回直流按最大可提升容量提升功率1.2GW，1.35s时切负荷6.16GW。静态安全、动态安全指标如图5-4、图5-5所示。

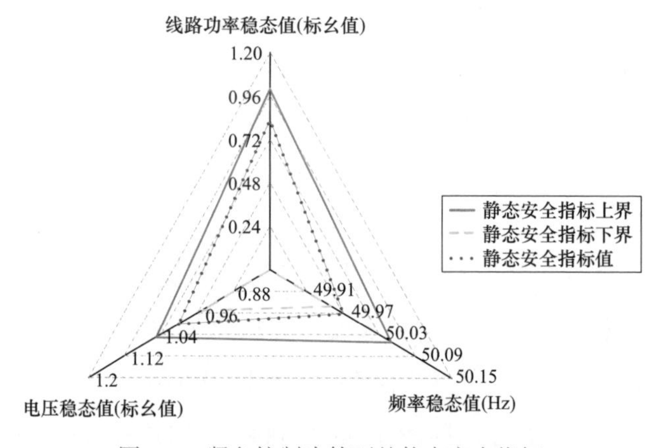

图5-4　紧急控制决策下的静态安全指标

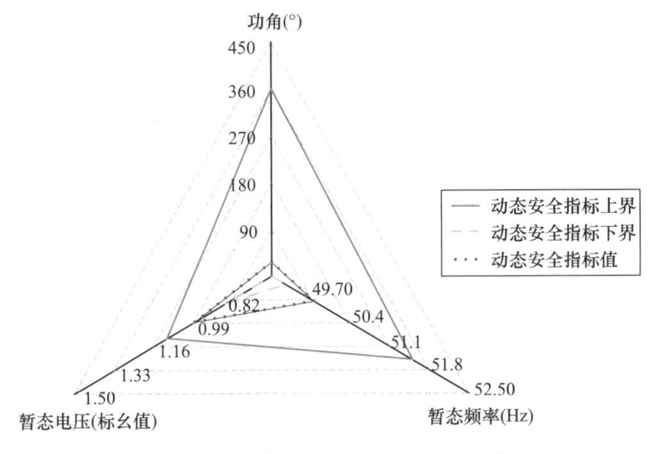

图5-5　紧急控制决策下的动态安全指标

2. 故障场景2：HVDC1、HVDC3双极闭锁

HVDC1、HVDC3在1s时同时发生闭锁故障，系统保护策略为：1.1s时正常运行的2回直流按最大可提升容量提升功率0.8GW，1.35s时切负荷8.9GW。各项安全指标值如表5-2所示，均满足各指标规定的范围。

表5-2　　辅助决策方案下的安全指标

静态安全指标	指标值	动态安全指标	指标值
频率稳态值（Hz）	49.97	暂态频率最小值（Hz）	49.51
电压稳态值（标幺值）	0.996	暂态电压最小/最大值（标幺值）	0.972/0.998
线路稳态功率（标幺值）	0.82	暂态相对功角最大值（°）	50.537

（二）不同紧急控制策略对比分析

为进一步验证紧急控制决策方法的控制效果，在相同故障场景HVDC2双极闭锁下，本节与文献［53］所提基于轨迹灵敏度的切负荷策略进行比较，结果如图5-6所示。其中基于灵敏度的切负荷策略中设置切负荷范围分别为［0,10%］和［0,14%］。采用单纯形法优化切负荷的方法与其范围的设置密切相关，两种方案的切负荷量集中分布在其上限或下限，存在显著不均匀性，其控制代价分别为6476.3MW和6471.2MW。而本节所提方法在满足局部切负荷不均匀的情况下，全网切负荷一致性更高，同时切负荷量为6164.6MW，减少了控制代价。

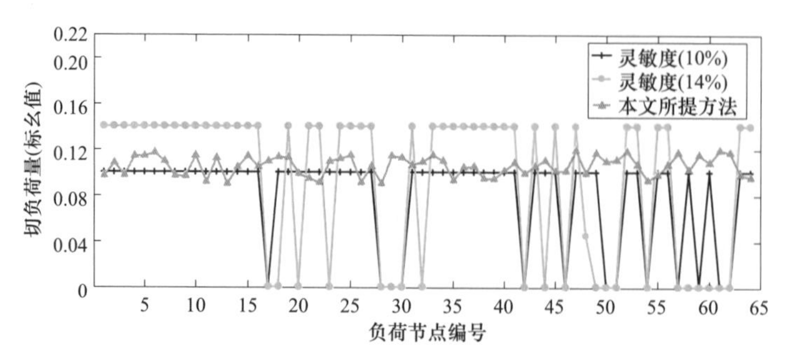

图5-6　不同方法下各节点切负荷量比较

第二节　面向城市核心区域的配电网自愈技术

城市核心区重要负荷多，因此提升核心区电网应对各类扰动的韧性至关重要。本节聚焦面向城市核心区域的配电网自愈技术，首先介绍面向城市核心区域的馈线自动化总体方案，分析了馈线自动化技术选型、原理、实施条件与限制性条件。然后介绍面向核心区钻石型配电网的自愈技术，包括钻石型配电网的继电保护与自愈方案，并对钻石型配电网自愈系统提升配电网供电可靠性的效果进行分析。

一、面向城市核心区域的馈线自动化方案与技术

城市核心区域配电网馈线自动化是提升该电网区域可靠性的重要内容。现有的馈线自动化技术存在着不足，就地型馈线自动化技术存在着开关动作频繁、参数整定困难、不适合复杂线路等问题；集中型馈线自动化技术具有严重依赖于主站和通信、网架频繁变动后拓扑维护困难等不足。因此，提出面向城市核心区域的智能分布式馈线自动化方案与技术能够克服就地型和集中型的缺陷，确保在扰动下快速定位、隔离和恢复。

（一）面向城市核心区域馈线自动化总体方案

配电自动化配置的总体方案如图5-7所示。对于变电站/开关站外的架空线故障，在考量线路剩余容量的基础上，基于近区速动原则，由分布式馈线自动化（feeder automation，FA）实现故障定位、隔离与恢复。变电站所供电缆环网采用智能分布式馈线自动化（简称分布式FA）实现故障定位、隔离与恢复。

10kV开关站的K型站在一般接线情况下通过自切保护实现两段母线的互为后备关系；在“K”联络“K”接线方式的K型站检修状态下，可通过母线备自投的延展，即扩展备自投解决方案来实现检修状态$N-1$。对于10kV开关站所供馈线电缆环网，亦采用分布式FA实现故障定位、隔离与恢复。

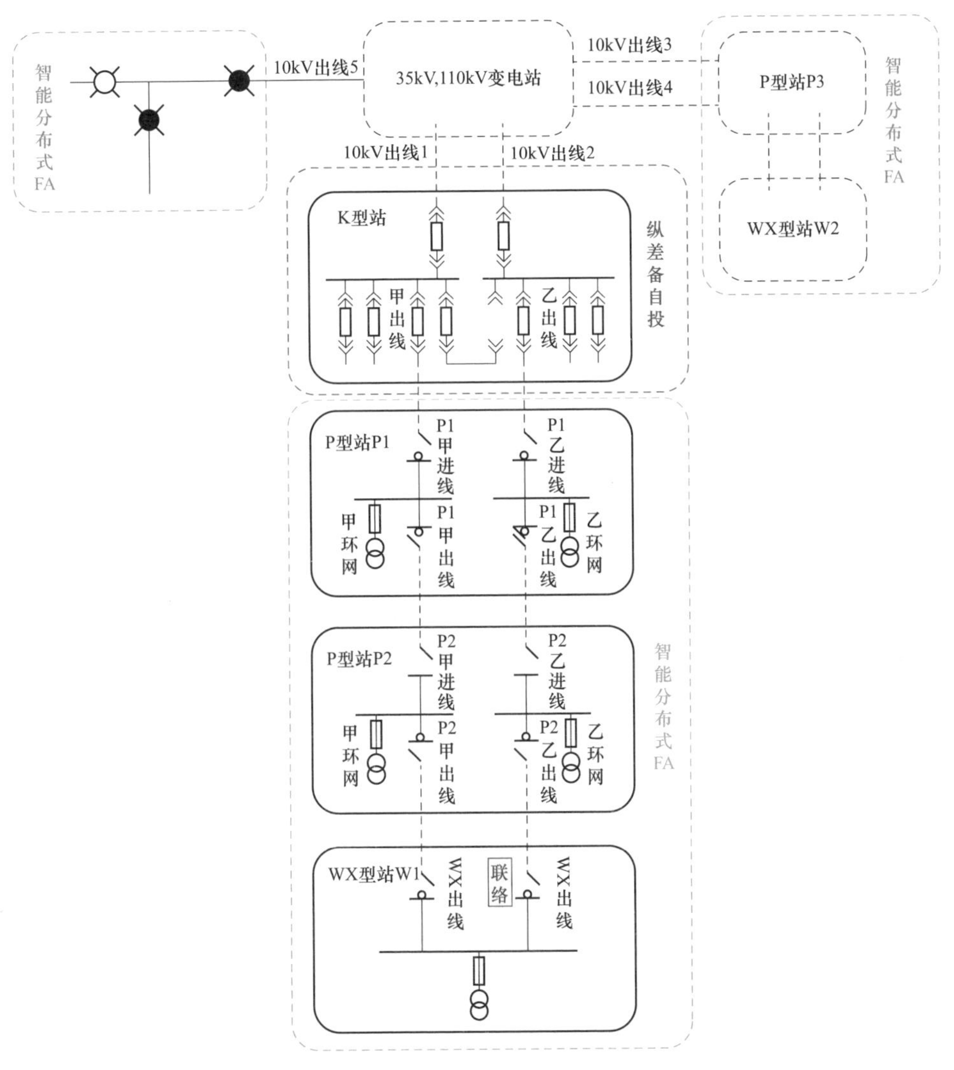

图5-7　配电自动化配置示意图

（二）面向城市核心区域馈线自动化技术

对于上述馈线自动化总体方案，本小节分别对FA技术选型，分布式FA原理、实施条件、限制性条件和模式特点进行阐述。

1. 馈线自动化技术选型

本部分介绍3种FA技术选型，包括主站集中式、纵差保护和智能分布式FA；并分析分布式FA与主站集中式、纵差自备投的适用场景。

（1）主站集中式。

主站集中式为基于主站系统的配电自动化（见图5-8），是指在故障后，配电终端检测到故障信息上传给配电自动化主站系统，主站根据收集到的所有线路测量点故障信息，经过配电网络的实时拓扑分析，按照一定的策略与算法，进行故障的诊断和定位。

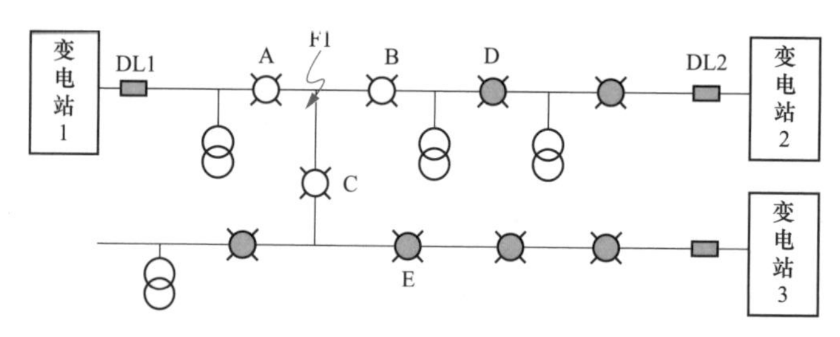

图5-8　主站集中式

主站集中式主要应用于韩国、巴黎等。适合各种网络拓扑结构。该技术的优点是可进行复杂的全网拓扑分析，支持进行数据扩大化处理，支持人机交互方式的半自动化处理；缺点是依赖于主站系统的参与，风险过于集中，通信环节多，需收集全网故障信息，收集信息较慢，故障恢复时间较长。该模式符合核心区内典型网架、设备特点，可作为分布式模式停用或故障时的备用方案。

（2）纵差保护。

纵差保护为基于保护的配电自动化（见图5-9）。单一线路事故时，纵差保护动作切除故障线路，系统不停电，同一环两回馈线故障或变电站全停电时，闭合联络开关将负荷转移至另一花瓣，短暂停电一次。

纵差保护主要应用于新加坡、中国香港等。适合网架为花瓣形环网等。其优点是可靠性高：单一线路故障时，不停电，同一环两馈线故障或变电站全站失电时，短暂停电，配网供电可靠率达到99.999 7%；缺点是电网需闭环运行，整个配电网都要装设断路器并配置纵差保护，投资大，二次保护复杂。由于目前核心区内配电环网站、箱变主要为负荷闸刀，整体采用该方案对网架、设备

改造过大，投资过高，可行性较低。

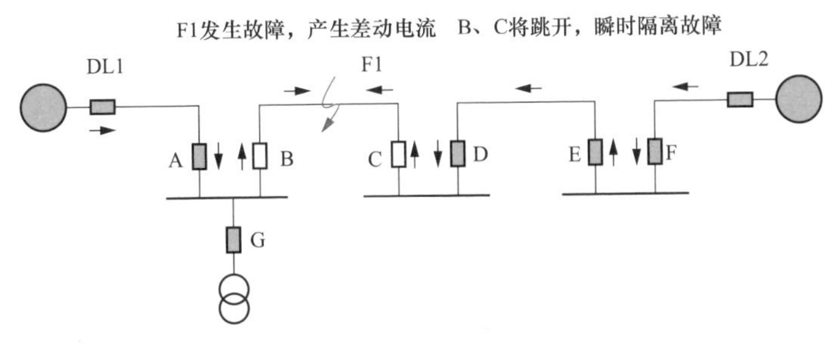

图5-9　基于保护的配电自动化

（3）智能分布式FA。

智能分布式FA为就地自愈型的配电自动化（见图5-10）。信息传递特点为：依据自身、相邻拓扑节点的故障信息及处理信息，实现故障的快速处理。

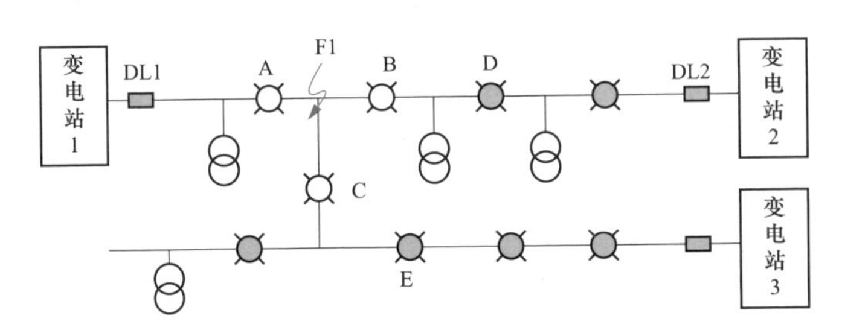

图5-10　智能分布式FA的配电自动化

智能分布式FA主要应用于日本、荷兰、澳大利亚、中国。主要适合网架为电缆环网、架空线。该技术优点是系统独立性较强，系统运行可靠，故障处理的成功率高、故障恢复速度快；缺点是对终端设备技术要求相对复杂，对通信质量要求高。该技术故障处理成功率高、故障恢复速度快，符合城市核心区域供电可靠性99.999%要求。

图5-11为配电自动化不同模式比较，对于模式1可考虑纵差保护，针对模式2、3、4馈线方案均可考虑采用智能分布式。

借鉴日本、新加坡等国经验，综合网架结构、核心区配电自动化改造应“分层分区分控制”，明确以“分区自愈、主站备用”为核心区配电自动化改造原则。

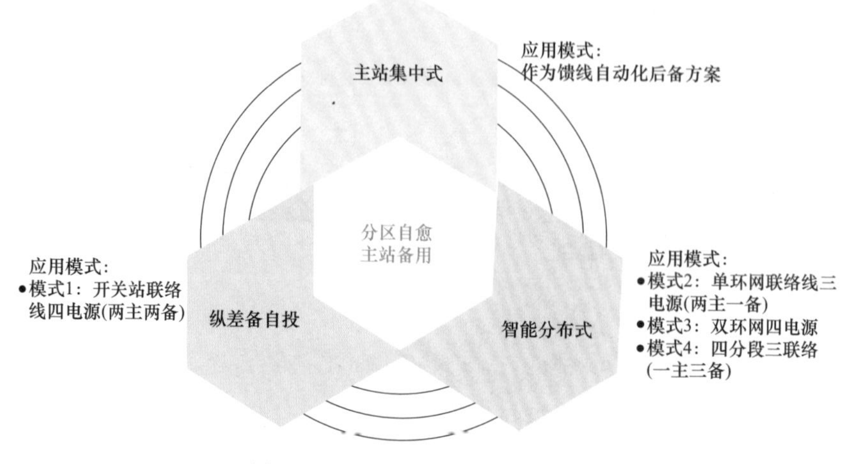

图5-11 配电自动化不同模式比较

2. 智能分布式FA技术原理

随着现代通信技术、嵌入式技术的成熟，分布式FA日益受到关注。相对于传统的“点保护”（传统的继电保护装置只采集故障点信息）或利用多次重合闸进行故障处理等就地方式，分布式FA中各控制节点自带处理逻辑，除利用监控装置自身采集的信息外，通过网络化终端之间的通信，交换其他采集信息，执行故障处理逻辑，判断故障区域，做出故障判断和动作出口，以保证自身设备或局部系统的运行。

分布式FA基于分布式配电终端实现，适合于手拉手线路自治区域的快速故障处理。终端基于实时嵌入式平台实现，除具备信息采集及控制功能外，自带分布式故障处理逻辑，依据自身采集信息、相邻拓扑节点的故障信息及处理信息以及自治区域的启动条件判断、实现故障的快速处理。

分布式FA的实现，首先需要定义自治区域，比如手拉手线路，各站点需要定义相邻开关的拓扑信息，并将需要交换的信息严格限定在自治区域内。

其次，基于以太网实现各站点间的对等通信，采用61850通信机制，利用快速以太网特性实现相邻站点间快速稳定的信息交换。

整个FA的处理过程主要包括FA启动、故障定位及隔离、非故障区段的恢复、FA结束等步骤。在故障发生后，所有站点均根据变电站出口开关保护动作信号、自身故障信号、相邻站点故障信息分析动作逻辑，再根据设定的动作模

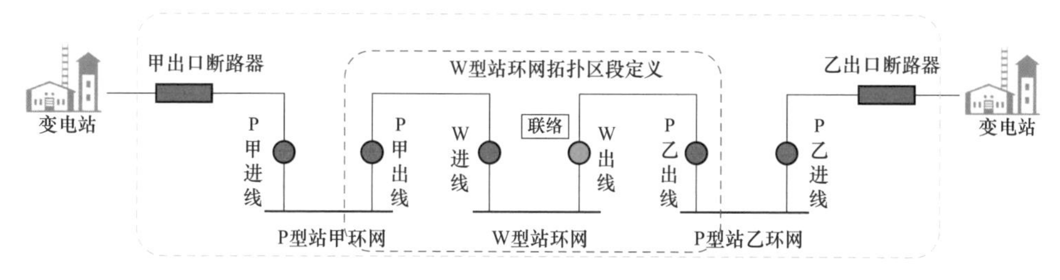

图5-12　自治区域定义

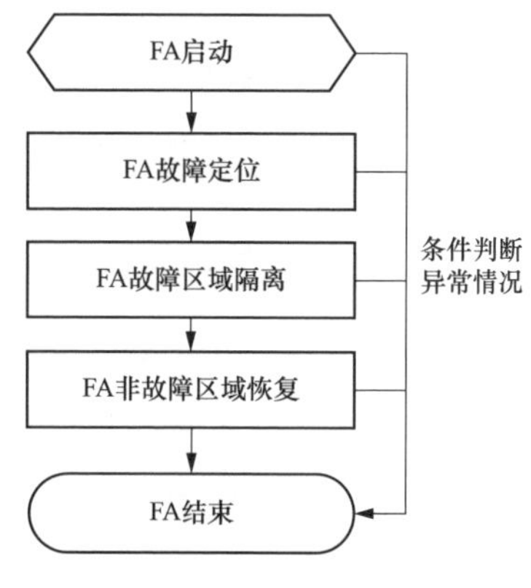

图5-13　FA动作过程

式进行故障判断。确定站点有隔离或者恢复的开关，自行决定动作；自治区内其他开关要以变电站保护跳闸闭锁作为隔离恢复功能启动判据，恢复过程的启动判据同样基于成功隔离。隔离故障在10s内完成，恢复过程在30s内完成。整个分布式FA动作过程如图5-13所示。

以上述线路非正常方式下“P甲出线”开关与“W进线”开关之间发生永久性线路故障为例：甲、乙出口断路器开关具备常规保护功能，W型站环网的“W出线”开关为本环路的联络开关，故障点模拟发生在“P甲出线”开关与“W进线”开关之间线路上（见图5-14）。

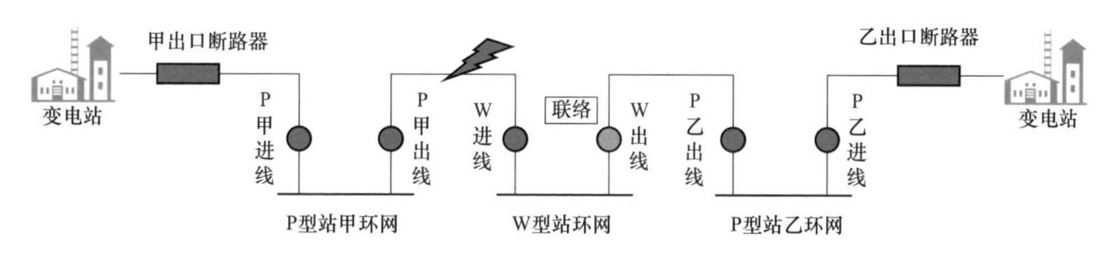

图5-14　“P甲出线”开关与“W进线”开关之间发生永久性线路故障示意图

（1）在故障发生时，变电站内的甲出口断路器开关、P型站甲环网内的“P甲进线”开关和“P甲出线”开关检测到故障，甲出口断路器开关跳开，P型站甲环网FA终端将检测到故障的信息及时发送出去（见图5-15）。

（2）每个开关都根据收集的出口开关和相邻开关信息进行判断。其中“P甲出线”开关与“W进线”开关判断出自身位于故障区域，由此“P甲出线”开关所在的P型站甲环网FA终端发出隔离命令，跳开“P甲出线”开关；同时“W进线”开关所在的W型站环网FA终端发出隔离命令，跳开“W进线”开关，隔离故障区段（见图5-16）。

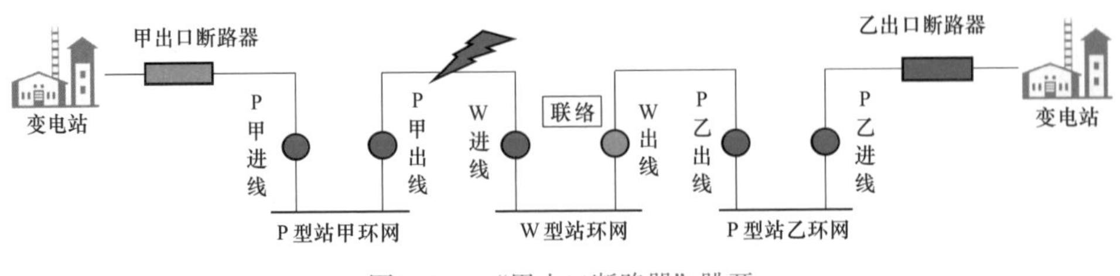

图5-15　“甲出口断路器”跳开

（3）因故障跳开的变电站内的甲出口断路器开关在收到隔离故障成功的信号后，发出恢复非故障区域的命令，合上甲出口断路器开关；同时W型站环网的“W出线“开关为环路联络开关，收到隔离故障成功的信号、并确定合闸不会造成变电站乙出口断路器开关过载后，下发合闸命令，恢复非故障区域的供电（见图5-17）。

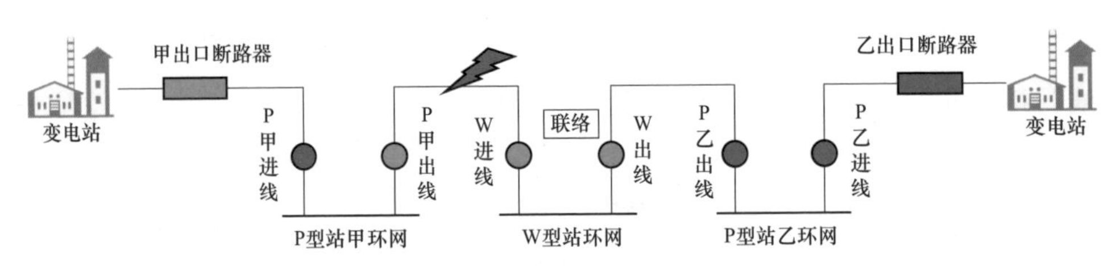

图5-16　故障区域“P甲出线”开关与“W进线”开关跳开

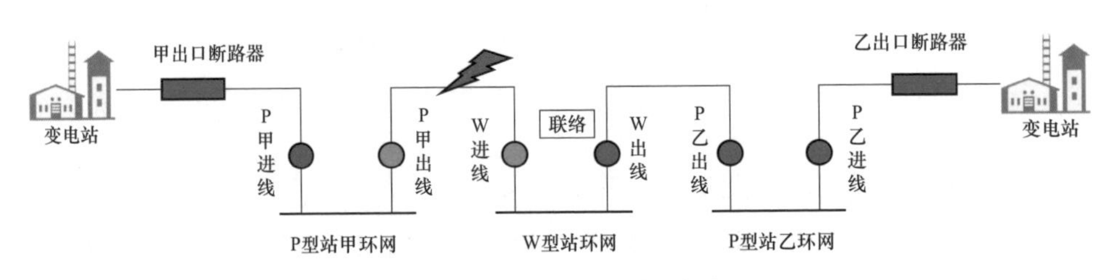

图5-17　非故障区域供电恢复

（4）至此，一次正常的故障处理完毕。

智能分布式FA的自愈控制逻辑中，同样对处理过程中出现的异常进行判

断，并及时自动决策是否终止故障处理过程：在故障隔离前出现异常，停止后续隔离及恢复动作；隔离过程中出现异常，停止后续恢复动作；恢复过程中出现异常，立即停止恢复动作。这些异常包括分析故障位置的异常、通信的异常、开关动作的异常以及预判线路过载等异常。

3. 分布式FA实施条件

分布式FA的配电线路需要满足下列条件：①10kV环网必须构成手拉手单环路结构，正常运行状态只具有一个联络开关（或辐射型线路，仅实现故障区段上游供电负荷的供电恢复）；②实施分布式FA功能环路的两个电源侧均为出口断路器，且安装有继保装置；③所有环网的负荷开关都安装电动操作机构；④具备光纤通信等快速对等通信网络。

智能分布式FA系统也可用于不构成供电环网结构的辐射状电缆线路或架空线路，区别在于做非故障区域恢复供电时没有负荷转供过程，仅能够恢复非故障区域电源侧方向的上游供电负荷。

4. 限制性条件

分布式FA的限制性条件如下：

（1）根据一次设备是断路器或者负荷开关的不同情况，应具备不同的动作策略。

（2）根据线路保护是一次重合闸或无重合闸的不同情况，应具有不同的动作策略。

（3）故障判断、隔离、非故障区的恢复供电过程中，同一个操作对象相同性质的控制只能一次。

（4）FA操作过程中发生拒动或误动现象，应立即停止动作进程，闭锁所在回路的FA功能，并向配电自动化主站报告出错情况。

（5）一个环网中当前一故障未处理完毕时发生第2个故障，应立即停止FA动作进程，闭锁所在回路的FA功能，并向主站报告出错情况。

（6）下列条件下应自动闭锁所在回路的FA功能，并向主站发出报警：①环网中有任何配电终端出现通信中断或电源端控制单元与自动化装置出现通信中断；②环路中有任何一台断路器或负荷开关的遥控切换开关处于“就地”位置；③环路中有任何一台断路器或负荷开关失去操作电源无法执行遥控操作；④环路中有任何一台断路器或负荷开关异常，如SF_6气压报警；⑤恢复方案中将出现设备、回路过负荷。

5. 分布式FA模式特点

分布式FA的模式特点如下：

（1）可由软件、硬件压板配合，控制该线路分布式FA功能投入和退出；

（2）当分布式FA功能退出运行时，分布式FA终端等同于一台传统的DTU装置，可与主站配合实现集中式FA功能；

（3）实时、自动校验分布式FA功能投入条件，一旦有不满足运行条件的事件发生，立即自动退出分布式FA功能，向主站系统上报故障信息，并将控制权移交配电主站系统；

（4）相比主站集中式FA减少了通信环节，省去了遥控命令传输过程，故障处理速度和故障处理成功率得到提升；

（5）每一个FA自治区域独立运行，故障处理过程无须主站参与，不受主站或外界其他设备运行状况的影响；

（6）由于分布式FA动作原理都是先跳出口断路器，再进行故障位置判断和故障隔离，即先停电再隔离的方式，与日本的电压时间型配电自动化和新加坡的花瓣环网配差动保护相比耗时较久。

二、面向具有坚强网架结构配电网的自愈技术

以国网上海电力提出的最先进的具有坚强网架结构的钻石型配电网为研究对象，针对其在电流速断保护的选择性、多级电流保护之间配合等方面存在的问题，提出面向钻石型配电网的自愈技术，以更好地发挥钻石型配电网网架结构的优势，提高供电可靠性（详细应用情况见第9章）。

（一）钻石型配电网继电保护和自愈方案

钻石型配电网采用分层分级的结构，分为10kV主干网和10kV次干网两个层级，不同层级的电网采用差异化的接线模式和二次系统配置。针对不同层级钻石型配电网提出继电保护和自愈方案，以保证供电可靠性。

1. 10kV主干网继电保护和自愈方案

针对钻石型配电网短线路难以实现有选择性的电流速断保护、上级延时速

断保护无法与下级电流速断保护实现定值配合、难以通过动作延时实现多级电流保护之间的配合、通过在站间线路上增设纵差不能完全解决保护选择性等问题，可通过利用差动原理的保护简化继电保护配合关系，调整备自投逻辑，采用自愈系统，更好地发挥钻石型配电网网架结构的优势，提高供电可靠性。

钻石型配电网中10kV主干网为不同变电站双侧电源供电，变电站站间联络率达到100%，站间负荷转供能力达到100%，除满足本级电网检修方式下“*N*-1”安全供电外，可支撑上级变电站满足检修方式下“*N*-1”安全供电。

提出三种适用于钻石型配电网主干网的保护和自动化方案：

方案一：与现状开关站保护方案一致，双环网主干网线路主后保护均采用电流保护，开关站站内分段配置备自投。

方案二：双环网主干网线路主保护采用纵差保护，简化后备保护层级，各主干网线路仅有1级后备保护，设于变电站出线处；开关站站内分段配置备自投，备自投动作时需跳每段母线上2个主干网线路断路器。

方案三：双环网主干网线路主保护采用纵差保护，简化后备保护层级，各主干网线路仅有1级后备保护，设于变电站出线处；双环网主干网线路配置自愈系统。

三个方案优缺点比较如表5-3所示。

对要求停电时间短、可靠性高、具备改造或建设条件的地区，推荐方案三。对节点数比较少，无线路纵差通道，对*N*-2故障无停电时间要求的地区，推荐方案一。对其他地区，推荐方案二。

表5-3　钻石型配电网主干网保护配置方案优缺点比较

方案	优势	缺点
方案一（电流保护逐级配合+备自投）	（1）投资少。 （2）不配置纵差，保护简单，对光纤通道要求低	（1）运行方式不能灵活调节，开环点调整需要调整保护定值，不能运行中实时调整开环点。 （2）变电站与开环点之间节点数量不超过2个。 （3）若通过开环点进行负荷转移需要人工操作（三遥、二遥或者手动）

续表

方案	优势	缺点
方案二（全纵差+备自投）	（1）运行方式可以灵活调节，变电站与开环点之间的节点数量可调整。 （2）投资较方案3低	（1）需要调整现有备自投逻辑，二次回路接线要将每段母线上2个主干网线路断路器有关信号和跳闸回路接入。 （2）变电站与开环点之间节点数量较多的一侧开关站母线全部失压时，易造成变电站出线过载。 （3）故障后恢复正常运行方式操作步骤较多。 （4）纵差保护对流变饱和特性要求较高
方案三（全纵差+自愈）	（1）运行方式可以灵活调节，变电站与开环点之间的节点数量可调整。 （2）故障后恢复正常运行方式操作简单。 （3）若通过开环点进行负荷转移时间短。 （4）主变压器检修方式“N-1”、主干线路“N-2”时可秒级恢复	（1）投资最高。 （2）当主干线自愈联调时，所有开关站分段合上，备自投退出运行，如此时叠加故障，只能通过环网开关人工操作恢复供电。调试工作量大，时间长。 （3）运行人员对自愈系统不熟悉。 （4）纵差保护对流变饱和特性要求较高

2. 10kV次干网配电自动化配置方案

与现状终端负荷的线路相似，钻石型配电网次干网环网线路中，除该线路首端的断路器外，其余部分通常采用负荷开关作为操作电器，不具有切断故障电流的能力，因此不再设置继电保护。在干线（熔断器的电源侧）上任何一点的故障均由电源站的线路继电保护动作切除，通过配电自动化来恢复供电。

（1）次级网继电保护技术原则仍执行现行技术标准中的有关规定。

（2）次级网应设FA，配置原则按《国网上海市电力公司配电自动化规划设计技术导则（第二版）》执行。

（3）次级网馈线自动化与主干网自愈的配合，当确认故障点位于次级网之外时，建议次级网馈线自动化，或者选择较长的动作延时如15～30s，避开主干网的网络重构。

3. DG接入保护方案

考虑到DG接入后对继电保护的影响，钻石型配电网系统侧保护配置有以下

要求。

（1）线路保护。

1）在有DG接入的开关站出线断路器处，通常应按照双侧电源电网的要求设置线路保护，宜配置（方向）过流保护，考虑到DG的容量较小，提供的短路电流远小于系统提供短路电流，方向元件通常可以不投入；对于短线路或因接入配电网的DG容量较大导致继电保护不满足“四性”要求时，可增配纵联差动电流保护。

2）对逆变型DG，如果电网中任一点短路时，变流器提供的短路电流流过任何设备时均不导致设备过载，可以按照单侧电源电网的要求设置线路保护。变流器必须具备快速检测孤岛且检测到孤岛后立即断开与电网连接的能力。

（2）母线保护。

如无稳定要求，开关站母线可以不配置母线保护。

（3）防孤岛保护。

旋转电机（同步电机、感应电机）类型DG，无须专门设置防孤岛保护。

（4）解列装置。

1）在有DG接入的开关站母线处，应按母线配置故障解列装置。

2）变电站或开关站设置的低周低压减载装置独立于故障解列装置，用于系统侧的频率和电压稳定控制。区别于故障解列，低周低压减载装置应经滑差闭锁。

3）当系统电源由于电源侧故障断开后，将形成局部的孤立系统。该系统如果能够自平衡，故障解列装置未动作，则由调度机构决定是否解列。如该系统失稳，则故障解列动作，切除DG联络线，开关站或变电站母线失压。此时可以满足备自投或自愈系统的无压条件。

（5）备自投/自愈装置。

当DG接入钻石型配电网后，目前的备自投合闸逻辑中，将在无法有效确认母线失压的情况下合上分段断路器，可能导致非同期合闸，对DG造成冲击，同时也降低了备自投合闸的成功率。因此，为提高动作成功率，同时为防止发生非同期合闸，应采取必要的联切DG线路的措施。

在自愈装置的改进方面，由于在自愈功能中，联切的对象是故障点和开环点之间的开关站中定义为DG的线路，因此当自愈功能退出时，自愈联切小电源功能也同时退出。

考虑到DG接入后对继电保护和安全自动装置的改造工作对钻石型配电网主干网运行的影响，在采用主干网双环网自愈系统时，尽可能地将有关的功能进行集成，便于DG随时接入。例如，母线保护和故障解列功能，当需要时，可以随时投入。

（二）钻石型配电网自愈系统供电可靠性分析

钻石型配电网全线配置自愈系统，10kV开关站按母线段设置自愈保护控制装置，具备每个间隔的遥测、遥信、遥控功能，就地完成信息采集，远方自动执行自愈策略。自愈系统利用光纤通道，交换开关站间的开关量和故障信息，有效保障故障情况下负荷的转供能力。

从故障停电时间来看，钻石型配电网开环运行，单一故障发生时可利用线路自愈切换，仅存在秒级停电现象，而常规双环网全线配置配电自动化，存在分钟级停电现象。

从故障停电范围来看，钻石型配电网配置断路器，单一故障只停故障区段，而常规双环网故障后需先断开变电站出口断路器然后利用配电自动化进行供电恢复，会造成全线短时停电，故障影响范围较大。

以上海城市配电网供电可靠性参数为计算依据，在DIgSILENT软件中建立典型网络拓扑模型。在考虑“*N*−2”、检修方式“*N*−1”等多重故障停电的情况下，主干网采用4种典型网架的供电可靠性计算结果，如表5−4所示。钻石型配电网供电可靠率最高，为99.999 612%，年户均停电时间122.3s，比开关站单环网接线少3.4s，比单花瓣接线少3.2s，比常规双环网少11.8s，达到世界一流水平。

表5−4　　典型网架结构可靠性计算结果（仅考虑故障）

接线模式	供电可靠率（%）	年户均停电时间（s）
钻石型配电网	99.999 612	122.3
常规双环网	99.999 575	134.1
单花瓣接线	99.999 602	125.5
开关站单环网接线	99.999 601	125.7

钻石型配电网站间负荷转供通道多，负荷转供灵活，相较于单环网和单花瓣接线能够提高线路利用率。在线路不双拼、满足“*N*−1”条件下，钻石型接线首段线路最高利用率可达75%，而单环网和单花瓣接线仅为50%，如表5−5所示。

表5−5　　满足“*N*−1”条件下钻石型配电网首段线路最高利用率

开关站座数	开关站负荷控制值（MW）	首段线路最高利用率（%）
4	4	66.7
5	3	62.5
6	3	75.0

注　计算线路为400 mm^2截面电缆，输送能力约6 MW。

钻石型配电网具有安全韧性，站间负荷转供能力100%；10kV满足检修方式下“*N*−1”；支撑110（35）kV满足检修方式下“*N*−1”。钻石型配电网是可靠自愈的，其供电可靠率99.9996%，达到世界一流水平；配置自愈系统，实现秒级故障恢复时间。

第三节　面向韧性提升的微网群控制技术

极端事件发生过程中，微网群可以快速转换至孤岛运行状态，形成基于多微网群的孤岛运行系统，保障孤岛系统内部关键负荷的持续供电，从而有效地提升系统的防御力，即提升系统的韧性。本节首先分析互联孤岛系统的关键特征，进而提出理想控制架构，实现微电网级、互联微电网级的控制目标，以提升系统防御力与韧性；在此基础上阐述其基本原理和与其匹配的分层分布式控制方法；最后采用9机28节点互联微电网算例系统进行仿真分析，证明所提方法可有效保证系统的频率稳定、电压稳定，实现功率分配，对提升系统防御力与韧性具有有效性[54]。

一、即插即用的微网群分层分布式控制架构

（一）两级分布式通信网络

互联孤岛系统的控制架构是多个DG互联运行，协同共济的基础。理想的控制架构需要具备以下几项关键特征：①兼容性：能在不大幅改变单一DG既有

控制架构，保护各DG控制边界的基础上，实现多个DG的互联控制；②自治协调性：给与子DG一定程度的自治性，使其既能作为重要单元支撑整个互联系统的稳定运行（实现系统级控制目标），也能够保证其内部的区域自主控制（实现内部控制目标）；③灵活性：控制架构应能满足DG即插即用，灵活改变运行状态的要求；④隐私保护性：尊重各DG可能从属于不同利益主体的事实，仅利用少量孤岛内部基本信息实现孤岛间的协调控制，达到保护各孤岛隐私的目的。

本节所提出的控制架构是以满足上述互联孤岛系统理想控制架构的几项关键特征为目标，实现系统控制目标为基础进行设计的。

所提出的互联孤岛两级-四层控制架构如图5-18所示。

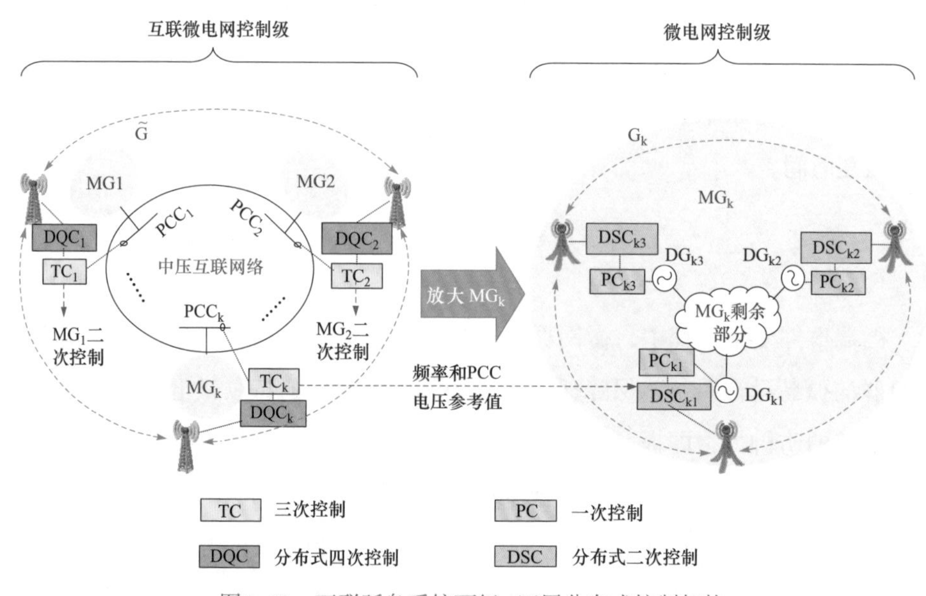

图5-18 互联孤岛系统两级-四层分布式控制架构

其中，具体的功能设置如下：

（1）孤岛控制级：主要实现各子孤岛内部的电压、频率以及DG间功率分配控制，同时支撑互联孤岛控制级，实现系统层面控制目标。

a）一次控制（primary control，PC）：子微网内部各DG本地控制，采用下垂控制实现DG出口的电压、电流以及功率分配控制；

b）二次控制（distributed secondarycontrol，DSC）：子微网协调控制，采用

分布式控制方式，根据三次控制器给出的参考值控制子微网公共耦合点（point of common coupling，PCC）电压相量，同时保证DG之间的功率按照预设比例分配。

（2）互联孤岛控制级：协调系统内多个孤岛，实现系统频率、关键母线电压恢复到额定值以及孤岛间功率分配等多个控制目标。

a）三次控制（tertiary control，TC）：子孤岛在互联系统中的接口控制（部署在各子孤岛PCC处的本地控制），每个孤岛拥有1个独立的三次控制器。以各孤岛PCC点潮流为控制对象，以下垂控制为基础提出了无通信的PCC本地接口控制器，通过向二次控制器下发各孤岛的参考频率及PCC电压参考值，间接起到调整各孤岛PCC点电压相量的目的，从而实现孤岛间PCC点的潮流控制，以及孤岛间的功率分配。该层控制的特点是忽略孤岛内部的控制及拓扑架构等，将孤岛视为一个整体，仅需对二次控制器下达控制指令实现控制目标，无需对孤岛内部的DG进行操作，因而遵从了子微网内部DG属于各子微网利益主体的事实，而且不用对每台DG下发控制指令也降低了通信量；

b）四次控制（distributed quaternary control，DQC）：互联孤岛系统协调控制，采用分布式控制方法，负责恢复整个系统的频率电压偏差到额定值，并且保证孤岛之间的功率按照预设比例精确分配。

在提出的两级－四层控制架构中，一次和三次控制属于本地分散控制，二次控制和四次控制采用分布式控制方法实现。因此，在每一个微电网中存在一个由其内部DG代理（DG agent）构成的微电网级（下级）分布式通信网络。而互联微电网级（上级）通信网络则由多个微电网代理（micro-grid agent，MG agent）构成，每一个MG agent代表对应子微网在上级与其他子微网的MG agent协调。构成的两级分布式通信网络如图5-19所示。

由图5-19可知，在上级网络中每一个MG agent均有一条或多条通信链路与对应的MG内部下级网络中的某一个DG agent相连，例如：上级网络中的MG_k与下级网络中的DG_{k1}的通信链路。因此，上下级分布式通信网络耦合形成了两级分布式通信网络。需要注意的是，上下级通信网络链接的数量可以不止一条，根据对应的分布式控制方法需求确定。

在微电网控制级，每个DG单元的分布式二次控制器通过其DGagent与微网

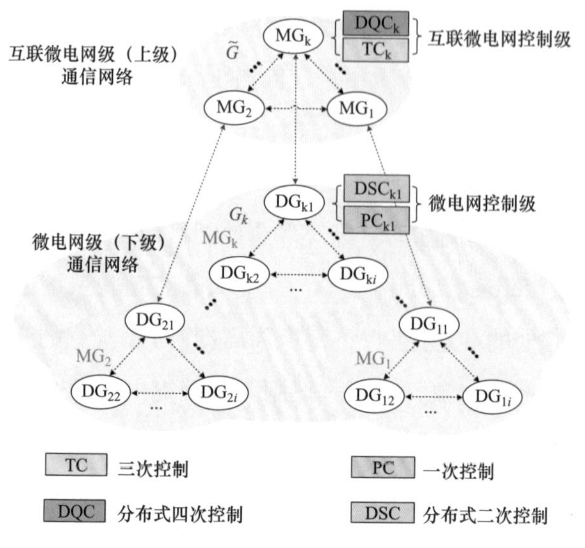

图5-19　互联微电网系统两级分布式通信网络

内部其他DGagent的通信，形成调节量发给对应的一次控制器。在互联微电网控制级，每个MG单元的分布式四次控制器通过其MG agent与其他MG agent通信，形成对应调节量发送给三次控制器。而上下级分布式通信网络的连接，则是通过MG agent与对应子微网中的DG agent通信实现。

下面分别从微电网控制级和互联微电网控制级进行阐述。

（二）微电网控制级

在上述控制架构概述的基础上，进一步详细介绍各控制层的原理以及相互间的配合关系。首先给出结合系统电气部分的控制架构以及基本信息流图如图5-20所示。

1. 一次控制（DG本地控制）

一次控制负责实现DG出口的电压、电流以及功率分配控制，是两级-四层控制架构的基础。采用经典的有功-频率（active power/frequency，P/f），无功-电压（reactive power/voltage，Q/V）下垂控制，基本控制框图如图5-20中的一次控制所示。

下垂控制的采用同样会引入一些问题：①对电压和频率的调节均为有差调节，因此会造成频率和电压的稳态值偏离额定值；②无法实现无功功率按容量比例进行分配。由于频率为全局量，各个DG在本地检测到的频率相同（忽略

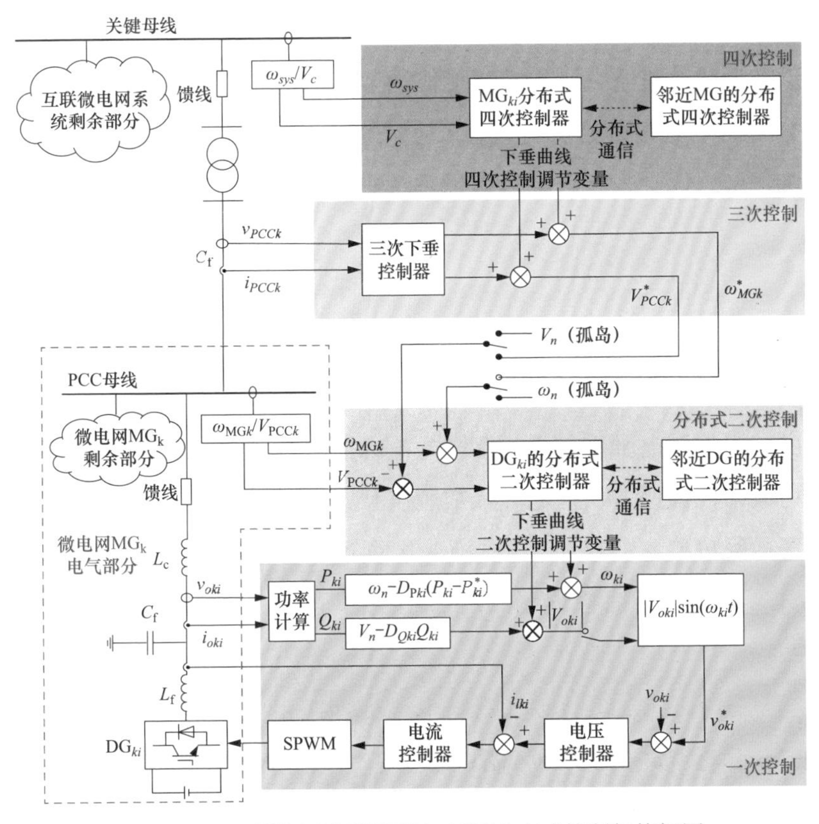

图5-20　互联微电网系统两级-四层分布式控制架构框图

测量误差）均为系统频率，因此有功功率可以在DG之间按照容量比例分配。对于无功功率分配来说，DG的端口电压为本地量，系统进入稳态后，由于DG间线路阻抗的差异，其端口电压也不相同，造成了无功功率无法精确分配的问题。为解决上述两个问题，引入互联微电网系统的二次控制。

2. 二次控制（微电网协调控制）

架构中的二次控制主要负责对来自三次控制器的子微网频率、PCC电压参考值的追踪，同时保证子微网内部DG之间功率按照预设比例分配。为了实现对单一微电网控制架构的兼容性，因此本层控制的实现原理在传统单一微电网二次控制上改进而来。

具体进行了以下几点改进：

（1）对于无功功率分配和DG端电压控制无法同时实现的问题，将电压二次控制的目标设置为恢复MG中PCC点电压，此时功率分配和PCC点电压控制可以同时实现。

（2）在上述改进下，二次控制能够调节PCC电压幅值与系统频率，因而其具备对PCC点电压相量的控制能力，通过电压相量的控制，最终能够实现PCC点功率的调节，因此对于互联微电网系统中任意子微网MG_k，将微电网频率参考值和PCC电压参考值设置为由三次控制给出，三次控制器通过对上述参考值的调整，间接调整了各子微网PCC点电压相量，实现了PCC点功率控制。

（三）互联微电网控制级

1. 三次控制（微电网接口控制）

三次控制是微电网控制级与互联微电网控制级之间的纽带，能够确保单一微电网可以即插即用，灵活地并入或脱离互联微电网系统独立运行。其原理即是测量子微网PCC点的有功、无功功率，通过下垂原理形成PCC点电压幅值和子微网内部频率的参考值，然后通过二次控制对PCC点电压相量的幅值和相角进行调整，达到控制其功率，并实现功率无通信在各微电网间按比例分配的目的（见图5-20）。三次控制器将配置在各微电网的PCC点位置，仅需测量本地的电压和电流量计算功率实现控制目标。

由于三层控制方法是在下垂控制的原理上发展而来，势必会引入频率、电压稳态偏差，无功功率无法精确分配等下垂控制固有问题。因此，需要四次控制对全系统内微电网的资源进行整合，解决上述问题。

2. 四次控制（互联微电网系统协调控制）

四次控制是互联微电网系统控制架构的最高层，负责协调系统中所有的微电网单元。实现系统频率、关键节点电压恢复到额定值，有功及无功功率在微电网间按比例分配的控制目标。其采用的原理与微电网控制级的二次控制类同，通过调节三次控制的下垂曲线，实现上述控制目标（见图5-20）。至此，互联微电网系统的两级－四层控制架构构建完毕。

综上所述，控制架构中的一次和二次控制组成互联系统时既有的控制架构无须大幅改动，为微电网灵活地并入或脱离互联系统运行奠定了架构基础。三次控制则继承了下垂控制无通信调整系统电压、频率，实现微电网间功率分配的优点，同时作为接口控制层，三次控制将微电网视为一个整体来协调，仅需极少量微电网内部信息，而且由于其无通信控制的特性，可在紧急情况下快速

实现微电网的互联运行，灵活改变拓扑架构。四次控制则克服了三次控制带入的系统频率、电压偏差及无功功率分配偏差问题，通过微电网间的协调控制实现微电网级、互联微电网级的所有控制目标。

二、分层分布式控制方法及参数优化方法

（一）基于一致性原理的分布式控制方法

前面章节阐述了互联微电网系统的两级－四层分布式控制架构的构建、通信网络以及各层控制的基本原理，而与其匹配的分层分布式控制方法则将在本部分进行阐述。

基于一致性原理的分布式控制方法是将特定的动态方程加于网络中的各个节点，通过有条件的信息交换使得各节点的状态值收敛到同一个值。

分布式通信网络中的任意节点 i 均有其对应的状态信息量 x_i。节点 i 依据自身信息，并通过通信网络获取与其相连的邻近节点信息更新自身状态 x_i。而且更新的方式遵循一定的算法，基本连续时间一致性算法中，状态信息量 $x_i(t)$ 在更新过程中趋向于其邻近节点的信息量 $x_j(t)$，当网络中所有节点的状态信息量收敛到一致值时，系统进入稳定状态。

基于最常用的基本一致性算法，增加一致参考值项，构成带有参考值的改进一致性算法为

$$\dot{x}_i(t) = -\sum_{j\in N_i} a_{ij}[x_i(t) - x_j(t)] - g_i[x_i(t) - x_{\mathrm{ref}}] \qquad (5-16)$$

其中，x_{ref} 为一致参考值，旋转增益 g_i 是连接节点与参考值的边的权重。参考值需至少与一个节点有连接，以保证最终所有信息状态收敛到参考值 x_{ref}。当通信网络中存在生成树时，对于基本连续时间一致性算法，所有状态信息量 x_i 能够收敛到一致值，采用式（5-16）则所有状态信息量 x_i 能够收敛到一致参考值 x_{ref}。

（二）两级－四层分布式控制方法

互联微电网系统两级－四层分布式控制架构框图如图5-20所示，下面分别阐述各级控制器设计。

1. 微电网级：一次下垂控制器

图5-20的一次控制部分给出了下垂控制的基本原理，假设DG的直流侧为

恒定的直流电压源，其通过电压源型逆变器（voltage source converter，VSC）、低通（low-pass filter，LC）滤波器、耦合电感以及低压馈线连接PCC母线。下垂控制主要包括：①功率控制器；②电压控制器；③电流控制器。其中，功率计算环节如图5-21所示。

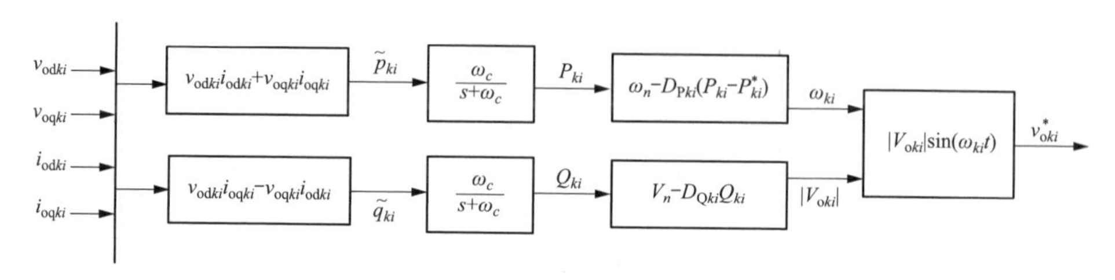

图5-21　功率计算环节及下垂控制器详图

如图5-21所示，DG的输出瞬时有功功率$\tilde{p}_{ki}$和无功功率$\tilde{q}_{ki}$根据瞬时功率的定义由DG的输出电压$\boldsymbol{v}_{oki}$和输出电流$\boldsymbol{i}_{oki}$计算得到，即

$$\tilde{p}_{ki}=v_{odki}i_{odki}+v_{oqki}i_{oqki} \tag{5-17}$$

$$\tilde{q}_{ki}=v_{odki}i_{odki}-v_{oqki}i_{oqki} \tag{5-18}$$

其中，$\boldsymbol{v}_{odki}$，$\boldsymbol{v}_{oqki}$，$\boldsymbol{i}_{odki}$，$\boldsymbol{i}_{oqki}$分别是$\boldsymbol{v}_{oki}$和$\boldsymbol{i}_{oki}$在d、q坐标下的分量。通过图5-21所示的一阶低通滤波环节后可得到DG的平均输出功率P_{ki}和Q_{ki}，即

$$\begin{cases} P_{ki}=\dfrac{\omega_c}{s+\omega_c}\tilde{p}_{ki} \\ Q_{ki}=\dfrac{\omega_c}{s+\omega_c}\tilde{q}_{ki} \end{cases} \tag{5-19}$$

电压和电流控制器均采用比例积分（proportional-integral，PI）控制实现对参考信号的快速无差追踪。

2. 微电网级：分布式二次控制器

微电网级二次控制器的功能是追踪来自三次控制器的微电网频率参考值ω_{MGk}^*和PCC电压参考值V_{PCCk}^*，同时确保DG间能够按照DG容量比例分配功率，二次控制器的设计包括三个子控制器，分别为分布式二次有功功率-频率控制器，分布式二次电压控制器，分布式二次无功功率控制器。

（1）分布式二次频率-有功功率控制器。

分布式二次频率-有功功率控制器表达式为

$$\omega_{ki} = \omega_{\mathrm{n}} - D_{\mathrm{P}ki}(P_{ki} - P_{ki}^{*}) + \gamma_{ki} \tag{5-20}$$

其中，控制变量γ_{ki}包含频率控制部分$e_{\omega ki}$和有功功率控制部分$e_{\mathrm{p}ki}$，且满足如下关系

$$\gamma_{ki} = e_{\omega ki} + e_{\mathrm{p}ki} \tag{5-21}$$

变量$e_{\omega ki}$和$e_{\mathrm{p}ki}$的更新规则分别根据基本的一致性算法和带有参考值的一致性算法即式（5-16）。

（2）分布式二次PCC电压控制器。

分布式二次电压控制器则是为了实现系统中各微电网的PCC电压幅值控制，通过对DG电压参考值$V_{\mathrm{f}ki}$的调整，最终实现将PCC点电压幅值$V_{\mathrm{PCC}k}$控制到三次控制器给出的参考值$V_{\mathrm{PCC}k}^{*}$。结合三次控制器的功能，即通过对PCC点电压相量$V_{\mathrm{PCC}}\angle\theta_{\mathrm{PCC}}$的控制实现微电网PCC点功率的控制。具体来说，分布式二次PCC电压控制器实现了电压幅值的控制，分布式二次频率控制器则通过频率间接实现了电压相角的控制，从而最终实现了PCC功率控制目标。

（3）分布式二次无功功率控制器。

造成DG间无功功率不能按容量比例精确分配的原因在于DG的端电压控制与无功功率分配控制为两个不可同时实现的控制目标。基于分布式二次PCC电压控制器，在控制过程中引入无功分配调节变量λ_{ki}，则能够改变DG的端电压参考值，从而实现无功功率的分配。应用分布式二次无功功率控制器，各DG的端电压最终会收敛到不同的值，通过分布式二次电压控制可以实现PCC的电压控制，同时DG间的无功功率也可以按容量比例分配。

3. 互联微电网级：三次接口控制器

三次控制器基于下垂控制原理设计，通过对PCC点电压相量的幅值和相角进行调整，控制PCC点功率，从而实现功率无通信在各微电网间按下垂特性分配的目的。其控制表达式为

$$\omega_{\mathrm{MG}k}^{*} = \omega_{\mathrm{n}} - D_{\mathrm{P}k}\left(P_{\mathrm{PCC}k} - P_{\mathrm{PCC}k}^{*}\right) \tag{5-22}$$

$$V_{\mathrm{fPCC}k} = V_{\mathrm{n}} - D_{\mathrm{Q}k}Q_{\mathrm{PCC}k} \tag{5-23}$$

式中：$D_{\mathrm{P}k}$和$D_{\mathrm{Q}k}$分别为子微网的有功功率和无功功率下垂系数；ω_{n}是系统的参考角频率；$\omega_{\mathrm{MG}k}^{*}$是$\mathrm{MG}_{\mathrm{k}}$的PCC点角频率参考值；$P_{\mathrm{PCC}k}^{*}$是$\mathrm{MG}_{\mathrm{k}}$的额定有功功

率；V_n是系统额定电压；V_{fPCCk}是由三次控制器得到的PCC。

由于下垂控制有差调节、无功无法精确分配等固有缺陷，三次控制器输出值ω_{MGk}^*和V_{fPCCk}如果直接传输给二次控制器作为参考值，将会无法实现频率、关键母线电压以及微电网间的无功精确分配等控制目标，需要通过四次控制器进行调整。

4. 互联孤岛级：分布式四次控制器

分布式四次控制器是所提出的两级四层控制架构的顶层控制，其功能是负责恢复整个系统的频率电压到额定值，并且保证微电网之间的功率按照预设比例精确分配，如前所述。由于在互联孤岛控制级中，每个MG被视为一个整体，且通过三次控制整合为一个DG单元，因此分布式四次控制方法可以借鉴分布式二次控制方法，其同样包括分布式四次有功功率－频率控制器，分布式四次关键母线电压控制器，分布式四次无功功率控制器三个子控制器。

（1）分布式四次有功－频率控制器。

在三次控制表达式的基础上叠加四次有功频率调节变量γ_k后可以得到

$$\omega_{MGk}^* = \omega_n - D_{Pk}(P_{PCCk} - P_{PCCk}^*) + \gamma_k \tag{5-24}$$

其中，控制变量γ_k包含频率控制部分$e_{\omega k}$和有功功率控制部分e_{pk}，且满足如下关系

$$\gamma_k = e_{\omega k} + e_{pk} \tag{5-25}$$

变量$e_{\omega k}$和e_{pk}的更新规则分别根据基本的一致性算法和带有参考值的一致性算法。当分布式二次/四次有功频率控制器收敛到稳定值时，系统内任意DG_{ki}的端口角频率$\omega_{ki} = \omega_{MGk}^* = \omega_{sys}^*$，则全系统的频率也同时收敛到了$\omega_{sys}^*$，从而实现了控制目标。

（2）分布式四次关键母线电压控制器。

分布式二次电压控制器是为了通过对各子微网的PCC电压幅值控制，实现关键母线电压的控制，公式为

$$V_{fPCCk} = V_n - D_{Qk}Q_{PCCk} + \varepsilon_k \tag{5-26}$$

在三次控制式（5-23）的基础上添加四次电压控制变量ε_k得到式（5-26）。当ε_k收敛到稳态值时，即可以实现控制目标。

（3）分布式四次无功功率控制器。

由于三次控制的下垂原理同样会引发无功功率分配的问题。因此，λ_k的引入则能够改变PCC电压参考值从而实现微网间无功功率的分配，即

$$V_{\mathrm{PCC}k}^{*}=V_{\mathrm{n}}-D_{\mathrm{Q}k}Q_{\mathrm{PCC}k}+\varepsilon_k+\lambda_k \tag{5-27}$$

式（5-27）是在式（5-26）的基础上添加四次无功功率调节变量λ_k实现的，λ_k的选取方法则是由基本的一致性算法决定，即

$$\dot{\lambda}_k=-c_{\mathrm{q}k}\sum_{l\in\mathcal{L}_k}a_{kl}(Q_{\mathrm{PCC}k}/Q_{\mathrm{max}k}-Q_{\mathrm{PCC}k}/Q_{\mathrm{max}k}) \tag{5-28}$$

其中，$c_{\mathrm{q}ki}$是正的增益。当λ_k收敛到稳定值时，控制目标即可实现。至此，互联微电网系统的两级－四层分布式控制方法介绍完毕。

（三）控制方法实施步骤

控制方法的具体实施步骤如下：

步骤1（分布式四次控制）：系统额定角频率$\omega_{\mathrm{sys}}^{*}$和关键母线电压参考值$V_{\mathrm{c}}^{*}$传输给上级通信网络$\tilde{G}$中$\mathrm{MG}_1$的代理agent。通过分布式四次控制器，得到三次控制的调节变量γ_k，ε_k和λ_k，并传输给三次控制器。

步骤2（三次控制）：三次控制器用来调节微电网PCC点功率，是基于下垂控制的。因此，调节变量γ_k用来调整三次有功－频率下垂曲线来实现控制目标。类似的，ε_k和λ_k则用以调整三次无功－电压下垂曲线来实现控制目标。三次控制器输出变量$\omega_{\mathrm{MG}k}^{*}$和$V_{\mathrm{PCC}k}^{*}$传输给二次控制器。

步骤3（分布式二次控制）：$\mathrm{MG_k}$的频率及PCC点电压参考值$\omega_{\mathrm{MG}k}^{*}$和$V_{\mathrm{PCC}k}^{*}$传输给下级通信网络$G_k$中的$\mathrm{DG}_{k1}$的代理agent。通过分布式二次控制表达式，得到一次控制的调节变量γ_{ki}，ε_{ki}和λ_{ki}，并传输给一次控制器。

步骤4（一次控制）：由于一次控制为下垂控制，γ_{ki}通过平移下垂曲线调节DG_{ki}的角频率到$\omega_{\mathrm{MG}k}^{*}$并实现控制目标。$\varepsilon_{ki}$和$\lambda_{ki}$则平移下垂曲线来，其中$\varepsilon_{ki}$用来调节$\mathrm{DG}_{ki}$的输出电压到参考值$V_{\mathrm{f}k}^{*}$，$\lambda_{ki}$则用以实现控制目标。

三、算例分析

（一）算例系统

图5-22为本章所研究的9机28节点互联微电网算例系统拓扑图，该互联微

电网系统由3个额定电压为0.38kV的低压（low voltage，LV）微电网构成，各微电网通过10kV/0.38kV Δ/Y_g变压器接入额定电压为10kV的中压（medium voltage，MV）系统，该系统的额定频率为50Hz。每个微电网各含有3台DG，各台DG通过耦合电感L_c接入本地母线。互联微电网系统可由断路器（circuit breaker，CB）和一台110kV/10kV的变压器与主网相连，目前CB处于断开状态，互联微电网系统处于自主运行模式。每台DG单元的结构如图5-22所示，其逆变器的调制模式为正弦脉宽调制（sinusoidal pulse-width modulation，SPWM）方法，调制频率为10kHz，馈线为阻抗支路，负荷采用恒阻抗模型。系统的电气参数以及控制器参数详见文章［54］。

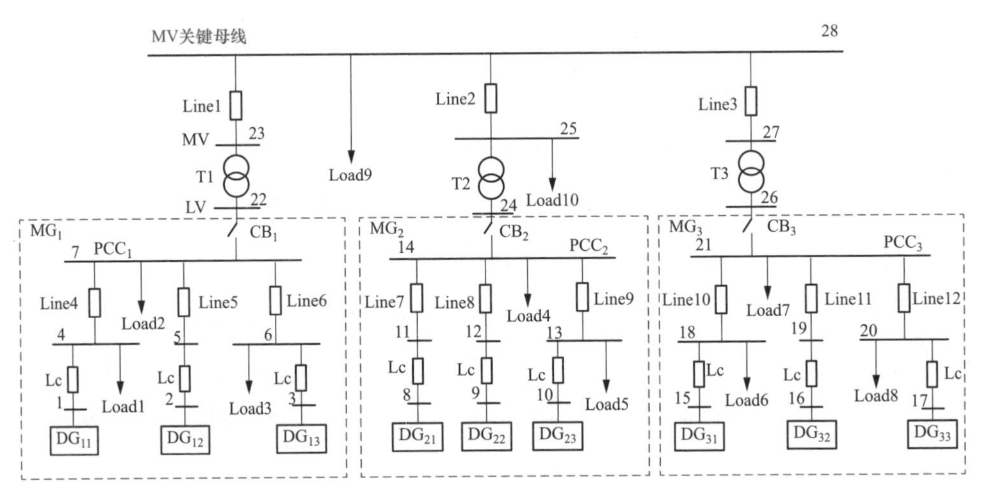

图5-22　三微网互联系统算例拓扑图

系统的下层通信网络G_k和上层通信网络$\tilde{G}$的拓扑设置如图5-23所示。在任意微电网MG_k的下层通信网络G_k中，仅有节点DG_{k1}接受来自上层MG_k的参考值（$\omega^*_{MGk}/V^*_{PCCk}$），因此$g_{k1}$=1。而在上层通信网络$\tilde{G}$中，仅有$MG_1$单元接受参考值($\omega^*_{sys}/V^*_c$)，因此$g_1$=1。系统频率和关键母线电压的参考值分别为$\omega^*_{sys}=2\pi\times50\text{rad}/\text{s}$，$V^*_c$=1（标幺值）。

（二）时域仿真分析

在PSCAD/EMTDC仿真平台中搭建所述算例系统，对所提出的两级-四层分布式控制方法进行时域仿真校验，具体包含：测试1校验在正常运行工况下稳态控制目标的实现情况，测试2校验系统在通信线路故障时的表现，测试3校验

DG和MG即插即用的功能。

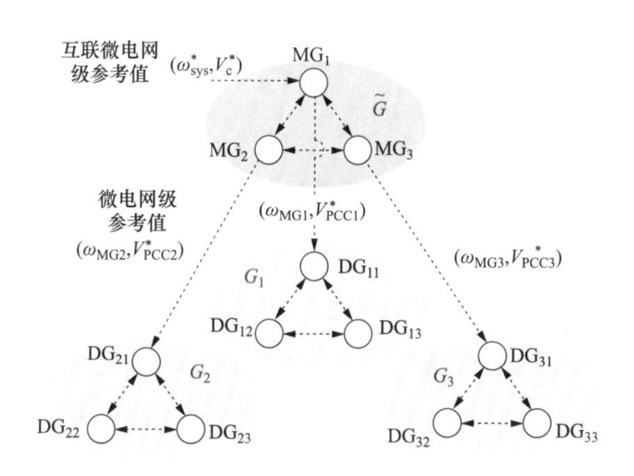

图5-23　算例系统互联通信网络拓扑图

1. 测试1：稳态控制目标实现校验

一次控制器（PC）从仿真开始即投入运行，分布式二次控制器（DSC）和三次控制器（TC）则在1.5s投入运行，分布式四次控制器则在3s投入运行。

其中，图5-24（a）表明由于三次控制器TC的投入，其下垂控制特性将会给系统带来0.25Hz的频率偏差，而在t=3s时中分布式四次控制器DSC投入后，系统频率恢复到额定值50Hz，从而实现了控制目标；图5-24（b）表明分布式四次控制器DQC在t=3s时的投入可以恢复关键母线电压到设定值，实现了控制目标。并且，在整个仿真过程中，各微电网内部的DG，以及各微电网PCC点的有

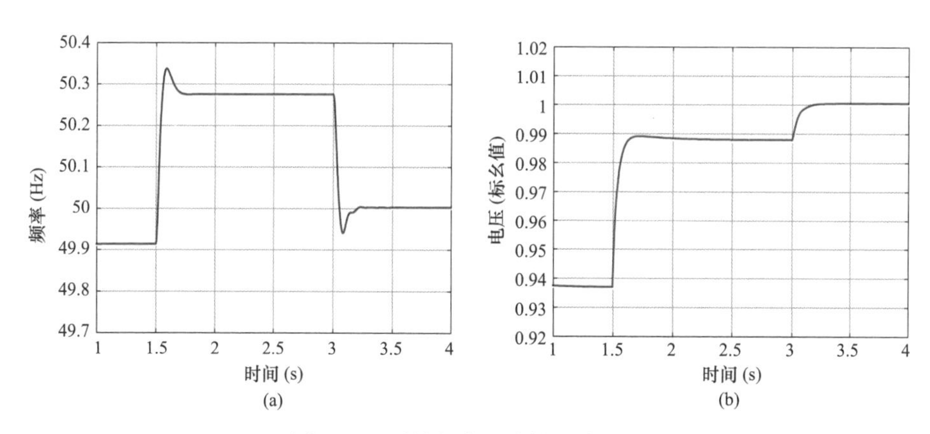

图5-24　系统频率及关键母线电压

（a）系统频率；（b）关键点电压

功功率均可以按容量精确分配。

因此，所描述的互联微电网系统四项关键控制目标在所提方法下可以被同时实现，具有良好的稳态效果。

2. 测试2：通信线路故障

本测试分析了当算例系统的通信网络（如图5-19所示）出现故障时，系统的稳态和动态性能。在$t=0.8\mathrm{s}$时所有控制器启动，并迅速进入稳态，阶段1和2分别分析微电网内部下层通信网络G_3中，以及微电网间的上层通信网络$\tilde{G}$中的通信线路失效工况下的系统性能[55]。

（1）阶段1（1.5～3s）：上层通信网络$\tilde{G}$中，MG_2和MG_3之间的通信链接故障，在t=2.5s，微电网外部中压负荷Load 9的25%退出运行。

（2）阶段2（3～4s）：在该阶段，设置了一种更严重的通信失效故障，即在上层网络$\tilde{G}$在t=2s出现故障后，t=3s时，下层通信网络G_3中DG_2和DG_3之间的通信链接故障，t=3.5s时，MG_3内部低压负荷Load 6的80%投入运行。

从图5-25可以看出：①稳态性能方面：在通信连接失效后，互联微电网系统的控制目标仍然能够实现。这是由于通信线路故障后，剩余通信网络仍包含生成树，因此三种情况下系统的稳态控制性能没有受到影响；②动态性能方面：在通信链路故障后，遭遇负荷突变时，系统能够在0.5s内迅速恢复到稳态，且超调量较小。

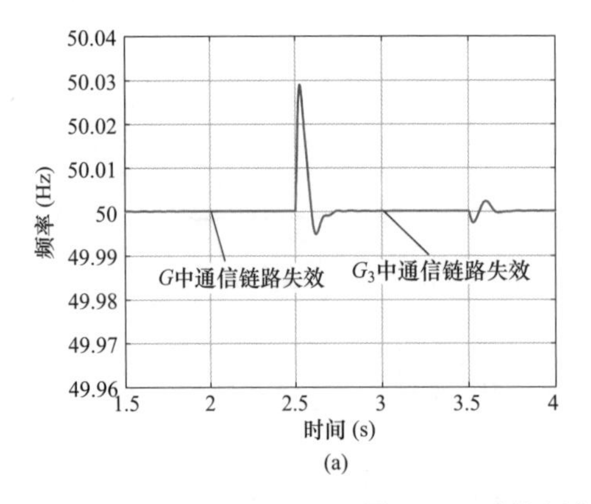

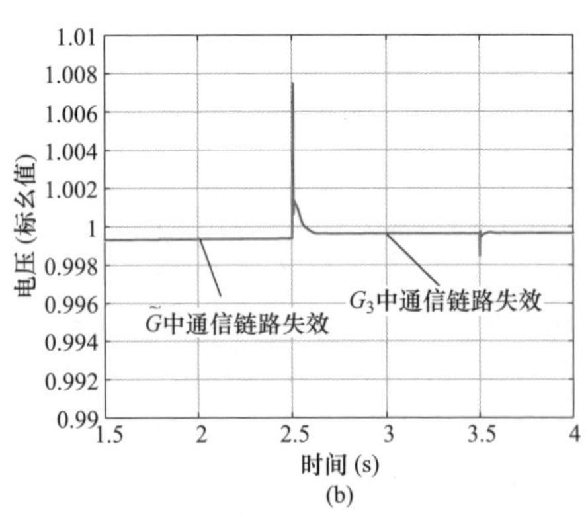

图5-25　系统频率及关键母线电压

（a）系统频率；（b）关键点电压

3. 测试3：即插即用功能

本测试用于校验互联微电网系统中DG单元和MG单元的即插即用性能。需要说明的是：①在测试中当MG或者DG退出时，与其他节点连接的通信链路也失效；②MG或者DG重新投入后，失效的通信链路也同时恢复；③MG_3在退出互联微电网系统时，自动转入孤岛运行状态，一次和二次控制器保证MG_3的孤岛稳定运行；④在MG_3重新投入前，需要将其与系统重新进行同步，保证并入点（即PCC点）的电压幅值和相角在系统允许范围内，以确保并网冲击最小；⑤DG_{33}在重新投入前同样需要完成同步过程。

在t=0.8s时所有控制器启动，系统迅速进入稳态。然后阶段1和2分别用来测试MG和DG的即插即用性能：

（1）阶段1（1.5～4.5s）：在t=2s时，MG_3整体退出系统，t=4s时MG_3重新并入系统运行。

（2）阶段2（4.5～7s）：在t=5s时，DG_{33}退出运行，t=6s时DG_{33}重新投入运行。

稳态性能评估：图5-26的结果表明，在MG3退出互联微电网系统运行后，MG_1和MG_2的PCC点功率仍能够实现按预设比例分配，同时系统频率和关键母线电压仍然控制在额定值，而当MG_3重新投运时，能够迅速实现与其他MG之间的功率分配，并支撑系统频率电压控制。图5-27结果表明，在DG_{33}退出运行后，DG_{31}和DG_{32}的功率仍能够按预设比例分配，同样的当DG_{33}重新投入时，也能迅速实现与DG_{31}和DG_{32}之间功率分配目标。

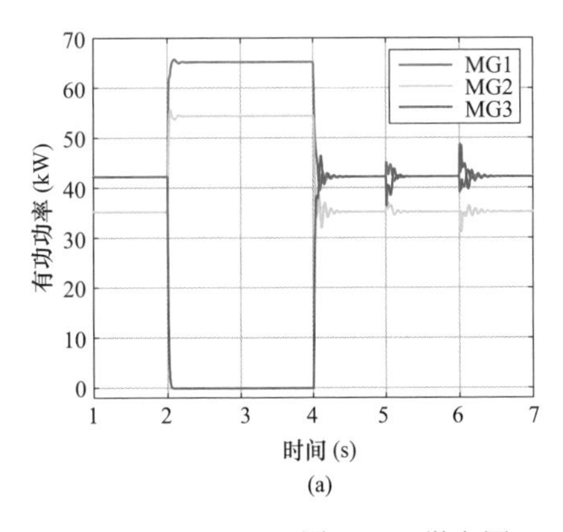

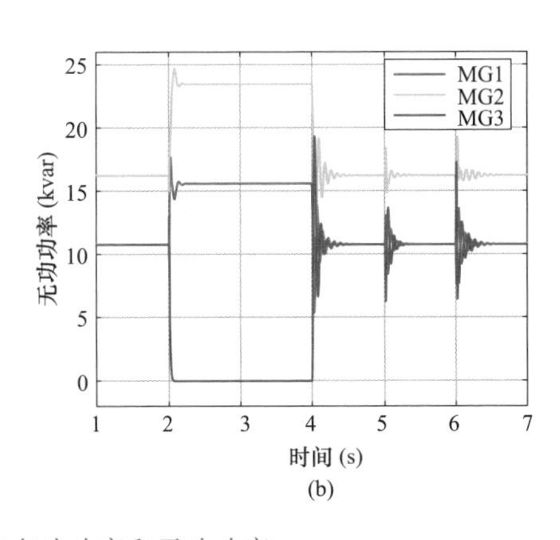

图5-26　微电网PCC点有功功率和无功功率

（a）微电网PCC点输出有功功率；（b）微电网PCC点输出无功功率

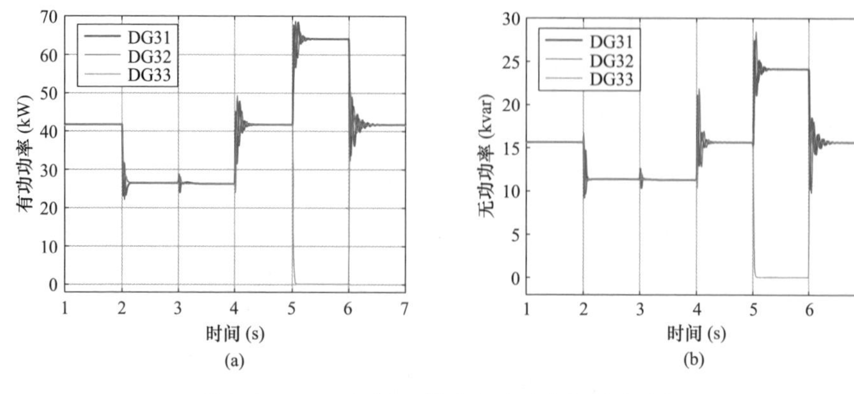

图5-27 MG_3内部DG输出有功功率和无功功率
（a）DG 的输出有功功率；（b）DG 的输出无功功率

第四节 针对信息攻击的电网韧性防御关键技术

电网在遭受网络信息攻击后，不法分子能够对电网进行网络攻击、虚假信息注入等恶意操作，由此看出，信息层面的安全威胁仍然存在，因此需要对其严重程度进行评估，并设计防御策略抵御攻击。为此，本节第一部分构建了考虑多时间尺度的信息物理电力系统信息攻防模型，揭示电力信息物理系统（cyber power physical systems，CPPS）面临的一种新型安全威胁，即攻击者利用多种攻击方法入侵系统并使设备故障，诱发连锁故障等严重后果；第二部分根据故障演化的马尔可夫性，提出了序列式信息攻击的表示方法，并建立相应的信息防御策略。最后，以实际电网为原型进行算例分析，揭示所提信息攻击机理及危害性，并初步探讨了应对信息攻击的防御策略，以提升电网信息系统防御力和电网韧性。

一、考虑多时间尺度的信息物理电力系统信息攻防模型

（一）信息与物理网络的交互关系

在CPPS中，信息网络和物理网络之间存在丰富而紧密的交互关系。其中信息网络从物理网络中采集大量数据，经过复杂的处理流程后再对物理网络实施准确地控制，以支撑CPPS清洁低碳、安全高效运行。然而，并非所有的网络交互都与系统安全密切相关，因此需要从信息和物理网络的交互机理中选取对系统安全有重要影响的部分，并以此构建信息物理交互框架。

1. 信息物理交互机理

信息网络和物理网络均联结电力系统中的变电站和发电厂等厂站，因此这两层网络的节点基本相同。该特点也是它们交互的基础。现代变电站和发电厂都大量使用自动控制设备，智能化程度较高。在智能变电站内部，一次设备接入物理网络，二次设备接入信息网络，同时二次设备对一次设备提供测控、保护等功能，其层次结构如表5-6所示。

表5-6　智能变电站内部层次[56]

接入网络	层次	主要设备
信息网络	站控层	监控系统、远动装置、录波子站、攻击检测系统
	间隔层	保护装置、测控装置
	过程层	合并单元、智能终端
物理网络	一次设备	互感器、断路器等

一般将二次设备再分为站控层、间隔层和过程层。其中站控层为厂站级的监控，主要为人机界面，抽象程度较高。间隔层汇总实时数据信息，承上启下，实施对一次设备的控制功能。过程层是一次设备与二次设备的结合面，该层设备直接接触一次设备。发电厂内部层次结构与变电站类似，不再赘述。因此，在厂站层面，两者交互关系非常密切。

信息和物理网络均为结构复杂的网络，且拓扑结构和基本性质不同。由文献［57］的2003年意大利电力系统的结构示意图，可以看出信息网络和物理网络节点总体上存在对应关系，而网络中的边则不同。拓扑结构的不同是由网络基本性质决定的。物理网络中，能量流主要受潮流方程等物理规律约束，不能随意流动。而在信息网络中，信息流的方向和传输量则可以由路由节点指定或广播，传输自由度较高。

在网络层面，两者相对独立，各自负责各自的传输流。而在系统（全局）层面，信息流和能量流都要接受CPPS调度中心的控制，以实现整个系统安全、经济运行。因此信息和物理网络再次交互，调度中心处理汇集的信息，发出控制指令，调整信息和物理网络在各个环节的运行，如表5-7所示。

表 5-7　　CPPS 对各运行环节的控制

运行环节	控制设备	控制目标
发电	发电机及其保护装置、测量仪器	自动发电控制、自动电压控制、经济调度
输电	输电线及其保护装置、测量仪器	无功补偿、故障检测
变电	变压器及其保护装置、测量仪器	变电站自动化
配电	断路器（馈线开关）及其保护装置、测量仪器	馈线自动化
用电	用电器及其保护装置、测量仪器	电力市场、需求侧响应

本小节介绍了CPPS两层网络在厂站、网络和系统层面的交互机理，其耦合对CPPS安全运行既提供了关键支撑功能，又引入了潜在的风险点。下一小节将建立信息物理交互框架。

2. 信息物理交互框架

由表5-7可知，CPPS在发、输、变电环节的控制对系统的安全影响较大。因此本小节基于这三个环节，建立多层级、多环节的信息物理交互框架，如图5-28所示。

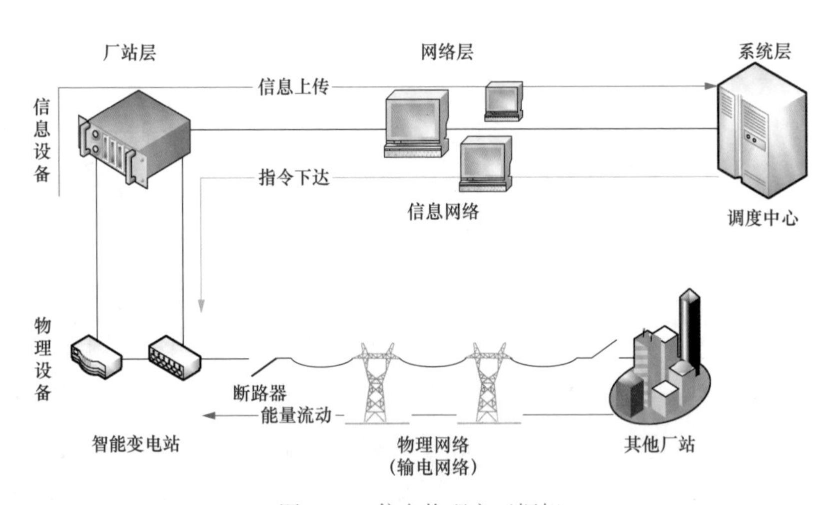

图5-28　信息物理交互框架

图5-28中黑线表示设备之间的连接，蓝线表示信息流，红线表示能量流。框架左侧为智能变电站的内部结构，信息设备上传物理设备的运行状态等数据，并将控制指令下达给物理设备。框架中间为传输信息和能量的信息网络和物理网络。框架右侧为调度中心，处理全网信息，如果发现异常情况，则下达相应

控制指令，经由系统中的信息流控制能量流，以消除异常。

由上述框架，若信息系统受到攻击且发生故障，则物理网络的安全必然受到威胁。考虑到信息网络是由多个信息节点（即厂站中的信息设备）组成的，因此攻击者可以攻击的对象分为厂站中的信息设备和调度中心。若攻击信息设备，则对内可以破坏物理设备，对外可以发送假数据，干扰或阻塞信息流的传输，对系统安全造成威胁。若直接攻击调度中心，则会使调度中心控制的范围全部陷入瘫痪，可造成更大的危害。但考虑到调度部门处于核心地位，有最高的安全保护级别，一般情况下攻击者难以入侵，因此本节只研究针对厂站的信息攻击。

另一方面，信息设备也需要物理设备提供电能以正常运行，且须保持较高的运行可靠性，因此厂站内信息设备应自备电源，且备用电源可以维持供电的时间需长于CPPS从发生故障到恢复正常的时间（通常为数小时）。因此短时间内信息网络运行所需能量不依赖物理网络。

（二）多时间尺度信息攻防全流程

本节提出多时间尺度信息攻防全流程。首先，整理CPPS中主要攻击方法及相应原理。然后，分析信息攻防及物理网络动态所持续的时间尺度，并给出信息攻击的总体流程。

1. 信息攻击主要方法及原理

为成功实施信息攻击并诱发连锁故障，攻击者需要协同利用多种攻击方法达成目标并阻止防御者辨识和阻断攻击。文献［58］指出为维护系统安全，CPPS应当具有保密性（confidentiality）、完整性（integrity）和可用性（availability）的重要性质。保密性指信息仅可被有相应权限的用户获取；完整性指的是信息保持完整，不被未授权用户篡改；可用性指的是有权限的用户可在任何权限内的时刻获取任何权限内的信息而不被异常所干扰。因此，攻击者如果能利用攻击削弱这三种性质，则可对CPPS造成危害，典型方法如表5-8所示。

表5-8　CPPS典型信息攻击

攻击性质	攻击目标	典型方法
保密性攻击	获取信息	密码破解、窃听等
完整性攻击	篡改信息	假数据注入攻击（false data injections attacks，FDIA）、拓扑攻击等
可用性攻击	阻塞信息	分布式拒绝服务攻击（distributed denial of service，DDoS）等

为反映信息攻击的特点和目的，本节将保密性攻击称为入侵攻击，并且直接使用拓扑攻击、FIDA、DDoS攻击作为相应攻击方法的名称。

2. 信息物理动态的时间尺度

由上一小节可知，攻击者可能利用多种攻击方法发起攻击。这些攻击方法原理相差较大，因而持续的时间尺度也不尽相同。例如为增加入侵成功概率，攻击者应当花较长的时间检测并学习软件的安全漏洞；而为了保证攻击成功概率，攻击者则应当在防御者采取防御措施、封堵漏洞之前尽快完成全部攻击。防御者的不同防御措施，以及物理网络状态改变时的动态过程也有不同的时间尺度。

（1）短时间尺度动态。

信息动态中，拓扑攻击和FDIA均为短时间尺度，数秒至数分钟即可完成。物理网络中的短时间尺度动态包括保护装置动作和紧急控制（emergency control，EC），它们均为事先整定好的被动保护策略。其中保护装置动作将在元件过载之后的短时间内被激活并执行，否则元件长时间过载将损坏。类似地，EC（包括紧急切负荷和紧急解列）也将在系统稳定性受到威胁之后快速执行。

（2）中时间尺度动态。

该类动态包括入侵攻击、DDoS攻击和物理网络中的再调度操作，需要数刻至数小时完成。前文所述的入侵者增加入侵概率的行为，使得入侵攻击通常需要数小时甚至更长的准备时间。信息攻击实施后，物理网络连锁故障的发展演化也需要一定时间。为干扰防御者的防御策略，DDoS攻击也需要持续同样长的时间。调度中心实施再调度操作时，需要调整发电机的出力，考虑火电、水电等大型同步发电机的爬坡约束，再调度操作也需要数十分钟完成。

（3）长时间尺度动态。

CPPS中的信息系统与其他领域的信息系统一样，都需要定期进行安全补丁升级，以修复一段时间累积的安全漏洞。此外，在物理网络中，一段时间运行后，会根据负荷的变化情况重新进行变电站母线分裂和机组组合，使系统的拓扑和运行方式发生变化。上述两种动态的发生频率均为数天至数周。由于信息和物理系统将发生变化，攻击者必须在一个长时间尺度之内完成所有攻击，否则需要重新检测并学习安全漏洞。

3. 信息攻击流程

由前述信息攻击方法和系统动态的时间尺度划分，可构建出典型信息攻击流程（见图5-29）。

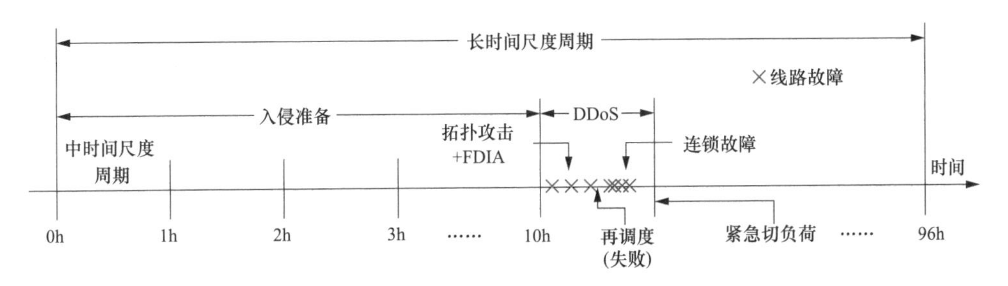

图5-29　典型信息攻击流程

该示例中，攻击者花了10h（10个中时间尺度周期）发现并学习信息软件中的一个漏洞。然后攻击者利用该漏洞入侵信息系统，成功实施3次拓扑攻击，使3条线路跳闸。拓扑攻击期间，攻击者同时实施FDIA以掩盖攻击，攻击后，又利用已被入侵的变电站实施DDoS攻击，阻碍调度中心实施再调度。因此3条线路跳闸后，由于系统未及时响应，出现了更多故障，即连锁故障，最终触发紧急切负荷，导致该系统发生大停电事故。

（三）信息攻击成功概率分析

由于信息攻击流程分为多个步骤，本节分别进行入侵攻击、拓扑攻击和DDoS攻击的成功概率分析，并根据所构建的数学模型提出一些定性的防御策略。

1. 入侵攻击成功概率分析。

（1）入侵模型与概率。

如上节所述，攻击者和防御者发现零日漏洞后都会立刻开始学习，学习时间越长，掌握程度越高，进而入侵成功概率越高；同时，防御者掌握程度越高，则入侵成功概率越低。基于文献［59］，记在某时刻攻击者的学习时长为t_A，防御者的学习时长为t_D，则此时刻攻击者入侵成功的概率为

$$\begin{aligned} p_1(t_A,t_D) &= K_A(t_A)[1-K_D(t_D)] \\ &= [1-\exp(-\tau_A t_A)]\exp(-\tau_D t_D) \end{aligned} \tag{5-29}$$

式中：K_A和K_D分别为攻击者和防御者对该漏洞的掌握程度，取值范围为

[0,1)；τ_A和τ_D分别表示攻击者和防御者的学习能力，在时长t相同的条件下，τ越高，则K越高。

由于零日漏洞出现的概率较低，本节认为在一个长时间尺度周期内有且仅有一个零日漏洞。攻防双方独立且随机地在某一时刻检测到该漏洞。以长时间尺度周期开始时刻为时间轴起点，t为当前时刻，并记攻防双方检测到该漏洞的时刻分别为t_{A0}和t_{D0}，则对于一次特定的入侵，t_{A0}和t_{D0}均为定值，因此学习时长t_A和t_D均为t的函数，如下式所示

$$\begin{cases} t_A(t) = \max\left(0, t - t_{A0}\right) \\ t_D(t) = \max\left(0, t - t_{D0}\right) \end{cases} \tag{5-30}$$

若某一方发现漏洞的时刻晚于当前时刻，则显然该方的学习时长为零，因此上式均为分段函数的形式。入侵成功概率p_1也是t的函数。

对于防御者，其显然应该尽快发现漏洞并尽快提升自身对该漏洞的掌握程度。对于特定的CPPS和特定的长时间尺度周期，τ_D和t_{D0}均为定值，因此防御者应当尽力而为，并没有显式的决策步骤。而攻击者则需要决定入侵时机，且攻击者应当使p_1最大，因此攻击者面临一个决策优化问题，下一部分将展开讨论。

（2）攻击者的概率最大化策略。

记一个长时间尺度周期的持续时间为T，则t的取值范围为[0,T]。因此，若攻击者知道t_{A0}和t_{D0}，则在[0,T]区间上最大化$p_1(t)$为一个平凡的最优化问题。然而攻击者实际掌握的信息并不完全，它不知道t_{D0}，甚至有可能不知道t_{A0}和t的准确值，只知道t_A，即t与t_{A0}之差。这意味着攻击者不能确定自己最多拥有多长的学习时间。因此攻击者应当选择对自身最为合适的入侵时机，即确定t_A的取值。若t_A过小，则对漏洞的掌握程度K_A过低，p_1不高；反之，若t_A过大，导致入侵时刻超出了长时间尺度范围，即$t>T$，则漏洞被清除，p_1为零。不过T的取值可以通过长期的潜伏观察得到，因而将其视为已知量。因此攻击者应当在t_{A0}和t_{D0}均为随机变量的条件下，通过决策t_A最大化的p_1均值。

攻防双方未必一定能在长时间尺度周期内检测到相应的零日漏洞。对于这种边界情形，可将t_{A0}或t_{D0}的值定为T。故而t_{A0}和t_{D0}的取值范围均为[0,T]。对于给定的策略（t_A为定值），p_1是t_{A0}和t_{D0}的函数。记t_{A0}和t_{D0}的概率密度函数分别为$\rho_A(t_{A0})$和$\rho_D(t_{D0})$，则p_1在t_A给定条件下的均值$\overline{p}_1(t_A)$为

$$\begin{aligned}\overline{p}_1(t_{\mathrm{A}})&=\iint_{[0,T]\times[0,T]}p_1(t_{A0},t_{D0})\rho_A(t_{A0})\rho_D(t_{D0})\mathrm{d}t_{A0}\mathrm{d}t_{D0}\\&=\int_0^T\int_0^T p_1(t_{A0},t_{D0})\rho_A(t_{A0})\mathrm{d}t_{A0}\rho_D(t_{D0})\mathrm{d}t_{D0}\end{aligned}\tag{5-31}$$

其中，考虑到t_{A0}和t_{D0}相互独立，故已将在正方形区域［0,T］×［0,T］上的二重积分化简为累次积分。由此，得到了攻击者目标函数$\overline{p}_1(t_A)$的计算方法，其中决策变量t_A的取值范围为［0,T］。为方便求解，可将t_A离散化，对于每个中时间尺度周期分别采样计算，然后取最大值，即可得到入侵成功平均概率最高取值，记为p_{1m}。

应当指出，入侵成功概率与关注的中长期时间跨度有关。攻击者若在一个长时间尺度周期内入侵不成功，则它可以继续潜伏，在下一个长时间尺度周期依然可以试图入侵。因此，尽管一个长时间尺度周期的入侵成功概率可能很低，但多个长时间尺度周期的概率累积起来将不可忽视。设防御者关注的中长期时间跨度包含N个长时间尺度周期，则在这N个周期内至少发生一次入侵攻击的概率为

$$\mathrm{Pr}_1=1-\left(1-p_{1m}\right)^N\tag{5-32}$$

CPPS具有很强的纠错机制，一旦发生一次入侵事件，则会立刻采取多种常规或非常规防御措施，避免短时间内再次被入侵。因此本节认为攻击者在给定的中长期时间跨度内最多只能成功入侵一次，故而式（5-32）中的Pr_1就是攻击者在中长期时间跨度内的入侵成功概率。下文及后续章节如无特殊说明，提及入侵成功概率均指式（5-32）中的Pr_1。

2. 拓扑攻击成功概率分析

（1）攻击图模型。

入侵成功后，攻击者通常不能马上操纵断路器。例如，被入侵的设备可能位于信息系统的站控层，而直接控制断路器的智能终端则在过程层。为达到攻击目的，攻击者仍需要完成多步攻击，利用已掌握的零日漏洞，影响信息系统中其他设备的功能实现，从而实现控制状态的连续转移。这一系列状态转移最终将使攻击者控制并修改断路器文件设置的关键参数，构造虚假指令，使断路器断开，线路跳闸，即成功完成了一次拓扑攻击。

由此可知，拓扑攻击涉及多个中间状态，且每个状态可转移至特定的其他

状态。现有研究[60、61]通常使用攻击图（attack graph）表述中间状态之间的关系。攻击图是一个有向图，其中节点表示起讫及中间状态，边表示状态的转移。记图中的一条边为e=($s_1 \rightarrow s_2$)，则边e表示表示状态可从s_1转移至s_2。对于该边，可称其为s_1的出边，同时也是s_2的入边。若节点只有出边，则称其为起始状态，表示拓扑攻击的出发点；若节点只有入边，则称其为讫止状态，表示拓扑攻击的目标点。其余节点既有出边又有入边，称为中间状态。对于特定的零日漏洞和特定的攻击目标，拓扑攻击的起点和终点均唯一。因此，攻击图中的所有中间状态均可从起始状态出发抵达，且均可抵达讫止状态。

根据攻击图可得到多条攻击路线，所有路线均不含重复状态。攻击者沿任意一条路线前进，均可完成拓扑攻击。攻击者应当评估所有路线的概率，然后选择最高的路线。

（2）攻击路线的成功概率分析。

对于一个给定的攻击路线，攻击者将不断实施攻击操作以推动自身所处状态抵达终点。但是攻击操作未必一定成功。因此攻击者所处状态的转移是一个随机的过程。本节认为，攻击者在某个状态实施攻击操作后，有以下四种可能性：

1）攻击成功（successful），状态转移至当前的下一个状态；

2）攻击不成功（unsuccessful），状态停留至当前状态；

3）攻击失误（nullified），状态回到起始状态，需重新开始攻击；

4）攻击失败（disqualified），进入失败状态sf，攻击者被驱逐，无法攻击。

由于攻击过程保持隐蔽，即不惊动防御者且不留下痕迹，因此状态转移过程应当具有马尔可夫性（markov property）和时齐性（time homogeneity），分别表明状态转移概率与历史状态序列无关、转移概率与行动次数无关。因此，状态转移概率仅与当前所处的状态有关。

图5-30展示了攻击路线的状态转移及概率。图中，s_1为起始状态，s_2、s_3为中间状态，s_e为讫止状态，s_f为失败状态。s_3至s_e的状态转移为虚线，表示实际上还有其他若干中间状态，图中省略。图中p_1-p_4分别表示攻击成功、不成功、失误、失败的概率，这些概率仅与当前状态有关，故用上标（1）（2）（3）等加以区分。

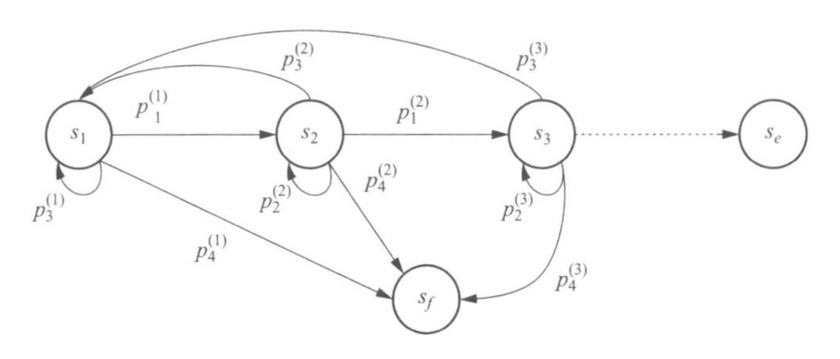

图5-30　攻击路线的状态转移示意图

对于初始状态s_1，攻击不成功和攻击失误的效果等同，本节统一用攻击失误表示。对于给定的厂站信息系统，上述概率均为常量。s_e和s_f均为吸收状态（absorbing state），即状态不会再变化，只有自身到自身的状态转移，其概率为1，其中s_e表示攻击已完成，无须行动；s_f表示无法行动。

设共有n个状态，即s_1-s_{n-2}和s_e、s_f，用一步转移概率矩阵$\boldsymbol{T}$表示状态转移过程，$\boldsymbol{T}$为n阶方阵，每行的元素之和均为1，第1行最多只有3个非零元素，第2至第$n-2$行最多只有4个非零元素，最后两行分别对应s_e和s_f下的状态转移，显然每行只有1个非零元素，即对角元。

第一次行动时攻击者必然处于起始状态s_1，故$\boldsymbol{q}^{(0)}=[1,0,...,0,0]^T$。记第$k$次行动时，攻击者处于各状态的概率向量为$\boldsymbol{q}^{(k\text{-}1)}=[q_1,q_2,...,q_e,q_f]^T$，其中上标（$k-1$）表示攻击者已经行动了$k-1$次，则第$k+1$次行动时的概率向量为

$$\boldsymbol{q}^{(k)}=\boldsymbol{T}^T\boldsymbol{q}^{(k-1)} \tag{5-33}$$

为表述方便，记$\widetilde{\boldsymbol{T}}=\boldsymbol{T}^T$，可得式（5-34），即

$$\boldsymbol{q}^{(k)}=\widetilde{\boldsymbol{T}}^k\boldsymbol{q}^{(0)} \tag{5-34}$$

若攻击者必须在M次行动内抵达s_e才算攻击成功，则成功的概率为$\boldsymbol{q}^{(M)}$的分量q_e。若M为实数，则根据式（5-34）计算即可；若M为无穷大，即无次数限制时，则$\boldsymbol{q}^{(M)}$满足

$$\widetilde{\boldsymbol{T}}\boldsymbol{q}^{(M)}=\boldsymbol{q}^{(M)} \tag{5-35}$$

首先，由状态转移矩阵$\boldsymbol{T}$可得，1是$\widetilde{\boldsymbol{T}}$的特征值，因此$\boldsymbol{q}^{(M)}$的存在性得到保证。进一步，由圆盘定理可证明，1是$\widetilde{\boldsymbol{T}}$的绝对值最大的特征值，故而可用幂法得到$\boldsymbol{q}^{(M)}$的数值解。

综上所述，根据实际场景，选择式（5-34）或式（5-35）可求得单次拓扑攻击的成功概率。一条线路对应两个厂站，若两个厂站均可入侵，则攻击者可从两个攻击图组合出的攻击路线中选择概率最高的一条；否则，攻击者只从一个攻击图组合出的攻击路线中选择，最终得到攻击线路L的拓扑攻击成功概率，记为$p(L)$。若线路L两端的厂站均不可入侵，则$p(L)=0$。

二、序列式信息攻击的表示方法及信息防御策略

本节首先探讨攻击者序列式攻击的表示方法，进而分析面向多个攻击步骤的分阶段信息防御策略，以降低信息攻击风险。

（一）序列式信息攻击的表示方法

本部分将攻击者攻击的线路按先后顺序排成故障链（fault chain，FC）[62]，以FC作为序列式信息攻击的表示方法。但首先要证明由FC推导出的系统状态是唯一且完整的。

1. 连锁故障演化的马尔可夫性

一次攻击后的潮流状态仅由攻击前的潮流状态和攻击者攻击的线路决定。换言之，只要潮流状态相同，不论攻击前经历了哪些状态变化，线路开断后潮流状态都是相同的。因此，本节认为对于给定的攻击，CPPS的连锁故障演化过程具有马尔科夫性，可用下式表示

$$\Pr\left(s_{t+1} \mid s_t, a_t, s_{t-1}, s_{t-2}, \ldots, s_1\right) = \Pr\left(s_{t+1} \mid s_t, a_t\right) \tag{5-36}$$

其中，$(s_t, s_{t-1}, s_{t-2}, \ldots, s_1)$为按时间倒序排列的系统状态演化序列，$a_t$为第$t$次行动。该式指出，CPPS在攻击之后的潮流状态仅与该次攻击前的潮流状态，以及该次攻击的线路有关。因此，可以用当前潮流状态表示系统已经遭受的信息攻击。同时可得：若两个序列式攻击导致的潮流状态相同，则它们对攻击者后续行动和系统连锁故障演化等效。

2. 潮流状态的故障链表示法

用系统潮流状态表示序列式攻击时，需要记录所有节点和线路的潮流、电压等数据。因此本部分将探讨潮流状态的简化表示。

由式（5-36），假设每次拓扑攻击都成功，可知s_{t+1}取决于s_t和a_t，将s_t代入式（5-36）中，可知s_t取决于s_{t-1}和a_{t-1}，因而s_{t+1}取决于s_{t-1}和a_{t-1}、a_t。以此递

归至初始状态s_1，可得

$$\begin{aligned}\Pr\left(s_{t+1}\mid s_t,a_t\right)&=\Pr\left(s_{t+1}\mid s_t,a_t,s_{t-1},s_{t-2},\dots,s_1\right)\\&=\Pr\left(s_{t+1}\mid a_t,a_{t-1},s_{t-1},s_{t-2},\dots,s_1\right)\\&=\cdots\\&=\Pr\left(s_{t+1}\mid a_t,a_{t-1},\dots,a_1,s_1\right)\end{aligned}\tag{5-37}$$

上式表明，在初始状态s_1给定的条件下，当前潮流状态可以用攻击者的历史行动序列表示。本节第一部分指出，攻击者的攻击行为包括4种类型，其中入侵攻击和DDoS攻击发生于拓扑攻击前，仅影响信息攻击的整体成功概率，不影响拓扑攻击本身；FDIA取决于之前的拓扑攻击；故攻击者的行动序列仅用拓扑攻击序列即可表示。综上所述，本节证明了FC可以作为序列式信息攻击的表示方法，并唯一、完整地表示攻击后系统的状态。

3. FC的意义

FC记录依次发生的线路故障，反映了CPPS中的潜在攻击和薄弱环节。同时，防御者筛查出系统中的高风险FC后，可制定高风险FC阻断策略，增加攻击代价，降低安全风险。

（二）信息防御策略

本小节根据信息攻击流程，探讨在攻击过程多个阶段可用的防御策略。

1. 入侵攻击的防御策略

根据本节第一部分计算式，可知提升防御者的学习能力τ_D，或尽早发现漏洞，使t_{D0}提前，均可以使防御者在攻击者之前发现并封堵漏洞。这要求CPPS的运维部门及时研修计算机系统安全知识，多检查、勤检查，以更快、更早地发现CPPS中的安全漏洞。

2. 拓扑攻击的防御策略

为降低拓扑攻击的成功概率，防御者应合理设计攻击图的结构：一是应增加深度，即增加中间状态的个数，使攻击者必须实施更多次攻击操作方可成功；二是应减少宽度，即减少攻击路线的数量，使攻击者取最大值的范围变小。对于已经给定的攻击图，应考虑降低最大行动次数M，同时降低攻击成功概率p_1、增加攻击失败概率p_4，这要求防御者做好权限管理和密码保护，降低被攻击者非法获取操作权限的概率。

3. 故障链的整体防御策略

首先，为防范可能的入侵攻击，应限制零日漏洞的危害范围：采取多样化的信息软件部署方案，使系统中厂站使用的信息软件来自多个提供商，增加零日漏洞的种类；直接降低零日漏洞的数量。虽然零日漏洞事先未知，不能在软件开发阶段彻底消除，但加强运维部门的能力，使实时修补漏洞的时间变短，也等效于降低漏洞数量。

其次，对于拓扑攻击，CPPS的防御者可以与攻击者展开博弈，预测攻击者可能的攻击策略并实施有针对性的实时防御资源部署，设法阻断拓扑攻击。

三、算例分析

本节构建算例，分析提出的信息攻击模型和物理网络连锁故障模型的有效性。使用的硬件为主流配置的个人电脑，软件为MATLAB，版本不低于R2016a。

（一）信息系统入侵分析

设攻防双方的学习能力分别为τ_A=0.024/h，τ_D=0.02/h，则它们对零日漏洞的掌握程度随时间变化曲线如图5-31所示。由于攻击者能力略强，掌握同样的程度，攻击者需要的学习时间较短，若要达到0.6的掌握程度，攻击者和防御者分别需学习38.2h和45.8h，相差7.6h。

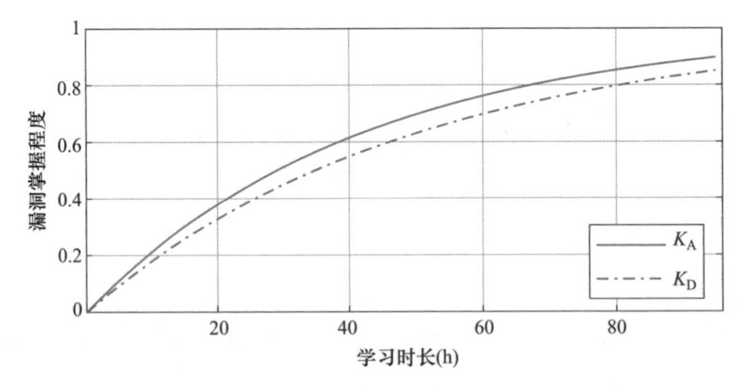

图5-31　攻防双方学习程度曲线

入侵成功概率p_1还与攻击者先于防御者发现漏洞的时间差密切相关，记$\Delta t = t_{D0} - t_{A0}$。若$\Delta t$>0，则攻击者相比防御者有更多的学习时间，对漏洞的掌握程度更高；反之，则防御者对漏洞的掌握程度更高。即使防御者学习能力略

低于攻击者，若能更早发现漏洞，也能及时学习并修补漏洞。由图5-32，攻击者应当确定适中的学习时长以最大化入侵成功概率，若攻击者领先24h，则p_{1m}=0.4569，若攻击者落后24h，则p_{1m}=0.1750，降幅达61.7%。

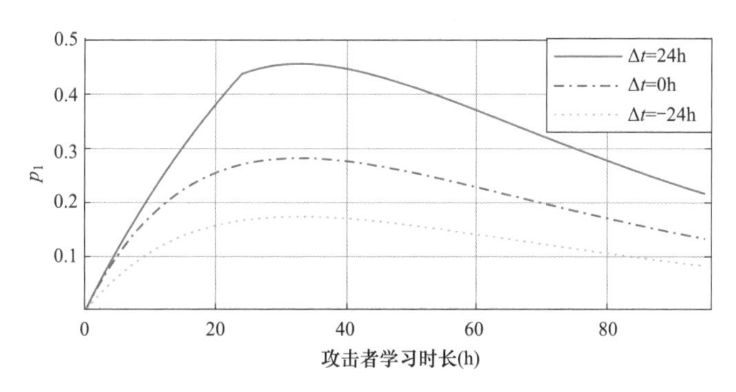

图5-32　不同时间差下入侵成功概率随时间变化曲线

攻防双方发现漏洞都是随机事件，因而攻击者应当考虑所有情况确定t_A，使p_{1m}的期望值最高。设长时间尺度周期为168h（7天），防御者关注的中长期时间跨度包含8个长时间尺度周期。

将t_{A0}和t_{D0}的取值离散化，其概率为：攻防双方不能在长时间尺度周期内发现相应零日漏洞的概率分别为0.9和0.8，此时可形式上规定t_{A0}或t_{D0}的值为168h；若攻防双方能在长时间尺度周期内发现相应零日漏洞，则t_{A0}或t_{D0}的取值范围为［0h,167h］之间的整数值，且服从均匀分布。

然后根据式（5-31）计算不同t_A下的概率均值$\bar{p}_1$，如图5-33所示，$\bar{p}_1$随t_A的增加先升高后降低，升高的主要原因是攻击者学习程度增加，而后半段降低的是由于防御者学习程度增加、学习时间过长导致入侵超时，漏洞被清除。t_A=53h时，$\bar{p}_1$取到最大值0.0453，因此，攻击者应当在发现零日漏洞53h后入侵。由式（5-32）可知，中长期时间跨度内发生一次入侵的概率为Pr_1=31.0%。

t_A=53h时，p_1在区域[0,167]×[0,167]上的分布如图5-34所示。

该图可分为三部分。上部深蓝色区域的入侵成功概率为零，对应攻击者发现漏洞的时间较晚并放弃攻击。下部分为蓝色与黄色两部分，分别对应攻击者发现漏洞时刻晚于和早于防御者，入侵成功概率分别为较低和较高。若改变t_A，则三个区域的面积都会变化。在53h附近，当t_A增加时，上部深蓝色区域面积

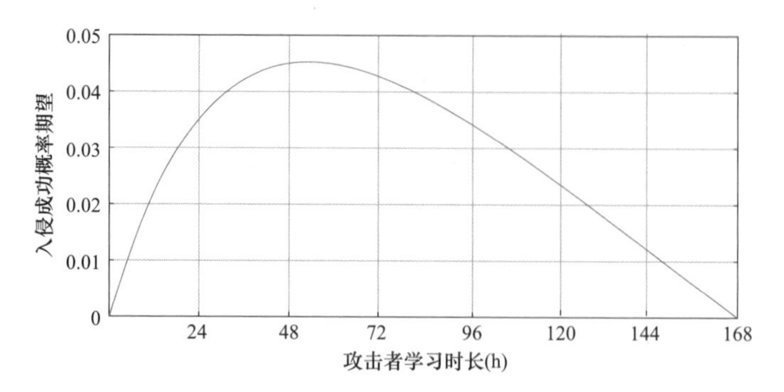

图5-33 入侵成功概率期望随时间变化曲线

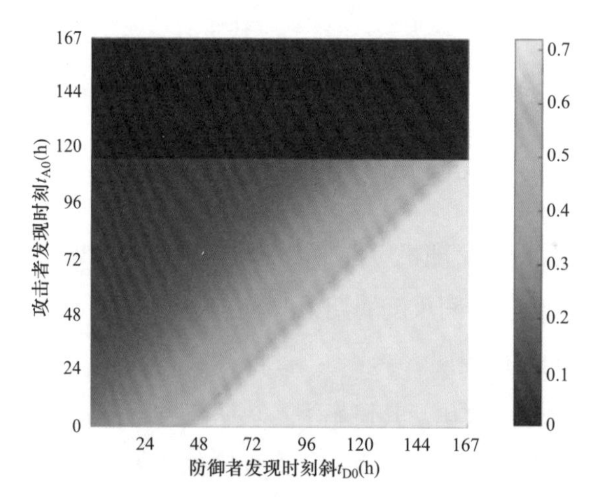

图5-34 不同发现时刻下的p_1分布

变大，下部黄色区域面积占比也变大；反之两个区域均变小。当然，若t_A过高，表明防御者的学习也很充分，下部黄色区域面积占比反而很小。

最后，本小节分析攻防双方学习能力对Pr_1的影响。变动τ_A和τ_D取值范围为［0.001/h,0.070/h］，绘制Pr_1的等高线图，如图5-35所示。图中纵向看，随着τ_A增加，Pr_1增加，但等高线先密后疏，表明出现饱和效应；从横向看，$\tau_D \geqslant 0.02/h$时等高线几乎平行，这表明τ_D也有饱和效应，而且比τ_A更明显。因此，对于防御者，增加自身学习能力可以降低入侵成功概率，但边际效应不明显。这是因为需要学习能力的前提是防御者发现了漏洞，若没有发现漏洞，学习能力再强也不能降低入侵成功概率。

因此，防御者应设法提升发现故障的概率。在一个长时间尺度周期内发现零日漏洞的概率由0.2提升至0.5，则Pr_1将从31.0%降至27.5%，降幅较为明显。

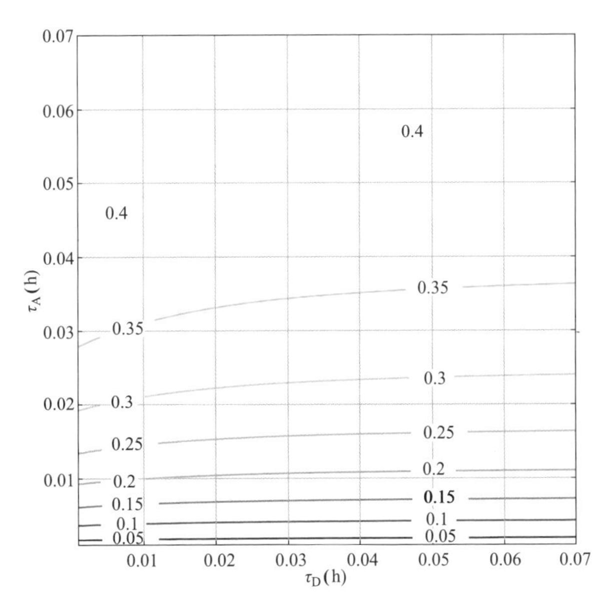

图5-35 Pr_1等高线图

若攻击者必能发现零日漏洞，则Pr_1降为21.6%。相比之下，τ_D由0.02/h提升至0.05/h，Pr_1降至30.2%，降幅微弱。

（二）信息系统拓扑攻击分析

采用文献［63］的变电站信息系统模型，构建攻击图如图5-36所示：有4个不同的起点，对应不同的零日漏洞；XCBR为线路断路器的控制点，即为攻击图的终点；其余为中间状态。

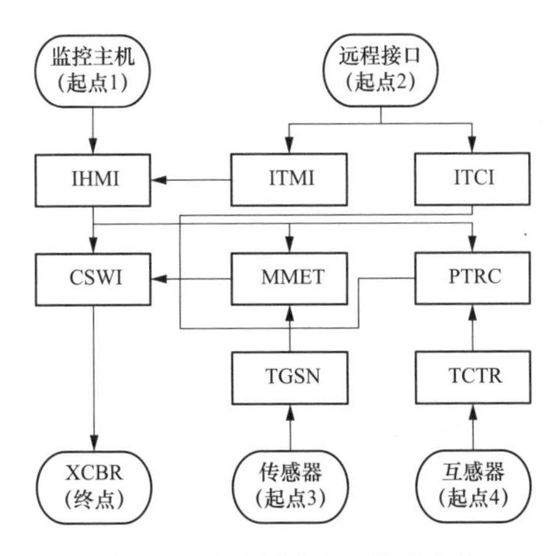

图5-36 变电站信息系统攻击图

图中共有15个不同的状态转移，同时，参考文献［63］对各状态转移脆弱性的评估，本小节给出相应的概率p_1-p_4，列入表5-9中。

表5-9　　攻击图中的状态转移

状态转移	p_1	p_2	p_3	p_4
监控主机→IHMI	0.82	0	0.18	0
远程接口→ITMI	0.97	0	0.03	0
远程接口→ITCI	0.97	0	0.03	0
ITMI→IHMI	0.35	0.15	0.20	0.30
IHMI→CSWI	0.30	0.15	0.15	0.40
IHMI→MMET	0.65	0.05	0.10	0.20
IHMI→PTRC	0.50	0.05	0.20	0.25
ITCI→CSWI	0.20	0.20	0.20	0.40
MMET→CSWI	0.35	0.25	0.25	0.15
PTRC→CSWI	0.75	0.10	0.10	0.05
传感器→TGSN	0.87	0	0.13	0
互感器→TCTR	0.87	0	0.13	0
TGSN→MMET	0.55	0.15	0.15	0.15
TCTR→PTRC	0.25	0.30	0.30	0.15
CSWI→XCBR	0.50	0.10	0.15	0.25

进一步根据攻击图整理出9条攻击路线，这些攻击路线可按照起点分为4组，其中部分攻击线路如表5-10所示。根据本节第一部分所述方法，可以计算出各条攻击路线分别在12次行动内（M=12）和不限行动次数（$M=\infty$）时的成功概率，列入表5-10中。

表5-10　　攻击图中的攻击路线及其成功概率

攻击路线	$p(L)(M=12)$	$p(L)(M=\infty)$
监控主机→IHMI→CSWI→XCBR	0.2549	0.2564
监控主机→IHMI→MMET→CSWI→XCBR	0.2660	0.2892
监控主机→IHMI→PTRC→CSWI→XCBR	0.3559	0.3704
远程接口→ITMI→IHMI→PTRC→CSWI→XCBR	0.1503	0.1608

续表

攻击路线	$p(L)(M=12)$	$p(L)(M=\infty)$
远程接口→ITCI→CSWI→XCBR	0.1946	0.1961
传感器→TGSN→MMET→CSWI→XCBR	0.2690	0.3009
互感器→TCTR→PTRC→CSWI→XCBR	0.2971	0.3429

以传感器和互感器的漏洞为起点的攻击路线均只有一条，若攻击者发现的安全漏洞为这两者之一，则在拓扑攻击阶段，攻击者只有一种选择，此时攻击的成功概率是按这条攻击路线前进的成功概率。而若攻击者发现的安全漏洞位于监控主机或远程接口上，则攻击者有多种攻击路线可选择，以监控主机漏洞为起点的攻击路线有3条，攻击者选择成功概率最高的一条线路，此时拓扑攻击的成功概率为3个概率的最大值。若以远程接口为起点，则攻击线路有4条，攻击者同样选择概率最高的一条线路。其中以“远程接口→ITMI→IHMI”开头的3条攻击路线与以“监控主机→IHMI”为开头的3条攻击路线后续状态相同，在表5-10中不再重复列出。综上所述，若规定攻击者的行动次数限制M=12且假设上述4个漏洞出现的概率相等，则拓扑攻击的成功概率应为4个最大值的平均值，记为$p(L)$=27.9%。

接下来分析参数对拓扑攻击成功概率$p(L)$的影响。首先讨论攻击路线中的状态数和M的取值。在已有部分概率不变时，状态越多，攻击者需要更多次行动成功，攻击成功概率越低。对比表5-10中“远程接口→ITMI→IHMI→PTRC→CSWI→XCBR”和“监控主机→IHMI→PTRC→CSWI→XCBR”2条攻击路线，发现增加一个状态能使$p(L)$显著降低。通过“监控主机→IHMI→CSWI→XCBR”和“监控主机→IHMI→MMET→CSWI→XCBR”2条攻击路线，发现中间状态不同的攻击路线，状态多的路线成功概率不一定较低。

状态转移过程中，非吸收状态可能变成吸收状态，而吸收状态保持不变。若M越大，则行动M次后攻击者处于非吸收状态的概率越低，而变化的状态中有些变为讫止状态，因此$p(L)$越高。图5-37以攻击路线“传感器→TGSN→MMET→CSWI→XCBR”为例展示了不同M下的成功概率，随着M增加，攻击者处于吸收状态（成功或失败）的概率升高，30次行动后几乎完全处于吸收状态，此后再增加M不再影响该攻击路线的成功概率。

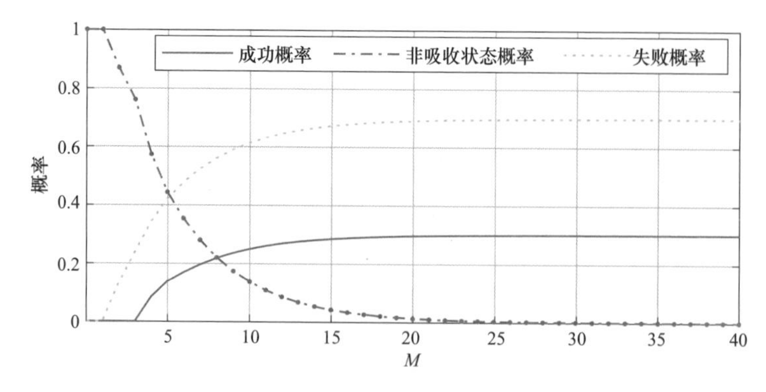

图5-37 入侵成功概率与最大行动次数M的关系

最后，分析状态转移概率对$p(L)$的影响。改变最后状态转移“CSWI→XCBR”的p_1-p_4取值，计算M=12时攻击路线“传感器→TGSN→MMET→CSWI→XCBR”的成功概率，如表5-11所示。减少p_1、增加p_2-p_4均导致$p(L)$降低，但改变量相同时，增加p_2的降低幅度最小，增加p_4的降低幅度最大，原因是攻击不成功后仍为原状态，对攻击者的不利影响最小；攻击失误将从头开始，不利影响居中；而攻击失败将导致无法持续攻击，影响最大。

表5-11 状态转移概率对$p(L)$的影响

状态转移	p_1	p_2	p_3	p_4	$p(L)(M=12)$
CSWI → XCBR	0.50	0.10	0.15	0.25	0.2690
	0.40	0.20	0.15	0.25	0.2419
	0.40	0.10	0.25	0.25	0.2216
	0.40	0.10	0.15	0.35	0.2152

第五节 本章小结与展望

一、本章小结

本章围绕提升韧性电网防御力的关键技术展开，着重介绍交直流混联电网紧急频率控制技术、面向钻石型配电网的自愈技术、面向韧性提升的微网群控制技术和针对信息攻击的韧性防御技术。第一节构建了多资源紧急控制决策模型，以最小化控制成本、频率和电压的偏差，可在满足局部切负荷不均匀的情

况下，提高全网切负荷的一致性，并减少控制代价。第二节提出了面向城市核心区域的馈线自动化总体方案，分析了馈线自动化技术，包括技术选型、技术原理、实施条件与限制性条件；并提出了钻石型配电网的继电保护与自愈方案，可通过利用差动原理的保护简化继电保护配合关系，提高供电可靠性。第三节提出了微电网级分层分布式控制方法，通过采用9机28节点互联微电网算例系统进行仿真分析，证明所提方法能够同时实现互联微电网系统四项控制目标，且具有良好的稳态效果。第四节构建了考虑多时间尺度的信息物理电力系统信息攻防模型，使用以实际电网为原型的算例，揭示了所提信息攻击机理的危害性，并初步探讨了应对信息攻击的防御策略，以提升电网信息系统防御力和电网韧性。可以看出，防御力在事件发生过程中发挥作用，能够降低事件影响。提升防御力应从物理和信息层面等多维角度入手，全方位提升电力系统对各类扰动的防御能力。

二、韧性电网防御力提升技术发展展望

（一）关键基础设施网络的耦合致灾机理及防御技术

电网与其他关键基础设施网络的耦合度日益提升，研究关键基础设施网络的耦合致灾机理能够明确故障演化路径，有针对性地采取防御措施，可从以下几方面展开研究：①非常规安全典型场景及破坏力评估。明确电网及其他关键基础设施网络遭受非常规事件的典型场景，提出不同类型的非常规事件，如不同类型自然灾害、蓄意攻击等对基础设施网络破坏力评价指标和评估方法。②电网与其他关键基础设施网络耦合建模。研究电网与其他关键基础设施网络相互依赖关系，重点针对不同关键基础设施间的耦合元件建模，实现电网与其他关键基础设施网络相互依赖关系定量描述。③关键基础设施网络耦合致灾机理。研究电网与其他关键基础设施网络在非常规事件典型场景下耦合影响机理，明确不同类型故障在基础设施间的传播机制，掌握关键基础设施网络非常规事件下耦合致灾机理。④计及耦合致灾链条阻断的关键基础设施网络防御技术。基于耦合致灾机理的研究，研究耦合致灾关键环节辨识方法，结合关键环节特点提出相适应的阻断防御技术。

（二）信息物理系统协同防御技术

电网信息物理融合导致恶意攻击类型多变，应加强对信息物理系统的认识，研究信息物理协同的防御技术，可从以下几方面展开研究：①电网信息物理融合建模。对信息系统和物理系统间的相互依存关系实现定量的描述，是实现电力-信息耦合机理分析的基础。②面向网络攻击的电网信息物理系统耦合影响机理。针对不同类型网络攻击，研究攻击后故障在电网信息物理系统中传播机理，揭示信息物理系统耦合影响机理，确定耦合系统薄弱环节。③针对各类攻击的电网信息安全协同防御机制。研究面向不同网络攻击类型的电网物理信息耦合系统异常检测技术，研究物理信息协同防御机制，提升电网信息物理系统综合防御能力。

参 考 文 献

［1］ 刘丽霞，胡晓辉，孙昭. 电力系统稳定问题研究综述［J］. 天津电力技术，2010（04）：1-5+11.

［2］ 刘念，谢驰，滕福生. 电力系统安全稳定问题研究［J］. 四川电力技术，2004（01）：1-6.

［3］ 魏大庆，陈国强，韩延龙，等. 电力系统安全稳定标准分析［J］. 南方农机，2018，49（13）：217.

［4］ 袁季修. 试论防止电力系统大面积停电的紧急控制——电力系统安全稳定运行的第三道防线［J］. 电网技术，1999（04）：3-5.

［5］ 朱天游. 学习新《导则》理解新《导则》贯彻新《导则》［J］. 华中电力，2002（S1）：98-101+106.

［6］ 冷喜武.《电力系统安全稳定导则》7月1日起实施［J］. 农村电工，2020，28（05）：1.

［7］ 文云峰，杨伟峰，林晓煌. 低惯量电力系统频率稳定分析与控制研究综述及展望［J］. 电力自动化设备，2020，40（09）：211-222.

［8］ 薛禹胜. DEEAC的理论证明——四论暂态能量函数直接法［J］. 电力系统自动化，1993（07）：7-19.

［9］ 杜正春，刘玉田，夏道止. 一种新的电力系统动态安全评价模式识别方法［J］. 电网技术，1995，（01）：13-16.

［10］ 顾雪平，盛四清，张文勤，等. 电力系统故障诊断神经网络专家系统的一种实现方式［J］. 电力系统自动化，1995，（09）：26-29+64.

［11］ 杨勇. 人工神经网络在电力系统中的应用与展望［J］. 电力系统及其自动化学报，

2001，(01)：41-45.

［12］孙勇，李志民，张东升，等．基于改进算法的模糊神经网络电力系统稳定器［J］．电力自动化设备，2009，(06)：58-61.

［13］余贻鑫，董存，Lee S T，等．复功率注入空间中电力系统的实用动态安全域［J］．天津大学学报，2006，39(2)：129-134.

［14］汤蕾，沈沉，张雪敏．大规模风电集中接入对电力系统暂态功角稳定性的影响(二)：影响因素分析［J］．中国电机工程学报，2015，35(16)：4043-4051.

［15］迟永宁，王伟胜，刘燕华，等．大型风电场对电力系统暂态稳定性的影响［J］．电力系统自动化，2006，30(15)：10-14.

［16］郭小江，赵丽莉．风火打捆交直流外送系统功角暂态稳定研究［J］．中国电机工程学报，2013，33(22)：20-25.

［17］汤奕，赵丽莉．风电比例对风火打捆外送系统功角暂态稳定性影响［J］．电力系统及其自动化，2013，37(20)：34-40.

［18］姜涛，李晓辉，李雪，等．电力系统静态电压稳定域边界近似的空间切向量法［J］．中国电机工程学报，2020，40(12)：3729-3744.

［19］陈磊，闵勇，侯凯元．考虑风电随机性的静态电压稳定概率评估［J］．中国电机工程学报，2016，36(3)：674-680.

［20］薛禹胜，雷兴，薛峰，等．关于风电不确定性对电力系统影响的评述［J］．中国电机工程学报，2014，34(29)：5029-5040.

［21］姜涛，谭洪强，李雪，等．电力系统热稳定安全域边界快速搜索的优化模型［J］．中国电机工程学报，2019，39(22)：6533-6547.

［22］王刚，张雪敏，梅生伟．静态电压稳定域边界的二次近似分析［J］．中国电机工程学报，2008，28(19)：30-35.

［23］李少林，王伟胜，王瑞明，等．双馈风电机组高电压穿越控制策略与试验［J］．电力系统自动化，2016，40(16)：76-82.

［24］艾欣，韩晓男，孙英云．大型光伏电站并网特性及其低碳运行与控制技术［J］．电网技术，2013，37(1)，15-23.

［25］辛焕海，章枫，于洋，等．多馈入直流系统广义短路比：定义与理论分析［J］．中国电机工程学报，2016，36(03)：633-647.

［26］王淋，巨云涛，吴文传，等．面向频率稳定提升的虚拟同步化微电网惯量阻尼参数优化设计［J］．中国电机工程学报，2021，41(13)：4479-4490.

［27］Tang J, Liu J, Ponci F, et al. Adaptive load shedding based on combined frequency and voltage stability assessment using synchrophasor measurements［J］. IEEE Transactions on Power Systems, 2013, 28(2): 2035-2047.

［28］岑炳成，黄涌，廖清芬，等．基于频率影响因素的低频减载策略［J］．电力系统自动

化，2016，40(11)：61-67.

[29] 刘洪波，穆钢，徐兴伟. 使功-频过程仿真轨迹逼近实测轨迹的模型参数调整[J]. 电网技术，2006，30(18)：20-24.

[30] 王博，杨德友，蔡国伟. 大规模风电并网条件下考虑动态频率约束的机组组合[J]. 电网技术，2020，44(07)：2513-2519.

[31] 杨卫东，徐政，韩祯祥. 电力系统灾变防治系统研究的现状与目标[J]. 电力系统自动化，2000(01)：7-12.

[32] 贾萌萌，丁剑，张建成，等. 弱受端小电网安控切负荷措施与低频减载措施的配合方案[J]. 电力系统自动化，2014，38(1)：74-81.

[33] Shu Y, Chen G, Yu Z, et al. Characteristic analysis of UHVAC/DC hybrid power grids and construction of power system protection[J]. CSEE Journal of Power and Energy Systems, 2017, 3(4): 325-333.

[34] 陈国平，李明节，许涛. 特高压交直流电网系统保护及其关键技术[J]. 电力系统自动化，2018，42(22)：2-10.

[35] 许涛，励刚，于钊，等. 多直流馈入受端电网频率紧急协调控制系统设计与应用[J]. 电力系统自动化，2017，41(8)：98-104.

[36] Shekari T, Aminifar F, Sanaye-Pasand M. An analytical adaptive load shedding scheme against severe combinational disturbances[J]. IEEE Transactions on Power Systems, 2015, 31(5): 4135-4143.

[37] Sun D, Zhou H, Ju P, et al. Optimization method for emergency load control of receiving-end system considering coordination of economy and voltage stability[J]. Automation of Electric Power Systems, 2017, 41: 106-112.

[38] Xu X, Zhang H, Li C, et al. Optimization of the event-driven emergency load-shedding considering transient security and stability constraints[J]. IEEE Transactions on Power Systems, 2016, 32(4): 2581-2592.

[39] Zhang C, Chu X, Zhang B, et al. A coordinated DC power support strategy for multi-infeed HVDC systems[J]. Energies, 2018, 11(7): 1637.

[40] Zhang N, Zhou Q, Hu H. Minimum frequency and voltage stability constrained unit commitment for AC/DC transmission systems[J]. Applied Sciences, 2019, 9(16): 3412.

[41] Song Y, Meng J . Optimization Strategy of Under-Frequency Load Shedding For Pumped Storage Units in Power System[J]. Measurement & Control Technology, 2017, 36:52-56.

[42] Li H, Yuan Y, Zhang X, et al. The frequency emergency control characteristic analysis for UHV AC/DC large receiving end power grid[J]. Electric Power Engineering Technology, 2017, 36(2): 27-31.

[43] Dong X, Luo J; Li X, et al. Research and application of frequency emergency coordination

and control technology in hybrid AC/DC power grids[J]. Power System Protection and Control, 2018, 46:59–66.

[44] Yuan S, Chen D, Luo Y, et al. Stability characteristics and coordinated control measures of multi-resource for DC blocking fault impacting weak AC channel[J]. Electric Power Automation Equipment, 2018, 38(8): 203-210.

[45] Zhang Q, Shi Z, Wang Y, et al. Security Assessment and Coordinated Emergency Control Strategy for Power Systems with Multi-Infeed HVDCs[J]. Energies 2020, 13(12): 3174.

[46] Bao Y, Xu T, Zhou H, et al. An online pre-decision method for security and stability emergency regulation[J]. Electric Power, 2019, 52: 91-97.

[47] Shu Y, Tang Y, Sun H. Research on power system security and stability standards[J]. Proceedings of the CSEE, 2013, 33: 1-8.

[48] Jing L, Wang B, Dong X. Review of consecutive commutation failure research for HVDC transmission system[J]. Electric Power Automation Equipment, 2019, 39(9): 116-123.

[49] Pipelzadeh Y, Moreno R, Chaudhuri B, et al. Corrective control with transient assistive measures: Value assessment for Great Britain transmission system[J]. IEEE Transactions on Power Systems, 2016, 32(2): 1638-1650.

[50] Jiang X, Li S. BAS: Beetle Antennae Search Algorithm for Optimization Problems[J]. Sciedu Press, 2018(1): 1-5.

[51] 石正，许寅，吴翔宇，等.交直流混联电网系统保护策略校核与辅助决策方法 [J].电力自动化设备，2020，40(04): 25-31.

[52] 董希建，罗剑波，李雪明，等.交直流混联受端电网频率紧急协调控制技术及应用[J].电力系统保护与控制，2018，46(18): 59-66.

[53] 续昕，张恒旭，李常刚，等. 基于轨迹灵敏度的紧急切负荷优化算法 [J]. 电力系统自动化，2016，40(18): 143-148.

[54] Wu X, Xu Y, Wu X, et al. A two-layer distributed cooperative control method for islanded networked microgrid systems[J]. IEEE Transactions on Smart Grid, 2019, 11(2): 942-957.

[55] Buldyrev S V, Parshani R, Paul G, et al. Catastrophic cascade of failures in interdependent networks[J]. Nature, 2010, 464(7291): 1025-1028.

[56] Lewis F L, Qu Z, Davoudi A, et al. Secondary control of microgrids based on distributed cooperative control of multi-agent systems[J]. IET Generation, Transmission & Distribution, 2013, 7(8): 822-831.

[57] 王宇飞，李俊娥，邱健，等. 计及攻击损益的跨空间连锁故障选择排序方法 [J]. 电网技术，2018，42(12): 3926-3937.

[58] 王琦，李梦雅，汤奕，等. 电力信息物理系统网络攻击与防御研究综述（一）建模与评

估［J］. 电力系统自动化，2019，43(9): 9-21.

［59］ Chen Y, Hong J, Liu C C. Modeling of Intrusion and Defense for Assessment of Cyber Security at Power Substations［J］. IEEE Transactions on Smart Grid, 2018, 9(4): 2541-2551.

［60］ Liu N, Zhang J H, Zhang H, et al. Security Assessment for Communication Networks of Power Control Systems Using Attack Graph and MCDM［J］. IEEE Transactions on Power Delivery, 2010, 25(3): 1492-1500.

［61］ Dai Q, Shi L, Ni Y. Risk assessment for cyberattack in active distribution systems considering the role of feeder automation［J］. IEEE Transactions on Power Systems, 2019, 34(4): 3230-3240.

［62］ Wang A, Luo Y, Tu G, et al. Vulnerability assessment scheme for power system transmission networks based on the fault chain theory［J］. IEEE Transactions on power systems, 2010, 26(1): 442-450.

［63］ 张宇航，倪明，孙永辉，等. 针对网络攻击的配电网信息物理系统风险量化评估［J］. 电力系统自动化，2019，43(21): 12-22+33.

第六章　韧性电网恢复力关键技术

“恢复”在大辞海中的释义是“收复，指收复失地亦用为回复原状的意思”，如恢复健康。班固《东都赋》：“茂育群生，恢复疆宇。”

恢复力是指电网正常功能遭到破坏后，及时启动应急恢复和修复机制，保障重要负荷持续供电，并快速恢复电网功能至正常状态的能力。在常规扰动场景下，韧性电网应能够利用先进的保护和自动化手段快速动作、定位、隔离故障并恢复断电负荷。在极端事件导致的大面积停电场景下，韧性电网应能够快速修复受损设备，有完备的黑启动方案，并能够有效调动DG和储能、微电网（群）、移动发电车等资源保障对重要电力负荷的持续供电。2019年10月，国家应急管理部和国家能源局联合发布《关于进一步加强大面积停电事件应急能力建设的通知》，提出“各电力企业要加强系统恢复能力建设，完善电力系统黑启动方案”，推进“源网荷储协同恢复等技术的应用”，强调了提升电网恢复力的重要性。

本章着重介绍交直流输电网应急恢复技术、城市配电网灾后微网化应急供电技术、城市电网加速复电的优化决策抢修技术3项关键技术。

（1）交直流输电网应急恢复技术通过交直流电网的协调控制提高电网安全稳定水平，并实现协同黑启动，加速电力主网架恢复。

（2）城市配电网灾后微网化应急供电技术通过综合利用微电网，实现关键负荷快速恢复供电，从而提升配电网恢复力的协调控制和运行能力。

（3）城市电网加速复电的优化决策抢修技术考虑电力-通信系统的耦合，通过优化调度抢修队伍，加快抢修进度，减少停电损失。

第一节　交直流输电网应急恢复技术

本节主要介绍了两种主要的交直流输电网应急恢复技术，包括交直流电网协同紧急控制以及交直流电网协同黑启动技术。文中的交直流电网协同紧急控制技术改变了传统操作中需要紧急切机切负荷操作的不足，利用直流系统传输功率的快速可调节性来实现更有效的紧急控制操作。文中的交直流电网协同黑启动技术改变了传统操作中单步只恢复一台发电机使得速度较慢的不足，基于OPF模型重新设计了黑启动方案，从而实现在同一步内并行启动多台发电机以加快恢复速度。

一、交直流电网协同紧急控制

随着高压直流输电（HVDC）技术的不断发展，传统的交流电网逐渐转变为大规模复杂交直流混联电网[1]-[2]。在中国，众多基于电网换向换流器的高压直流输电（LCC-HVDC）工程的实施，使得区域电网之间异步互联[3]，且形成了多个多馈入直流（MIDC）系统。在MIDC系统中，一个交流系统与多条LCC-HVDC相连接，其动态复杂性与故障多样性给系统的稳定运行造成很大威胁。

频率稳定性对于系统运行十分重要，但是在MIDC系统中，常规的频率控制策略难以保证系统的频率稳定性，主要有两点原因：①MIDC系统中易发生直流闭锁或交直流连锁故障，易造成相当大的功率不平衡量；②由于多直流系统的馈入以及交流系统之间的异步连接，电力系统的惯量不足或调频储备不足导致调频需求无法满足[4]-[5]。因此，在功率不平衡量较大的紧急情况时，MIDC系统需要紧急频率控制策略。

传统的紧急频率控制主要是通过紧急切机切负荷操作来实现的[6]-[8]，但是这些方法将造成严重的经济损失。在MIDC系统中，利用直流系统传输功率的快速可调节性[9]，可设计更为有效的紧急频率控制以提高系统频率稳定性。本节介绍一种LCC-HVDC参与的基于协同下垂的紧急频率控制（EFC）策略，并对下垂系数进行优化以合理分配不平衡功率。

1. 基于协同下垂的紧急频率控制策略

一般来说，MIDC系统的拓扑如图6-1所示，其中含有n_G台同步机的交流主系统与n_D个LCC-HVDC直流系统相连接。直流系统中有m条从送端（SE）系统输送功率至交流主系统，且有(n_D-m)条从交流主系统输送功率至受端（RE）系统，其分别为称为SE-LCC和RE-LCC。注意交流主系统是SE-LCC的受端系统且是RE-LCC的送端系统。图6-1中的SE 1-m系统与RE$(m+1)-n_D$系统合称为主系统的邻接交流系统。

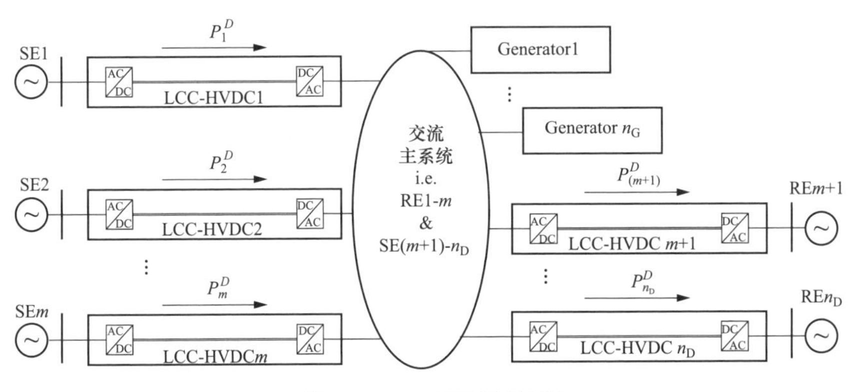

图6-1　MIDC系统拓扑图

为解决MIDC系统中的紧急频率失稳问题，主要的挑战为如何设计LCC-HVDC参与的分散式的紧急频率控制策略。在本节所介绍的控制策略中，我们应用一种简洁且有效的方法，即：下垂控制，来使得LCC-HVDC系统参与紧急频率控制。下垂控制是一种基于变量之间相关性的典型分散式控制策略，已经被广泛地应用于解决多端柔性直流输电系统（VSC-MTDC）或微电网系统的功率分配及频率调制问题。以有功－频率（P-f）下垂控制为例，如果某调频单元处的频率降低，那么通过所设计的下垂特性，其输出有功将会增加以缓解系统的频率降低，同步发电机的经典调速系统便存在该下垂特性，且经过分析，当LCC-HVDC系统整流侧采用定功率控制时，也可以设计P-f下垂控制。综合考虑SE和RE的下垂控制，所设计的LCC-HVDC系统的控制框图如图6-2所示。

在图6-2中，P-f下垂控制层检测交流频率信号并输出直流系统的功率指令P_{ord}信号，之后，P_{ord}信号传输到直流控制层，且输出触发角信号至电气系统。

通过P-f下垂控制使得LCC-HVDC系统能够参与系统紧急频率控制之后，另一个重要问题是LCC-HVDC下垂控制如何与现有的频率控制手段（同步机一次下垂控制）相配合，以更合理的方式参与紧急频率控制。

在电力系统中，同步发电机通常配置有下垂控制，主要由调速器实现并参与一次调频。然而，由于在正常运行时直流传输功率通常需要保持恒定值，因此所设计的LCC-HVDC下垂控制不参与传统的一次频率调节。由此可知，LCC-HVDC下垂控制与同步机的一次下垂是相对独立的，且本节所设计的协同下垂机制应该使得LCC-HVDC下垂在紧急情况下能作为一次调频的备用支援。

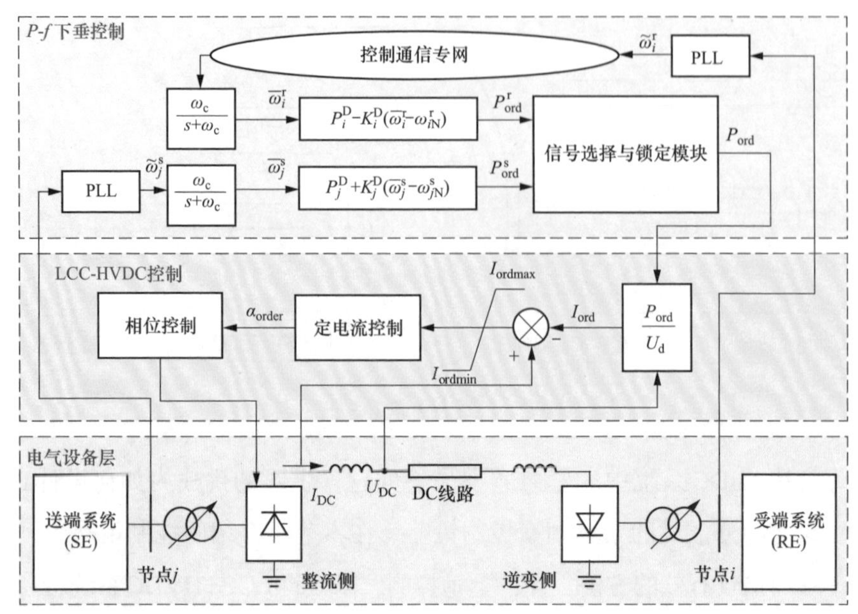

图6-2　LCC-HVDC控制框图

协同下垂机制以及MIDC系统的EFC策略如图6-3所示，该机制主要包含以下两个关键点：

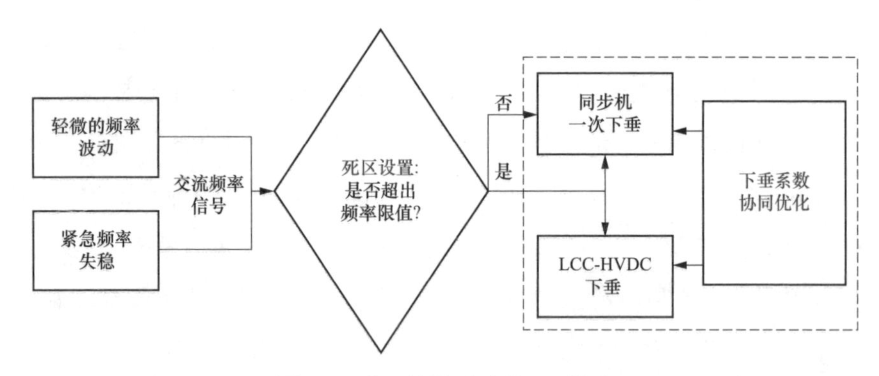

图6-3　基于协同下垂的EFC策略

1）死区设置：由于同步机的一次下垂在任何频率波动时均会动作，且LCC-HVDC下垂仅在紧急频率问题发生时动作，因此需要对LCC-HVDC下垂控制进行死区设置。常用的死区设置方法有两种，即：频率偏差限制和频率变化率限制，在本章中我们采用频率偏差限制。当系统的频率变化时，死区的频率限制可以判断是否是紧急故障，且是否需要启用LCC-HVDC下垂。

2）下垂系数优化：在“3. 示例和分析”部分的第（3）小节中将详细介绍针对下垂系数的协同优化。为了在控制过程中实现功率不平衡量在各LCC-HVDC与各同步机之间的合理分配，我们形成了最优紧急频率控制（OEFC）问题，并得到相应的最优下垂系数。最优下垂系数在运行期间保持恒定，且仅在OEFC问题的控制目标改变时进行更新。

2. 针对功率分配的最优下垂设计

在MIDC系统中，存在多种多样的交直流故障（如短路故障或直流闭锁故障），会导致系统的功率不平衡。在本节我们构造最优紧急频率控制（OEFC）问题来合理分配不平衡功率，并由此得到各LCC-HVDC与各同步机的最优下垂系数。首先，我们定义了多种控制成本函数来分别描述不同的工程实际中的控制目标；然后，合理的功率分配即可通过最小化所设计的总控制成本来实现。定义通过下垂控制实现的功率调节量分别为：同步机i为$u_i^{\mathrm{G}}=-k_i^{\mathrm{G}}\omega_i$，LCC-HVDC i为$u_i^{\mathrm{D}}=-k_i^{\mathrm{D}}\omega_i$，然后通过两种不同控制目标的选取，来给出一般化的OEFC问题形成方法。死区设置对于系统稳态没有影响，因此在最优设计中忽略死区影响。

（1）控制目标I。

针对LCC-HVDC系统，调节裕度大的LCC-HVDC承担更多的功率支援。对于同步机i，可以定义其控制成本函数为经典形式[22]为

$$C_i^{\mathrm{G}}\left(u_i^{\mathrm{G}}\right)=\frac{1}{2}\beta_i\left(u_i^{\mathrm{G}}\right)^2 \tag{6-1}$$

其中，β_i为同步机i的成本系数。对于LCC-HVDC系统，由于不同的LCC-HVDC系统具有不同的传输功率额定值与传输功率上下限，因此可以定义LCC-HVDC i的功率调节裕度为

$$Z_i^{\mathrm{D}}=\begin{cases}\overline{P}_i^{\mathrm{D}}-P_i^{\mathrm{D}}, \text{power increases}\\ P_i^{\mathrm{D}}-\underline{P}_i^{\mathrm{D}}, \text{power decreases}\end{cases} \tag{6-2}$$

其中，P_i^{D}、$\overline{P}_i^{\mathrm{D}}$和$\underline{P}_i^{\mathrm{D}}$分别为直流传输功率的额定值与上下限。为达到“具有更大功率调节裕度的LCC-HVDC承担更多的不平衡功率”的控制目标，定义LCC-HVDC i的成本函数为

$$C_i^{\mathrm{D}}\left(u_i^{\mathrm{D}}\right)=\alpha_i\left(\frac{u_i^{\mathrm{D}}}{Z_i^{\mathrm{D}}}\right)^2=\frac{\alpha_i}{\left(Z_i^{\mathrm{D}}\right)^2}\left(u_i^{\mathrm{D}}\right)^2 \tag{6-3}$$

其中，α_i是LCC-HVDCi的成本系数。因此，控制目标I下OEFC问题的总控制成本为

$$\sum_{i\in\mathcal{N}_{\mathrm{G}}}\frac{1}{2}\beta_i\left(u_i^{\mathrm{G}}\right)^2+\sum_{i\in\mathcal{N}_D}\frac{\alpha_i}{\left(Z_i^{\mathrm{D}}\right)^2}\left(u_i^{\mathrm{D}}\right)^2 \tag{6-4}$$

（2）控制目标Ⅱ。

针对各异步邻接交流系统，其频率变化量应尽可能平均。同步机依然如控制目标I中采用经典的成本函数。对于LCC-HVDC系统，为达到各异步邻接交流系统的频率变化尽可能平均，需要一次调频系数更大的邻接交流系统来承担更多的功率不平衡量，即与其连接的LCC-HVDC系统承担更多的功率不平衡。因此，针对该问题，可以定义LCC-HVDC i的成本函数为

$$C_i^{\mathrm{D}}\left(u_i^{\mathrm{D}}\right)=e_i\left(\Delta\omega_i'\right)^2=e_i\left(\frac{u_i^{\mathrm{D}}}{K_i^f}\right)^2=\frac{e_i}{\left(K_i^f\right)^2}\left(u_i^{\mathrm{D}}\right)^2 \tag{6-5}$$

其中，$\Delta\omega_i'=\omega_i'-\bar{\omega}'$是邻接交流系统的频率变化量，$K_i^f$是邻接交流系统$i$的一次调频系数，$e_i$是成本系数。在工程实际中，存在多条LCC-HVDC直流系统连接同一个邻接交流系统的情况，此时可以将这些直流系统等效为一个直流系统参与优化，得到优化结果之后再进行每条LCC-HVDC的功率分配。

在这种情况下，总控制成本为

$$\sum_{i\in\mathcal{N}_G}\frac{1}{2}\beta_i\left(u_i^{\mathrm{G}}\right)^2+\sum_{i\in\mathcal{N}_D}\frac{e_i}{\left(K_i^f\right)^2}\left(u_i^{\mathrm{D}}\right)^2 \tag{6-6}$$

不难看出，式（6-4）与式（6-6）在形式上是一致的，更一般地，上述控制成本函数的选取具有一定的普适性，只要将直流系统控制成本函数从物理意义层面描述为功率增量的二次型，即可适用本文所提出的控制策略。在控制目标I下，OEFC问题如式（6-7）所示

$$\begin{aligned}&\min_{u_i^{\mathrm{D}}\in\Omega_i^{\mathrm{D}},u_i^{\mathrm{G}}}\ \sum_{i\in\mathcal{N}_{\mathrm{G}}}C_i^{\mathrm{G}}\left(u_i^{\mathrm{G}}\right)+\sum_{i\in\mathcal{N}_{\mathrm{D}}}C_i^{\mathrm{D}}\left(u_i^{\mathrm{D}}\right)=\sum_{i\in\mathcal{N}_{\mathrm{G}}}\frac{1}{2}\beta_i\left(u_i^{\mathrm{G}}\right)^2+\sum_{i\in\mathcal{N}_{\mathrm{D}}}\frac{\alpha_i}{\left(Z_i^{\mathrm{D}}\right)^2}\left(u_i^{\mathrm{D}}\right)^2\\&\text{s.t.}\quad \sum_{i\in\mathcal{N}}P_i+\sum_{i\in\mathcal{N}_{\mathrm{D}}}P_i^{\mathrm{D}}+\sum_{i\in\mathcal{N}_{\mathrm{G}}}u_i^{\mathrm{G}}+\sum_{i\in\mathcal{N}_{\mathrm{D}}}u_i^{\mathrm{D}}=0\end{aligned} \tag{6-7}$$

其中，约束条件为直流功率限值与全系统功率平衡。通过拉格朗日对偶法分析，我们可以得到式（6-7）的解析解，即LCC-HVDC与同步机的最优下垂系数为

$$
\begin{aligned}
k_i^{\mathrm{G}} &= \frac{1}{\beta_i}, i \in \mathcal{N}_{\mathrm{G}} \\
k_i^{\mathrm{D}} &= \frac{\left(Z_i^{\mathrm{D}}\right)^2}{2\alpha_i}, i \in \mathcal{N}_{\mathrm{D}}
\end{aligned}
\tag{6-8}
$$

在控制目标Ⅱ下，我们可以得到相似的结果。

3. 示例和分析

（1）测试系统描述。

MIDC测试系统拓扑如图6-4所示，其结合IEEE 39节点系统与CIGRE HVDC系统而构成。在CloudPSS平台上搭建该系统的全电磁暂态仿真模型，其中LCC-HVDC系统采用±660kV单极12脉动模型。其中LCC1、LCC2、LCC3向AC主系统输送功率，LCC 4从主系统向外输送功率。为便于验证邻接交流系统在下垂控制下的性质，将邻接交流系统SE 1、SE 2、SE 3、RE 4等值为惯性中心（COI）模型。

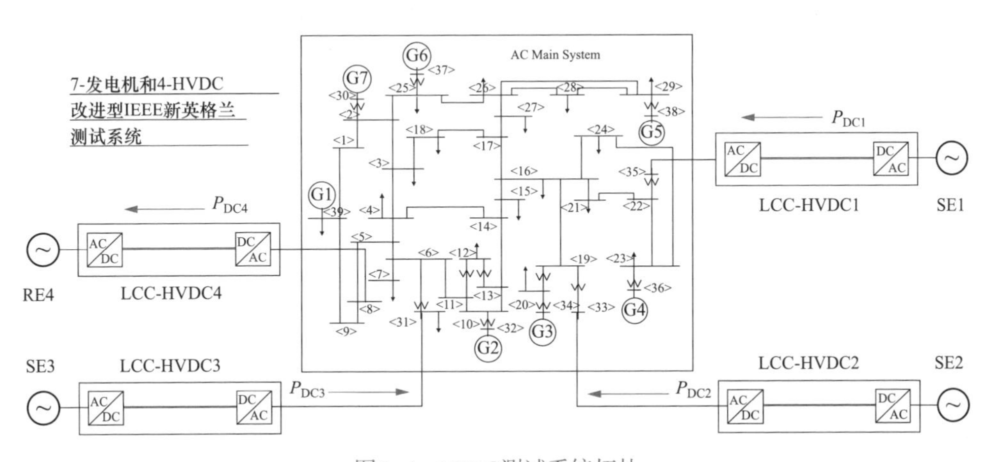

图6-4　MIDC测试系统拓扑

设置同步机的成本系数为：$\beta_1=\beta_5=\beta_6=0.1$（标幺值），$\beta_2=\beta_3=\beta_4=\beta_7=0.2$（标幺值），注意在计算成本时功率增量也应该转化为标幺值，并设有功功率基准值为$P_B=100\mathrm{MW}$。对于LCC-HVDC的成本函数，针对两种不同的成本函数定义，相

应参数如表6-1所示。

表 6-1　　LCC-HVDC 系统的相关参数

编号	控制目标一			控制目标二	
	额定有功功率（MW）	有功功率上下限（MW）	α_i 参数（标幺值）	K_i^f 参数（标幺值）	d_i 参数（标幺值）
LCC 1	645	750，550	0.05	25	30
LCC 2	630	750，550	0.05	30	30.
LCC 3	660	750，550	0.05	20	30
LCC 4	500	600，400	0.05	25	30

定义平均下垂系数为最优下垂系数的平均值。则按照前述理论分析，同步机的最优下垂系数为 $k_1^G = k_5^G = k_6^G = 10$（标幺值），$k_2^G = k_3^G = k_4^G = k_7^G = 5$（标幺值），平均下垂系数均为7.14（标幺值）。对于LCC-HVDC系统，其最优及平均下垂系数如表6-2所示。

表 6-2　　LCC-HVDC 系统的下垂系数

编号	控制目标 I		控制目标 II	
	最优下垂系数（标幺值）	平均下垂系数（标幺值）	最优下垂系数（标幺值）	平均下垂系数（标幺值）
LCC 1	11.025	10.881	10.42	10.625
LCC 2	14.4	10.881	15	10.625
LCC 3	8.1	10.881	6.67	10.625
LCC 4	10	10.881	10.42	10.625

设置机组开断故障，假设G6所代表的同步机组在8s时刻发生开断故障，其容量约为530MW（约为系统容量的10%），可看作紧急情况。基于以上设置，进行仿真并得到以下结果。

（2）基于协同下垂的EFC策略有效性验证。

为验证所提控制策略的有效性，设置三组对照仿真实验：

1）同步机有下垂控制，LCC-HVDC无下垂控制。同步机采用最优下垂系数。

2）同步机有下垂控制，LCC-HVDC有下垂控制。同步机采用最优下垂系数，LCC-HVDC采用控制目标I最优下垂系数。

3）在2）的设置基础上，LCC-HVDC下垂添加死区设置，限值为49.8Hz。

分别输出三组实验的系统频率以及LCC-HVDC和同步机的有功功率，如图6-5、图6-6所示。

从图6-5可以看出，当LCC-HVDC无下垂控制时，在G6同步机组发生切机故障时，系统频率在30s左右稳定在49.25Hz左右，这个频率在实际系统中已经严重影响系统稳定；但是在LCC-HVDC有下垂控制时，系统频率在15s左右稳定在49.85Hz左右，说明了协同下垂的有效性。进一步，在实验3）中LCC-HVDC加入了死区，限值为49.8Hz，可以看到在紧急情况下有死区与无死区，对于系统的稳态频率无影响，且对暂态过程影响不大，因此，本文设计最优控制以及稳定性证明中忽略死区的影响是合理的。

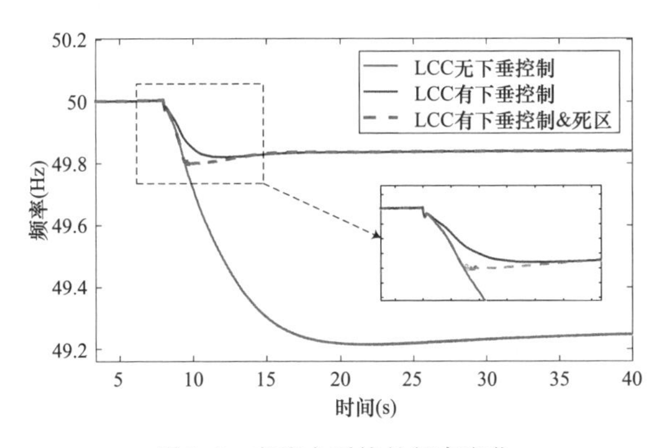

图6-5　交流主系统的频率变化

由图6-6可知，在LCC-HVDC无下垂时，系统仅靠同步机的一次下垂来进行频率调节，可以看到同步机的功率调制所需时间较长。但在LCC-HVDC有下垂时，直流功率的快速调制缓解了同步机的调频压力，且让系统的稳态频率恢复到更为稳定的水平。通过对比图6-6（c）、（d）与图6-6（e）、（f），也可以看到死区对于LCC-HVDC下垂控制的影响不大。

（3）最优下垂系数的最优性验证。

为验证最优下垂系数是否能够合理分配功率不平衡量，我们设置以下4组对照仿真实验，其中同步机和LCC-HVDC均有下垂控制：

1）采用控制目标Ⅰ最优下垂系数；

2）采用控制目标Ⅰ平均下垂系数；

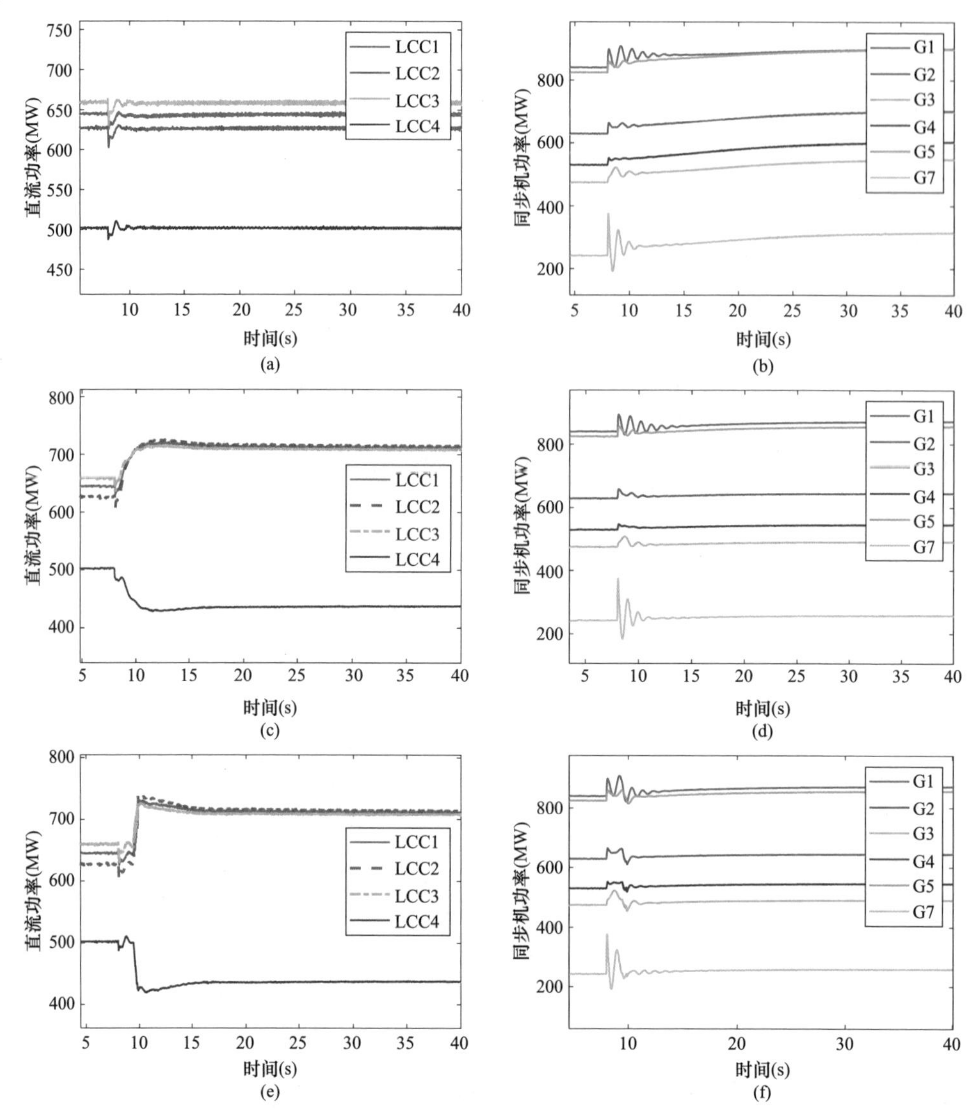

图6-6　LCC-HVDC与同步机的有功功率

（a）LCC 无下垂控制；（b）LCC 无下垂控制；（c）LCC 有下垂控制；（d）LCC 有下垂控制；（e）LCC 有下垂控制 & 死区；（f）LCC 有下垂控制 & 死区

3）采用控制目标Ⅱ最优下垂系数；

4）采用控制目标Ⅱ平均下垂系数。

在四组实验下，系统频率均能够稳定在49.8Hz以上的水平，保证了系统的稳定性。下面输出直流传输功率，计算系统成本函数并对比，如图6-7所示。

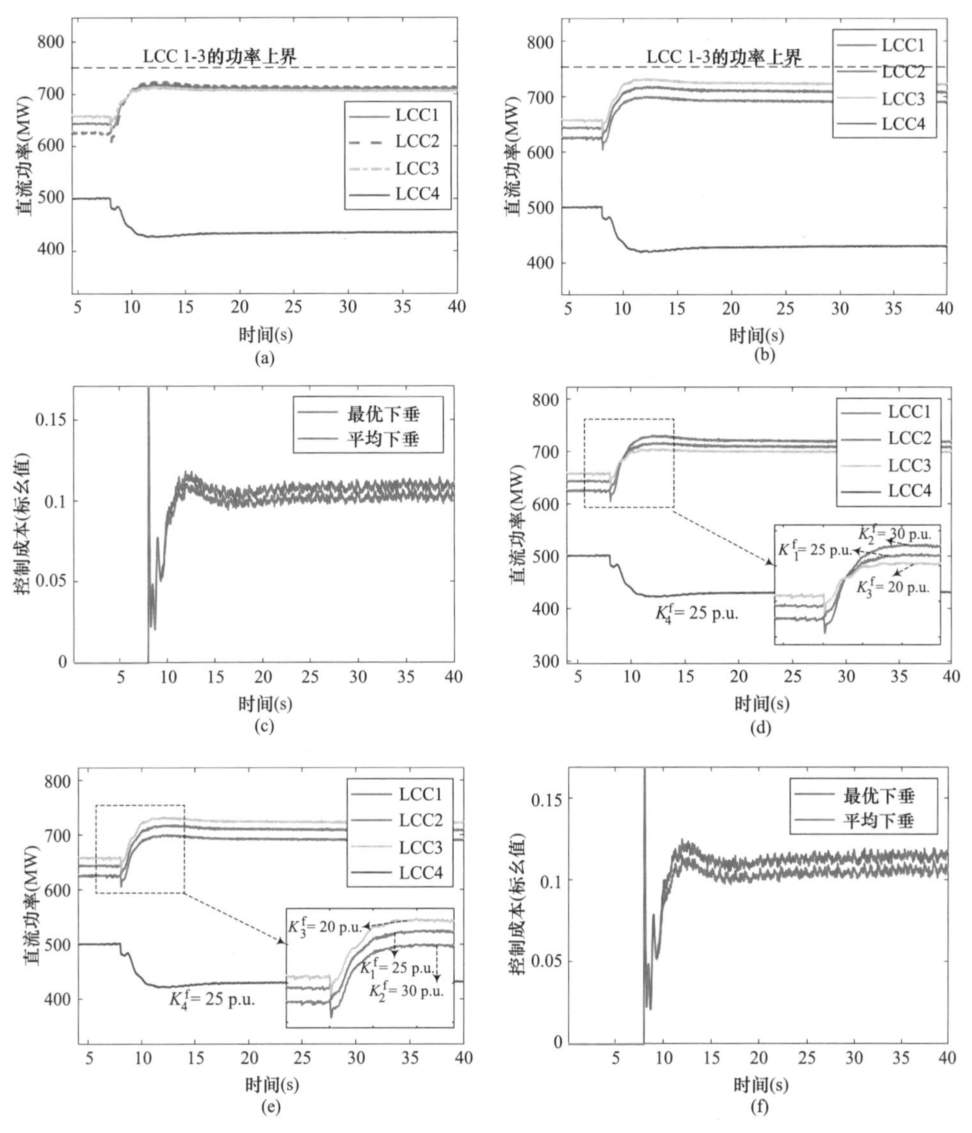

图6-7　LCC-HVDC的有功功率及总控制成本

（a）控制目标Ⅰ最优下垂；（b）控制目标Ⅱ最优下垂；（c）控制目标Ⅰ平均下垂；（d）控制目标Ⅱ平均下垂；（e）控制目标Ⅰ；（f）控制目标Ⅱ

对于控制目标Ⅰ，对比图6-7（a）和图6-7（b）可以看出，相比平均下垂系数，在最优下垂系数下，实现了功率调节范围大的直流系统来提供更多的功率支援，这与控制目标Ⅰ相吻合。进一步输出两组下垂系数下的控制成本，如图6-7（c）所示，可以看到在最优下垂系数下系统的总控制成本更低，说明了下垂系数的最优性。

对于控制目标Ⅱ，对比图6-7（d）和图6-7（e）可知，在最优下垂系数下，实现了邻接交流系统一次调频系数越大的直流系统提供更多的功率支援，这与控制目标Ⅱ相一致。进一步输出两组下垂系数下的控制成本，如图6-7（f）所示，可以说明下垂系数的最优性。

二、交直流电网协同黑启动

作为大停电事故后快速恢复电网供电的首要操作，黑启动对整个电力系统的恢复过程至关重要。黑启动是指电网全网因故障停电后，不依赖别的网络帮助，通过系统中有自启动能力的机组自启动，带动无自动启动能力的机组启动，逐步扩大恢复供电范围，直至全网恢复供电。随着电力工业的发展，电网的恶性事故会给现代社会带来巨大损失和不良影响，尤其会给主网关键节点的安全带来挑战。因此国内外学者做了大量研究工作来提升发电厂、变电站等主网关键节点的黑启动能力，使电网快速恢复正常稳定运行。

1. 多类型分布式资源黑启动研究现状

（1）微型燃机黑启动研究现状。

微型燃气轮机（microturbine，MT）是一种新型的热能动力系统，它具有寿命长、可靠性高、燃料适应性好、环境污染小和便于灵活控制等优点，因此被称为最佳的分布式发电方式，将微型燃气轮机发电系统引入电网的最后一道防线研究其在黑启动过程中作为启动电源的特点，对发生停电后优化恢复控制方案具有积极正面的作用。文献［10］将微型燃气轮机作为备用电源来改造原本不具备自启动能力的燃煤电厂，从而增加系统的黑启动电源，缩短电网恢复时间。仿真表明，电压源型逆变器接口的微型燃气轮机能够较好地抑制空充变压器产生的励磁涌流，同时耐受异步电动机负荷的冲击，确保黑启动过程顺利进行。文献［11］指出微型燃气轮机作为微源同时具备根据负载变化响应迅速、容量可调、电能质量稳定等优点，且具备自启动能力，同时满足作为微电网黑启动电源的所有条件。

（2）风电/光伏黑启动研究现状。

风电、光伏等新能源虽然启动速度快、启动功率小，但考虑到其出力不稳定，常规黑启动方案中并未涉及新能源。而随着智能电网环境下风电和光伏运行控制技术的提升和风电渗透率的不断提高，研究风电和光伏等新能源参与系统黑启动的理论方法和实现技术变得十分必要，特别是在一些缺乏水电的地区，若风电、光伏能够安全、平稳地参与黑启动，可以极大加快系统的恢复。为使风电能够成为黑启动电源，国内外学者进行了相关研究。文献［12］提出了一种风电黑启动的思路，由双馈风机和加在直流侧的蓄电池构成黑启动电源，将黑启动划分成不同阶段，依据不同阶段对启动电源的要求，设计了对应的风机控制策略，逐步实现网络的恢复。文献［13］使用恒速恒频风力发电机组作为黑启动电源，通过加装SVC提供发电机励磁，以及柴油发电机提供风机控制和辅机设备的方式实现风机的自启动，并且通过仿真论证了风电参与黑启动的可行性。风电、光伏等新能源出力受自然条件的影响呈现出一定的波动性，且不具备传统发电机组的调压调频能力和过载能力，因此风电、光伏一类的DG用作黑启动电源时需要与储能装置或柴油发电机协同作用，以维持黑启动过程中系统的电压与频率稳定，同时耐受一定容量非黑启动电源启动造成的短时功率冲击。

（3）储能黑启动研究现状。

储能作为一个新兴产业，近年来在国内发展迅速，目前已在各地区电力系统中有一定规模的投入。储能系统具有充放电转换灵活、功率因数可调、响应速度快等优点，这与黑启动在某些方面的需求具有相契合的特点，因此储能系统参与黑启动应用的研究，具有极其重要的理论意义和实际价值。文献［14］在分析机组启动负荷特性的基础上，提出了黑启动用储能系统的容量和电量配置要求、储能系统接入方案。在此基础上，进一步分析了机组储能黑启动方案，对黑启动用储能系统提出了具体的性能要求。文献［15］以某实际储能型双馈风电场为例，介绍了风电场内部的接线方式，并对通电与断电状态下其内部开关的状态进行了分析，从而提出了储能型风电场作为电网黑启动电源的技术方案。根据电网对黑启动电源运行特性的有关规定，从储能型风电场持续发电能力和现有运行控制技术两个角度，探讨了其作为电网黑启动源的可行性。

（4）电动汽车充电站黑启动研究现状。

电动汽车作为一种新型交通工具，在缓解能源危机、促进人类与环境的和谐发展等方面具有不可比拟的优势[16]。随着电动汽车的推广，与其配套的大规模充换电站成为城市电网中最具潜力的新型黑启动电源之一。如果电动汽车充换电站留有足够的剩余容量，即可向黑启动电源容量不足的区域电网提供能量，辅助电网黑启动。同时当电动汽车充电站内的可用电池容量达到一定程度时，就可以为无黑启动电源或黑启动机组容量不够充裕的区域电力系统提供机组启动功率，辅助系统恢复。文献［17］建立了评估电动汽车充换电站可用容量的数学模型，构造了计及充换电站可用容量不确定性的网架重构模型，验证了电动汽车充换电站辅助电网黑启动的可行性。电动汽车电池和储能系统在电力系统发生大停电事故后，具有参与电力系统恢复优化的能力。从理论上讲，电动汽车充电站能够利用自身储能作为黑启动电源，恢复停电线路和非黑启动发电机组。然而，在实际系统恢复过程中，电动汽车存储的电能除了需要满足启动电源的要求外，还需要具备一定的调频和带负载能力。具备上述功能的电动汽车充电站可在系统恢复时作为恢复电源，同时可把电动汽车视作灵活的储能单元，不仅可以为恢复过程提供电能，而且可以作为负荷来维持系统恢复过程中的功率平衡[18]。到目前为止，在利用电动汽车充电站作为黑启动电源辅助电力系统恢复方面，国内外尚没有研究报道。

（5）微网黑启动研究现状。

微网是由DG、储能系统、能量转换装置、负荷和检测保护装置等组成的小型电力系统[19]、[22]。微网利用其自身的控制技术，能够运行在并网模式或孤岛模式。并网运行的微网接入主网，向主网提供富余功率或从主网获取功率补充自身功率不足。孤岛运行的微网不与主网相连，通过内部微源为自身负荷供电，构成自治的小型电力系统。在主网故障时，并网运行微网自动与主网断开并切换到孤岛运行模式，保证其内部负荷的电能需求。因此，在含微网的电力系统中，当主网异常或故障时，微网可利用其内部的DG运行在孤岛模式，而不至于使得整个电力系统陷入全黑状态。相较于传统电网，微电网的黑启动研究正处于起步阶段，文献［23］研究了微网作为黑启动电源参与发生自然灾害后的电力系统恢复策略，结果表明微网作为黑启动电源能够有效缩短非黑启动机组恢复所需的时间，文献［24］从微网作为局部电源、社区电源和黑启动电源三个方面分析了微网作为弹性电源的暂态特性，并以华盛顿州立大学微网验证了微

网作为黑启动电源为非黑启动机组提供启动功率的可行性和有效性。

2. 基于OPF的黑启动方案

在现有的研究中，通常一个调整步内只启动一台发电机，导致黑启动时间较长。当黑启动电源具有较大的装机容量和良好的运行性能，或已恢复区域达到一定规模时，可以在满足系统各项约束的条件下，在同一步内并行启动多台发电机以加快恢复速度[25]。本章利用OPF模型，对黑启动方案制定流程进行创新，提出了并行黑启动方案制定方法，该方法可以在考虑系统频率约束和系统电压约束的前提下提前启动非黑启动发电机，提升系统恢复效率，缩短系统恢复时间，为后续的恢复阶段提供更大的功率支持。

需要说明的是本章所研究的并行黑启动方案均在同一分区内进行，也就是在同一区域内同时恢复多台发电机。

与文献［26］类似，将待启动机组的启动功率在已启动机组间分配的问题建模为OPF问题。为减少黑启动时间，可建立一种OPF模型。在模型中考虑了发电机的充电时间，通过设定合理的目标函数使每步的调整时间最短，并满足各种系统和机组的运行约束。求解该OPF问题，可以确定每一个恢复步骤中各个已启动发电机组的出力情况和系统的运行状态，以保证该恢复步骤所用时间最短。

3. 并行黑启动方案

如图6-8所示，左图为现有的在一个调整步内只启动一台发电机的黑启动方案（即串行黑启动方案），在0～t_4时刻分别启动了一台发电机，假设发电机编号为1～5号。在右图中0时刻和t_3'时刻分别启动了两台发电机，t_2'时刻启动了一台发电机。假设机组启动顺序不变，0时刻启动了1、2号发电机，t_2'时刻启动了3号发电机，t_3'时刻启动了4、5号发电机。2号发电机的启动时刻从t_1降低到了0时刻，5号发电机的启动时刻从t_4降低到了t_3'，提前启动了这两台发电机，使得这两台发电机可以更早地进入爬坡阶段，为后续的黑启动过程提供更大的功率支持，从而降低黑启动时间。

在发电机并行启动过程中，电压越限的可能性要比只启动一台发电机时更高。为避免电压越限，应尽量启动靠近已充电区域的发电机。

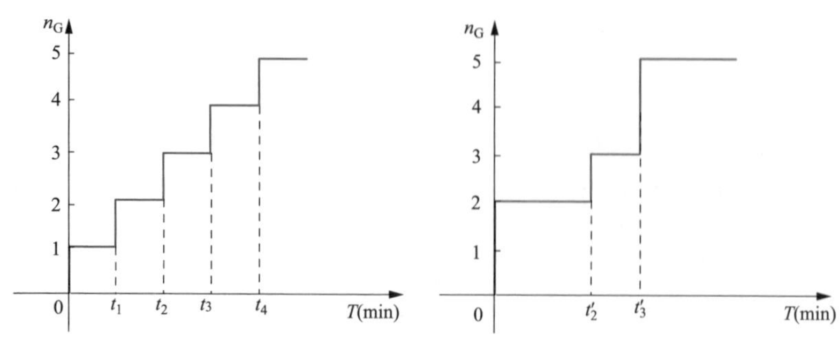

图6-8　并行黑启动方案示意图

4. 含HVDC的黑启动方案制定方法

HVDC的特性与常规发电机有所不同，需要在搜索策略中单独考虑。考虑到HVDC容量通常较大，其所能提供的有功功率和它的爬坡速率要比常规发电机大得多，为了加快电力系统的恢复，在黑启动过程中应该尽可能地优先启动HVDC。具体方案制定步骤如下：

（1）设置待启动发电机集合为空集。若HVDC未启动则利用迪杰斯特拉算法寻找已启动区域到HVDC换流母线的最优路径，进而考察启动过程中系统是否满足短路比约束、线路工频电压约束、系统频率约束、系统潮流约束。若满足各项约束条件，则启动该HVDC，若不满足则认为在此时系统不具备启动该HVDC的条件，不能启动该HVDC，开始分析启动其他发电机的策略。

（2）搜寻所有未启动的发电机，根据发电功率排序；以各条线路充电电流作为线路权值利用迪杰斯特拉算法，得到已恢复区域到目标机组的最优路径，并对其运行的电压约束进行校验。将目标机组和待启动发电机集合中机组的启动功率相加，一并纳入系统频率计算，对系统频率进行校验。最后，将目标机组和待启动发电机集合中的机组一并纳入OPF计算，将其启动功率分配给已启动机组。通过进行OPF计算考察其是否满足系统潮流约束，若OPF收敛，则认为考察通过，将该目标机组纳入该步待启动发电机集合中。

（3）若在当前深度内所有发电机都在待启动集合内，则说明当前电网强度较高、可以继续尝试启动下一深度中的发电机。若待启动发电机集合仍为空集，则需要扩大搜索深度，继续搜索启动其他发电机。若最终系统内所有发电机都已启动，则认为找到了该系统的黑启动方案，黑启动成功。若此时仍有未启动

发电机，则未能启动所有机组，黑启动失败。搜索算法结束。

上述策略制定中，需要考虑HVDC系统的临界短路比约束。临界短路比（CSCR）的定义为HVDC最大可送功率点与额定工作点重合时短路比的大小。在HVDC的运行过程中HVDC的短路比应大于临界短路比。原有的CSCR仅对额定工作点有定义，而黑启动过程中HVDC通常在非额定工作点运行，此时CSCR需要重新计算。因此本文针对黑启动过程的特点，对CSCR的定义进行修正，将CSCR定义为最大可送功率点与当前工作点重合时的短路比大小。

假设稳态下可以通过调节换流变压器分接头保证直流电压恒定；在HVDC启动过程中，稳态下HVDC系统所消耗的所有无功功率均由无功补偿器提供，与交流系统没有无功交换，经过推导可以得到

$$\mathrm{CSCR}=\frac{2\left(U_{\mathrm{d0}}{}^{2}+U_{\mathrm{d}}R_{\mathrm{c}}I_{\mathrm{d}}-U_{\mathrm{d}}{}^{2}\right)I_{\mathrm{d}}}{\sqrt{U_{\mathrm{d0}}{}^{2}-U_{\mathrm{d}}{}^{2}}I_{\mathrm{dn}}\left(U_{\mathrm{d}}-R_{\mathrm{c}}I_{\mathrm{d}}\right)} \tag{6-9}$$

由于R_{c}通常较小，忽略$R_{\mathrm{c}}I_{\mathrm{d}}$的二次方项，可得

$$\mathrm{CSCR}=2\tan\gamma\frac{I_{\mathrm{d}}}{I_{\mathrm{dn}}}\left(1+\frac{2R_{\mathrm{c}}I_{\mathrm{d}}}{\sin^{2}\gamma U_{\mathrm{d}}+\cos^{2}\gamma R_{\mathrm{c}}I_{\mathrm{d}}}\right) \tag{6-10}$$

为了简化计算，忽略$\cos^{2}\gamma R_{\mathrm{c}}I_{\mathrm{d}}$项，将方程简化为$I_{\mathrm{d}}$的二次方程

$$\mathrm{CSCR}=2\tan\gamma\frac{I_{\mathrm{d}}}{I_{\mathrm{dn}}}\left(1+\frac{2R_{\mathrm{c}}I_{\mathrm{d}}}{\sin^{2}\gamma U_{\mathrm{d}}}\right) \tag{6-11}$$

式中：U_{d0}为当前工作点的理想空载直流电压；R_{c}是等值换相电阻；γ是熄弧超前角。

由于HVDC处在降压运行状态，γ大致在36° 左右，取$\cos\gamma$=0.8、U_{d}=0.7（标幺值）、直流电流额定值I_{dn}=1（标幺值）。根据实际工程经验，取R_{c}=0.143（标幺值）。得到精确的CSCR和近似化简后的CSCR与当前工作点关系。由于忽略的都为$R_{\mathrm{c}}I_{\mathrm{d}}$项，在$I_{\mathrm{d}}$很小时，CSCR的精确值与用上述方法化简的近似值几乎相等，误差很小。该误差随着I_{d}的增大而增大。当$I_{\mathrm{d}}=I_{\mathrm{dn}}$时，CSCR精确值为2.707，化简后近似值为2.690。近似误差小于1%。对于某确定的交直流系统，可以计算出此时HVDC的SCR。为保证HVDC的稳定运行，黑启动过程中HVDC的SCR应始终大于CSCR。将SCR＞CSCR代入式（6-11）中，可得I_{d}应

小于某一定值，此定值即为该系统条件下的最大可传输电流$I_{d,max}$。

最后，因为直流电压几乎不变，即可得到HVDC当前最大可传输直流功率。当此最大功率大于P_{min}时，HVDC才能启动。因此HVDC启动应满足公式

$$I_{d,max} \times U_d > P_{min} \tag{6-12}$$

第二节　城市配电网灾后微网化孤岛应急供电技术

本节主要从基于微电网的灾后关键负荷的应急供电、多个微电网互济运行和控制以及保障关键负荷应急供电的孤岛微网优化控制三个方面来介绍城市配电网灾后微网化应急供电技术。基于微电网的灾后关键负荷的应急供电考虑微电网内部供电资源的有限性以及拓扑约束，制定最优的恢复策略。多个微电网互济运行和控制研究灾后恢复阶段多微电网之间的合作机制，以实现经济性最大化。保障关键负荷应急供电的孤岛微网优化控制提出一种微电网内部的有限供电资源为微电网内部负荷应急供电，使得配电网断电期间的供电效益最大化的优化控制方法。

一、基于微电网的灾后关键负荷的应急供电

在极端自然灾害发生后，一个具有较强灾害应对能力的配电网应当能够迅速恢复配电网中断电的关键负荷[27]。在配电网停电时，可以使用微电网为配电网馈线上的关键负荷恢复供电[27]、[28]。然而，在极端自然灾害过程中与结束后一段时间内，微电网中的供电资源如天然气和化石燃料的总量是有限的[28]。而且由于灾害对电力网络与交通系统的破坏，这些燃料可能难以得到及时补充，由此大大影响微电网的可用性（availability），也即微电网为内部负荷供电的能力。本章提出了在极端自然灾害后，利用储存有限供电资源的微电网恢复配电网关键负荷的重构方法。

1. 面向灾后恢复的微电网可用性分析

（1）微电网的可持续运行时间。

在配电网停电时，微电网可以处于两种运行状态：离网状态和恢复状态。当微电网从配电网断开，只为其内部负荷供电时，称其处于离网状态（islanded mode）。若微电网与配电网馈线相连，并为馈线上的关键负荷供电时，称其运

行于恢复状态（restoration mode）。在这两种状态中，都使用可调度 DG 和储能设备维持微电网内部的功率平衡。

在极端自然灾害过程中及之后一段时间内，微电网内储存的供电资源总量通常是有限的，而且很难得到及时补充。在本章中，将微电网的可持续运行时间（continuous operating time，COT）定义为微电网在给定供电资源（FR和SOC）的情况下，可以在指定运行方式保持内部负荷不间断供电的最大预期时间。在考虑可再生能源发电和负荷需求的不确定性时，由于可调度DG和储能设备的输出功率需要随之改变以维持微电网内部的功率平衡，导致供电资源的消耗速度也带有随机性。此时微电网的COT是一个随机变量，在计算时必须考虑其概率分布。

微电网COT与蓄电池的放电剩余时间（discharge reserve time）在概念上十分类似，后者表示蓄电池能够为指定负载供电的最长时间。两者最大的不同是微电网COT考虑了可再生能源发电与负荷的不确定性，无法直接通过供电资源总量除以负荷功率得到。在本章中提出了一套基于马尔可夫链的方法来评估微电网的COT。COT与放电剩余时间的另一个不同就是COT考虑了微电网中各种类型的供电资源（如柴油和天然气），而放电剩余时间仅考虑了蓄电池中储存的电能。

（2）微电网的恢复可用性。

当且仅当一个微电网能够在整个配电网停电时间（表示为T^{O}）中为内部重要负荷持续供电，且具有富余的供电资源与容量时，此微电网才可以参与到配电网负荷恢复中。假设此微电网正运行于离网状态，而且其内部非重要负荷已经在此之前全部切除。那么可以得到以下结论：如果微电网的$COT \geqslant T^{\mathrm{O}}$，它可以被用于配电网负荷恢复；否则，它不具有恢复可用性。

对于一个具有恢复可用性的微电网，用其恢复配电网馈线上的一些关键负荷，设c表示其中的一个关键负荷。由于微电网中储存的供电资源有限，微电网能够为关键负荷c供电的时间有一个上限，用$T_{\mathrm{c}}^{\mathrm{R}}$表示。在$T_{\mathrm{c}}^{\mathrm{R}}$之后，微电网转换到离网运行状态。设$k$表示微电网的一个内部负荷，而微电网中储存的剩余供电资源可以保证微电网在离网状态运行的时间长度为$T_{\mathrm{k}}^{\mathrm{I}}$。此时，微电网的$COT$等于$T_{\mathrm{c}}^{\mathrm{R}}+T_{\mathrm{k}}^{\mathrm{I}}$。为了防止微电网停电，必须满足$T_{\mathrm{c}}^{\mathrm{R}}+T_{\mathrm{k}}^{\mathrm{I}}=COT \geqslant T^{\mathrm{O}}$。另一方面，当配电网供电恢复之后，关键负荷不再需要微电网为其供电，所以$T_{c}^{R} \leqslant T^{O}$。总结起来就是，$T_{c}^{R}$是满足以下约束的最大值

$$T_{c}^{R} + T_{k}^{I} \geqslant T^{O} \tag{6-13}$$

$$T_{c}^{R} \leqslant T^{O} \tag{6-14}$$

不等式（6-13）与式（6-14）给出了有限供电资源对T_{c}^{R}的上限约束。设当T_{c}^{R}增加ΔT_{c}^{R}时，T_{K}^{I}会减小ΔT_{K}^{I}。由于微电网运行于恢复状态时的负荷总量大于离网状态，所以$\Delta T_{K}^{I} > \Delta T_{c}^{R}$，$T_{c}^{R} + T_{K}^{I}$由此会减小。因此，若供电资源储备能够满足微电网在整个停电时间中都运行于恢复状态，T_{c}^{R}由式（6-14）给出；否则，T_{c}^{R}由式（6-13）给定。当考虑不确定性时，微电网的COT为随机变量。此时，由约束（6-13）给定的T_{c}^{R}也为随机变量，难以直接在优化中考虑。为此，定义T_{c}^{R}的百分位数

$$\underline{T}_{c}^{R} = \sup\left\{T | P_{r}\left(T_{c}^{R} \geqslant T\right) \geqslant \alpha\right\} \tag{6-15}$$

式中：$\underline{T}_{c}^{R}$表示T_{c}^{R}的α百分位数；α是一个事先选定的概率等级；$P_{r}(\bullet)$表示$(\bullet)$中随机事件的发生概率；$\sup\{\bullet\}$为取$\{\}$中集合的上确界。

在式（6-15）中，通常将α选为一个较大的概率值，如α=0.95。式（6-15）保证T_{c}^{R}在95%的情况下大于$\underline{T}_{c}^{R}$。类似于风险价值（Value-at-Risk）的定义，将$\underline{T}_{c}^{R}$用于在优化问题中代表随机变量T_{c}^{R}的整体水平。值得指出的是，约束$COT \geqslant T^{O}$仅能保证微电网内部的负荷需求在T^{O}内得到满足。在实际中，参与负荷恢复的微电网应当在T^{O}后保留一些供电资源，以提高内部负荷的可靠性。在这种情况下需要添加一个与T_{c}^{R}相关的约束，其中$E_{m}(t)$在T^{O}结束时刻应当不小于一个事先给定的资源储备水平。

2. 配电网负荷恢复优化模型

CCP由Charnes和Cooper提出，其已被用于处理配电网重构问题中的不确定性。本节建立了配电网负荷恢复问题的CCP模型：首先，提出了研究中的假设条件；随后描述了具体的优化目标和问题；最后，介绍了将机会约束转化为确定性约束的方法。

在本章中系统功能函数$F(t)$被选定为在t时刻为关键负荷供给的考虑重要性权重的功率，$t \in \left[t_{r}, t_{r} + T^{O}\right]$。

$$F(t)=\sum_{c\in\mathbf{C}}W_c\cdot P_c(t),t\in\left[t_r,t_r+T^{\mathrm{O}}\right] \tag{6-16}$$

式中：C表示由微电网恢复的关键负荷所组成的集合；c为C中的一个任意负荷，即$c\in C$；W_c是负荷c的权重，它代表负荷的重要程度；$P_c(t)$是负荷c在t时刻的有功功率。对于$t\in\left[t_r,t_r+T^{\mathrm{O}}\right]$，$P_c(t)$等于$P_c^{\mathrm{N}}$，其中$P_c^{\mathrm{N}}$是关键负荷$c$的额定有功功率；对于$t\in(t_r+T_c^{\mathrm{R}},t_r+T^{\mathrm{O}}]$，$P_c(t)$等于0。

将负荷恢复问题的首要目标选定为最大化关键负荷供给的带有重要性权重的电能，即

$$\max\sum_{c\in\mathrm{C}}W_c\cdot P_c^{\mathrm{N}}\cdot \underline{T}_c^{\mathrm{R}} \tag{6-17}$$

选定优化模型的次要目标为最小化恢复时关键负荷平均电压偏差的期望值，即

$$\min E\left[\frac{1}{|\boldsymbol{C}|}\sum_{c\in\boldsymbol{C}}\left(\bar{V}_c-V_c^{\mathrm{N}}\right)^2\right] \tag{6-18}$$

对于参与负荷恢复的微电网，其所恢复的关键负荷以及内部负荷的运行时间约束为

$$T_c^{\mathrm{R}}+T_k^{\mathrm{I}}\geqslant T^{\mathrm{O}},c\in\boldsymbol{C}_m,k\in\boldsymbol{K}_m,m\in\boldsymbol{M} \tag{6-19}$$

$$T_c^{\mathrm{R}}\leqslant T^{\mathrm{O}},c\in\boldsymbol{C} \tag{6-20}$$

$$P\left(T_c^{\mathrm{R}}\geqslant\underline{T}_c^{\mathrm{R}}\right)_r\geqslant\alpha,c\in\boldsymbol{C} \tag{6-21}$$

式中：$\boldsymbol{M}$是参与负荷恢复的微电网所组成的集合；m是$\boldsymbol{M}$中的任意微电网，即$m\in\boldsymbol{M}$；$\boldsymbol{C}_m$是C的子集，表示由微电网m所恢复的关键负荷所组成的集合；$\boldsymbol{K}_m$表示微电网m的内部负荷所组成的集合；k是$\boldsymbol{K}_m$中的任意负荷，即$k\in\boldsymbol{K}_m$。

为了提升微电网内部负荷的可靠性，参与负荷恢复的微电网应当在t_r+T^{O}时刻保留一些供电资源，即

$$E_m\left(t_r+T^{\mathrm{O}}\right)\geqslant E_m^{\mathrm{U}},m\in\boldsymbol{M} \tag{6-22}$$

其中，E_m^{U}是微电网m的最低资源储备。E_m^{U}的值可以根据微电网所有者的需要设定，其决定了供电资源约束的保守性。如果所有者希望微电网内部负荷具有较高的可靠性，那么可以将E_m^{U}设定为一个较大的值；否则，可以将其设定为一个较小的值。若E_m^{U}=0，说明微电网不需要保留资源储备。

在恢复过程中的任意时刻，必须满足三相不平衡潮流方程，以保证有功和无功功率的平衡。潮流中各个变量，如母线电压、线路电流和DG输出功率都应当在给定的范围内

$$P_{u_1,t}^{p_1} - jQ_{u_1,t}^{p_1} = \left(V_{u_1,t}^{p_1}\right)^* \sum_{u_2}\sum_{p_2} Y_{u_1u_2}^{p_1p_2} v_{u_2,t_2}^{p_2} \quad (6-23)$$

$$P_r\left\{V_u^U \leqslant V_{u,t} \leqslant V_u^M\right\} \geqslant \beta_1 \quad (6-24)$$

$$P_r\left\{I_{l,t} \leqslant I_l^M\right\} \geqslant \beta_2 \quad (6-25)$$

$$P_r\left\{P_{d,t}^2 + Q_{d,t}^2 \leqslant \left(S_d^M\right)^2\right\} \geqslant \beta_3 \quad (6-26)$$

$$u_1, u_2, u \in \boldsymbol{B}, p_1, p_2 \in \{a,b,c\}, l \in \boldsymbol{L}, d \in \boldsymbol{D}, t \in \left[t_r, t_r + T^O\right] \quad (6-27)$$

式中：$\boldsymbol{B}$、$\boldsymbol{L}$和$\boldsymbol{D}$分别为配电网中母线、线路和DG所组成的集合；u_1，u_2，u均为$\boldsymbol{B}$中的任意母线，即$u_1,u_2,u \in \boldsymbol{B}$；$l$为$\boldsymbol{L}$中的任意线路，即$l \in \boldsymbol{L}$；$d$为$\boldsymbol{D}$中的任意DG，即$d \in \boldsymbol{D}$；$a$，$b$，$c$分别代表a、b、c三相，$p_1$，$p_2$为三相中的任意相；$V_{u,t}$、$V_u^U$和$V_u^M$分别为母线$u$在$t$时刻的电压幅值及其下限和上限约束；$(\cdot)^*$为取共轭运算；$Y_{u_1u_2}^{p_1p_2}$为$u_1$的$p_1$相与$u_2$的$p_2$相之间的导纳；$I_{l,t}$、$I_l^M$分别为线路$l$在$t$时刻的电流及其上限值；$P_{d,t}$、$Q_{d,t}$和$S_d^M$分别为DG d在t时刻的有功功率、无功功率和视在功率的上限值；β_1、β_2和β_3为事先给定的概率水平。

配电网在运行时需要保持辐射状结构，即恢复中不能出现环网。此外，每个关键负荷不能同时被1个以上的微电网恢复。由于T^O是由DSO估计得到的配电网停电时间，所以T^O与实际的配电网停电时间可能并不完全相同。本章所提出的关键负荷恢复策略仅在T^O为准确值时是配电网的最优恢复策略。如果实际系统的停电时间大于预计时间，微电网可能由于供电资源耗尽而停电。在这种情况下，供电资源约束有助于减小微电网完全停电的风险。如果实际系统的停电时间小于所估计的T^O，那么本章所提方法得到的关键负荷恢复策略可能具有一定的保守性。

3. 基于MDP的微电网可持续运行时间的评估方法

（1）基于马尔可夫链的微电网运行模型。

给定N_{t+1}个间隔为Δt的时刻t_0，$t_1,\cdots,tN_t$，设$E_m(t_0)$，$E_m(t_1),\cdots,E_m(tN_t)$分别为

微电网m在每个时刻$E_{\mathrm{m}}(t)$的值。$E_{\mathrm{m}}(t)$可能取到的最大值用E_m^M表示，其表示微电网中所有燃料存储装置和储能设备都被充满的状态。将微电网的可用供电资源总量作为马尔可夫状态。由于供电资源总量是一个连续值，而马尔可夫状态的个数是有限的，所以需要将前者离散化。马尔可夫状态可以表示为

$$\boldsymbol{E}=\left\{e_1,e_2,\cdots,e_{N_{\mathrm{e}}}\right\} \tag{6-28}$$

式中：$\boldsymbol{E}$是马尔可夫链的状态空间；$e_1,e_2,\cdots,e_{N_{\mathrm{e}}}$表示$N_{\mathrm{e}}$个离散马尔可夫状态，设这些状态在［$0, E_{\mathrm{m}}^{\mathrm{M}}$］中是均匀分布的，它们之间的间隔等于$\Delta E$，即

$$\Delta E=\frac{E_m^{\mathrm{M}}}{N_{\mathrm{e}}} \tag{6-29}$$

对于任意时间段［t_{h-1},t_h］；$h=1,2,\cdots,N_t$，设P_{out}为可调度DG和储能设备在此时间段输出的有功功率平均值之和。那么马尔可夫的状态转移为

$$E_{\mathrm{m}}\left(t_h\right)-E_{\mathrm{m}}\left(t_{h-1}\right)=\left[\frac{\Delta t \bullet P_{\mathrm{out}}}{\Delta E}\right]_r \tag{6-30}$$

式中：$[\cdot]_r$为取整运算，输出与输入值最为接近的整数值。

P_{out}由可调度DG和储能设备在当前时间段内的输出功率平均值相加得到。由于可调度DG无法像储能设备那样充电，所以其负的输出功率并不计入P_{out}。P_{out}是一个随机变量，它的概率分布可以通过在每个时间段内的随机潮流计算得到。此时间段内的马尔可夫状态转移概率可以表示为

$$\begin{gathered}p_{j,l}=P_{\mathrm{r}}\left\{E_{\mathrm{m}}\left(t_{\mathrm{h}}\right)=e_l \mid E_m\left(t_{\mathrm{h}-1}\right)=e_j\right\} \\ \begin{cases}P_{\mathrm{r}}\left\{e_l-e_j \geqslant\left[\dfrac{\Delta t \bullet P_{\mathrm{out}}}{\Delta E}\right]_r\right\}, l=1, j=1,2,\cdots,N_e \\ P_{\mathrm{r}}\left\{e_l-e_j=\left[\dfrac{\Delta t \bullet P_{\mathrm{out}}}{\Delta E}\right]_r\right\}, l=2,\cdots,N_e-1, j=1,2,\cdots,N_e \\ P_{\mathrm{r}}\left\{e_l-e_j \leqslant\left[\dfrac{\Delta t \bullet P_{\mathrm{out}}}{\Delta E}\right]_r\right\}, l=N_e, j=1,2,\cdots,N_e\end{cases}\end{gathered} \tag{6-31}$$

在上式中，转移到状态e_l和e_{N_e}的概率需要特别定义，用以代表微电网中的供电资源储备已经达到上限或者下限值。马尔可夫的状态转移矩阵由式（6-31）所计算出的元素构成。

设xt_0，$xt_1,\cdots,xt_{Nt}$为马尔可夫状态在每个时刻的概率分布，在得到每个时间

段内的马尔可夫状态转移矩阵后，微电网在t_{Nt}时刻的概率分布为

$$x_{t_{N_t}} = x_{t_0} \cdot \boldsymbol{P}^{\left[t_{0,t_1}\right]} \cdot \boldsymbol{P}^{\left[t_{1,t_2}\right]} \cdots \boldsymbol{P}^{\left[t_{N_t-1,t_{N_t}}\right]} \tag{6-32}$$

（2）微电网的恢复可行性与恢复时潮流计算方法。

对于一个给定的关键负荷恢复策略，COT相关约束决定了此策略中所使用的微电网是否可以参与恢复，以及优化目标中的T_c^R的值。设$t_0 = t_r$，$t_{Nt}=t_r+T^{\mathrm{O}}$。对于微电网m，设c表示其所恢复的一个关键负荷，$\boldsymbol{P}_I$和$\boldsymbol{P}_R$分别表示微电网运行于离网状态和恢复状态时的马尔可夫状态转移矩阵。对于一个整数g，当$T_{\mathrm{c}}^{\mathrm{R}}$等于$g\Delta t$时，可以将$x_{t_r+T^{\mathrm{O}}}$表示为$g$的函数，即

$$x_{t_r+T^{\mathrm{O}}}(g) = x_{t_r} \cdot \boldsymbol{P}_{\mathrm{R}}^{\left[t_{r,t},t_r+\Delta t\right]} \cdots \boldsymbol{P}_{\mathrm{R}}^{\left[t_r+(g-1)\Delta t,t_r+g\Delta t\right]} \cdot \boldsymbol{P}_{\mathrm{I}}^{\left[t_r+g\Delta t,t_r+(g+1)\Delta t\right]} \cdots \boldsymbol{P}_{\mathrm{I}}^{\left[t_r+T^{\mathrm{O}}-\Delta t,t_r+T^{\mathrm{O}}\right]} \tag{6-33}$$

约束式（6-33）给出了微电网参与负荷恢复的边界条件。用γ表示微电网在时刻满足式（6-33）的概率。由于γ可由$x_{t_r+T^{\mathrm{O}}}$计算得到，因此也可以将γ表示为g的函数，即

$$\gamma(g) = P_r\left\{E_m(t_r+T^{\mathrm{O}}) \geqslant E_m^U\right\} = \sum_{n=n_m}^{N_r} x_{t_r+T^{\mathrm{O}}}^{(n)}(g)\gamma(g) \geqslant \alpha \tag{6-34}$$

式中：n_m为不小于$E_m^{\mathrm{U}} = \Delta E$的最小整数；$x_{t_r+T^{\mathrm{O}}}^{(n)}(g)$表示$x_{t_r+T^{\mathrm{O}}}(g)$的第$n$项。

从另一个角度而言，如果微电网m在恢复关键负荷c时满足式（6-31），这说明T_c^R不小于$g\Delta t$。这两个相同事件的概率应当相等，即

$$\gamma(g) = P_r\left(T_c^R \geqslant g\Delta t\right) \tag{6-35}$$

根据式（6-34）和式（6-35），当$\gamma(g)=\alpha$时有$T_c^R = g\Delta t$。由此可以得到T_c^R的计算流程，如图6-9所示。

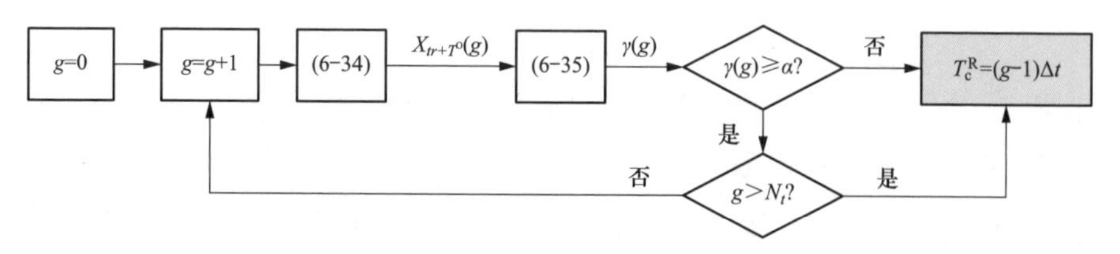

图6-9　T_c^R的计算流程

在图6-9中，g从0增加到N_t以满足式（6-25）和式（6-26）。对于每一个

g的取值，通过式（6-34）计算$x_{t_r+T^o}(g)$，进而通过式（6-36）计算$\gamma(g)$。随后，将$\gamma(g)$与α相比较，寻找满足$\gamma(g)\geqslant\alpha$的最大g值。在找到这样的g后，有$T_c^R=g\Delta t$。如果T_c^R=0，这说明微电网m无法参与负荷恢复，使用此微电网恢复负荷的配电网关键负荷恢复策略是不可行的。

4. 求解策略

使用微电网恢复配电网关键负荷时，配电网的恢复策略是由很多条恢复路径组成的。每条恢复路径从一个微电网起始，并结束于一个或多个关键负荷处。这些恢复路径可以分为两类：单微电网单负荷（single-microgrid/single-load，SMSL）路径和多微电网多负荷（single-microgrid/multiple-load，SMML）路径。如果一条路径满足恢复时间、供电资源和潮流约束，便称其是可行的，否则称其不可行。基于恢复路径的搜索和选取，本节提出了求解CCP模型的两阶段启发式方法，可以得到配电网的关键负荷恢复策略。

5. 示例和分析

（1）示例介绍。

采用IEEE 123母线配电网系统对所提优化决策方法进行测试。算例拓扑如图6-10所示。设母线37、46、90、94和106处接有的负荷为关键负荷。其中CL-37和CL-46的重要性较高，其权重（W_c）取为5，而CL-90、CL-94和CL-106的重要性较低，其权重取为1。3个微电网分别接在母线50、56和66处。微电网的拓扑和参数分别在图6-11和表6-3中给出。在每个微电网中，将燃气轮机（DG1）作为主电源，用于平衡微电网内部快速变化的可再生能源DG和负荷功率。

本节在4个情景下测试了配电网的关键负荷恢复策略。对于每个情景，设在极端自然灾害后输电网无法为配电网供电，而且3个微电网均在灾害中存活。配电网将使用这3个微电网为关键负荷提供电能。

表6-3　　优化模型参数

参数名	参数值	参数名	参数值	参数名	参数值
α，β_1，β_2，β_3	0.95	V^M	1.05（标幺值）	V^U	0.095（标幺值）
E^U	20%	I^M	1.2（标幺值）	S^M	1.0（标幺值）
N_e	100	Δt	1h	N_{ms}	1000
T^O	48h	λ	0.001		

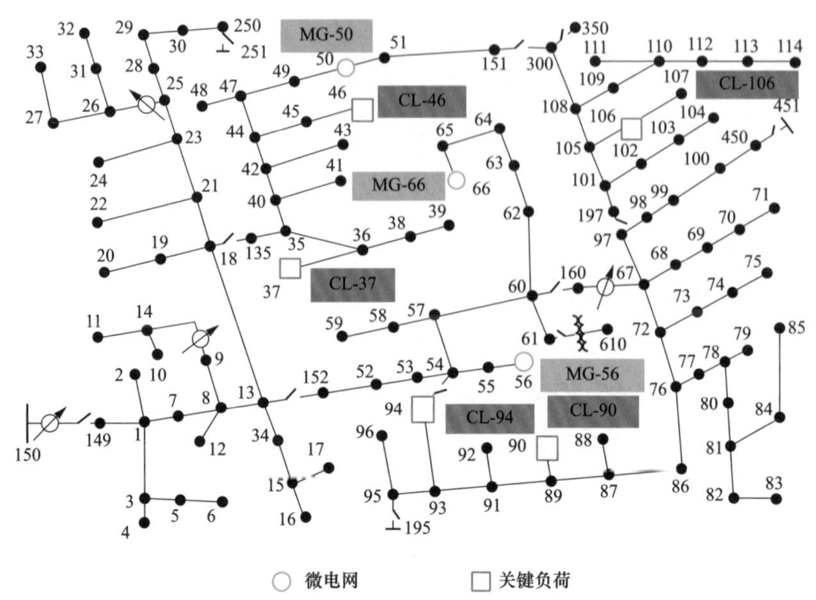

图6-10　含有微电网与关键负荷的配电网系统拓扑结构

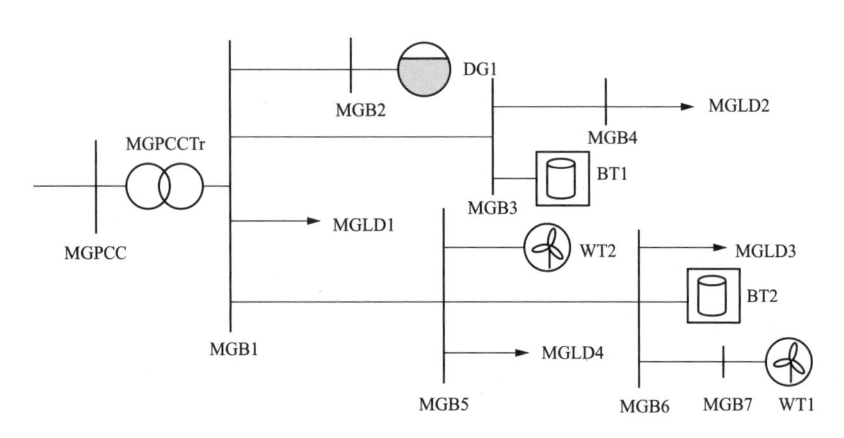

图6-11　微电网拓扑结构

（2）结果和分析。

设在极端自然灾害后，MG-50、MG-56和MG-66分别储存有70%、80%和60%的供电资源。同时，线路51-151（母线51与母线151之间的配电网线路）处发生故障，此线路停运。

1. 恢复策略表的建立

第一阶段建立的恢复策略表由2418条恢复路径组成。对于每个微电网，由其起始并用于恢复不同数目关键负荷的恢复路径条数在表6-4中给出。

表 6-4　　恢复策略表中对应恢复路径的条数

起始微电网	恢复 q 个关键负荷的路径条数					路径总条数
	q=1	q=2	q=3	q=4	q=5	
MG-50	14	77	208	276	144	719
MG-56	13	67	171	216	108	575
MG-66	16	100	304	448	256	1124

2. 恢复策略表的更新

将含有停运线路51-151的恢复路径从策略表中移除。在更新后，策略表中仅有201条可行的恢复路径。对于每个微电网，由其起始并用于恢复不同数目关键负荷的恢复路径条数如表6-5所示。可见在更新之后，恢复策略表中的可行恢复路径条数大大减小。

表 6-5　　更新后策略表中对应恢复路径的条数

起始微电网	恢复 q 个关键负荷的路径条数					路径总条数
	q=1	q=2	q=3	q=4	q=5	
MG-50	6	14	16	9	2	47
MG-56	6	14	16	9	2	47
MG-66	8	25	38	28	8	107

3. 关键负荷恢复策略的制定

通过求解线性整数优化问题，从表6-5中选择合适的恢复路径构成的关键负荷恢复策略如表6-6所示。其中，CL-37和CL-46分别由MG-56和MG-50恢复，而CL-90、CL-94和CL-106则同时由MG-66恢复。这些负荷的 $\underline{T}_c^R$ 也在表6-6中给出。

表 6-6　　情景 I 的配电网关键负荷恢复策略

关键负荷	微电网	途径母线	$\underline{T}_c^R$（h）
CL-37	MG-56	56-55-54-53-52-152-13-18-135-35-36-37	10.1
CL-37	MG-56	50-49-47-44-45-46	21.0
CL-37	MG-56	66-65-64-63-60-160-67-72-76-86-87-89-90	6.0
CL-37	MG-56	66-65-64-63-62-60-160-67-72-86-87-89-91-93-94	6.0
CL-37	MG-56	66-65-64-63-62-60-160-67-97-197-101-105-106	6.0

二、灾后多微电网互济运行和控制

微电网不仅能够实现对DG的有效利用和灵活管控，解决边远地区的供电难题，还能在配电网停电情况下保证内部及周边重要负荷的持续供电，提升配电网应对极端自然灾害的能力[31]。随着微电网技术的发展，在一个配电网区域，有可能会出现多个临近的微电网，构成一个多微电网系统[32]。上级配电网由于灾害等原因停电时，多微电网系统失去上级配电网的电能支持，各微电网之间有可能主动形成合作，实现合作区域内储能等资源的优化利用，以保障重要负荷供电。各微电网在灾后恢复阶段的合作可以提升多微网系统灾后运行的安全性和经济性，也会间接影响其所在配电网的规划管理等。对灾后期间的多微网系统之间的合作条件、收益分配等进行研究具有重要意义。

本文旨在对灾后恢复阶段，多微电网之间的合作进行研究，建立基于合作博弈的多微电网系统灾后恢复决策模型。首先建立了多微电网灾后恢复期间的合作博弈模型，然后分析了多微电网形成联盟的条件，最后研究了合作后取得收益的分配，并在多个算例上对建立的模型进行了验证。

1. 多微电网系统建模及合作博弈模型

（1）多微电网系统模型。

正常情况下，连接在同一条馈线末端的多微电网系统与上级配电网并网运行。上级配电网发生故障停电时，不能再为多微电网系统提供电能，此时，微电网可以离网运行，微电网中的储能和DG继续为负荷供电。本文考虑台风等恶劣灾后情形的恢复决策，在这种情况下，各微网的光伏等DG也大概率损坏，所以，本文认为电网内部DG出力为0，微电网仅依靠储能为微电网供电。下面对微电网中的储能、负荷等进行建模。出于简化考虑，这里不考虑稳定和电能质量问题。

微电网i中全部储能的可持续放电容量可以定义为E_{si}，其最大出力可以定义为P_{si}。对微电网i的负荷，根据负荷重要程度可以将其划分为M_i级。微电网i中，最重要负荷的功率定义为P_{i1}，P_{i1}的单位电量折合停电损失定义为γ_{i1}；第二级重要负荷功率为P_{i2}，其单位电量折合停电损失γ_{i2}；第k级负荷功率P_{ik}的单位电量折合停电损失γ_{ik}；微网i中最不重要的负荷的功率为P_{iM_i}，单位电量折合停

电损失为γ_{iM_i}。其中，$P_{ik}\geqslant0$，$\gamma_{ik}>\gamma_{i(k+1)}>0$，$\forall k\in\{1,2,\cdots,M_i-1\}$。配电网单次停电的持续时间记为$T$，$T_{ik}$为微电网$i$中第$k$级负荷得到的供电时间，$0\leqslant T_{ik}\leqslant T$，$\forall k\in\{1,2,\cdots,M_i\}$。停电后，各级负荷得到供电的功率定义为$P'_{ik}$。微电网的储能不能满足微电网内全体负荷的供电需求时，优先保障各微电网中最为重要负荷的供电，这里的重要性由γ_{ik}表征。

（2）多微电网的合作博弈模型。

多微电网系统中，将全体微电网的集合定义为$N=\{1,2,\cdots,n\}$。N中的每一个非空子集定义为C（又称联盟C）。当配电网停电时，联盟C中的微电网可以进行合作，统筹优化配置多微电网系统内的储能为各级负荷供电的时间，使得联盟C的停电损失最小。在停电时间持续T下，联盟C的收益特征函数可以定义为

$$
\begin{aligned}
& V(C)=\max\sum_{i\in C}\sum_{k=1}^{M_i}\gamma_{ik}P'_{ik}T_{ik} \\
& \text{s.t.}\ \sum_{i\in C}E_i-\sum_{i\in C}\sum_{k=1}^{M_i}P'_{ik}T_{ik}\geqslant0 \\
& \sum_{i\in C}P_{si}-\sum_{i\in C}\sum_{k=1}^{M_i}P'_{ik}\geqslant0 \\
& 0\leqslant P'_{ik}\leqslant P_{ik},\ 0\leqslant T_{ik}\leqslant T
\end{aligned}
\tag{6-36}
$$

并定义$V(\phi)=0$。

综上，所建立的合作博弈模型G可以表示为

$$G=\langle C,\ V\rangle \tag{6-37}$$

2. 模型分析

（1）合作产生额外收益的条件。

设有两个联盟C和S，其对应的特征函数的最优解分别记为$\boldsymbol{T}_{\mathrm{C}}$和$\boldsymbol{T}_{\mathrm{S}}$。容易发现，$\boldsymbol{T}_{\mathrm{C}}\cup\boldsymbol{T}_{\mathrm{S}}$是联盟$\{C,S\}$的特征函数式（6-36）的一组可行解，肯定小于等于其最优解。所以，联盟型博弈$G=\langle C,V\rangle$具有超可加性。各微电网形成合作或者产生额外收益，或者与原有合作方式下收益和相同。但这并不能保证多微电网一定能形成大联盟。灾后恢复期间，多微电网系统的初始状态为各微电网之间不存在合作。如果微电网形成合作的收益与微电网完全不合作对应的收益和相等，那么，各微电网显然没有足够的驱动力主动形成合作。因此，需要研究微电网合作能够产生额外收益的条件。

1）当各微电网的储能和储能最大出力都能够满足自身需求时，各微电网显然不会合作。即任意两个微电网i和j，$i \neq j$，$\forall i, j \in \{1, 2, \cdots, n\}$的参数满足式（6-38）所示条件时，进行合作不会产生额外收益，它们不会合作。

$$P_{si} \geqslant \sum_{k=1}^{M_i} P_{ik}, \quad P_{si} \geqslant \sum_{k=1}^{M_i} P_{ik} \tag{6-38}$$

$$\frac{E_{sj}}{T} \geqslant \sum_{k=1}^{M_j} P_{jk}, \quad \frac{E_{sj}}{T} \geqslant \sum_{k=1}^{M_j} P_{jk} \tag{6-39}$$

2）当各微电网中储能的最大出力大于所有负荷之和，但储能的持续放电容量不足以提供给所有负荷时。容易发现当微电网i和j的参数满足式（6-40）时，两个停电后的微电网不会合作。

$$\gamma_{im_i} = \gamma_{jm_j} \tag{6-40}$$

式中：γ_{im_i}是微电网i中第m_i阶负荷的单位电量折合停电损失；γ_{jm_j}是微电网j中第m_j阶负荷的单位电量折合停电损失。

m_i和m_j由式（6-41）和式（6-42）计算得到，即

$$m_i = m_{i0} + 1 \tag{6-41}$$

$$m_j = m_{j0} + 1 \tag{6-42}$$

其中，m_{i0}和m_{j0}由式（6-43）和式（6-44）决定

$$\begin{aligned} & \max\ m_{i0} \\ & \text{s.t.}\ P_{soi} \geqslant \sum_{k=0}^{m_{i0}} P_{ik} \\ & m_{i0} \leqslant M_i - 1 \end{aligned} \tag{6-43}$$

$$\begin{aligned} & \max\ m_{j0} \\ & \text{s.t.}\ P_{soj} \geqslant \sum_{k=0}^{m_{j0}} P_{jk} \\ & m_{j0} \leqslant M_j - 1 \end{aligned} \tag{6-44}$$

式中

$$P_{i0} = P_{j0} = 0 \tag{6-45}$$

$$P_{soi} = \frac{E_{si}}{T}, \quad P_{soj} = \frac{E_{sj}}{T} \tag{6-46}$$

3）当储能的最大出力不能满足全部负荷需求，但微电网的持续放电容量能够满足需求时，若要两微电网不合作，微电网的参数同样需要满足式（6-40）～式（6-42）。但其中的m_{i0}和m_{j0}由式（6-47）和式（6-48）计算得到。

$$\begin{aligned}&\max\ m_{i0}\\&\text{s.t.}\ P_{si}\geqslant\sum_{k=0}^{m_{i0}}P_{ik}\\&m_{i0}\leqslant M_i-1\end{aligned}\tag{6-47}$$

$$\begin{aligned}&\max\ m_{j0}\\&\text{s.t.}\ P_{sj}\geqslant\sum_{k=0}^{m_{j0}}P_{jk}\\&m_{j0}\leqslant M_j-1\end{aligned}\tag{6-48}$$

4）当储能的最大出力和可持续放电容量都不能满足负荷需求时，若要两微电网不合作，微电网的参数同样需要满足式（6-40）～式（6-42），但其中的m_{i0}和m_{j0}由式（6-49）和式（6-50）计算得到。

$$\begin{aligned}&\max\ m_{i0}\\&\text{s.t.}\ P_{sei}\geqslant\sum_{k=0}^{m_{i0}}P_{ik}\\&m_{i0}\leqslant M_i-1\end{aligned}\tag{6-49}$$

$$\begin{aligned}&\max\ m_{i0}\\&\text{s.t.}\ P_{sei}\geqslant\sum_{k=0}^{m_{i0}}P_{ik}\\&m_{i0}\leqslant M_i-1\end{aligned}\tag{6-50}$$

其中，

$$P_{sei}=\min\left\{P_{soi},P_{si}\right\}\tag{6-51}$$

$$P_{sej}=\min\left\{P_{soj},P_{sj}\right\}\tag{6-52}$$

事实上，对第二种情况来说，$P_{soi}<P_{si}$，所以式（6-43）和式（6-44）中的参数是P_{soi}；对第三种情况来说，$P_{si}<P_{soi}$，所以式（6-47）和式（6-48）中选择的参数是P_{si}。综上所述，第二、三、四种情况的不合作条件可以统一表示成一种形式，即联立式（6-40）～式（6-42），式（6-49）～式（6-52）。当微电网的参数不满足上述条件时，也就是各微电网没有异构性时，各微电网就会进行合作。

（2）收益的分配。

1）分配的公平性：为了保证对产生的额外收益分配的公平性，可根据平均边际效应进行分配，即利用Shapley值进行分配。博弈G为超可加性博弈，微电网i的根据Shapley值计算得到的收益$\varphi_i(G)$可以由式（6-53）计算

$$\varphi_i(G)=\frac{1}{n!}\sum_{C\subseteq N,i\in C}(|C|-1)!(n-|C|)!(V(C)-V(C\setminus\{i\})) \tag{6-53}$$

式中：$|C|$表示联盟C所含参与者的个数；$C\setminus\{i\}$表示从集合C中删除元素i后的集合。

2）联盟的稳定性：利用Shapley值得到的分配保证了分配的公平性，但却未必能保证分配的稳定性，即联盟有可能瓦解。为了保证每个成员能够获得不少于它自身采取其他各种联盟方式所能获得的收益，在计算完分配后，利用式（6-54）对Shapley值进行验证。

$$\sum_{i\in C}\varphi_i\geqslant v(C),\forall C\subseteq N \tag{6-54}$$

如果分配$\varphi_i(G)$满足式（6-54），说明该分配稳定。如果不满足，则先求式（6-54）可行域，然后求可行域里离Shapley值距离最近的一个点，以该点作为合作博弈的分配。

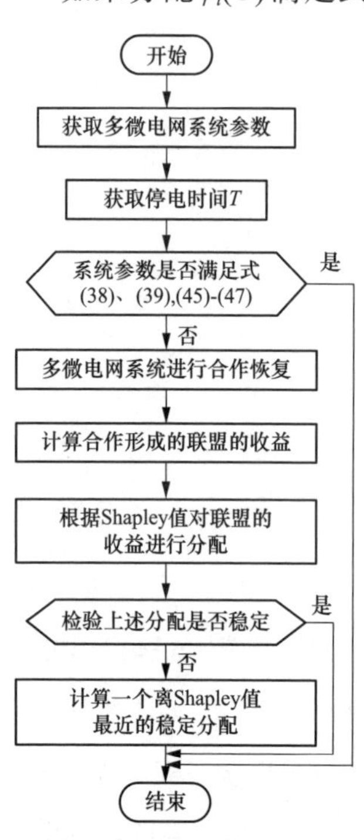

图6-12 基于合作博弈的多微电网系统灾后恢复决策流程

（3）多微电网系统灾后恢复决策流程。

根据上述模型，可以得出基于合作博弈的多微电网系统灾后恢复决策流程，如图6-12所示。首先，根据合作条件判断多微电网系统是否能够合作，以及合作的方式。然后，根据联盟形成的方式，计算联盟的收益。最后，按照Shapley值计算各微电网分配到的收益，并检验该分配是否满足稳定分配的条件，如果满足，决策结束；若不满足，求稳定分配中离Shapley值最近的一个点。

3. 示例和分析

本文利用一个含三个微电网系统的多微网系统对所建立的模型进行验证。该多微电网系统如图6-13所示。由图可知，该系统接入配电网末

端，包含3个微电网（N=3），依次编号为MG1、MG2、MG3。这里假设系统中新能源在灾后全部损坏，出力为0。

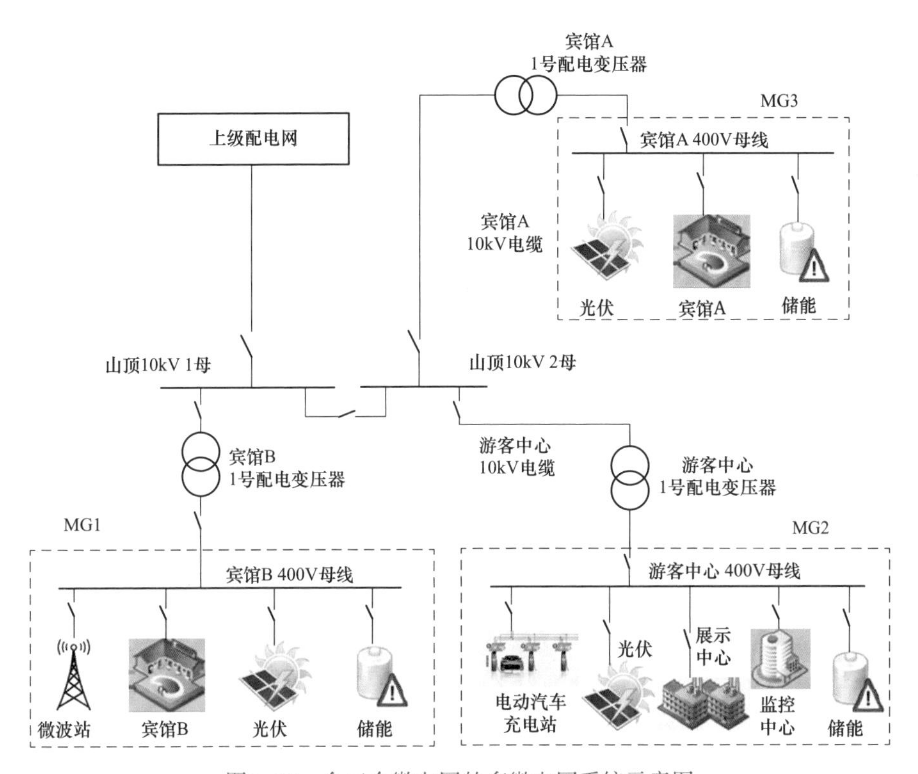

图6-13　含三个微电网的多微电网系统示意图

3个微电网的各参数如下：

MG1：M_1=1，P_{11}=180kW，γ_{11}=1.8元/(kWh)，E_1=40kWh，P_{s1}=100kW；

MG2：M_2=2，P_{21}=30kW，γ_{21}=2元/(kWh)，P_{22}=40kW，γ_{22}=0.75元/(kWh)，E_2=90kWh，P_{s2}=150kW；

MG3：M_3=2，P_{31}=75 kW，γ_{31}=1.5元/(kWh)，P_{32}=110 kW，γ_{32}=0.7元/(kWh)，E_3=80 kWh，P_{s3}=150kW。

假设停电的时间为0.75h，各储能的出力不受限制。根据不合作条件式（6-40）～式（6-42），式（6-49）～式（6-52）可知，三个微电网会进行合作。合作后产生的收益及收益的分配如表6-9所示。同时，表6-9中还给出了其他不同合作方式下，多微电网系统的总收益和各微电网基于Shapley值分配的收益。可以发现合作以及合理的分配能够显著提升各微电网的收益。以大联盟合作方式为例，相较于完全不合作，3个微电网的收益分别提升了139.18%、128.64%和52.90%。该分配满足稳定性条件，是一个稳定公平的分配。实际中，多微电网之间进行合作时，往往需要产生一定花费，可根据表6-9中合作带来的收益，估算各微电网合作的投资是否划算。

表6-9　　算例1各种合作方式下系统和各微电网收益

合作方式	多微网系统整体收益（元）	MG1 收益（元）	MG2 收益（元）	MG3 收益（元）	MG1 收益提升百分比	MG2 收益提升百分比	MG3 收益提升百分比
{{1，2，3}}	489.00	172.21	154.33	162.46	139.18%	128.64%	52.90%
{{1，2}，{3}}	344.75	121.5	117	106.25	68.75%	73.33%	0
{{2，3}，{1}}	256.75	72.00	73	111.75	0	8.15%	5.18%
{{1，3}，{2}}	283.5	90.87	67.50	125.13	26.21%	0	15.09%
{{1}，{2}，{3}}	248.75	72.00	67.50	106.25	0	0	0

三、保障关键负荷应急供电的孤岛微网优化控制

极端灾害影响下，电力系统中会产生大量故障，配电网可能会因此失去主网的电力供应，形成孤岛微电网。当配电网断电时，可以利用其内部的供电资源，如储能系统、可再生能源、DG等，为孤岛微电网提供应急电力支撑，从而提高配电网灾后韧性[28]。极端灾害发生时，配电网络及交通网络均会受到或直接或间接的冲击，配电网内的供电资源往往难以从外部补给[33]。因此，需要对配电网内的有限供电资源进行有效管理，以防止配电网彻底断电。此外，可以利用负荷切除策略有序切除非关键负荷，保障关键负荷的持续供电[34、35]。然而，来自配电网负荷需求、可再生能源出力、系统储能含量及配电网预计断电时间的不确定性，给灾后孤岛微电网的能量管理带来了挑战。同时在孤岛微电网电源侧和负荷侧的双重控制导致问题搜索空间巨大，让问题变得更加复杂。鲁棒优化、随机优化可以处理系统中的不确定性，此类方法通过对系统不确定性建模，可以得到预先确定的能量管理方案，但难以进行实时控制。

本节考虑灾后断电配电网，即孤岛微电网的能量管理问题，利用孤岛微电网内部的有限供电资源为微电网内部负荷应急供电。通过孤岛微电网电源侧的

发电出力调度及负荷侧的负荷切除，使得配电网断电期间的供电效益最大化，提升配电网的灾后韧性。

1. 提高配电网韧性的孤岛微网优化控制模型

（1）问题描述。

当极端灾害袭击配电网，造成配电网供电中断后，配电网被迫离网运行，形成孤岛微电网，此时需要利用微电网内部的有限供电资源为负荷供电。经过一段时间的抢修后，电网故障部分修复完毕，配电网恢复正常供电状态。这段时间为配电网的离网运行时间T_D，即配电网的断电时间为T_D。

为提升配电网的灾后韧性，需要在时间T_D内利用有限供电资源尽可能为配电网内的更多负荷提供电力支撑。在配电网断电时间内，为配电网负荷供电的效用价值可以作为灾后韧性指标。灾后配电网的韧性提升问题，可转化为灾后孤岛微电网的供电效用价值最大化问题。因此，本节的目标为获取一个孤岛微电网的能量管理策略，以最大化此效用价值。

（2）问题建模。

此灾后微电网的能量管理问题可建模为一个在时间段T_D内的序列决策问题。序列决策问题的特点为决策者在不同的时间点观察系统状态，并在各种行为之间做出选择，以控制和优化动态随机系统的性能。本文中，决策者为孤岛微电网的管理者，其在各个时刻可做出的决策可分为两类：电源侧的可调度电源出力控制和负荷侧的负荷切除动作，目标为最大化时间段T_D内配电网效用价值，即

$$\max_{\pi}\int_{0}^{T_D} R^{\pi}(t)\mathrm{d}t \tag{6-55}$$

式中：π代表决策策略；T_D为决策的时间长度，通常为配电网断电时间，也可由微电网运行管理人员自行设定；$R^{\pi}(t)$代表微电网的在t时段在决策策略π下的效用价值。

$R(t)$可用微电网内负荷的供电收益、计划及非计划失电损失表示，时段t时的$R(t)$为

$$R(t)=\sum_{k=1}^{N_L}\left(o_{L_k}\right)^T b_{L_k}\,p_{L_k}(t) \tag{6-56}$$

$$b_{L_k}=\left[i_{L_k},c_{L_k}^{p},c_{L_k}^{u}\right]^{\mathrm{T}} \tag{6-57}$$

$$o_{L_k}=\left[\mathrm{II}\left(s_{L_k}=n\right),\mathrm{II}\left(s_{L_k}=p\right),\mathrm{II}\left(s_{L_k}=u\right)\right]^{\mathrm{T}} \tag{6-58}$$

式中：$p_{L_k}(t)$代表负荷L_k在时段t的有功负荷需求；N_L为系统负荷数量；b_{L_k}反应负荷L_k的负荷供电效益向量；i_{L_k}为其供电收益；$c_{L_k}^{p}$为计划停电损失；$c_{L_k}^{u}$为非计划停电损失，元/kWh；o_{L_k}表示负荷L_k的供电状态向量；s_{L_k}为负荷L_k的供电状态，供电状态为n表示负荷正常供电，为p表示负荷计划停电，为u表示负荷非计划停电；$\mathrm{II}(x)$为指示函数，当x为真时其值为1，否则其值为0。

在式（6-55）中，微电网决策时间长度T_{D}可以被划分为N个决策时间段，因此该式可转换为

$$\max_{\pi}\sum_{n=1}^{N}R^{\pi}(n) \tag{6-59}$$

式中：$R^{\pi}(n)$表示配电网在第n个决策时段的效用价值。

（3）问题约束。

在配电网运行期间，配电网的潮流约束、资源约束等需要被满足，即

$$P_i(t)-jQ_i(t)=V_i^{*}(t)\sum_{j\in i}Y_{ij}V_j(t) \tag{6-60}$$

$$V_i^{\min}\leqslant V_i(t)\leqslant V_i^{\max} \tag{6-61}$$

$$|I_l(t)|\leqslant I_l^{\max}\quad \text{or}\quad |S_l(t)|\leqslant S_l^{\max} \tag{6-62}$$

$$\begin{cases}P_g^{\min}\leqslant P_g(t)\leqslant P_g^{\max}\\Q_g^{\min}\leqslant Q_g(t)\leqslant Q_g^{\max}\end{cases} \tag{6-63}$$

$$E_g(t)\leqslant E_g^{M},\Delta E_g(t)=-P_g(t)\Delta t \tag{6-64}$$

$$i,j\in\boldsymbol{B}\quad l\in\boldsymbol{L}\quad g\in\boldsymbol{G} \tag{6-65}$$

式中：$\boldsymbol{B}$，$\boldsymbol{L}$，$\boldsymbol{G}$分别为微电网的节点集合、线路集合和DG集合；$P_i(t),Q_i(t)$分别为节点i在时段t的有功节点注入功率和无功节点注入功率；$V_i(t),V_i^{\min},V_i^{\max}$分别为节点$i$在时段$t$的电压，和节点$i$的电压下限和上限；$V_i^{*}(t)$代表$V_i(t)$的共轭；$Y_{ij}$表示节点$i$，$j$之间的导纳；$I_l(t),S_l(t)$代表线路$l$在$t$时段的电流和视在功率，$I_l^{\max}$，$S_l^{\max}$分别代表其上限；$P_g(t),Q_g(t)$分别在DG$g$在时段$t$的有功出力和无功出力；$E_g(t)$为DG$g$在时段$t$的可用供电资源量，$E_g^{M}$为其资源上限；$\Delta t$为划分的

时间间隔；E_g代表DG的燃料储备情况及电池的SOC，且均已等效转换为以kWh为单位。本文中，微电网规模相对较小，储能电池的出力可以快速变化以平衡系统潮流，因此本文暂不考虑DG的爬坡约束。

采用传统优化方法求解序列决策问题式（6-55）～式（6-65）十分具有挑战，受强化学习在游戏领域成功应用的启发，本文利用强化学习在解决序列决策问题上的优势，拟采用基于学习的方式来控制孤岛微电网。通过建立决策模型，设计学习方法，建立学习环境并进行有效性验证，本文的序列决策问题可以被有效求解。

2. 灾后孤岛微电网强化学习和环境

本小节基于OpenAI Gym和OpenDSS搭建灾后孤岛微电网强化环境。OpenAI Gym是一个用来开发和比较强化学习算法的工具包，提供了一套共享接口，便于研究人员在上面开发和测试强化学习算法。OpenDSS是一个开源的电力系统配电网仿真计算分析软件。本强化学习环境利用OpenDSS作为配电网潮流仿真工具，并利用OpenAIGym定义的交互接口，从而构建灾后孤岛微电网的运行仿真平台。

孤岛微电网强化学习环境的设计机制如图6-14所示。图6-14描述了从灾后孤岛微电网形成开始至配电网抢修结束整个时段的流程，及智能体和环境间的交互逻辑。首先，在OpenDSS中搭建微电网算例，以便后期python调用及修改参数进行仿真。第二，初始化微电网中的相关参数，如：停电时长、初始储能含量、单位时间供电收入及停电损失等。第三，游戏开始，进行游戏初始状态初始化，即从此刻开始配电网停电，系统给出此时电网的潮流及资源储备等信息。第四，游戏玩家根据系统此刻的状态信息采取动作，作用于游戏环境。第五，将玩家给出的控制措施作用于电网，调用OpenDSS进行仿真，获取动作作用后游戏状态。第六，根据动作作用后游戏状态及游戏动作，给出对于该动作的奖励值。第七，游戏继续进行，系统环境因素如负荷及风电出力开始变化。第八，调用OpenDSS进行仿真，得到玩家动作作用后的下一状态并进行游戏状态更新。第九，判断游戏是否结束，是则结束，否则回到第四。

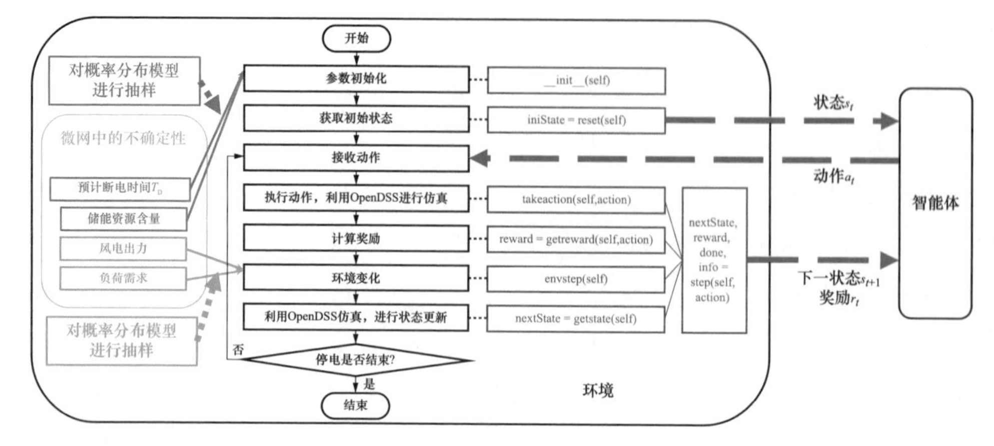

图6-14　灾后孤岛微电网强化学习环境

3. 示例和分析

将双智能体系统应用于此微电网控制当中，其算法框图如图6-15所示。首先，进行智能体结构和游戏环境的初始化。第二，智能体获取当前状态信息，发电机智能体根据当前的状态信息给出发电机的出力控制措施。第三，负荷智能体获取当前状态信息及发电机出力控制措施，给出切负荷措施。第四，组合两智能体的控制动作，并作用于游戏环境上，环境给出下一状态、奖励值及游戏是否结束的信号。第五，若游戏结束则重新开始新的一次游戏，若游戏未结束则进行游戏的下一步，更新游戏状态，并存储游戏经验。第六，判断当前的训练样本是否充足，否则进行获取游戏经验（即训练样本），充足则根据DDPG及DQN算法进行智能体网络参数的更新，进行训练。第七，在本算例中，为了了解智能体训练的情况，可以采用一边训练一边测试的机制，每隔一定的训练次数过后，对智能体进行效果的测试。第八，当训练至一定程度时，训练终止。

可以看出，此算例中采用的是彼此间耦合紧密的群体分布式强化学习结构，这有助于智能体更好地了解系统的全部信息，提高学习的效率。

本算例中，假定配网的预计停电时间为30个小时，在智能体进行训练的过程中，风电出力、负荷变化、储能电池SOC下限的不确定性按照上述假定进行，确保每次训练的场景均不相同。在对智能体的效果进行测试时，智能体遇到的同样是一个从未遇到过的新场景。为了便于比较智能体的效果，我们将利用几种常见的负荷切除措施来进行比较，同时进行这几种负荷切除措施时控制它们

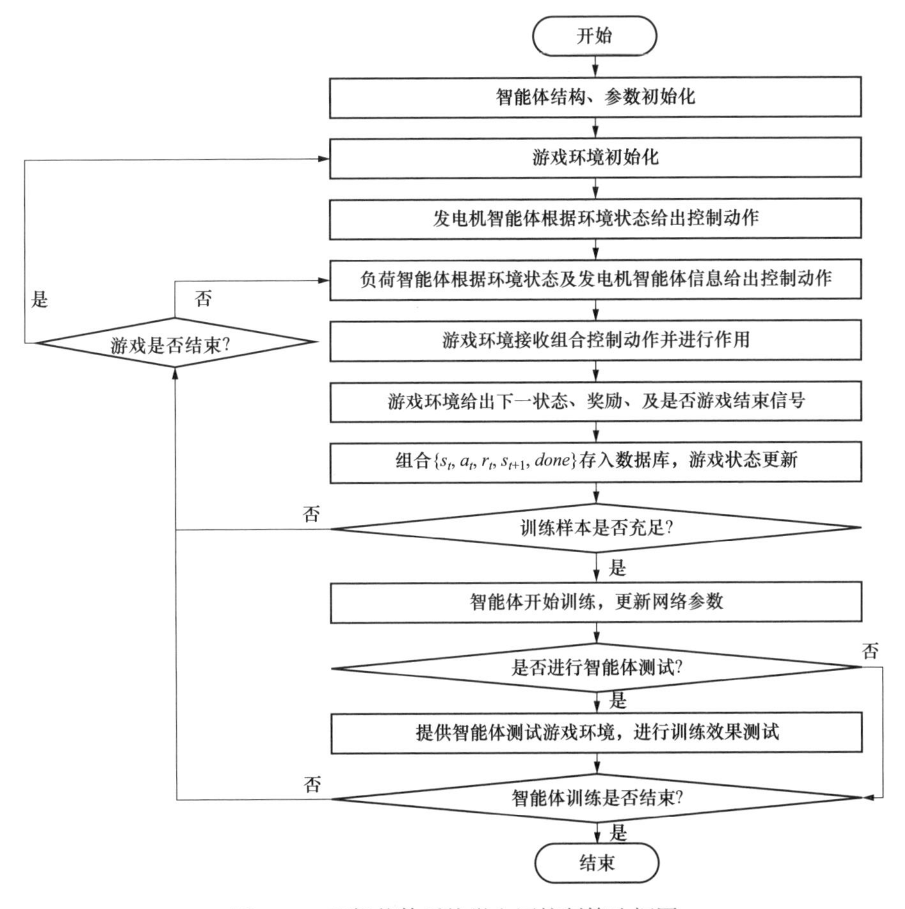

图6-15　双智能体系统微电网控制算法框图

的可控电源出力保持不变。

图6-16展示了5种控制策略下的临时应急供电区域收益曲线，为便于叙述，我们采用策略1-5分别代表：不切除负荷、切除三级负荷、切除二及三级负荷、切除全部负荷及智能体控制策略。因此，图中的五条曲线，在30小时结束时从上往下依次为5、3、2、1、4，可见智能体控制策略要比其他几种控制策略更优，虽然策略5不是在每一个时刻均保持最大的累计收益，但在约7个小时过后一直保持最大的累计收益直至停电时间结束，其电网累计收益在预计配网停电时间结束时达到了几种控制策略种的最大。反观策略1、2，其希望为更多的负荷供电，但却分别在约第7、11个小时处系统供电不足，导致系统被迫强行停电。

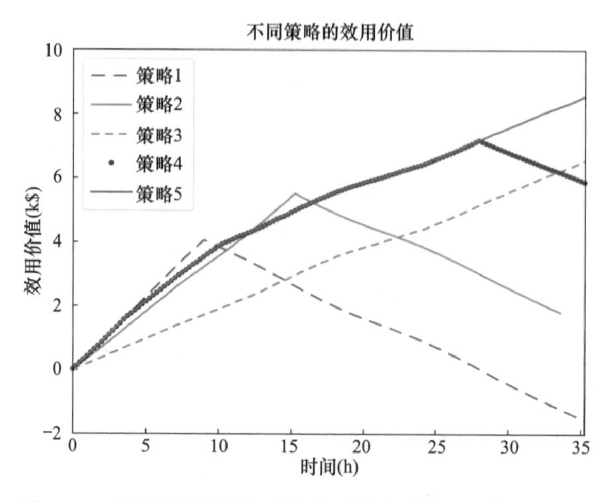

图6-16　不同控制措施下的临时应急供电区域收益曲线

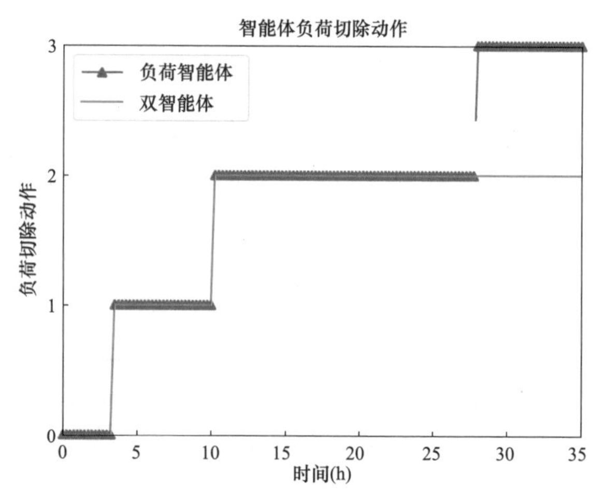

图6-17　智能体控制策略给出的切负荷动作曲线

图6-17展示了智能体控制策略（策略5）在电网控制阶段中的负荷切除措施，可以看出与策略1-4不同，策略5在控制过程中，会根据电网当前的运行状态选择适合此阶段的负荷切除措施。在早期供电资源相对充分时，策略5选择为所有负荷供电，随着供电资源的消耗，智能体慢慢地切掉低等级负荷，确保重要性更高的负荷正常供电，直至最后智能体只为重要程度最高的负荷进行供电。

图6-18展示了不同控制措施下的临时应急供电区域资源剩余曲线，可以看到策略5在30个小时内充分地利用了系统的资源储备。其他几种控制措施由于控制不当，导致系统主动切除所有负荷或主电源供电资源过早消耗完毕，系统

资源未能完全利用充分。观察策略5的剩余资源走势，会发现策略5在不同的阶段跟随了策略1、2、3的曲线走势，最开始系统资源充足时策略5跟随策略1，即不切除任何负荷；之后，策略5跟随策略2，切除最低等级负荷；最后，策略5跟随策略3，仅为最高等级负荷供电。策略5的控制方式，延长了系统供电时长，更能充分利用系统中的可再生能源，减少自身内部资源的消耗速度。

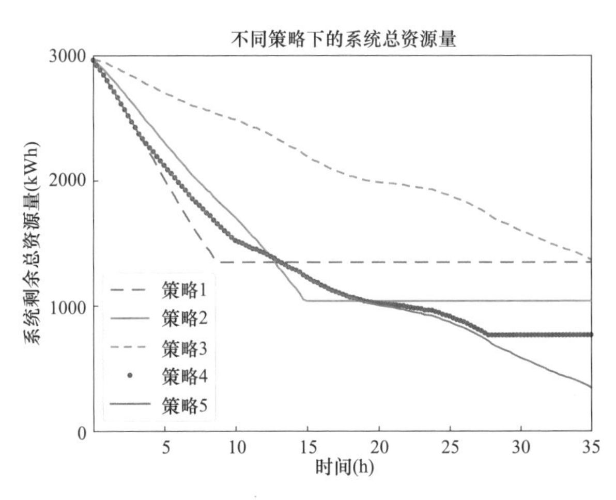

图6-18　不同控制措施下的临时应急供电区域资源剩余曲线

第三节　城市电网加速复电的优化抢修决策技术

本节介绍了加速配电网恢复的电力－通信联动抢修调度以及灾情数据驱动的抢修调度滚动优化决策。加速配电网恢复的电力－通信联动抢修调度考虑电力－通信的耦合关系以及通信系统中各类组件的差异性，制定相应的抢修原则和策略。灾情数据驱动的抢修调度滚动优化决策技术利用信息的动态更新来制定抢修方案，从而提升抢修效果。

一、加速配电网恢复的电力－通信联动抢修调度

通信网络可以帮助电网企业更好地了解灾情，根据实际情况优化抢修方案，从而加快配电网的灾后恢复过程。目前，灾后配电网通信网络的恢复方式主要是通过光纤抢修，其优势在于通过光纤抢修的通信节点能够安全地传输控制信号，不易受外界因素的干扰，不足在于恢复所需时间较长，不利于电力的抢修。

此外，可以通过移动基站和应急通信车等手段实现配电网节点的无线通信，其中单个移动基站可以覆盖多个配电网通信节点，该方式缩短了通信系统的恢复时长，有利于极端灾后配电网的灾情感知，进而加快电力的抢修，但缺点在于该方式下恢复的通信节点不能传输控制信号，且最终依靠无线通信的节点仍需进行光纤抢修，增加了工作量，应急通信车等同于不断移动的基站，在完成某片区的应急通信后，移动到下一片区的通信中间节点处。

一般情况下，优先抢修生命线负荷对应的通信节点，且保证指挥中心能够自动控制这类节点，其中生命线负荷主要有医院、政府、供水等。为了实现极端灾后配电网通信系统的快速恢复，主要考虑光纤抢修、移动基站抢修及应急通信车等多种手段结合的方式。在优先恢复生命线负荷通信节点的基础上，本章提出了极端灾后配电网通信系统的抢修原则：①优先抢修生命线负荷对应的通信节点，且采用的方式为光纤抢修；②移动基站抢修优于单个通信节点抢修；③应急通信车优先抢修通信中间节点，最终通过光纤抢修的方式完成配电网通信网络的全面恢复。

1. 配电网通信系统多故障抢修的优化模型

配电网通信系统多故障的抢修优化问题，工程上在保证关键通信节点有效的情况下，最关注的是抢修的时效性。本节上层目标设置为极端灾后配网通信失效代价最小；下层目标设置为配电网通信系统实现应急通信的最短抢修时长。

$$Val_{\text{total}}=\sum_{i=1}^{m}Val_i\bullet t_i \tag{6-66}$$

Val_{total}为配电网通信系统的失效代价，Val_i为通信节点i单位时间的失效价值，m为配网通信系统失效节点总数，t_i为配电网通信节点i的失效时间，在配网通信节点类型相同的情况下，失效时间越长，造成的失效代价越大。因此，上层目标可以等价为：优先恢复重要价值节点的前提下尽可能的缩短抢修时长，即求满足配网通信系统抢修原则的最短抢修时长。

抢修时间最短方案由完成分配的抢修任务中耗时最多的队伍确定

$$f_1=\max\{(\min T_1\cdots\min T_J)\} \tag{6-67}$$

$$T_{\text{x}}=\sum_{j=1}^{N}t_j+t_{\text{G}}+t_0 \tag{6-68}$$

式中：f_1为极端灾后配电网通信系统的最短抢修时长；J为通信节点抢修队伍数量；T_x为抢修队伍x完成分配任务量的时间；N为抢修队伍x所需完成任务总数；t_j为抢修队伍完成第j个通信节点的所需时间；t_G为光纤抢修的时长；t_0为抢修队伍的行驶时长。

加入移动基站和应急通信车，目标函数更新为

$$f_2 = \max\{(\min T_1, \min T_2 \cdots \min T_J), (\min T_1 \cdots \min T_K), (\min T_1 \cdots \min T_L)\} \quad (6-69)$$

式中：K为移动基站抢修队伍数量；L为应急通信车数量。

光纤抢修方式的约束条件包括：

（1）通信中间节点能直接与控制中心节点通信，其余节点不能直接与控制中心通信。

$$\forall x_I = \begin{cases} 1; & I\text{为通信中间节点} \\ 0; & I\text{为普通通信节点} \end{cases} \quad (6-70)$$

式中：x_I取值为1代表配电网通信节点I为通信中间节点；取值为0代表配电网通信节点I为普通通信节点。

（2）每个配电网故障通信节点只能分配且必须分配给一个抢修队伍。

$$\sum_{k=1}^{J} x_{jk} = 1 \quad (6-71)$$

x_{jk}配电网通信节点j分配给任一抢修队伍取值为1，未分配取值为0。

（3）每个配电网通信节点相连的光纤至少有一条是正常的。

$$\sum_{i=1}^{P} l_{ij} \geqslant 1 \quad (6-72)$$

l_{ij}为第j个通信节点连接的第i根光纤，光纤正常取值为1，光纤断裂取值为0；P为通信节点相连的光纤总数。

（4）修复的任一失效通信节点能够与通信中间节点通过光纤实现连接。

$$\exists x_z, l_{zi} * \sum_{k=1}^{J} x_{jk} = 1 \quad (6-73)$$

式中：x_z为已恢复通信的节点；l_{zi}为修复的任一失效节点与恢复通信功能节点间的光纤，光纤正常取值为1，断裂取值为0。

移动基站覆盖范围内的配电网通信节点和应急通信车所在的配网通信节点能够实现通信功能，其约束条件为

$$\forall x_{\mathrm{a}}=\begin{cases}1; & r_{\mathrm{ab}}\leqslant r \\ 0; & r_{\mathrm{ab}}>r\end{cases} \tag{6-74}$$

$$\forall x_{\mathrm{a}}=\begin{cases}1; & EPS=1 \\ 0; & EPS=0\end{cases} \tag{6-75}$$

式中：x_{a}取值为1代表通信节点a能够通信；r_{ab}表示通信节点a到移动基站b的距离；r为移动基站的信号覆盖范围；EPS=1代表应急通信车在通信节点a处，EPS=0代表应急通信车不在通信节点a处。

2. 抢修流程

基于上述抢修原则，极端灾后配电网通信系统的抢修步骤如图6-19所示。

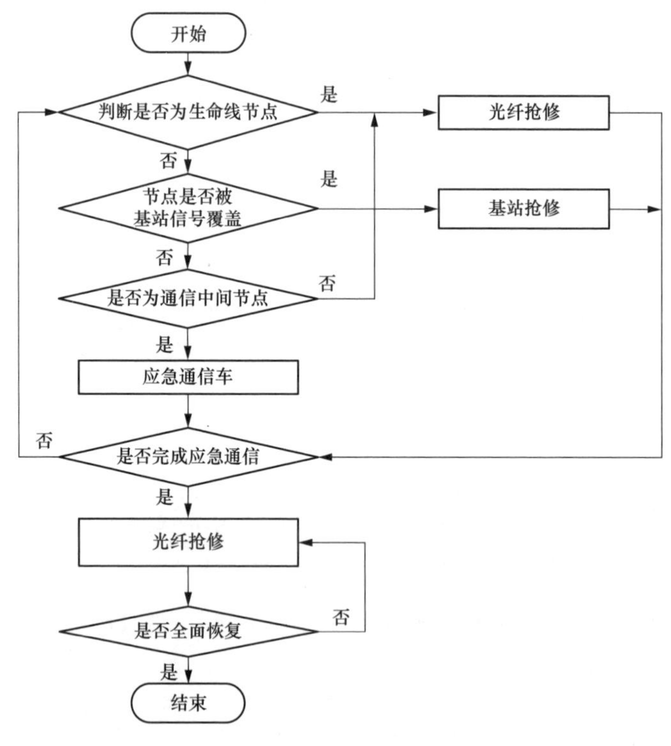

图6-19　配网通信系统抢修步骤

步骤一：判断节点是否为生命线负荷，生面线负荷对应的通信节点进行光纤抢修；

步骤二：判断节点是否被移动基站的信号覆盖，如果覆盖，采用移动基站抢修的方式；

步骤三：判断节点是否为通信中间节点，应急通信车优先安置在通信中间节点处，且逐步向其余节点移动，光纤抢修同步进行普通节点的抢修；

步骤四：通过以上三步判断是否实现灾害区域的应急通信，应急通信能够保证灾区配电网状态数据上传，控制中心能够向生命线负荷节点传输控制信号；

步骤五：如果实现应急通信，对应急通信车和基站覆盖的节点进行光纤抢修，否则跳到步骤一；

步骤六：判断灾害区域通信系统的光纤抢修是否全部完成。如果全部完成，结束抢修，否则跳到步骤五。

以图6-20为例，假设节点11为生命线负荷，抢修原则下配网通信节点的抢修方式及抢修顺序如图6-21所示，首先通过光纤抢修的方式恢复节点11的通信，抢修移动基站恢复节点3、7、8的通信，节点4、6的通信依靠应急通信车，再逐步通过光纤抢修方式恢复节点5、2、14、12、13的通信，使系统能够达到应急通信的要求，最终再对通过无线方式恢复通信的节点进行光纤抢修。

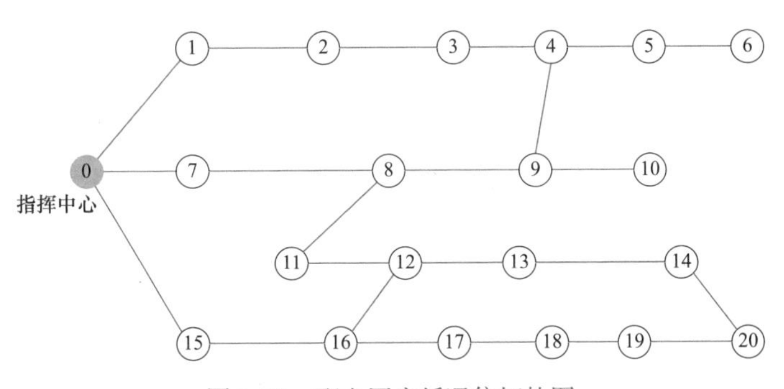

图6-20　配电网光纤通信拓扑图

极端灾后配电网通信节点及节点间的光纤大规模受损，影响对电力的监测和抢修。由于各个配电网通信故障节点位置、抢修时间、移动基站和应急通信车的分布不同，对于抢修队伍的任务安排和配电网通信节点的抢修顺序选择都会影响到整体的优化恢复目标。

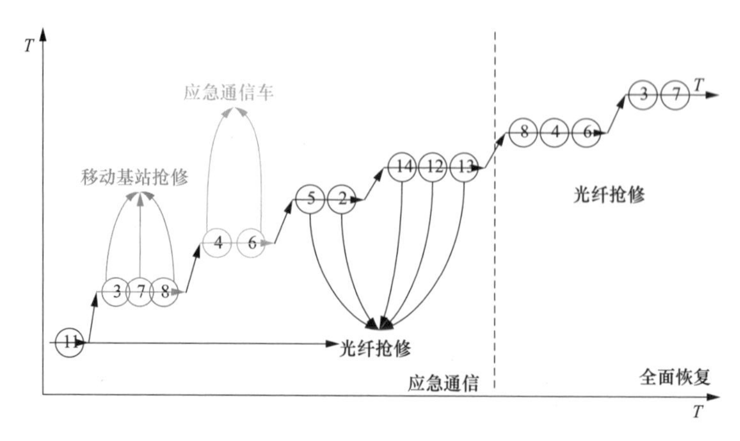

图6-21　配电网通信节点的抢修方式及顺序

二、灾情数据驱动的抢修调度滚动优化决策

从目前工程实践与理论研究可以看出，社会性资源如人力、物资、供电资源等可以帮助提升配电网的韧性，有效的人力物资筹备及调配计划能在合理的成本范围内最大化系统韧性。现有的灾后恢复研究多是从一次灾情信息出发进行配电网的灾后抢修工作，然而，灾害的抢修过程是一个动态的过程，随着抢修工作的进行，最优抢修方案可能会与预先设定的不同，考虑信息的动态更新对于抢修方案制定的作用，可以有效地提升抢修效果。因此，本节提出了一种基于灾情数据驱动的抢修调度滚动优化决策。

1. 基于强化学习的抢修调度滚动优化模型

考虑一个辐射状的配电网，其包含N个系统节点，节点集为$\mathcal{N}=\{1,2,\cdots,N\}$，系统中常闭线路集为$\mathcal{L}_n=\{(i,j)\},i,j\in\mathcal{N},i\neq j$，备用常开线路集为$\mathcal{L}_b=\{(i,j)\}$，$i,j\in\mathcal{N},i\neq j$。

记灾害场景s下，系统采取的重构及抢修策略为π时的系统灾后失电损失为$L^s(\pi;d,r)$，针对大自然选择的每一个灾害场景，电网管理者需要进行该场景下的灾后配网重构，对于重构不能恢复的负荷则需要安排抢修人员进行抢修，直至配网恢复正常运行。灾后重构及抢修的目标为求得最优的重构及抢修策略，使得系统灾后失电损失最小，即

$$\min_{\pi} L^s(\pi;d,r) \tag{6-76}$$

$$L^s\left(\pi;d,r\right)=\sum_{i=1}^{N}\int_0^T w_iP_i\delta_{i,s,\pi}\left(t;d,r\right)\mathrm{d}t \tag{6-77}$$

式中：r代表配置的抢修队伍个数；d代表供电资源在配网中的分配情况；w_i为负荷节点i的负荷权重；P_i为负荷节点i的功率需求；T表示整个系统全部恢复正常供电的时间；$\delta_{i,s,\pi}\left(t;d,r\right)\in\{0,1\}$，为灾害场景$s$下，系统中有$r$个抢修队且供电资源配置方案为$d$，采取的重构及抢修策略为$\pi$时，负荷节点$i$在$t$时刻的供电状态，1表示该负荷失电，0表示该负荷正常供电。

需要注意的是，最优灾后重构及抢修策略π的求解是一个NP难（non-deterministic polynomial hard，NP-hard）问题，求解效率较低。可以考虑利用策略预案来代替最优灾后重构及抢修策略的求解，提高了灾后修复求解的效率，即

$$\min_{\pi} L^s\left(\pi;d,r\right)\lessapprox\min_{\pi\sim\Pi(s)} L^s\left(\pi;d,r\right) \tag{6-78}$$

其中$\Pi(s)$表示停运场景s下的重构及抢修策略预案集。

一些文献采用数据驱动和统计学的方法来进行灾后损失的估计，但是此类方法一方面需要大量的样本数据，另一方面很难得到一个适用于不同配网、不同灾害场景的通用损失评估模型，灾害损失的预测准确度一般不高。因此本研究采用推理计算的方式，直接计算得到不同恢复策略下配网的灾后损失。

配电网的灾后恢复可分为两个阶段：首先进行配网拓扑重构，进行部分失电负荷的快速恢复；接着，对于利用重构仍不能恢复的负荷，需要派遣抢修队进行故障修复，逐渐恢复失电负荷。即重构和抢修策略π分为重构和抢修两步

$$\pi=\left(\pi_{rc},\pi_{rr}\right) \tag{6-79}$$

式中：π_{rc}表示重构策略；π_{rr}表示抢修策略。

（1）灾后重构模型。

一次灾害袭击配电网，导致配电网中部分线路故障，记灾害后配网的故障线路集为$\mathcal{L}_e=\{(i,j)\},i,j\in\mathcal{N},i\neq j$。此时系统中可用常开备用线路集为备用线路中未发生故障的线路，记为$\overline{\mathcal{L}_b}=\mathcal{L}_b-\mathcal{L}_e$。

线路故障后，系统中部分负荷由于和配网主馈线断开连接，因此会形成若干孤岛微电网，记灾后形成的孤岛微电网集为$\mathcal{M}_0=\{M_0^1,\cdots,M_0^{m_0}\}$，每个孤岛微

电网包含系统中的若干节点，正常连接在配网馈线上的节点区域不包含在孤岛微电网中。配网重构后，由于系统拓扑发生改变，孤岛微电网集$\mathcal{M}$可能会发生变化，记重构后系统形成的孤岛微电网集为$\mathcal{M}_1=\{M_1^1,\cdots,M_1^{m_1}\}$。孤岛微电网集中的负荷为存在失电风险的负荷节点，将此类节点集合记为$\mathcal{M}'$，则有

$$\mathcal{M}_0{}'=\bigcup_{k=1}^{m_0}M_0^k\quad \mathcal{M}_1{}'=\bigcup_{k=1}^{m_1}M_1^k \tag{6-80}$$

配网重构阶段的目标为在应急供电资源分配之后，通过控制系统中可用备用线路开关的开闭，尽可能恢复系统中失电的负荷。配网重构阶段的重构目标有两个：第一目标为利用重构将失电负荷尽可能接入配网馈线，直接恢复此类负荷，即

$$\max_{\pi_{rc}}\sum_{i\in\mathcal{M}_0{}'}P_i-\sum_{i\in\mathcal{M}_1{}'}P_i \tag{6-81}$$

第二目标为利用重构尽可能形成大的微电网孤岛，即最小化孤岛微电网集$\mathcal{M}_1$中的孤岛微电网数量，便于抢修时孤岛微电网的快速大面积恢复，即

$$\min_{\pi_{rc}}\|\mathcal{M}_1\| \tag{6-82}$$

其中，$\|\mathcal{M}_1\|$表示$\mathcal{M}_1$中的元素数目，重构策略π_{rc}表示可用常开备用线路集$\overline{\mathcal{L}_b}$中线路的开闭状态。

（2）灾后抢修模型。

考虑重构完后的抢修过程。若有r个抢修队，需要进行$\|\mathcal{L}_e\|$条故障线路的抢修。假设每条故障线路上仅存在一个故障点，该故障点抢修完毕后该线路即可完成修复。记抢修中心为C，则灾后抢修问题为r个抢修队分别从抢修中心C出发，通过合理安排故障线路抢修计划，使得完成$\|\mathcal{L}_e\|$条故障线路全部抢修完毕或系统完全恢复正常供电时，系统的失电损失最小。

记各故障线路故障点集合为$\overline{\mathcal{F}}$，抢修中心及故障点集合为$\mathcal{F}=\overline{\mathcal{F}}\cup\{C\}$。对于故障点集合中的任一故障点$u\in\overline{\mathcal{F}}$，其单个抢修队的抢修耗时为$D_u^{rr}$。对抢修中心及故障点集中的任意两点$u,v\in\mathcal{F}$，两点之间的交通耗时为$D_{u,v}^t$。假设不允许多个抢修队到一个故障点同时进行抢修，即一个故障点仅支持一个抢修队进行抢修，则故障点$u\in\overline{\mathcal{F}}$的抢修耗时为$D_u^{rr}$。

则该多抢修队到多个故障点的抢修问题可以初步建模为多旅行商问题。

对抢修中心及故障点集中任意两点$u,v\in\mathcal{F}$，x_{uv}表示抢修中存在从点u到点v的转移，有

$$\sum_{z\in\mathcal{F}}^{\|\mathcal{F}\|}x_{zv}=\begin{cases}1,v\in\overline{\mathcal{F}}\\ r,v=C\end{cases} \tag{6-83}$$

$$\sum_{z\in\mathcal{F}}^{\|\mathcal{F}\|}x_{uz}=\begin{cases}1,u\in\overline{\mathcal{F}}\\ r,u=C\end{cases} \tag{6-84}$$

$$x_{uv}\in\{0,1\},x_{uu}=0,u,v\in\mathcal{F} \tag{6-85}$$

$$\sum_{u\in S,v\notin S}x_{uv}\geqslant 1,S\subseteq\mathcal{F},S\neq\varnothing \tag{6-86}$$

此时抢修中心及故障点集的转移矩阵$X_{\|\mathcal{F}\|\times\|\mathcal{F}\|}$表示了配网灾后抢修的策略$\pi_{rr}$，其中$X(u,v)=x_{uv}$。对于某故障点$u\in\overline{\mathcal{F}}$，其有一个开始修复时间$t_{u,s}$和结束修复时间$t_{u,e}$。当一个故障点仅支持一个抢修队进行抢修，则两者之间的关系为

$$t_{u,e}=t_{u,s}+D_u^{rr} \tag{6-87}$$

某抢修队在抢修故障点u前，位于点$u^b\in\mathcal{F}$处，有

$$u^b=\operatorname*{find}_{k\in\mathcal{F}}\left(x_{ku}\neq 0\right) \tag{6-88}$$

故障点u的开始抢修时间和u^b的结束抢修时间的关系为

$$t_{u,s}=t_{u^d,e}+D_{u^b,u}^t \tag{6-89}$$

对于抢修中心C，其开始修复时间和结束修复时间均为0

$$t_{C,s}=t_{C,e}=0 \tag{6-90}$$

得到各故障点的恢复时刻后，即得到了各线路的恢复时间。若故障点$u\in\overline{\mathcal{F}}$对应的线路为$(i,j)\in\mathcal{L}_e,i,j\in\mathcal{N},i\neq j$，则线路$(i,j)$的恢复供电时间为

$$t_{(i,j)}=t_{u,e} \tag{6-91}$$

求得各条故障线路的修复时间后，根据系统的拓扑结构可以确定各孤岛微网或负荷接入配网馈线的时间，从而计算系统灾后失电损失。如图6-22所示，求解思路为：①针对每一个孤岛微网，深度优先搜索出其到达正常供电区域的所有供电路径；②计算每条供电路径下孤岛微网的恢复时间，即供电路径所有线路中的最晚线路修复时间；③选择所有供电路径下孤岛微网恢复时间中最小的恢复时间，作为孤岛微网恢复供电时间。

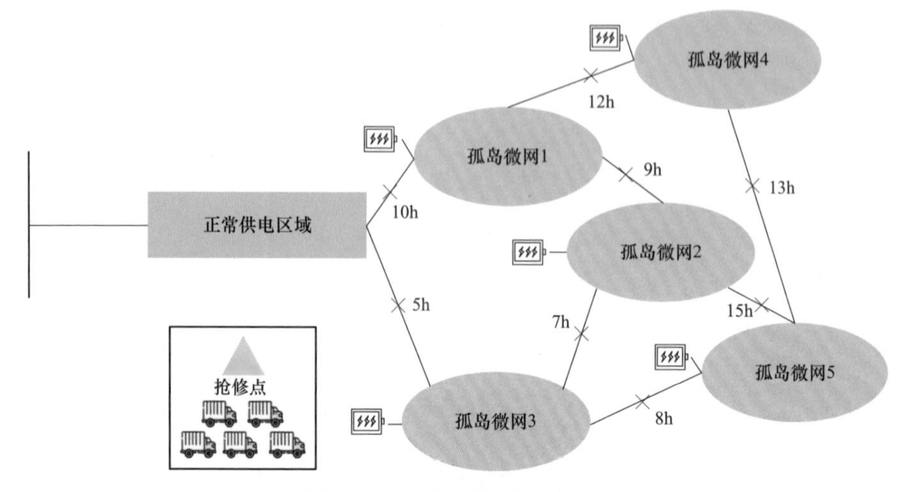

图6-22　线路抢修耗时示意图

对一孤岛微电网M^m，若其到达正常供电区域的所有供电路径有$n_{M^m}^o$条，记所有供电路径集为

$$O_{M^m}=\left\{o_{M^m}^1,\cdots,o_{M^m}^{n_{M^m}^o}\right\} \qquad (6-92)$$

其中，$o_{M^m}^n, n\in\{1,\cdots,n_{M^m}^o\}$代表一条供电路径，其包含若干条线路，则有孤岛微电网M^m接入配网馈线的时间为

$$t_e^{M^m}=\min_{o\in O_{M^m}}\max_{(i,j)\in o} t_{(i,j)} \qquad (6-93)$$

已知各孤岛微电网接入配网馈线的时间，进行配电网灾后失电损失的求解。若灾后经过重构后，孤岛微电网集为$\mathcal{M}_1=\{M_1^1,\cdots,M_1^{m_1}\}$，记此时的配网重构策略为$\pi_{rc}^*$。孤岛微电网$M^m$中含有供电资源量为$E_{M^m}$，则灾后抢修的目标为通过多个抢修队的合理调配，最小化配电网灾后失电损失

$$\begin{aligned}&\min_{\pi_{rr}} L^s\left(\left(\pi_{rc}^*,\pi_{rr}\right);d,r\right)=\\&\min_{\pi_{rr}}\sum_{M^m\in\mathcal{M}_1}\mathrm{ReLU}\left(t_e^{M^m}\left(\pi_{rr};d,r\right)-t_b^{M^m}(d)\right)\sum_{i\in M^m}w_iP_i\end{aligned} \qquad (6-94)$$

$$t_e^{M^m}\left(\pi_{rr};d,r\right)=t_e^{M^m}\left(X;d,r\right)=t_e^{M^m} \qquad (6-95)$$

$$t_b^{M^m}(d)=t_b^{M^m}=\frac{E_{M^m}}{\sum_{i\in M^m}P_i} \qquad (6-96)$$

$$\mathrm{ReLU}(x)=\begin{cases}x, x\geqslant 0\\0, x<0\end{cases}\tag{6-97}$$

其中 $t_{\mathrm{b}}^{M^m}$ 为孤岛微电网 M^m 中的供电资源可以支撑 M^m 正常供电的时间。需要注意的是，这里的 $L^s((\pi_{rc}^*,\pi_{rr});d,r)$ 的表达形式和上文中系统灾后失电损失为 $L^s(\pi;d,r)$ 的定义其实是等价的。

2. 算法框图

考虑配电网恢复过程中的动态恢复过程。在配网的抢修恢复过程当中，可能随时会获取新的信息，如：发现了新的故障，原有的故障其实并不存在，原有的交通通勤时间估计有误等。抢修过程需要根据这些新的信息进行抢修及重构策略的重新安排。每当获取了信息时，相当于来到了一个新的灾害场景，电网管理者只需根据新的信息，重新进行电网灾后的重构及抢修策略安排即可。算法框图如图6-23所示。

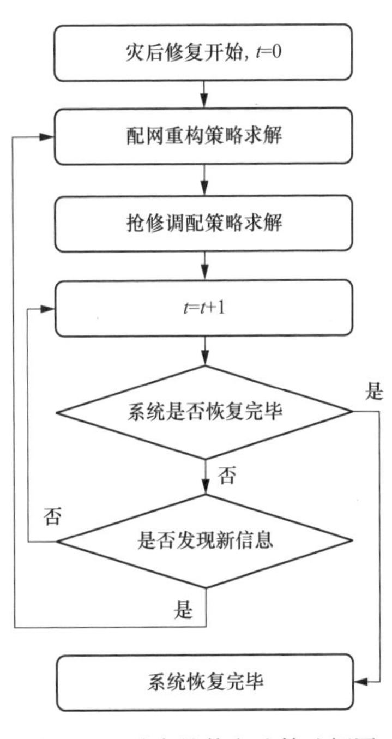

图6-23　动态抢修方法算法框图

在上一节中，以多旅行商问题为基础进行了灾后线路抢修问题的建模。旅行商问题是典型的NP难问题，难以有有效的算法进行高效求解。而在本研究中，灾后抢修位于博弈决策的最后一个阶段，需要要求其具有高效的求解性能。因此，本小节人工设计了多种预案抢修方案尽可能进行抢修最优解的逼近。

（1）人工设计的抢修方案。

相较于粒子群等需要在整个策略空间进行探索并迭代寻优的算法，贪婪算法可以快速得到满意的解。贪婪算法常以当前情况为基础作最优选择，而不考虑整体情况，因此会省去在整个空间上探索所耗费的大量时间。本小节利用贪婪算法设计了三种预防抢修策略，在尽可能保证最优性的同时提高灾后求解的效率。

基于距离的贪婪算法：从抢修中心出发，r个抢修队分别选择距离抢修中心最近的r个故障点进行抢修；每个抢修队抢修完毕后，选择距离其最近的尚未被抢修的故障点进行抢修，直至所有故障抢修完毕。

基于抢修效果的贪婪算法：首先进行抢修效果的定义，将一个故障点抢修完毕之后系统拾起的负荷的价值定义为该故障点的抢修效果。一般而言，抢修完一个故障点后相应的故障线路修复完毕，会有一个孤岛微网接入配网馈线，恢复正常供电。若一个故障点抢修完毕之后孤岛微电网M^m接入配网馈线，则该故障点的抢修效果为：$\sum_{i \in M^m} w_i P_i$。基于抢修效果的贪婪算法为从抢修中心出发，r个抢修队分别选择抢修效果最大的r个故障点进行抢修；每个抢修队抢修完毕后，选择尚未被抢修的故障点中抢修效果最大的故障点进行抢修，直至所有故障抢修完毕。若存在多个故障点，其修复的抢修效果相同（即修复任意一个故障点均可导致某一负荷区域恢复正常供电），则采用基于距离的贪婪算法。

基于抢修效率的贪婪算法：在基于抢修效果的贪婪算法的基础上，进一步考虑故障点抢修的耗时，从而引入抢修效率的概念。对于某一抢修队而言，某一故障点的抢修耗时为：该抢修队从其所在位置出发到该故障点修复完毕的时间，即道路时间和故障修复时间的和。若一个故障点抢修完毕之后孤岛微电网M^m接入配网馈线，对一抢修队而言该故障点抢修耗时为T^r，则对该抢修队而言此故障点的抢修效率为$\sum_{i \in M^m} w_i P_i / T^r$。基于抢修效率的贪婪算法为，$r$个抢修队分别选择抢修效率最高的$r$个故障点进行抢修；每个抢修队抢修完毕后，选择尚未被抢修的故障点中抢修效率最高的故障点进行抢修，直至所有故障抢修完毕。若存在多个故障点，其修复的抢修效率相同，则采用基于距离的贪婪算法。

一般而言，不论何种贪婪算法，都不能保证灾后抢修的效果最优。但取三种贪婪算法中效果最好的，往往可以达到较为满意的抢修效果，同时保持较高的抢修效率。算法框图如图6-24所示。

（2）灾后配网重构策略求解。

配网的重构策略如图6-25所示。针对重构目标1：利用重构尽可能恢复失电负荷，即通过控制系统中可用备用线路，改变配网拓扑结构，尽可能将失电的孤岛微电网接入配网主馈线。其步骤为：

（1-1）：计算故障后的配网孤岛划分情况，识别微网中的孤岛；

（1-2）：观察是否存在可用备用线路可以连接孤岛微电网至配网主馈线；若否，则重构不能进行失电负荷的恢复，重构目标1完成；若是，进入（1-3）；

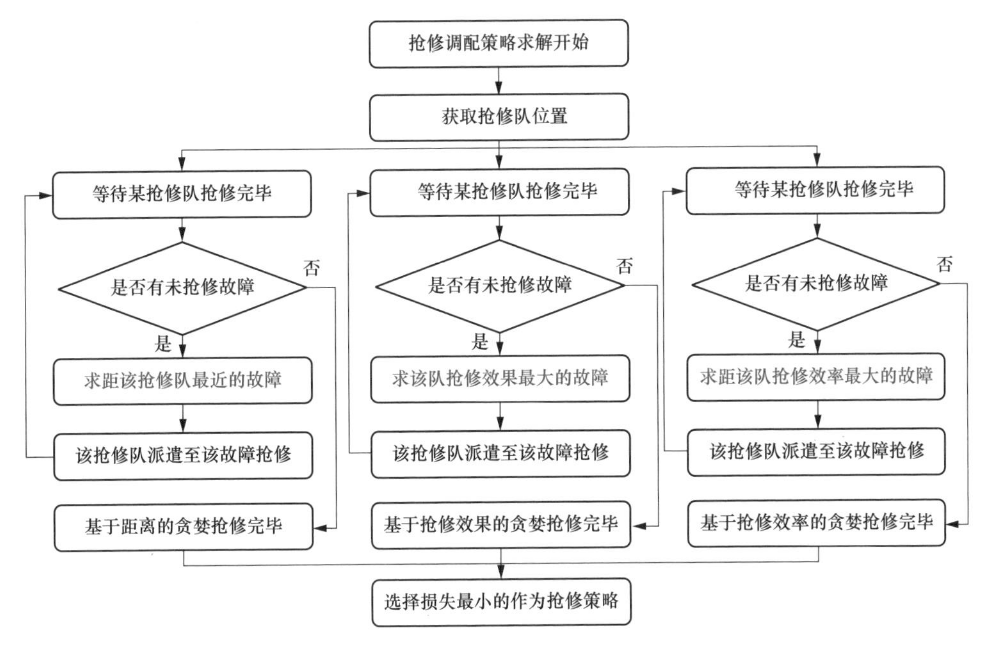

图6-24　灾后抢修调配算法框图

（1-3）：遍历系统中所有孤岛微电网，观察是否具有可恢复其负荷的可用备用线路，若有，选择其中距离配网主馈线供电路径最短的备用线路闭合，恢复此孤岛微电网；

（1-4）：返回（1-2）。

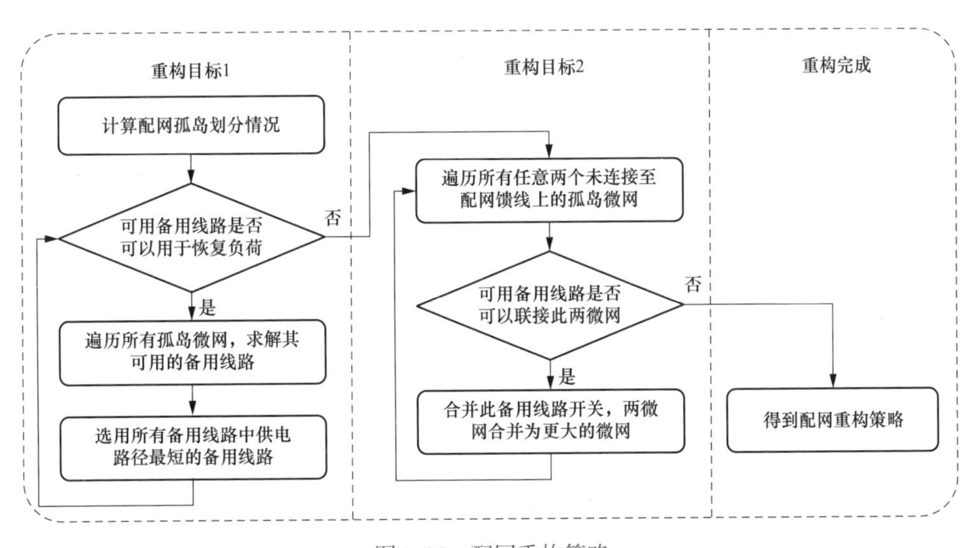

图6-25　配网重构策略

针对重构目标2：最小化孤岛微电网集中孤岛微电网的数量，即在重构目标1完成之后尽可能连通各孤岛微电网形成大的孤岛微电网。其步骤为：

（2-1）：遍历所有任意两个未连接至配网馈线上的孤岛微电网；

（2-2）：观察是否存在可以连接此两孤岛的可用备用线路，若有则合并相应备用线路的开关，连接两孤岛形成大孤岛微电网；若无备用线路可以进行孤岛微电网的合并，重构目标2完成；

（2-3）：返回（2-1）；

至此，配电网重构策略求解完毕。

3. 示例和分析

考虑在抢修过程中出现了新的信息，此时电网管理者需要根据最新的信息对电网抢修等安排做出调整。依旧利用图6-26所示的灾害场景A，首先进行不考虑重构的电网恢复测试，灾后抢修策略考虑人工设计的几种贪婪算法。

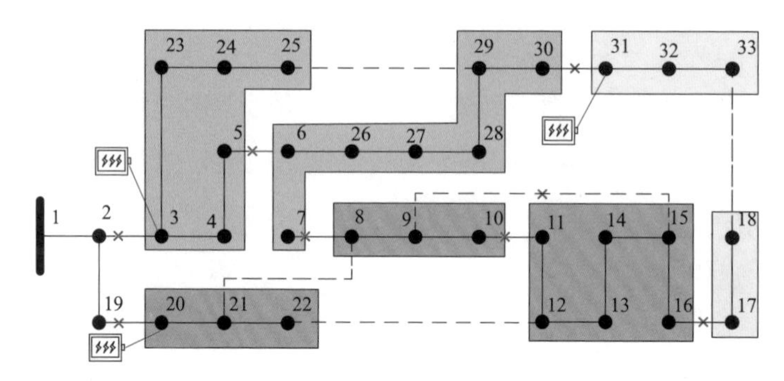

图6-26 单个灾害灾后停运场景A

在灾害发生之后，系统得到如图6-26所示的灾害场景，选择的灾后抢修策略如表6-10所示。在没有获得新灾害信息时，灾害抢修将按照表6-10实施。现有在抢修队派出后2小时后，系统获取了新的信息：线路9-15未发生故障，线路12-13及线路28-19发生了新故障。即此时的灾害场景变为A-1，如图6-27所示。

首先，在不考虑网络重构的情况下，进行动态抢修算法的测试。2小时之前，抢修计划按照表6-10中“未获取新信息前”栏的计划执行。2小时后，发现新的故障信息，抢修计划需进行调整。由于2小时2-3，5-6，30-31号线路尚未抢修完毕，三个抢修队在抢修完毕这三个故障后，开始执行新的抢修计

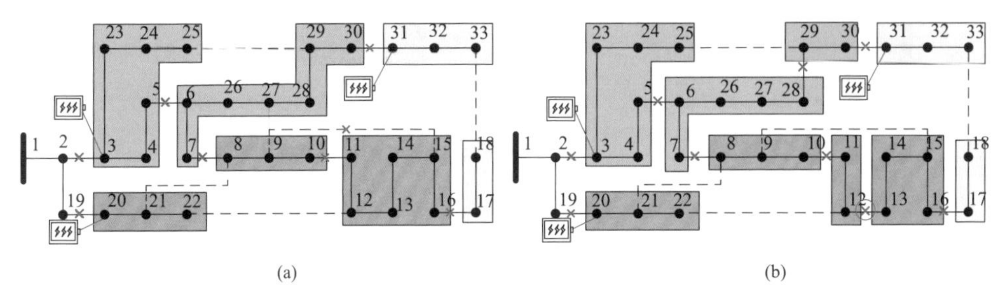

图6-27　获取新信息后的灾害场景变化

（a）灾后停运场景 A ;（b）灾后停运场景 A-1

划，如表6-10中的“获取新信息后”栏内的抢修安排。事实上，动态抢修的策略并非完全最优的抢修策略，若在灾害结束时便能获取全部准确的信息，系统求得的抢修策略如表6-10“开始便获取全部信息”栏所示。可以看到，若一开始便获取全部准确的信息，系统的抢修安排会发生变化，同时其灾后的损失也相对更小。这也证明了灾后进行准确且充分的灾情收集的必要性。

表 6-10　　不经重构的动态抢修对比

灾害场景 A	未获取新信息前	获取新信息后	开始便获取全部信息
灾后损失	27490.71	38072.73	36143.28
抢修顺序	<2-3，10-11> <5-6，19-20，16-17> <30-31，7-8，9-15>	<2-3，7-8，12-13> <5-6，19-20，10-11> <30-31，28-29，16-17>	<2-3，28-29，10-11> <5-6，19-20，12-13> <7-8，30-31，16-17>
对应恢复时间	<2.95h，6.42h> <4.04h，5.93h，9.99h> <2.85h，6.22h，11.45h>	<2.95h，6.77h，12.02h> <4.04h，5.93h，10.60h> <2.84h，6.23h，8.26h>	<2.95h，5.71h，11.82h> <4.04h，5.93h，10.60h> <3.79h，6.73h，11.04h>

在考虑上述算例的基础上，考虑重构给系统恢复带来的影响。如图6-28所示，获取新信息后，配网形成了4个孤岛微电网。原本被认为是故障线路的9-15线路开关闭合。在停运场景B下，2小时时三个抢修队仍正处于抢修当中，各线路抢修完毕时根据新的故障信息进行了重新分配。与上一算例不同的是，这一算例下，动态抢修在重构的加持下，能做到和一开始获取所有全部准确信息相同的抢修效果。

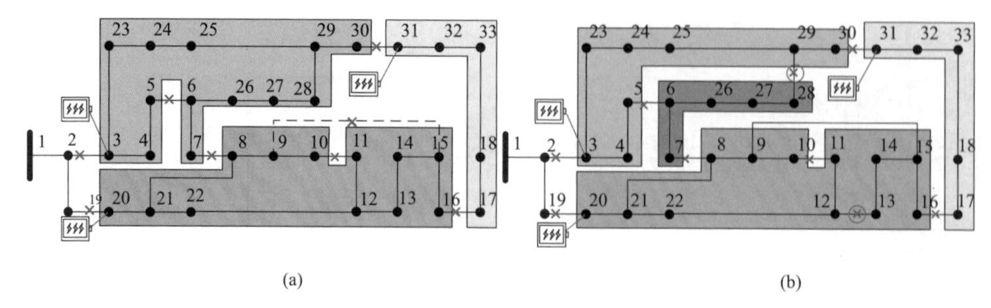

图6-28 获取新信息后的系统重构变化

（a）灾后停运场景 B；（b）灾后停运场景 B-1

表 6-11　　经重构的动态抢修对比

灾害场景 B	未获取新信息前	获取新信息后	开始便获取全部信息
灾后损失	10570.30	12688.44	12688.44
抢修顺序	<2-3> <19-20，7-8> <30-31，16-17>	<2-3，7-8> <19-20，28-29，16-17> <30-31，5-6>	<2-3，7-8> <19-20，28-29，16-17> <30-31，5-6>
对应恢复时间	<2.95h> <2.32h，5.97h> <2.84h，7.15h>	<2.95h，6.77h> <2.32h，4.38h，6.42h> <2.84h，5.80h>	<2.95h，6.77h> <2.32h，4.38h，6.42h> <2.84h，5.80h>

第四节　本章小结与展望

一、本章小结

本章针对韧性电网恢复力提升的三种关键技术进行了详细的介绍：首先是交直流输电网应急恢复技术，该技术能够保证电网在遭受破坏时，其故障不会扩散，且通过紧急控制能实现灾害的快速恢复；之后研究了城市配电网灾后微电网应急供电技术，通过形成局部微电网帮助配电网快速恢复供电；进一步，介绍了城市电网加速复电的优化抢修决策技术，考虑信息－物理网的耦合作用，研究了电力通信系统应急恢复技术和考虑灾情实时更新的滚动抢修优化方案，从而能够进一步提升韧性配电网的恢复力。

二、韧性电网恢复力提升技术发展展望

本章还从未来技术的发展角度对韧性配电网恢复力进行了展望，分别探讨了将电气化交通、多能互补与人工智能技术引入韧性配电网恢复力提升的可能性。

1. 电力和交通联合抗灾恢复

应急供电车、应急移动储能等专用设备，以及电动大巴、电动汽车等社会车辆的大量使用和发展，使得利用移动储能设备为受到极端灾害破坏的停电区域进行供电成为可能。由于这些电动汽车具有很高的灵活性，这一负荷恢复方法受到了越来越多的关注。为了充分利用电动汽车能够携带能量在城市各个区域内自由转移的特点，国内外学者针对不同移动储能设备进行了研究，试图提升配网恢复能力，主要包括：①根据灾前预报数据，对应急供电车以及储能装置预先调配；②设计电网专用电动汽车在灾后的行动路线以及恢复策略；③灾后配网人员与电动汽车的联合恢复方案设计；④利用火车等交通工具为失电电网进行黑启动。这些方法都有效地推动了电气化交通在配网韧性提升等方面研究的发展，但针对电气化交通在配电网中的应用还需要进一步研究。

2. 综合能源系统多能互补恢复

热电耦合系统在运行上具有显著的季节特征，因此，高纬度地区冬季频发的极寒天气状况是影响热电耦合系统安全稳定运行的最主要自然灾害。以暴风雪为代表的极寒自然灾害过程中伴随着强风、降雪和低温冰冻的过程，会在诸多方面造成社会基础工程设施的破坏，例如电力中断、交通通信阻塞、停暖、停水等。在北美地区，暴风雪每年都会给当地造成巨大的经济损失，因此，需要研究保障热电耦合系统安全运行、提高抗灾能力的有效措施。抗灾策略的研究建立在极寒环境时系统运行模拟的基础上，针对灾害发生的不同阶段，从灾前预防和灾后应急响应两个方面，对可采取的措施进行优化组合。针对热电耦合系统抗灾运行的研究涉及了气象理论、不确定性建模、优化求解等多方面技术。

3. 人工智能支撑的动态恢复决策

灾害发生后，电网中许多故障问题的解决还有赖于专家的经验和知识，然而人的决策往往不一定准确且需要一定的反应时间。通过知识驱动的信息系统，专家可以建立针对韧性电网的相关知识和经验（如故障恢复、调节DG出力等），并利用知识信息系统中的推理引擎机制来模拟人类专家的工作决策。建立电网故障诊断、故障定位、智能分析与控制等知识的百科全书，这将是智能电网提升韧性的重要实践方向。知识信息系统可以清晰地表达事物之间的关系、实现智能推理，在电网故障智能决策应用中具有广阔的应用前景，可以有效提高决策效率从而提升电网韧性。

参 考 文 献

［1］ Bilodeau H, Babaei S, Bisewski B, et al. Making old new again: HVdc and FACTS in the northeastern United States and Canada［J］. IEEE Power and Energy Magazine, 2016, 14(2): 42-56.

［2］ Wang P, Goel L, Liu X, et al. Harmonizing AC and DC: A hybrid AC/DC future grid solution［J］. IEEE Power and Energy Magazine, 2013, 11(3): 76-83.

［3］ Zhou B, Rao H, Wu W, et al. Principle and application of asynchronous operation of China southern power grid［J］. IEEE Journal of Emerging and Selected Topics in Power Electronics, 2018, 6(3): 1032-1040.

［4］ Li R, Bozhko S, Asher G. Frequency control design for offshore wind farm grid with LCC-HVDC link connection［J］. IEEE Transactions on Power Electronics, 2008, 23(3): 1085-1092.

［5］ Bevrani H. Robust power system frequency control［M］. Springer, 2009, 85.

［6］ Rudez U, Mihalic R. Analysis of underfrequency load shedding using a frequency gradient［J］. IEEE transactions on power delivery, 2009, 26(2): 565-575.

［7］ Karady G, Gu J. A hybrid method for generator tripping［J］. IEEE Transactions on Power Systems, 2002, 17(4): 1102-1107.

［8］ Rudez U, Mihalic R. Monitoring the first frequency derivative to improve adaptive underfrequency load-shedding schemes［J］. IEEE Transactions on Power Systems, 2010, 26(2): 839-846.

［9］ Harnefors L, Johansson N, Zhang L. Impact on interarea modes of fast HVDC primary frequency control［J］. IEEE Transactions on Power Systems, 2016, 32(2): 1350-1358.

［10］ Yu T, Tong J, Chan K W. Study on microturbine as a back-up power supply for power grid black-start［C］. 2009 IEEE Power & Energy Society General Meeting, 2009: 1-6.

［11］ 刘晗钰. 含混合储能系统的微电网黑启动研究［D］. 湖南工业大学，2019.

［12］ Aktarujjaman M, Kashem MA, Negnevitsky M, et al. Black start with dfig based distributed generation after major emergencies［C］. Proceedings of Power Electronics, Drives and Energy Systems, NewDelhi, India, 2006: 17-21.

［13］ 聂凌云. 基于RTDS的蒙西电网黑启动和风电参与黑启动的研究［D］. 华北电力大学，2013.

［14］ 董家华，陈亚鹏，练小斌. 9F级大型燃机储能黑启动技术探讨［J］. 上海大中型电机，2019(4)：19-21.

［15］ 万玉良，杜平，吴坚，等. 储能型风电场作为电网黑启动电源的可行性探讨［J］. 现代工业经济和信息化，2017（15）：93-96.

［16］ Song Y, Yang X, Lu Z. Integration of plug-in hybrid and electric vehicles: Experience from China［C］. IEEE PES general meeting, Minneapolis, USA, 2010: 1-6.

［17］ 孙磊，张璨，林振智，等. 计及电动汽车充电站作为黑启动电源的网架重构优化策略［J］. 电力系统自动化，2015，39（14）：75-81，104.

［18］ 刘伟佳，林振智，文福拴，等. 考虑电动汽车支持的电力系统恢复多目标最优策略［J］. 电力系统自动化，2015，39（20）：32-40.

［19］ Lasseterr H. Microgrids［C］. Proceedings of 2002 IEEE Power Engineering Society Winter Meeting, NewYork, USA, 2002: 305-308.

［20］ Hatziargyriou N, Asano H, Iravani R, et al. Microgrids［J］. IEEE Power and Energy Magazine, 2007, 5（4）: 78-94.

［21］ Piagi P, Lasseter R H. Autonomous control of microgrids［C］. 2006 IEEE Power Engineering Society General Meeting, Montreal, Canada, 2006: 1-8.

［22］ 杨新法，苏剑，吕志鹏，等. 微电网技术综述［J］. 中国电机工程学报，2014，34（1）：57-70.

［23］ Castillo A. Microgrid provision of blackstart in disaster recovery for power system restoration［C］. 2013 IEEE International Conference on Smart Grid Communications, Vancouver, Canada, 2013: 534-539.

［24］ Schneider K P, Tuffner F, Elizondo M, et al. Evaluating the feasibility to use microgrids as a resiliency resource［J］. IEEE Transactions on Smart Grid, 2017, 8（2）: 687-696.

［25］ 顾雪平，钟慧荣，贾京华，等. 电力系统扩展黑启动方案的研究［J］. 中国电机工程学报，2011，31（28）：25-32.

［26］ Hou Y, Liu C C, Sun K, et al. Computation of Milestones for Decision Support During System Restoration［J］. IEEE Transactions on Power Systems, 2011, 26（3）:1399-1409.

［27］ Xu Y, Liu C C, Schneider K P, et al. Toward a resilient distribution system［C］. 2015 IEEE Power & Energy Society General Meeting, Denver, USA, 2015: 1-5.

［28］ Wang Y, Chen C, Wang J, et al. Research on resilience of power systems under natural disasters—A review［J］. IEEE Transactions on Power Systems, 2015, 31（2）: 1604-1613.

［29］ Strbac G, Hatziargyriou N, Lopes J P, et al. Microgrids: Enhancing the resilience of the European megagrid［J］. IEEE Power and Energy Magazine, 2015, 13（3）: 35-43.

［30］ Fares R L, Webber M E. Combining a dynamic battery model with high-resolution smart grid data to assess microgrid islanding lifetime［J］. Applied Energy, 2015, 137: 482-489.

［31］ 赵敏，沈沉，刘锋，等. 基于博弈论的多微电网系统交易模式研究［J］. 中国电机工程学报，2015，35（04）：848–857.

[32] 赵敏，陈颖，沈沉，等. 微电网群特征分析及示范工程设计[J]. 电网技术，2015，39(06)：1469–1476.

[33] Choobineh M, Mohagheghi S. Emergency electric service restoration in the aftermath of a natural disaster[C]. 2015 IEEE Global Humanitarian Technology Conference, 2015: 183-190.

[34] Gao H, Chen Y, Xu Y, et al. Dynamic load shedding for an islanded microgrid with limited generation resources[J]. IET Generation, Transmission & Distribution, 2016, 10(12): 2953-2961.

[35] Oliveira D Q, de Souza A C Z, Almeida A B, et al. Microgrid management in emergency scenarios for smart electrical energy usage[C]. 2015 IEEE Eindhoven Power Tech, 2015: 1-6.

第七章　韧性电网协同力关键技术

“协同”在大辞海中的释义是“同心合力；互相配合”，如协同办理；协同作战。《后汉书·吕布传》：“将军宜与协同策谋，共存大计。”

协同力是指电网协同内外部资源共同应对扰动的能力，包括输配协同、源网荷储协同、电网与其他关键基础设施协同、能源大脑与城市运营大脑协同等。提升协同力的关键技术包括电网内部和外部协同关键技术。对于电网内部协同，包括能够支撑并增强韧性电网应对扰动事件各个阶段核心能力的协同技术，如事件发生前电网各部门协同联动实现灾前优化部署，事件发展中对各类控制资源的协同控制技术，事件发生后的大电网和配电网“主配协同”恢复技术等。对于电网外部协同，包括多能耦合协同、电网与其他关键基础设施协同、能源大脑与城市运营大脑协同、政企协同等。

本章着重介绍保障重要负荷供电的源网荷储协同恢复技术、电网输配协同恢复技术、考虑电力－供水－供气系统协同的电力负荷恢复决策技术和计及电网－交通网协同的移动应急资源调度技术4项关键技术。

（1）保障重要负荷供电的源网荷储协同恢复技术综合利用DG、微电网、储能等可控资源实现源网荷储的关键负荷快速恢复供电，可以同时实现源网荷储在时间和空间维度的协同，提升关键负荷供电时间，能够更大限度地提升电网韧性。

（2）电网输配协同恢复技术通过大电网和配电网“主配协同”恢复，可增加恢复分区或上下并行恢复的方式缩短恢复时间，充分利用各类传统电源/新能源、分布式/集中式发电资源，提升电网整体恢复效率。

（3）考虑电力－供水－供气系统协同的负荷恢复决策技术考虑极端事件后如医院等关键基础设施的正常运转需要水、电、气的协同供应才可最大限度恢复的特点，以负荷功能恢复最大化为目标，计及供水、供气网络中关键用电设备，确定协同恢复策略，提升配电网恢复力。

（4）计及电网－交通网协同的灾后应急资源调度技术考虑电网应急恢复与

交通网运行的相互耦合依赖关系，计及动态变化的交通状态对移动应急资源调度的影响，确定移动应急资源调度的路径和计划安排策略，提升协同应急响应效果。

第一节　保障重要负荷供电的源网荷储协同恢复技术

保障重要负荷供电的源网荷储协同恢复技术是一种提升配电网恢复力的协调控制和运行技术，综合利用DG、微电网、储能等可控资源实现源网荷储协同的关键负荷快速恢复供电，能够更大限度地提升电网韧性。本节首先对源网荷储协同恢复思想与研究现状展开介绍，然后建立源网荷储多时段协同恢复的优化决策模型，最后通过算例进行分析，展示所提恢复策略的有效性。

一、源网荷储协同恢复思想与研究现状

本节围绕源网荷储协同恢复方案优化决策技术展开介绍，充分发挥源网荷储各个环节对城市重要负荷恢复的支撑作用，减小停电损失，提升电网韧性。

随着DG、微电网等各类电源不断接入城市电网，国内外工业界与学术界开始探索利用城市电网内本地电源辅助或直接实现故障恢复的方法，主要包括以下三种恢复思想[1]：基于DG的恢复思想[2]、基于孤岛划分的恢复思想[3]和源网荷储协同的恢复思想[4]。

基于DG的恢复思想是指在恢复时以DG为起点向外恢复负荷，在恢复后会形成多个电气孤岛，且每个电气孤岛仅包含一个具有黑启动能力的DG或微电网，如图7-1所示。

基于孤岛划分的恢复思想旨在根据城市电网内本地电源类型、容量、位置以及负荷的重要程度、负荷需求及位置等，将目标配电网的停电区域划分为若干个孤岛，每个孤岛内包含一个或多个电源，如图7-2所示。

源网荷储协同的恢复思想旨在将目标配电网中所有源荷储通过网络尽量相连，构成尽可能大的孤岛，实现协同恢复，如图7-3所示。

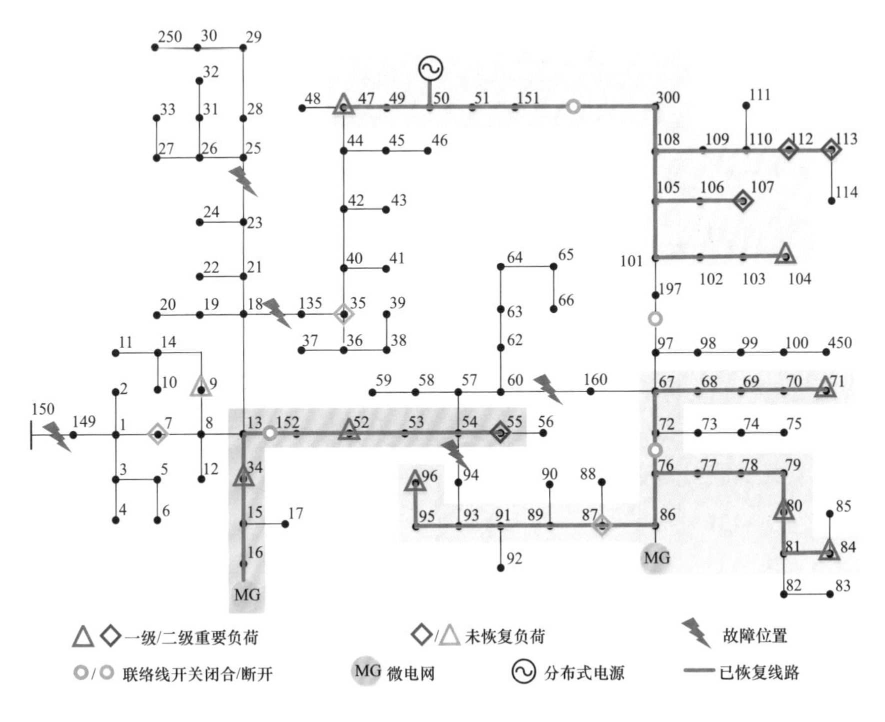

图7-1　基于DG的恢复思想示意图

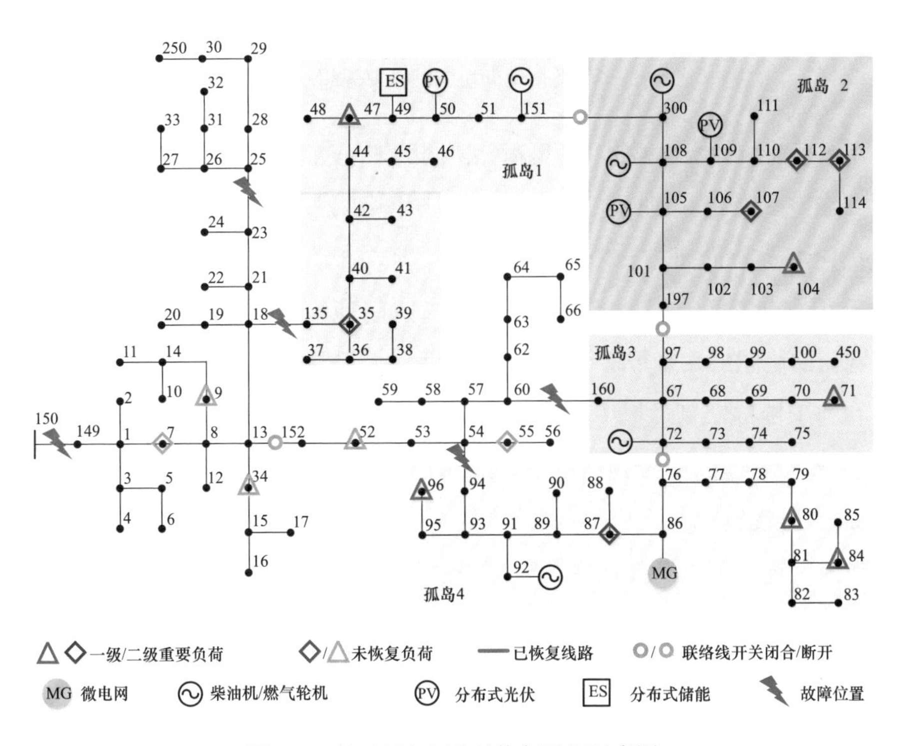

图7-2　基于孤岛划分的恢复思想示意图

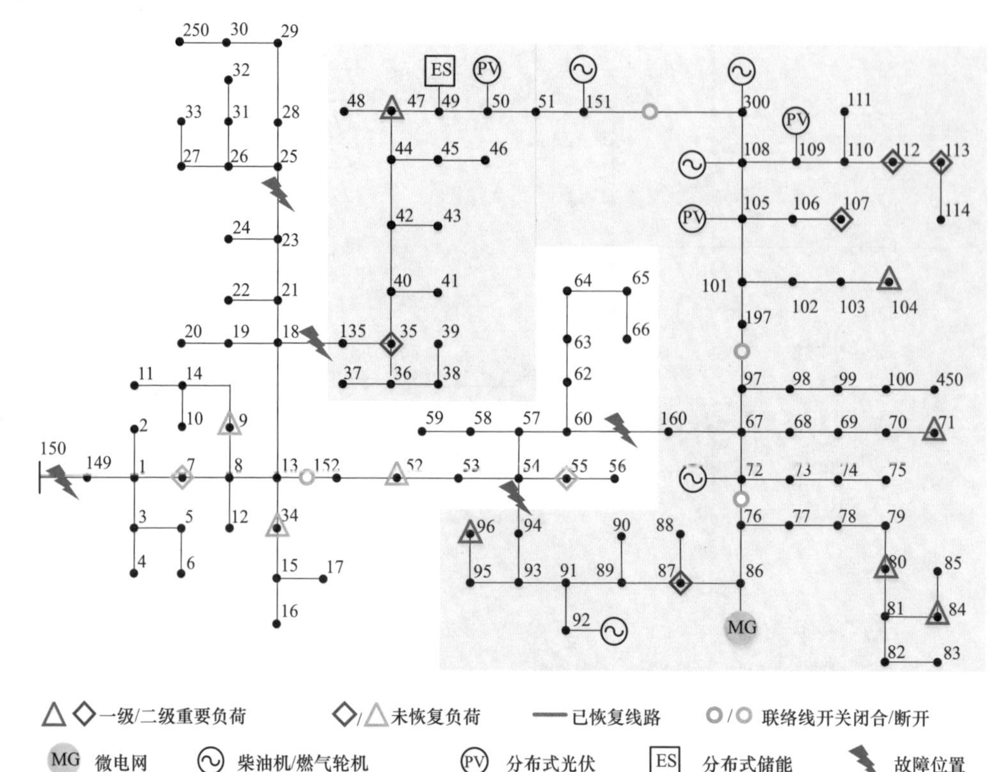

图7-3　源网荷储协同的恢复思想示意图

相比于前两种恢复思想，源网荷储协同的恢复思想有其独有优势[4]、[5]：①源网荷储在空间上相互连通，有利于综合利用多种发电资源的容量，实现发电资源的优化配置，进而能够恢复更多重要负荷。②源网荷储在时间上相互协调，有助于在发电资源有限的条件下尽可能长时间地为更为重要的负荷持续供电。③源网荷储协同的恢复策略可充分发挥各类DG控制能力，使系统更加坚强和稳定，有利于抵抗恢复过程中的暂态扰动。④由于系统为尽可能大的孤岛，使得发电容量相对充裕，应对间歇性能源出力不确定性能力增加，有利于接纳间歇性能源辅助恢复。

如前所述，源网荷储协同的恢复思想能够在极端场景下充分利用本地有限发电资源，为重要负荷供电。在本节中，笔者将从源、网、荷、储四个方面分别展开描述其对于重要负荷恢复的支撑作用。

“源”指的是电网本地DG，是恢复中电能的主要来源。根据在恢复过程中

使用方式的不同可以将DG分为以下几类：用户自备应急电源、网内固定可控DG、网内固定间歇型电源和移动应急电源。四类不同电源的特点如下：①用户自备应急电源类型包括自备电厂、发动机驱动发电机组（柴油、汽油、燃气）等。该类电源主要作用是在发生停电事故后的停电初期为特定重要负荷不间断提供电能。该类电源一般不并入公共电网运行，但若想并网运行，可与供电企业签订并网调度协议后并网。②网内固定可控DG按照接口类型可分为同步发电机接口电源（包括柴油机、小水电机组等）和输出功率可控的逆变器接口电源（如电动汽车、微型燃气轮机等）。该类电源的主要作用是在发生停电事故后，通过电网调度并入电网恢复网内的负荷。其中，同步发电机接口电源具备惯性及调频能力，能够为系统提供基准频率，有较好的稳定性，同时可提供较稳定的电压。具备自启动能力的同步机接口电源可用作黑启动电源，其输出功率能在一定范围内调节，但不能吸收有功功率。③网内固定间歇型电源即输出功率具有间歇性的DG，如风力和光伏发电机组等。间歇型电源不具备调频特性，输出功率受天气变化影响大，在天气良好的情况下，合理利用其发电能力可恢复更多重要负荷。但其输出功率具有不确定性，在无输电网支撑的情况下如处理不当则易导致系统功率失衡，引发系统崩溃等问题。④移动应急电源包括车载应急发电机和电动汽车等。该类电源与网内固定可控DG的特点类似，输出功率可控；不同的是移动应急电源可在极端事件发生后灵活调度至指定地点为重要负荷或配电网送电。该类电源的应急调度一般与维修人员的应急调度同时进行，统称为应急资源调度。综上，四种电源的特点可总结为表7-1。

表7-1　　本地DG特点

电源种类	常见类型	协同作用	注意事项
用户自备应急电源类型	自备电厂 自备柴油发电机组	停电初期为特定重要负荷不间断提供电能	一般不并入公共电网运行，较难调度
网内固定可控DG	柴油机 小水电机组 微型燃气轮机	有较好的稳定性，具备惯性和调节能力，且便于调度	电源位置固定、发电资源有限
网内固定间歇型电源	风力发电 光伏发电	提供发电能力辅助恢复重要负荷	输出功率具有不确定性，处理不当易导致系统功率失衡

续表

电源种类	常见类型	协同作用	注意事项
移动应急电源	车载应急发电机 移动应急电源	可灵活调度至指定地点为重要负荷送电	调度能力受交通情况影响

“网”指的是电网网络架构，城市电网中包括微电网与城市配电网两个层次。通过调节配电网中的远程开关，电网可以重构成一个依靠本地DG供电的孤岛，协同孤岛内的所有发电资源为重要负荷供电。一方面可以解决DG接入电网时的“不友好”问题，在利用DG进行恢复的同时确保暂态可行性，实现源网协调；另一方面，在与用户签订协议、采取激励措施的基础上，通过负荷主动调节和响应来改变潮流分布，实现网荷互动，提升电网恢复能力。

“荷”指的是电网中的负荷，既是电能的需求侧，同时一些具有响应能力的负荷也可作为电能的供给侧。我国电力负荷根据对供电可靠性的要求及中断供电在政治、经济上所造成损失或影响的程度进行分级，将负荷的重要程度分为三级[4]、[5]，如表7-2所示。源网荷储协同的恢复思想可以优先为一级、二级负荷供电，实现有限发电资源的最优分配。

表7-2　　我国负荷等级与分类依据

负荷等级	分类依据
一级负荷	中断供电将造成人身伤亡时 中断供电将在经济上造成重大损失时 中断供电将影响重要用电单位的正常工作
二级负荷	中断供电将在经济上造成较大损失时 中断供电将影响较重要用电单位的正常工作
三级负荷	不属于一级和二级负荷者应为三级负荷

“储”指的是电网中的储能设备，包括大型的分布式储能设备、用户自备的储能装置以及车载应急储能。储能装置既可以充电，也可以放电，具有电源和负荷双重属性；可在时间维度灵活调节，实现功率平衡、能量转移的功能，是源网荷储实现时间维度的协同必不可少的环节。

源网荷储协同的恢复思想通过网络重构，将DG、负荷和储能连接成一个整体，提升系统的抗扰动能力，在空间和时间上协同本地的多种发电资源，优先

将有限的发电资源分配给更为重要的负荷，提升系统韧性。

二、源网荷储协同恢复方案优化决策

考虑到大停电事故发生后可能会持续较长时间，发电资源无法得到及时补给，电网操作人员在制定恢复策略时需要考虑本地有限的发电资源，以确保在整个恢复期内关键负荷的持续供电。因此，为充分考虑长时间尺度的系统运行状态，本节建立了多时段故障恢复优化模型[5]。本节重点关注源网荷储协同的恢复思想在空间和时间上协同的优势，恢复的暂态过程以及间歇性能源输出功率不确定性的处理在本模型中暂未考虑，读者若有兴趣，可参考文献[2]、[6]和文献[7]。

本节建立的优化模型以最大化负荷的加权供电时间及最小化总网损为目标，以各时段负荷状态、电源输出功率及线路投运状态为优化变量，考虑有限能量约束、运行约束和拓扑约束等，将难以求解的含有非线性约束和整数变量的多时段故障恢复模型松弛为混合整数二阶锥规划模型，并利用商业优化软件求解，得到最优恢复策略。

首先介绍该问题的目标函数。本节定义整个停电时间为停电后至输电网送电通路恢复前，设其时长为T_0，分为若干时间段，每个时段长度为T^{int}，所有时段构成的集合为T。假设所有重要电力用户自备应急电源中最短备用时间为$T^{\min}$，则源网荷储协同恢复从$T^{\min}$开始，$T^{\min}$之后所有时间段构成的集合为T'。

本节的主要目标为最大化负荷的加权供电时间，次要目标为最小化所有时段的网络损耗之和，通过权重系数将二者归一化后结合，该权重系数由用户自定义，设置不同权重系数值可能得出不同的恢复策略。考虑到负荷恢复是主要目标，减小网损为次要目标，因此该权重系数的取值不宜过大。

$$\max f = f_1 - w_0 f_2 \tag{7-1}$$

$$f_1=\sum_{i\in L}\sum_{t\in T} w_i T^{\mathrm{int}} \gamma_{i,t} \tag{7-2}$$

$$f_2 = \sum_{t\in T} P_t^{\mathrm{loss}} \tag{7-3}$$

式中：L为所有负荷节点构成的集合；w_i为负荷i的权重系数，该值越大则表示负荷越为重要；$\gamma_{i,t}$为负荷i在t时段的状态，负荷为恢复状态则$\gamma_{i,t}$=1，反之为0。P_t^{loss}为系统在时间段t的网络有功损耗。主要目标式（7-2）的值可以反映系统在故障发生后的恢复能力。

之后对该模型约束条件进行介绍，首先对有限的能量约束进行介绍，该约束如下式所示

$$\sum_{t \in T'} P_{i,t}^{\text{gen}} T^{\text{int}} \leqslant E_{i,0}, i \in G \cup B \cup C \tag{7-4}$$

式中：G、B和C分别表示所有在线分布式同步发电机、在线分布式储能和电动汽车所构成的集合，其中电动汽车暂未考虑其可移动的特性；$P_{i,t}^{\text{gen}}$为电源i在时段t的有功功率值；$E_{i,0}$为电源i在恢复之前内部剩余的发电资源的能量值。为方便计算，将所有不同的能源形式，按照一定的转换效率，转换成电能（单位为kWh）进行计算。

之后对运行过程中的约束进行介绍，首先是潮流约束。

$$P_{i,t} + jQ_{i,t} = V_{i,t} \sum_{j=1}^{m} Y_{ij}^* V_{j,t}^*, \forall i \in N, \forall t \in T' \tag{7-5}$$

$$P_{i,t} + jQ_{i,t} = \left(P_{i,t}^{\text{gen}} + jQ_{i,t}^{\text{gen}}\right) - \gamma_{i,t} u_{i,t} \left(P_{i,t}^{\text{load}} + jQ_{i,t}^{\text{load}}\right), \forall i \in N \tag{7-6}$$

式中：N表示目标孤岛所包含的所有节点；$P_{i,t}$和$Q_{i,t}$分别为节点注入的有功和无功功率；$V_{i,t}$代表节点i在时段t的复数电压；$u_{i,t}$表示节点i的负荷是否处于在线状态，对于具备自备应急电源的重要负荷，在恢复初期依靠自备应急电源供电，处于离线状态，之后处于在线状态，因此$u_{i,t}$的值取决于用户自备应急电源的自备时间，为已知量。

式（7-5）为潮流方程，表示带电支路的功率与两端电压之间的关系；式（7-6）表示从外界注入节点i的功率等于与之连接的电源发出的功率减去该节点的在线负荷功率。

之后建立如下的节点电压约束

$$V_i^{\min} \leqslant V_{i,t} \leqslant V_i^{\max}, \forall i \in N, \forall t \in T' \tag{7-7}$$

系统各带电节点电压不能越限，本节中电压幅值（标幺值）的下限和上限分别取0.95和1.05。

进一步给出支路电流约束与DG出力约束

$$I_{ij,t} \leqslant I_{ij}^{\max}, \forall (i,j) \in E, \forall t \in T' \tag{7-8}$$

$$0 \leqslant s_{i,t}^{\text{gen}} \leqslant P_i^{\max} + jQ_i^{\max}, \forall i \in G, \forall t \in T' \tag{7-9}$$

$$-P_i^{\text{ch-max}} \leqslant P_{i,t}^{\text{gen}} \leqslant P_i^{\text{dch-max}}, \forall i \in S \cup B, \forall t \in T' \tag{7-10}$$

式（7-9）和式（7-10）代表不同类型电源的出力限制。

进一步，给定储能SOC约束

$$\text{SOC}_i^{\min} \leqslant \text{SOC}_{i,0} + \rho_i \sum_{t=1}^{t'} P_{i,t}^{\text{gen}} T^{\text{int}} \leqslant \text{SOC}_i^{\max}, \forall i \in B \cup C, \forall t' \in T' \tag{7-11}$$

对于储能来说，为了保证设备正常运行，其荷电状态（state of charge，SOC）需要保持在一定范围内。

除了考虑电网运行过程中各个供电电源的约束，还需要对配电网的拓扑结构进行约束。出于安全的考虑配电网正常运行状态为开环运行，运行和保护策略等均适用于辐射状网络，因此恢复后的网络也应保持无环结构，拓扑约束的建模方法可参考文献［8］、［9］。

上述模型是一个混合整数非线性优化模型，难以直接利用优化求解器进行求解，求解难点之一是非线性的潮流约束，潮流约束建模方法的精确度与计算速度很大程度上决定了故障恢复优化决策功能的准确性与实时性，本节参考文献［10］提出的二阶锥松弛方法，将潮流约束松弛为二阶锥约束；求解难点之二是模型中包含的整数变量，包括各时段负荷状态及线路投运状态，本节根据文献［11］的方法，结合恢复问题优化模型的特点对整数变量加以处理，有效缩短计算时间。

三、算例分析

为验证上节中提到的多时段源网荷储协同恢复模型的有效性，在13节点算例中进行测试[5]，算例拓扑结构如图7-4所示，在节点634-692和652-680之间添加联络开关。将负荷按照重要等级分为3级，一级、二级和普通负荷权重分别为100、10和0.2，并分别设置重要电力用户供电电源和自备应急电源。

假设极端灾害过后，电力基础设施被严重毁坏，输电网送电通路故障，整个区域无法从变电站获得电能。此外，线路671-684与671-692发生故障并已被隔离，同时假设根据灾害类型、影响范围及大电网恢复进程进行评估后，大电网约在3.5h后可恢复该配电区域的供电服务，即停电时间为3.5h，时间间隔取

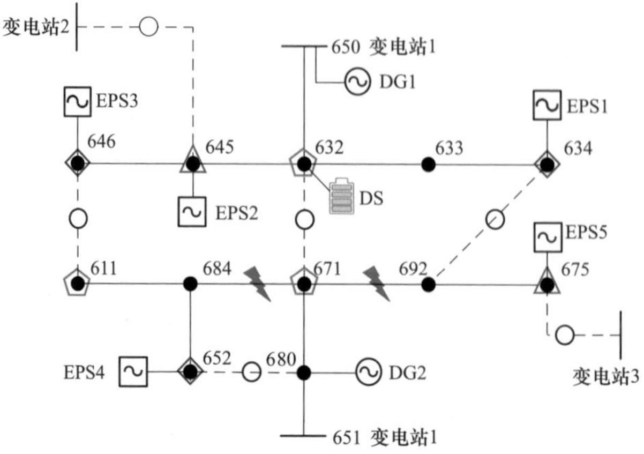

图7-4　13节点系统单线图

30min，T^{int}=0.5h，总时段为7段，T^{min}=1h为二级负荷的备用时间。

应用源网荷储协同恢复思想，前1h所有重要负荷均依靠自备应急电源供电，从第1h开始，二级负荷由离线状态开始并网运行，从第2h开始，一级负荷由离线状态开始并网运行。恢复策略求解时间为0.51s，求解后确定的拓扑为联络线634-692断开、其他线路闭合投运。各时间段各变量的求解结果如表7-3所示。

表7-3　　算例恢复结果

时段	恢复负荷编号	各电源输出功率情况（kW）			
		DG1	DG2	DG3	DS
3	645/675/634/646/652	483.32	296.23	100.00	−110.80
4	645/675/634/646/652	483.32	296.23	100.00	−110.80
5	645/675/646/652	483.32	402.51	400.00	107.20
6	645/675/646/652	483.32	402.51	400.00	107.20
7	645/675/646/652	483.32	402.51	400.00	107.20

从表7-3可以看出，为了保证为更重要的负荷更长时间地供电，储能系统在前期处于充电状态，为后续协同其他电源为一级负荷供电储备能量，从第5时段起开始放电，与其他电源共同为一级负荷供电。

为了说明源网荷储协同恢复思想在时间维度协同与空间维度协同方面的优势，将其分别与基于单时间断面决策的源网荷储协同恢复策略（策略1）和基于

DG的恢复策略（策略2）进行对比。其中，策略1将源网荷储连接形成连通的网络进行恢复，实现了空间层面的协同，但不计时间维度的协同，策略2以每个电源为起点均向外恢复负荷形成单源电气孤岛，未实现源网荷储在空间维度的协同。对比结果如表7-4所示。

表7-4　　不同恢复策略对比结果

时段	本节提出方法			策略1			策略2		
	一级负荷	二级负荷	普通负荷	一级负荷	二级负荷	普通负荷	一级负荷	二级负荷	普通负荷
1	2	3	0	2	3	0	2	3	0
2	2	3	0	2	3	0	2	3	0
3	2	3	0	2	3	2	2	3	0
4	2	3	0	2	3	2	1	3	0
5	2	2	0	2	3	2	1	3	0
6	2	2	0	2	1	0	1	3	0

从表中可以看出，策略1使得能量无法在时间维度实现优化配置，导致无法长时间为重要负荷供电，能量在第6时段基本耗尽，后续无法保证所有一级负荷的供电。本算例中由于DG1所在节点与DS所在的节点直接相连，因此在策略2中将两电源分配在同一孤岛中来为孤岛内负荷供电，其中孤岛1包含节点650、632、633、634和645，孤岛2包含节点646、611、684和652，孤岛3包含节点680、675、692和671。

恢复结果显示，由于利用策略2无法实现源网荷储在空间维度的协同，孤岛3的能量无法长时间持续为一级负荷675供电，因此为一级负荷恢复供电的累计数目和供电时长都比源网荷储协同恢复策略少。综上，源网荷储协同的多时段恢复策略可以同时实现源网荷储在时间和空间维度的协同，提升关键负荷供电时间，能够更大限度地提升电网韧性。

第二节　大面积停电后电网输配协同恢复技术

极端事件后，韧性电网应具备协调各类恢复资源快速恢复机组、网架和负荷的能力。随着能源转型深入推进和坚强局部电网的政策指引，各类电源，包括燃气机组、储能电站、风力发电、光伏电站以及各类DG等，不断接入各个电压等级的配电网，配电网逐步具备向上支撑大电网恢复的能力，使得电网“主配协同”同时恢复成为可能。本节首先结合配电网向上支撑对电力系统分区并行恢复的促进作用，进而分析考虑有源配电网支撑的大电网恢复分区需要满足的基本条件。接着，针对有源配电网支撑的大电网待恢复子区，考虑相关运行约束等，构建输电－配电系统协同恢复的双层混合整数线性规划模型（mixed-integer linear program，MILP）。电力系统恢复的主要目标按时序划分依次为尽快启动停电电源，快速建立基本网架，并最大限度恢复关键负荷。考虑到电力系统一旦发生大停电，首要的恢复任务应该是快速启动输电系统中的大型发电机组，同时恢复配电系统的部分关键负荷以平衡系统出力。因此，本节主要研究大电网多分区并行恢复策略前提下，考虑有源配电网支撑的子区内的输配电系统协同恢复方法，主要目标是在机组启动阶段，充分协同输配电网资源，快速恢复输电网中大型机组[12]。

一、输配电网协同恢复机制

大型电力系统发生大停电后，通常采用分区并行恢复的策略进行供电恢复。各个子区在其独立恢复的过程中应尽快启动区内停电机组、恢复区内关键负荷，以加快子区间重新互联时机的到来。我们定义停电后的电力系统分区后形成的子区为恢复子区。

由于传统的配电系统缺乏本地电源，其恢复过程所需的能量只能通过配电馈线从输电系统获取，因此仅含这类配电系统的恢复子区，通常采用先恢复输电系统后恢复配电系统的“主配协同”恢复方式。如图7-5的子区1所示，该子区的配电系统为传统配电系统，需要首先利用水电站或具备自启动能力的燃气机组作为黑启动电源恢复输电系统，继而逐步向下恢复各个配电系统。而有源配电网，既可以利用各类电源恢复本地的负荷，也可以向输电系统提供能量支撑输电系统恢复，如图7-5的子区2所示。当输电系统已经恢复完全，或者恢复至足够强壮并具备向配电系统输送能量的条件下，配电系统将可以同时利用通过配电馈线获得的能量以及本地的电源，对本地关键负荷进行后续恢复。

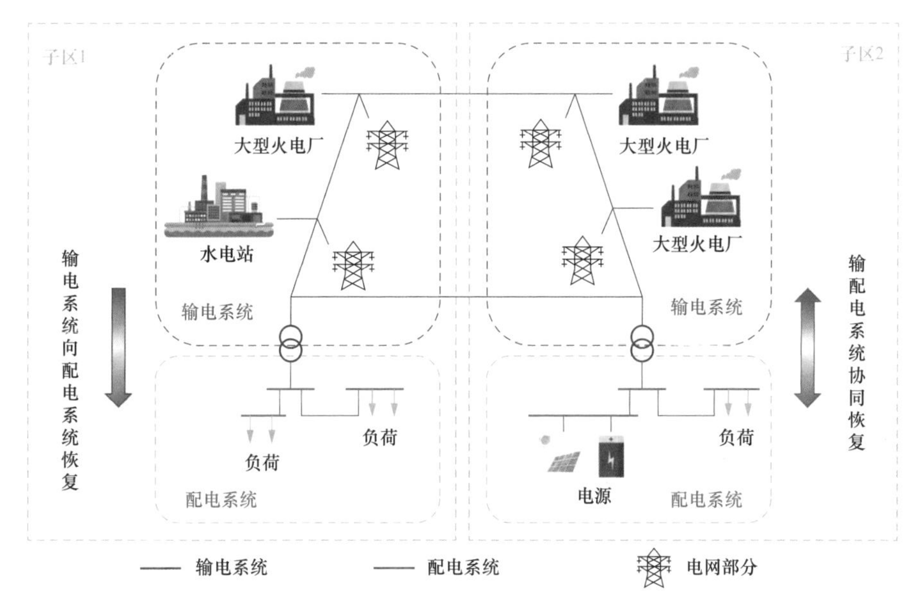

图7-5　输配电系统协同恢复

在实际中，电网企业通常先根据电网的结构特点和并行恢复的基本要求制定分区方案[13]~[16]，然后再制定每个子区的恢复策略。因此，考虑有源配电网支撑的恢复子区应满足如下基本条件：

（1）各恢复子区具备自恢复能力，可利用接入输电层面的黑启动机组，或者利用接入配电层面的电源获得黑启动资源。因此，恢复子区的数目不大于黑启动电源数目。若同一个子区内存在多个黑启动电源，在恢复决策中通常仅保留一个黑启动电源的黑启动作用，其余具备黑启动能力的电源则被当作启动时间、启动功率均为零的非黑启动电源。因此，为了提高并行恢复效率，通常考虑恢复子区内有且仅有一个黑启动电源的情况，从而得到最大的恢复子区数量。

对于一个包含有N_{G}台发电机、N_{DG}个电源的恢复子区，所连接的有源配电网可以等效作为该子区的黑启动电源，此时，电源应满足如下式条件

$$\sum_{d=1}^{N_{\mathrm{DG}}} P_{\max,d} \cdot T_{\min} \geqslant \max_{i \in N_{\mathrm{G}}} \left(P_{\mathrm{SR},i} \cdot T_{\mathrm{Start},i} \right) \tag{7-12}$$

$$\sum_{d=1}^{N_{\mathrm{DGst}}} P_{\max,d} \geqslant \max_{i \in N_{\mathrm{G}}} \left(P_{\mathrm{SR},i} \right) \tag{7-13}$$

式中：$P_{\mathrm{SR},i}$表示区内输电层第i台发电机的启动需求功率；$T_{\mathrm{Start},i}$表示第i台

发电机的启动过程所需时间；$P_{\max,d}$表示区内电源d的容量；$T_{\min}$表示区内电源最短的出力时间，即所有电源可以维持同时出力最大时间；N_{DGst}表示出力时间大于$T_{\text{Start},\ i}$的电源数量。

式（7-12）约束了子区内电源总能量的最低要求，式（7-13）约束了子区内平稳输出功率的电源容量以保证启动需求功率最大的待启动发电机组完成启动过程。因此，以上约束能够保证任意一个恢复子区内的电源总容量至少能够为一台大型发电机组提供启动支撑。

（2）每个恢复子区满足拓扑连通性，并至少包含一个配电网，而一个配电网仅属于一个恢复子区。

（3）每个恢复子区的电源额定容量总和满足区内所有关键负荷的恢复供电的要求，即

$$\sum_{i=1}^{N_{\text{G}}} P_{\max,i} + \sum_{d=1}^{N_{\text{DG}}} P_{\max,d} \geqslant \sum_{l=1}^{N_{\text{LD}}} D_l \tag{7-14}$$

式中：D_l表示负荷l的有功功率需求；N_{LD}表示子区内的负荷节点数量。

（4）恢复子区间的并列点配置同期并列合闸，因此分区边界必须为输电线，而不能为变压器支路。

$$\boldsymbol{S}_{\text{bd}} \subseteq \boldsymbol{S}_{\text{trl}} \tag{7-15}$$

式中：$\boldsymbol{S}_{\text{bd}}$表示不同子区间的联络线集合；$\boldsymbol{S}_{\text{trl}}$表示系统内的传输线路集合。

电网调控中心在系统发生大停电后，立即根据停电的实际情况和上述基本条件对待恢复的电网进行分区。考虑到停电发生过程中存在部分节点或支路受到严重损坏而无法短时间修复，因此这类节点或支路不被划分至任意一个恢复子区。本节研究的输配电协同问题将在调控中心确定了分区方案后展开。

二、基于双层优化模型的输配协同恢复方法

（一）输电系统恢复模型

本节采用分时段建模的思想，将恢复问题建模为离散化多时段优化问题。

1. 目标函数

输电系统恢复的目标是发电机发电量最大化，同时尽可能长时间地向配电网提供充足的能量保证支撑其恢复过程顺利进行。

$$\text{Maximize } f=\sum_{i=1}^{N_G}\int_0^T P_{G,i}^t \mathrm{d}(t)+\omega \cdot \int_0^T P_{FD}^t \mathrm{d}(t) \tag{7-16}$$

式中：T表示分区并行恢复结束、子系统开始并列的时刻；$P_{G,i}^t$表示机组i在t时段输出功率；P_{FD}^t表示配电馈线在t时刻的传输功率，以输电网向配电网传输方向为正方向；ω可由用户自定义，设置不同权重系数值可能得到不同的恢复策略。在输电网层的恢复中，停电机组的恢复是系统恢复策略的主要目标，因此，ω值的设置不应造成后者大于前者。

2. 约束条件

（1）拓扑连接性约束：

1）非黑启动机组须在所连接节点恢复后才能启动

$$k_i^t \leqslant a_i^t, i \in \Omega_{NB} \tag{7-17}$$

式中：k_i^t表示机组启动的决策变量，若节点i连接的机组在t时刻已启动，则k_i^t为1，否则为0；a_i^t表示节点i恢复的决策变量，若节点i在t时刻已恢复，则a_i^t为1，否则为0；Ω_{NB}表示非黑启动机组集合。

2）线路恢复通过其两端节点恢复来表示，即

$$\beta_{mn}^t \leqslant a_m^t, \beta_{mn}^t \leqslant a_n^t, (m,n) \in \Omega_B \tag{7-18}$$

式中：β_{mn}^t为线路mn恢复的决策变量，若线路mn恢复则β_{mn}^t为1，否则为0；Ω_B表示系统节点集合。

3）负荷在所连接节点恢复后才能恢复，即

$$y_l^t \leqslant a_l^t, l \in \Omega_{LD} \tag{7-19}$$

式中：y_l^t表示负荷恢复的决策变量，若节点1连接的负荷恢复则y_l^t为1，否则为0；Ω_{LD}为负荷节点集合。

（2）机组有功出力约束。

传统大型发电机组通用恢复特性曲线如图7-6所示。t_1表示机组的启动时刻，t_2表示机组启动过程结束并开始并网出力的时刻，t_3表示机组达到最小出力P_{min}的时刻。根据机组出力特性，可以得到机组在不同阶段的出力约束，并可用如下公式表示

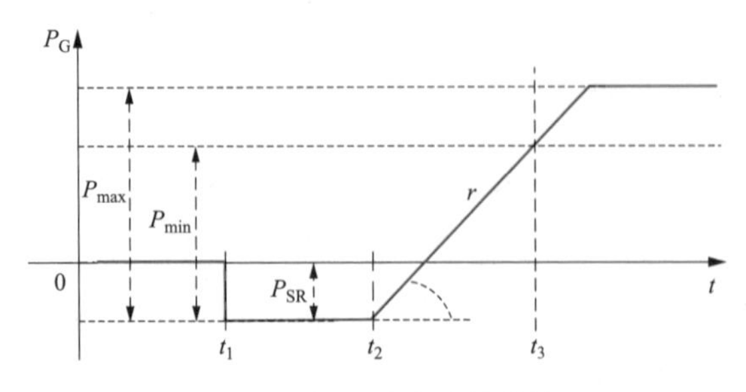

图7-6　机组出力特性曲线

$$-(k_i^t+\delta_i^t)\cdot M \leqslant P_{G,i}^t \leqslant (k_i^t+\delta_i^t)\cdot M \tag{7-20}$$

$$\frac{\sum_{t\in T}k_i^t-\frac{t_3}{\Delta T}}{T} \leqslant \delta_i^t \leqslant \frac{\sum_{t\in T}k_i^t-\frac{t_3}{\Delta T}-1}{T}+1 \tag{7-21}$$

$$K-P_{SR,i}-\delta_i^t\cdot M \leqslant P_{G,i}^t \leqslant K-P_{SR,i}+\delta_i^t\cdot M \tag{7-22}$$

$$-(1-\delta_i^t)\cdot M+P_{min,i} \leqslant P_{G,i}^t \leqslant (1-\delta_i^t)\cdot M+P_{max,i} \tag{7-23}$$

其中，δ_i^t表示机组启动时间是否达到t_3，M是一个很大的实数，例如9999。K等于

$$r\cdot\max\left[\sum_{t\in T}k_i^t-(t_2-t_1),0\right] \tag{7-24}$$

式中：r表示机组的爬坡率。

在机组出力的约束式（7-20）～式（7-23）中，约束式（7-20）保证了机组启动前的功率输出为0，约束式（7-21）用于确定机组启动是否达到t_3时刻，约束式（7-22）和式（7-23）共同确定机组在不同阶段的出力范围。若机组启动并恢复至t_3之前，则发电机输出功率恒为

$$P_{G,i}^t=r\cdot\max\left[\sum_{t\in T}k_i^t-(t_2-t_1),0\right]-P_{SR,i} \tag{7-25}$$

若机组启动并恢复至t_3之后，则发电机输出功率可以在最小值P_{min}和最大值P_{max}之间调整。

（3）其他约束。

此外，还需满足：机组爬坡率约束，限制机组爬坡率的上下限；机组启动所需功率约束，即恢复子区内必须保证有足够的功率，以启动非黑启动机组；

系统功率平衡约束，即机组出力与负荷平衡；线路恢复操作次数约束，每个恢复时段内最多只能恢复一条线路；已恢复设备不再停电约束，即要求所有已恢复的设备不进行退出操作。

（二）配电系统恢复模型

1. 目标函数

配电系统恢复的目标是尽快恢复网内更为关键的负荷并尽可能长时间地向已恢复的关键负荷提供充足的能量。

$$\text{Maximize } f_2=\sum_{t\in T}\sum_{i\in L}\omega_i\gamma_i^t \tag{7-26}$$

式中：T表示分区并行恢复结束、子系统开始并列的时刻；L表示所有负荷节点构成的集合；ω_i表示负荷i的权重系数；γ_i^t表示负荷i在t时段的状态，负荷为恢复状态则$\gamma_i^t=1$，反之为0。

2. 约束条件

配电系统恢复模型的潮流约束、电源出力约束、电源能量约束、节点电压约束参照式（7-4）～式（7-7），式（7-9）～式（7-11）。

此外，需满足负荷状态约束，即为了防止负荷状态在恢复策略中频繁变化，仅允许每个负荷在恢复过程中改变一次负荷状态；需满足线路热极限约束，即线路(i,j)传输功率的热极限不得超过上下限。在配电系统恢复的优化决策模型中，与电源有关的约束条件还包括文献［17］中所列的含电源系统的动态约束条件。

（三）输配电系统协同恢复模型求解

可以看出，输电系统-配电系统恢复的双层优化模型中，上层输电系统恢复模型为MILP，下层配电系统恢复模型亦为MILP，两层模型之间的联系在于输配电系统相连的馈线在各时段的交换功率不同。首先大电网调控中心求解上层输电系统恢复模型，得到相连馈线各时段的交换功率，发送给配电网调度运行中心，然后由配电网运行中心求解下层配电系统恢复模型。

三、算例分析

本节基于MATLAB平台实现了输配电协同恢复方法，并采用1个IEEE 14-BUS输电测试系统和2个IEEE 13-BUS配电测试系统构造输配电系统，仿真验证本节所提方法的有效性。

（一）测试系统概述

改进的输配电系统结构如图7-7所示，包含1个14节点的输电系统和2个13节点的配电系统。输电系统共有5台发电机组，其中G1为黑启动机组，其余均为非黑启动机组，机组启动特性如表7-5所示；共有20条支路，包括线路和变压器，假设恢复时间均为5min。输电系统节点10和11通过各自的降压变压器、配电馈线与两个不同的13节点配电系统相连。其中，与节点11相连的配电系统为传统IEEE标准算例13节点系统；而与节点10相连的配电系统为修改后含DG的IEEE 13节点系统，DG配置等信息如表7-6所示，储能系统配置如表7-7所示。将负荷按照重要等级分为3级，一级、二级和普通负荷权重分别为

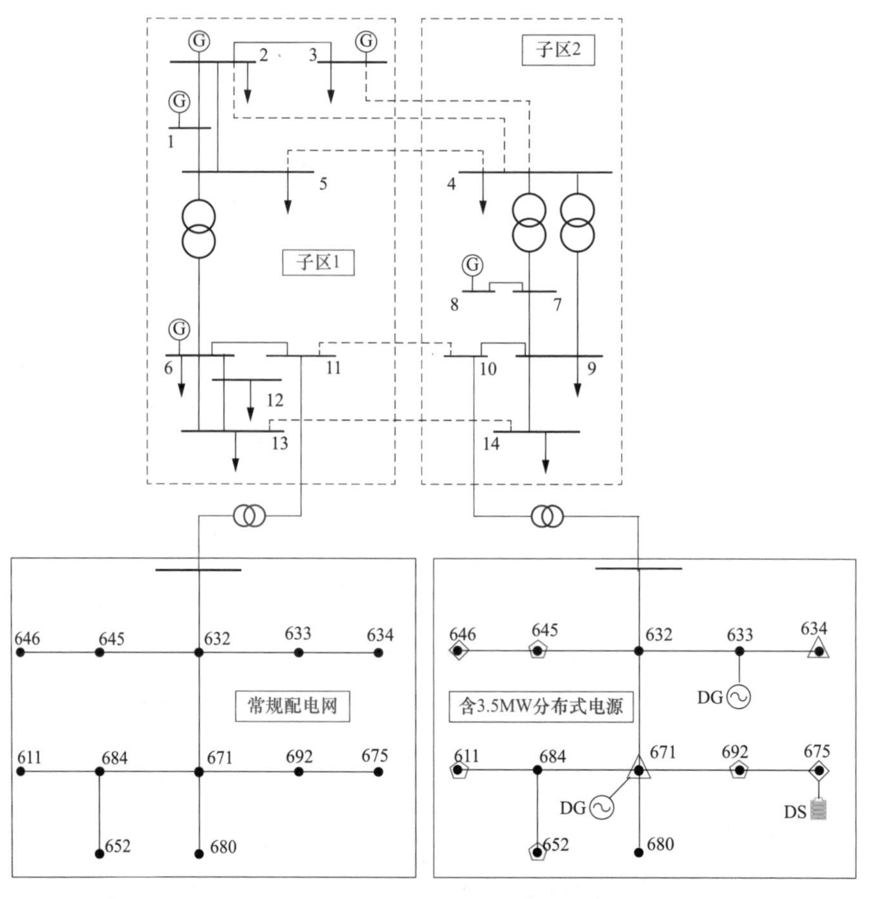

图7-7　IEEE 14-bus输电-IEEE 13-node配电系统

---- 分区边界线路；——恢复中可用的线路；Ⓖ 接入输电网的机组；(~) 接入配电网的电源；
△ 一级负荷；◇ 二级负荷；⬠ 普通负荷

100、10和0.2。本算例中，设置634、671节点负荷为一级负荷，675、646节点负荷为二级负荷，其他为普通负荷。

考虑到含DG的配电网具备自启动的能力，因此本算例首先对该系统进行分区，结合第2节的分区原则，可以得到区间边界线路为线路2-4、3-4、4-5、10-11、13-14，将系统划分为两个子区：子区1以输电系统的G1为黑启动电源，子区2以含DG的配电系统为黑启动电源。两个子区同时独立地进行恢复。

表7-5　　输电系统发电机恢复特性数据

机组	P_{max}（MW）	P_{SR}（MW）	r（kW/h）	$t_2 \sim t_1$（min）	P_{min}（%）
G1	332.4	0	66.6	0	0
G2	140	5	82	30	24.46%
G3	100	4	76	50	31.75%
G6	100	3	70	40	29.25%
G8	100	2.3	84	20	26.1%

表7-6　　子区2配电系统DG配置数据

发电机编号	最大有功功率（kW）	最大无功功率（kvar）	剩余能量（kW·h）
DG633	1200	1400	2400
DG671	1000	1000	2000

表7-7　　子区2配电系统储能数据

储能编号	最大放电功率（kW）	最大充电功率（kW）	剩余SOC（标幺值）	最大/小SOC（标幺值）	转换参数
DS675	800	800	0.2	0.9/0.1	$\frac{1}{1000\text{kWh}}$

考虑到输电网层恢复的次要目标是尽可能长时间地向配电网提供充足的能量，然而待恢复配电网的负荷量可能远小于系统装机总容量，因此，为提高输电网与配电网协同恢复的效果，本节给出一种权值系数的计算方法，对于一个恢复子区有

$$\omega = \text{int}\left[\frac{\sum_{i=1}^{N_{\text{NB}}} P_{\max,i}}{\sum_{z=1}^{N_{\text{D}}} D_{\text{D},z}}\right] \tag{7-27}$$

其中，N_{NB}表示非黑启动机组的数量；$D_{\text{D},z}$为配电网z的负荷量；N_{D}表示配电系统数量。符号f=int［C］表示f取括号内c的整数部分。本算例可以求得ω=63。设置恢复时间为2h，以5min为一个恢复时段，因此本算例可以分为24个决策时段。

（二）输配电协同恢复结果

1. 含DG的子区2恢复

配电网通过节点10向该区输电层提供黑启动能量，该区输电系统节点恢复次序为10–9–7–8–4。在第4个恢复时段内，配电网通过节点10向发电机组G8提供2MW的功率，使得G8开始启动。在第8个恢复时段内，G8完成启动过程，开始逐渐向系统输出功率。从此刻开始，该区的输电网开始向配电网送电。流过节点10馈线的功率P_{FD}^{t}依次为：

第1～8决策时段：0，0，0，−2.3，−2.3，−2.3，−2.3，3.6 MW；第9～24决策时段，配电线路传输功率均为：3.6MW。在2h内，发电机输出电量为4564.5MW·min。

将输电网计算得到的各个时段馈线功率P_{FD}^{t}作为配电网求解约束条件。求解后，各时间段负荷恢复结果如表7–8所示，各时段各电源有功出力（1000kW基值）结果见图7–8。图中，各时段均为5min，后同。

表7–8　　子区2配电系统恢复结果

时段	恢复负荷编号	恢复负荷量（kW）	馈线功率（kW）
1～3	634（一级）/646（二级）	600	0
4～7	634（一级）/646（二级）	600	−2300
8～24	所有负荷	3436	3600

从恢复结果可以看出，为了保证在4～7时段向上为输电网传输2.3MW功率以及为更重要的负荷更长时间地供电，储能系统在1～2时段处于充电状态；第3～8时段起开始放电，与其他DG共同向上为输电网供电；从第8时段起，

由于输电网已恢复向配电网供电，储能系统开始充电。在输电网恢复供电之前（即第8时段开始前），分布式发电机DG633、DG671能量最终剩余情况分别为1845.3kWh、1573.8kWh，储能系统DS675能量剩余231.2kWh。

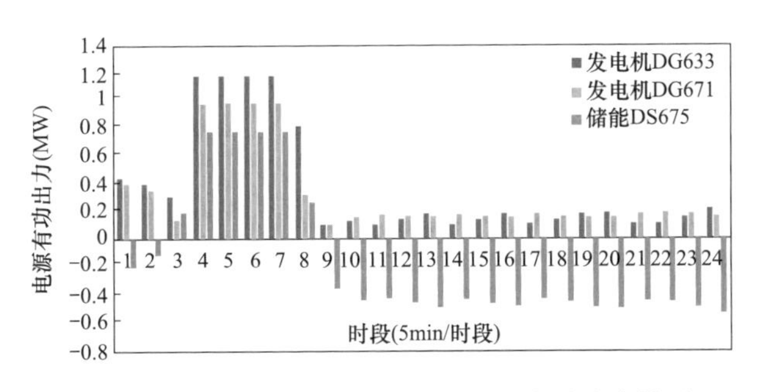

图7-8　子区2配电系统各时段各电源有功出力情况

2. 不含DG的子区1恢复

由输电网中的黑启动电源G1提供能量，并逐步展开恢复。该区输电系统节点恢复次序如下1-5-6-11-2-12-3-13-14。此时，发电机组G1、G2、G6已经完成启动，并向系统提供能量，G3仍处在启动过程中。发电机输出电量为11251MW·min。其中，在第4个恢复时段内，输电网通过节点11向配电网提供能量。

3. 系统整体恢复效果

综合上述两个子区的恢复结果可知，本节所提方法得到的输配电系统恢复策略中，输电系统发电机总发电量为15817.5MW·min。各个子区的发电机输出总功率变化曲线如图7-9所示。

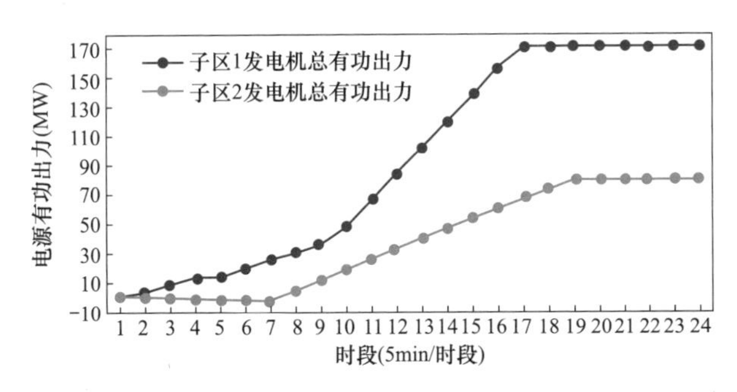

图7-9　输配电协同下各分区各时段有功功率输出情况

（三）对比分析

为验证本文所提方法的优势，本文将其与不考虑输配电协同的传统恢复策略进行对比。传统恢复策略通常仅考虑“自上而下”或者“自下而上”的单一恢复方式。在本算例中，输电系统电源容量远大于配电系统接入的DG容量，因此其恢复策略为利用输电系统的电源实施“主配协同”的恢复方式，而DG在配电系统失电、输电系统恢复阶段不向输电系统送电，仅用于恢复本地重要负荷。由于输电系统中仅有1个黑启动电源，因此传统恢复策略应用在本算例中，只能进行不分区的次序恢复。恢复结果为：节点恢复次序如下1-5-6-11-10-2-4-7-8-3-9-13-14-12。所有发电机组已经完成启动，并向系统提供能量。发电机发出电量为13880.5MW·min。相比于传统的恢复策略，输配电协同恢复策略需要更少时间即可恢复全部负荷。

对照算例为在相同的IEEE 14-BUS输电测试系统和IEEE 13-BUS配电测试系统与参数条件下，不考虑输配电系统协同恢复的传统恢复策略。图7-10和图7-11分别展示了本文所提的输配电协同恢复策略与实施过程中，机组的输出

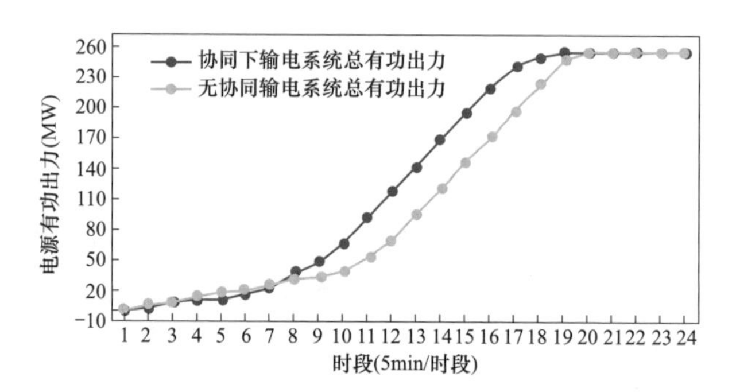

图7-10　协同与不协同下各时段发电机组总有功功率输出

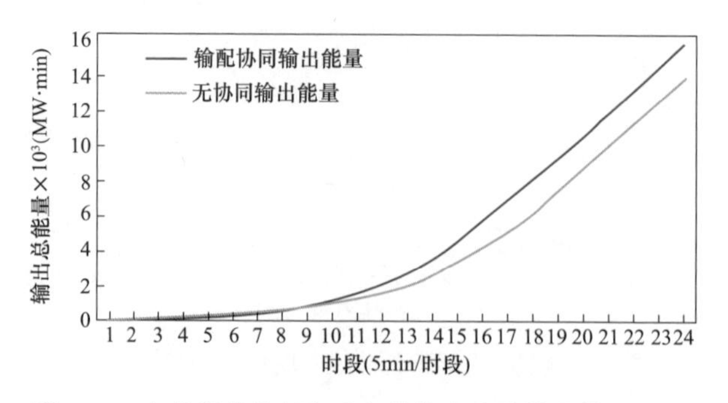

图7-11　本节所提恢复方法与传统方法总输出能量对比

总功率和输出总能量对比。在前7个时段无协同的输电系统总有功出力大于协同情况，是因为这时候子区2的发电机在吸收配电系统DG的功率进行启动，而在第8个时段，完成启动后，其总有功出力很快超过无协同情况，且率先恢复所有负荷。

通过对比可以看出，在第10时段之前，两个方案的总输出恢复能量大致相等，从第10时段开始，本节所提的方法得到的输出总能量明显大于传统不考虑输配电协同的恢复方案。最终，本节所得的恢复方案获得的总能量比传统恢复方案多13.94%。主要原因在于，本节所提方法得到的恢复方案中，在子区2内，含DG的配电网作为黑启动电源，在第4～7时段内通过配电馈线向输电网提供2.3MW的黑启动功率，从而加速了输电网中机组G8的启动。而G8快速启动后，将进一步增加子区2的恢复能量输出，从而达到加速恢复的目的。

第三节　考虑电力－供水－供气系统协同的负荷恢复决策技术

由极端事件引发的大停电事故发生后，可利用配电网本地电源优先恢复关键基础设施负荷，从而快速恢复关键基础设施的部分或全部功能。然而，关键基础设施之间存在复杂的耦合性，且不易挖掘。若在恢复决策中对耦合性考虑不足，则可能造成即使恢复了某一关键基础设施的电力供应，但仍无法正常运转的后果。现有的研究中，关键基础设施只是依照其重要程度，或者优先级进行恢复，并没有充分考虑不同类型基础设施本身的特点及基础设施之间的相互协同。因此，本节挖掘极端事件后电力负荷侧关键基础设施耦合性关系，并建立可解析表达的耦合性数学模型，以最大化关键基础设施运行能力为目标，提出考虑关键基础设施协同的配电网恢复优化决策问题的混合整数二阶锥规划模型，验证提出的配电网恢复决策模型的有效性，并对比评估考虑关键基础设施协同的恢复策略的优势[18]。

一、电力－供水－供气系统耦合模型

本节分别对供水系统、供气系统、医院这三类基础设施及耦合性进行数学建模。关键基础设施耦合关系如图7-12所示，DG分别给医院、供水站、水泵

站和供气站供电；供水站利用恢复的电量，通过水泵站给供气站和医院供水；供气站利用恢复的电量和水量，直接给医院供气。医院利用供给的电量、水量和气量恢复运行能力。

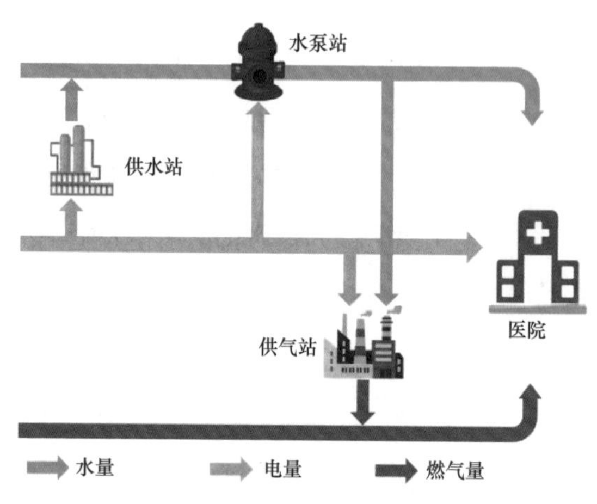

图7-12　关键基础设施耦合关系

（一）供水系统

供水系统中，供水站和水泵站为用电设备。供水站位于水源位置，将水向外输送，其模型输入为电量，输出为水量；水泵站位于终端位置，将供水站输出的水量输送至供气站和医院，两者的模型如下

$$\left(P_r / P_{r,\max} - 1/2\right) \leqslant \gamma_i \leqslant \left(P_r / P_{r,\max} + 1/2\right), \forall i \in N_r \tag{7-28}$$

$$\begin{cases} W_r \leqslant \gamma_i W_{r,\max}, \forall i \in N_r \\ 0 \leqslant P_r \leqslant P_{r,\max} \end{cases} \tag{7-29}$$

$$W_r \leqslant h P_r \tag{7-30}$$

$$\begin{cases} -M\gamma_i \leqslant W_{nm} \leqslant M\gamma_i \\ -M\gamma_i \leqslant W_{mn} \leqslant M\gamma_i \end{cases}, \quad \forall\ i \in N_p \quad \forall (m,n) \in \rho \tag{7-31}$$

式中：N_r表示带有供水站负荷的节点集合，N_p表示带有水泵站负荷的节点集合。P_r代表恢复供水站的电量，W_r代表供水站的出水量。W_{mn}代表从节点m流向n的水量。下标“max”和“min”表示这个变量的最大值和最小值。h为将电量转化为供水量的转化参数。$\gamma_i \in \{0,1\}$代表节点i负荷电量是否被恢复，若被恢复，则γ_i=1；反之则γ_i=0。ρ代表供水系统中连接关键基础设施节点之间的输水

管线集合。M是一个非常大的正实数。

式（7−28）表示只有供水站的电量恢复至最大值一半时，才有水量输出；式（7−29）和表示输出水量和输入电量均不能超过其上限；式（7−30）表示供水站工作时，输出水量和输入电量为线性关系。式（7−31）表示只有水泵站的电量被恢复后，水泵站才可以正常工作，其连接的输水管线才有水流经过。

（二）供气系统

供气系统中，供气站为用电设备。供气站模型的输入为电量与水量，输出为气量，模型为

$$\begin{cases}\left(P_s / P_{s,\max}-1/2\right)\leqslant\gamma_i\leqslant\left(P_s / P_{s,\max}+1/2\right)\\\left(W_s / W_{s,\max}-1/2\right)\leqslant\delta_i\leqslant\left(W_s / W_{s,\max}+1/2\right),i\in N_s\\\left(\gamma_i+\delta_i-1\right)/2\leqslant\eta_i\leqslant\left(\gamma_i+\delta_i\right)/2\end{cases}\tag{7-32}$$

$$G_s\leqslant fP_s+qW_s\tag{7-33}$$

$$\begin{cases}G_s\leqslant\eta_i G_{s,\max},i\in N_s\\W_s\leqslant W_{s,\max}\\0\leqslant P_s\leqslant P_{s,\max}\end{cases}\tag{7-34}$$

式中：N_s表示带有供气站负荷的节点。P_s代表恢复供气站的电量；W_s代表恢复供气站的水量；G_s代表供气站的产气量；$\delta_i\in\{0,1\}$代表节点i的水量是否被恢复；$\eta_i\in\{0,1\}$代表基础设施节点i是否正常工作；f和q分别为电量与供气量之间和水量与供气量之间的转化参数。

式（7−32）表示只有电量和水量均达到各自最大负荷需求的一半时，供气站才能正常工作。式（7−33）表示供气站工作时，输出气量和两个输入量为线性关系。式（7−34）表示输出气量、输入水量和输入电量均不能超过其最大值。

（三）医院

医院维持正常运转，除需要供电正常外，还需要供水、供气正常，才能满足正常运行需求。因此医院模型的输入为电量，水量和气量，模型如下所示

$$\begin{cases}\left(P_h / P_{h,\max}-1/2\right)\leqslant\gamma_i\leqslant\left(P_h / P_{h,\max}+1/2\right)\\\left(W_h / W_{h,\max}-1/2\right)\leqslant\delta_i\leqslant\left(W_h / W_{h,\max}+1/2\right),i\in N_h\\\left(\gamma_i+\delta_i-1\right)/2\leqslant\mu_i\leqslant\left(\gamma_i+\delta_i\right)/2\end{cases}\tag{7-35}$$

$$\left(\mu_i+\eta_j-1\right)/2\leqslant\eta_i\leqslant\left(\mu_i+\eta_j\right)/2,\ \ i\in N_h\ j\in N_s \tag{7-36}$$

$$U\leqslant\eta_i\quad i\in N_h \tag{7-37}$$

$$U\leqslant aP_h+bW_h+cG_s \tag{7-38}$$

$$\begin{cases}W_h\leqslant W_{h,\max}\\0\leqslant P_h\leqslant P_{h,\max}\end{cases} \tag{7-39}$$

$$\gamma_i,\delta_i,\eta_i,\mu_i\in\{0,1\} \tag{7-40}$$

式中：N_h表示接有医院负荷的节点；P_h代表供给医院的电量；W_h代表供给医院的水量；U代表医院的运行能力；a、b、c分别为将电量、水量、气量转化为运行能力的转化参数。

式（7-35）～式（7-37）表示只有当医院接收到的电量、水量、气量均恢复至医院正常运行需求一半时，医院才能开始运转；式（7-38）表示医院运转时，其运行能力和三个输入量成线性关系。式（7-39）规定了医院所需水量和电量的最大值。

二、计及关键基础设施协同的恢复决策模型

（一）目标函数

本节目标是考虑关键基础设施，优先恢复基础设施负荷，尽可能提高医院的运行能力。目标中含有医院、供气站、供水站的运行能力和普通负荷的电量恢复百分比。用权重系数d、e、k来平衡四者之间的关系，权重系数均为小于1的正实数。目标函数为

$$\max U+dG_s/G_{s,\max}+eW_r/W_{r,\max}+k\sum_{i\in N/N_w}P_{\mathrm{load},i}\gamma_i/P_{\mathrm{load},i,\mathrm{sum}} \tag{7-41}$$

式中：$N:=\{1,2,\cdots,n\}$为配电网中所有节点集合，$N_w:=\{N_r,N_p,N_s,N_h\}$为配电网中关键基础设施节点集合，$N_w\subseteq N$；$P_{\mathrm{load},i}$为普通负荷的有功功率；$P_{\mathrm{load},i,\mathrm{sum}}$为所有普通负荷有功功率之和。

（二）约束条件

（1）耦合性约束条件：式（7-28）～式（7-31）表示供水系统和配电网的耦合关系约束。式（7-32）～式（7-34）表示供气系统和配电网、供水系统的耦合关系约束。式（7-35）～式（7-40）表示医院和供水系统、供气系统、配

电网的耦合关系约束。

（2）配电系统运行约束：配电网潮流约束参照式（7-5）、式（7-6）；恢复后配电网稳态线路电流、节点电压、线路功率的上下限约束条件参照式（7-7）、式（7-8）；配电网系统需要以辐射状拓扑运行，辐射状拓扑约束参考文献［8］和［9］。

（3）供水系统运行约束：供水站、供气站、医院和水泵站需要满足水量平衡约束。

综上，建立了计及关键基础设施协同的恢复决策模型，整个模型为混合整数二阶锥规划模型，可以利用成熟求解器快速求解。

三、算例分析

本节的算例测试环境为2.20GHz，16GBRAM，Intel Core I7 CPU，MATLAB 2016a，其中混合整数二阶锥规划模型使用MOSEK优化求解器进行求解。

（一）系统参数

本节采用在改进的IEEE-13节点标准算例基础上构建基础设施耦合系统对所提模型进行验证，系统中每条线路都配备分段开关，节点6和节点10之间存在一个联络开关，拓扑结构如图7-13所示，基准电压值12.66kV，基准功率值1000kVA，所有负荷功率值之和为1478.68kW+822.01kvar。在本节算例中，医院设置在节点7；供气站设置在节点12；供水站1设置在节点2，供水站2设置在节点9；三个水泵站依次设置在节点4、节点11、节点13。其余6个节点均为普通负荷节点，三个DG分别设置在节点3、节点5、节点8。供水系统网络拓扑由接有医院负荷的节点、接有供气站负荷的节点、接有供水站负荷的节点、接有水泵站负荷的节点和一个普通负荷节点组成，包含8个节点，7条线路。供气系统由接有医院负荷的节点和接有供气站负荷的节点组成，如图7-13所示。

本节设置第一个供水站电力最大负荷需求90kW，h选取0.9，则输出水量最大值为81L/min；第二个供水站三个参数分别为56.67kW，0.9和51L/min。供气站输入电量最大值42.67kW，输入水量最大值36L/min，f和q分别选取2和0.5，则输出燃气量最大值为103.5m^3/min。医院输入电量最大值385kW，水量最大值86L/min，燃气量最大值103.5m^3/min。转化参数a、b、c分别设置为0.002、

0.0011和0.0014，目标函数中权重系数d、e、k分别设置为0.07、0.05和0.01。

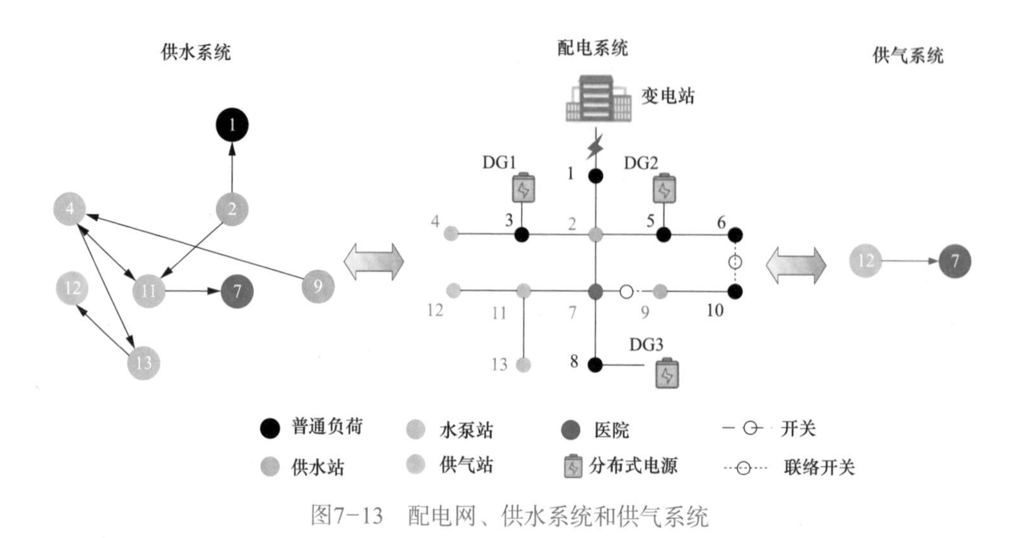

图7-13 配电网、供水系统和供气系统

（二）测试结果

3个DG容量分别为200kW，200kW和380kW，配电网恢复情况如图7-14所示。

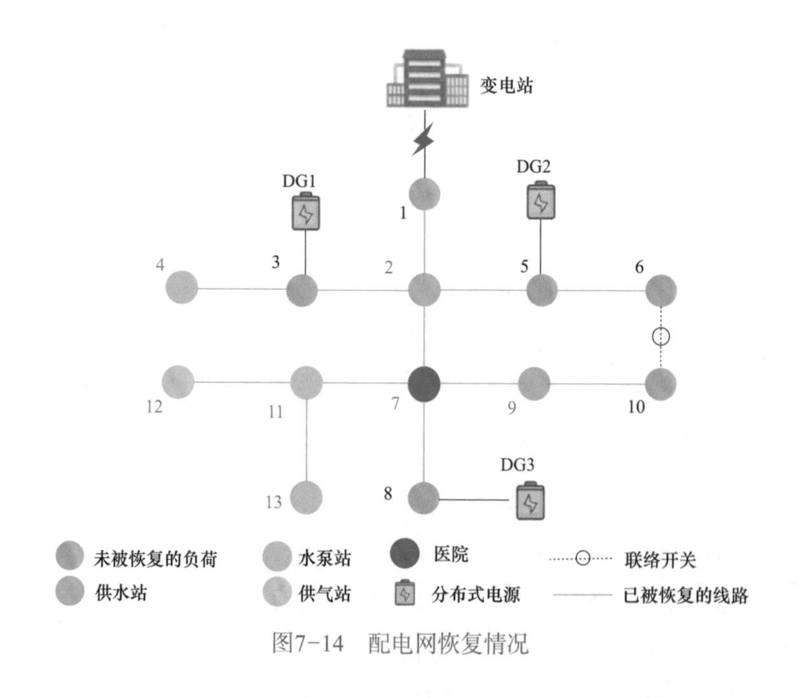

图7-14 配电网恢复情况

从图7-14中可看出，恢复策略中，联络线6-10断开，所有关键基础设施负荷均被恢复。图7-15是此时基础设施耦合系统的耦合关系图。

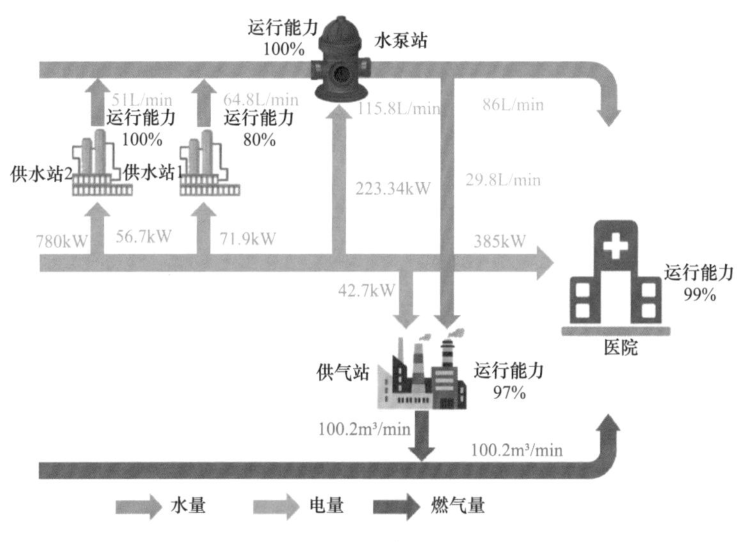

图7-15　基础设施耦合系统耦合关系图

由图可知，此时关键基础设施均被恢复至正常工作状态。医院运行能力恢复至99%，供气站运行能力恢复至98%，供水站2和水泵站运行能力为100%，供水站1运行能力为80%。

为进一步验证本节模型的有效性，还测试了不同容量的DG对恢复结果的影响，图7-16是各个目标值的变化过程。

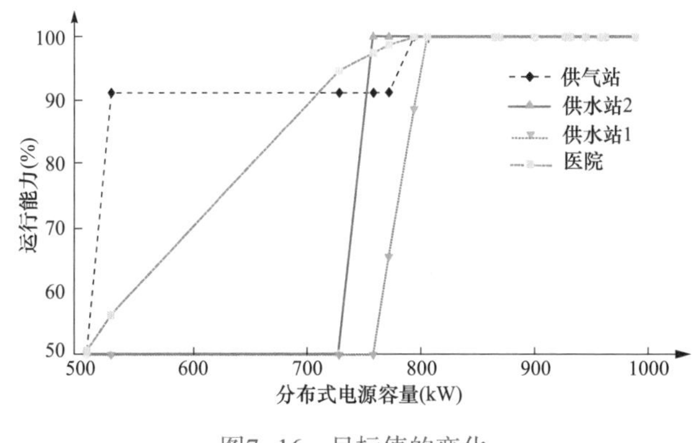

图7-16　目标值的变化

由图7-16可知，当DG总容量为511kW时，所有关键基础设施均被恢复至正常工作。医院此时运行能力才被恢复，为50.6%。当DG总容量介于511kW和

788kW之间时，根据本节参数的设置，依据对医院运行能力贡献大小依次恢复供气站、供水站2、供水站1的电力负荷需求，供水站依次完全恢复医院和供气站的水量需求。这是因为医院的水量比供气站的水量对于医院的运行能力有更大的影响，体现协同对恢复过程的影响。当DG总容量为754kW时，供水站2的运行能力被恢复至100%。当DG总容量为788kW时，医院和供气站的运行能力同时被恢复至100%。

DG总容量介于788kW和799kW之间时，将供水站1运行能力由88%提高到100%，这部分产生的水量供给普通负荷需求。当DG总容量大于799kW时，在保证所有关键基础设施运行能力均达到100%的前提下，逐步恢复普通负荷，恢复情况如图7-17所示。

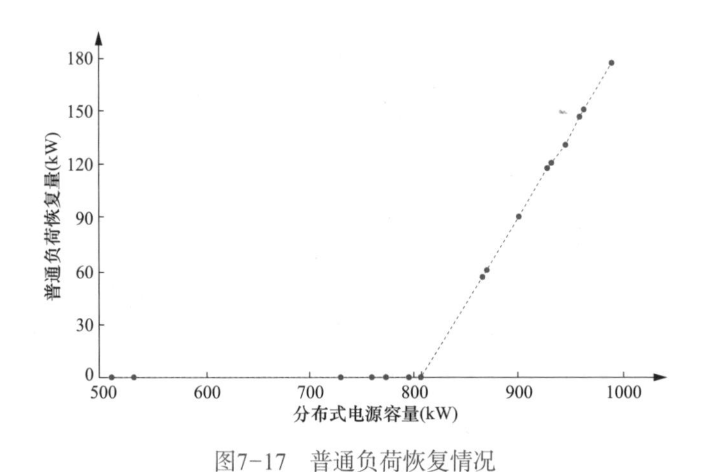

图7-17　普通负荷恢复情况

当DG总容量为1481kW时，所有负荷全被完全恢复。

（三）对比分析

为验证基础设施协同对恢复结果的影响，本文还对比了未考虑基础设施协同与本文模型的恢复结果。对照算例为在相同的13节点拓扑与参数条件下，不考虑关键基础设施负荷的相互协同进行配电网多源协同恢复。通过根据负荷重要程度分配相应的权重系数，以优先恢复权重更大的负荷为目标。医院权重设置为100、供气站权重设置为50、供水站和水泵站权重设置为10、其余所有的普通负荷权重均设为1。由于不考虑基础设施相互协同，因此对于所有节点，只有输入的电量达到最大值时，才认为该负荷的电力需求被满足，即γ_i=1。约束条

件是配电网运行约束。编写相应的算例，并将结果与前文结果做对比。

图7-18为以DG总容量为780kW时对比算例结果。未考虑基础设施协同的算例中，供水站2没有被恢复，导致供给医院的水量不足，本文模型医院运行能力恢复至99%，而对照算例的医院运行能力为90%。通过对比发现，考虑基础设施协同的恢复模型在相同电源容量情况下能够提升关键负荷运行能力，恢复策略更为高效，同时也进一步反映了关键基础设施之间的协同及考虑基础设施协同恢复策略的必要性与实际性。

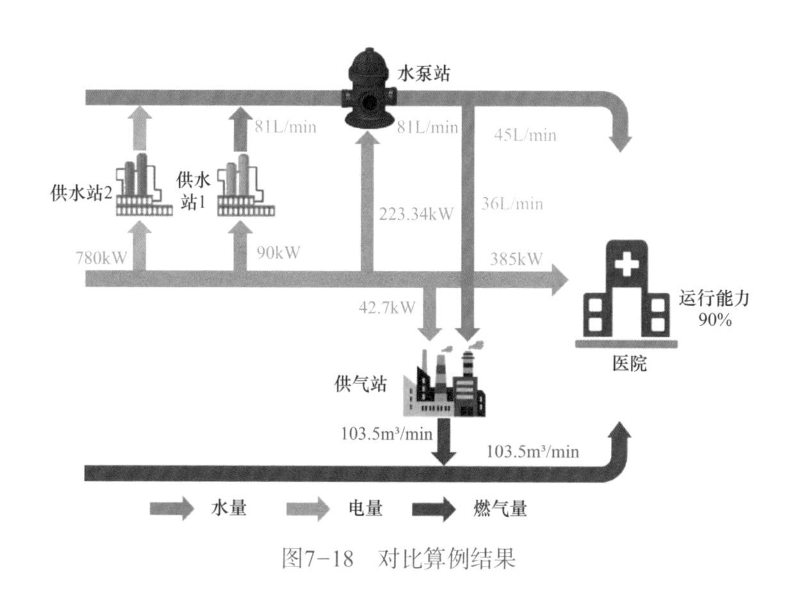

图7-18 对比算例结果

第四节 计及电网－交通网协同的灾后应急资源调度技术

停电事故发生后，移动应急资源可以通过交通系统灵活调配，是快速实现配电网内重要负荷故障恢复的关键资源。移动应急资源包括移动应急发电设备和抢修人员等。其中应急发电设备可调度至重要负荷节点附近为其提供电能，加快恢复进程；抢修人员可调度至电气元件损坏地带，修复送电通路。然而，考虑到极端事件亦会影响交通系统的正常运转，如造成交通阻塞等，交通系统运行效率会影响应急资源的调度效率，因此在极端事件后利用移动资源进行故障恢复时，需要考虑交通系统的实时运行状态来制定移动应急资源在交通网中的调配方案。目前已有研究关注移动应急电源或抢修人员的调度问题，但大部分研究忽略了或未充分考虑实时交通运行状态对调度的影响。本节在前述研究的基础上，将移动应急资源考虑进来，提出计及移动应急资源在交通网调度的动态恢复方法。[19]、[20]

一、应急场景下电网－交通网闭环耦合影响

如图7-19所示为地理对应的配电－交通耦合系统。其中交通系统为环状公路城市网络，如北京等。假设极端事件后，交通系统中节点6和10之间的公路遭到破坏，无法正常通行；此外，配电网中亦发生多点故障，且上级变电站失电，导致整个配电网失电。本节中考虑的移动应急资源包括移动应急发电机、移动应急储能、电动巴士和维修人员。

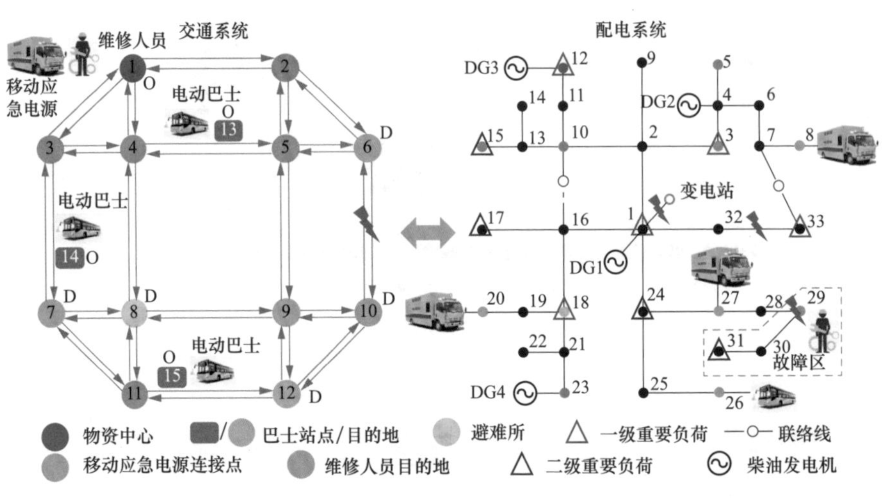

图7-19 极端事件发生后交通-配电耦合系统示意图

在交通网中，“O”点为移动应急资源的起点，“D”点为移动应急资源的目的地。假设灾难发生时，公交站点（13、14、15）的空闲电动巴士将被调度至具有车网互动（vehicle to grid，V2G）能力的充电桩，即为电动巴士的终点（12）。移动应急发电机、移动应急储能和维修人员从物资中心发出，开往移动应急电源的连接点。维修人员的目的地表示配电系统中受损关键部件的位置。对于普通车辆，事故发生时随机分布在交通网的道路中，事故发生后距离避难所较近的车辆向避难所汇集。

事故发生后，应急指挥中心需迅速进行应急响应，决策并控制实现应急资源的调度和配电系统中的故障恢复策略1。对于配电系统，考虑到交通系统中移动应急资源的调度，需要在停电期间实现最优的重要负荷动态恢复策略，以确定要恢复的负荷及其供电时间、系统拓扑和所有电源的输出；对于交通系统，需要通过动态交通流变化来确定移动应急资源的调配方案，以确保移动应急资源的及时到达。

二、考虑交通运行效率的移动应急资源优化调配方法

为解决前述问题，本节提出了两步骤的故障恢复框架，用于决策计及移动应急资源在交通网中调度的城市配电网动态恢复策略。根据两个决策问题的逻辑关系，将整个决策过程分为两个步骤：

步骤1：通过求解交通系统的加权动态交通分配问题，确定移动应急资源的路线和行驶时间。

步骤2：根据步骤1的结果，确定配电系统中的重要负荷动态恢复策略。

对于移动应急电源来说，在交通网中的调度策略决定了其到达指定地点的时间，即其可为配电网恢复所用的时间。对于故障元件来说，维修人员的行驶时间和故障维修时间决定了元件可为配电网恢复所用的时间。可见，步骤1的计算结果，即移动应急电源和维修人员的行驶时间为步骤2配电网恢复模型的输入，如图7-20所示。

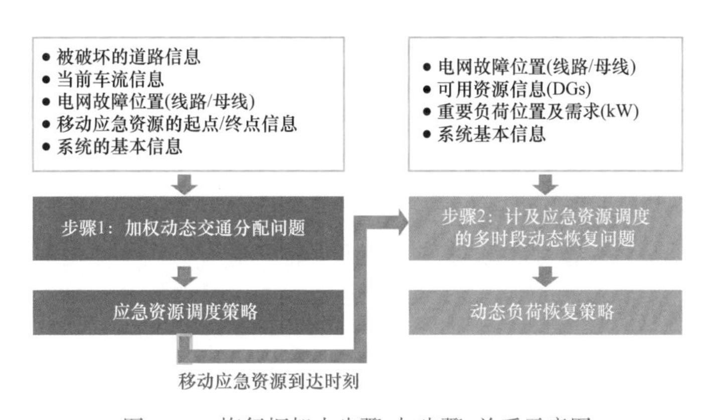

图7-20　恢复框架中步骤1与步骤2关系示意图

在步骤1中，以最小化重要车辆的加权行驶时间为目标，通过求解优化调度

模型确定应急资源调度策略，确定的策略包括所有移动应急资源的行驶路径和行驶时间。

在步骤2中，以最大化负荷的加权累积供电时间为目标，考虑配电网不对称潮流约束、运行约束和拓扑约束等，通过求解计及应急资源调度的多时段动态恢复模型得到拓扑以及负荷恢复情况动态变化的负荷恢复策略。

动态交通分配模型可以用来模拟交通流的时空分布。本节提出的移动应急资源在交通网调度优化模型为改进的动态交通分配模型，根据不同类型车辆对应急响应的重要程度赋予不同的权重，模型的目标为最小化不同类型车辆的总加权行驶时间。此外，使用元胞传输模型（cell transmission model）来描述车流的密度、速度和流量的动态变化。

本节首先简要介绍元胞传输模型，然后阐述移动应急资源的优化调度模型。

（一）元胞传输模型

车流作为一种流体，其密度、速度和流量的动态方程可用差分Lighthill-Whitham-Richards方程描述，而元胞传输模型即是该方程的离散时间近似，通过将交通网中的道路分为若干均匀的元胞，假设元胞中车流的流量和密度之间为线性关系，从而描述交通流的动态变化。此外，元胞传输模型还可以反映交通系统中交通流的传播特性等。

元胞模型的提出者指出，如果流量(q)和密度(k)满足以下方程

$$q = \min\left\{Vk, q_{\max}, V'\left(k_{\max} - k\right)\right\} \tag{7-42}$$

式中：V为车辆在该路段的自由行驶速度；$q_{\max}$为该路段的最大车流量；V'为车辆在交通堵塞传播影响下的行驶速度；$k_{\max}$为最大车辆密度，也即堵塞密度。

则时间可以划分为若干小段，交通网中的所有边都可以划分为若干元胞。在特定时间窗内，将该时间窗平均划分为若干时段，元胞的长度即是车辆以自由速度行驶单位时段经过的路程。本节中，将元胞划分为3种类型，即源头元胞、普通元胞和终止元胞，如图7-21所示。

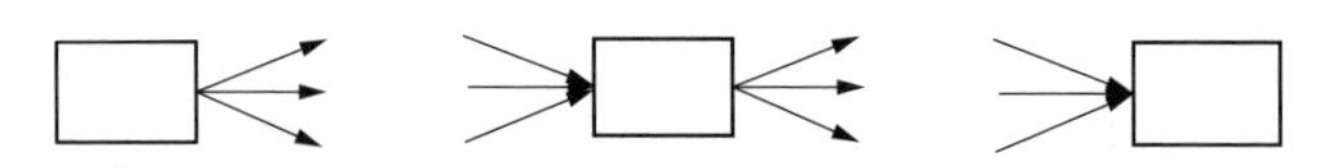

图7-21　源头元胞（左）、普通元胞（中）和终止元胞（右）

交通流的动态变化可以用以下表达式来描述

$$x_a^t = x_a^{t-1} + \sum\nolimits_{b\in\Omega^{-1}(a)} y_{(b,a)}^{t-1} - \sum\nolimits_{b\in\Omega(a)} y_{(a,b)}^{t-1}, \forall a\in\mathcal{C}, \forall t\in\mathcal{T}\setminus\{0\} \tag{7-43}$$

$$\sum\nolimits_{b\in\Omega(a)} y_{(a,b)}^{t} \leqslant \min\left\{x_a^t, Q_{a,\max}^t\right\}, \forall a\in\mathcal{C}, \forall t\in\mathcal{T} \tag{7-44}$$

$$\sum\nolimits_{b\in\Omega^{-1}(a)} y_{(b,a)}^{t} \leqslant \min\left\{Q_{a,\max}^t, \delta_a^t\left(N_{a,\max}^t - x_a^t\right)\right\}, \forall a\in\mathcal{C}, \forall t\in\mathcal{T} \tag{7-45}$$

式中：x_a^t表示元胞a在t时刻的车流量；x_a^{t-1}表示元胞a在$t-1$时刻的车流量；$y_{(b,a)}^{t-1}$表示在$t-1$时刻由元胞b流向元胞a的车流量；$y_{(a,b)}^{t-1}$表示在$t-1$时刻由元胞a流向元胞b的车流量；$\Omega^{-1}(a)$表示所有与元胞a相连的上游元胞的集合（对于源头元胞，$\Omega^{-1}(a)=\varnothing$）；$\Omega(a)$表示所有与元胞$a$相连的下游元胞的集合（对于终止元胞，$\Omega(a)=\varnothing$）；$\mathcal{C}$为所有元胞构成的集合；$\mathcal{T}$为时间窗内所有时段构成的集合；$Q_{a,\max}^t$指元胞$a$在$t$时刻可流入或流出的最大流量（对于源头元胞和终止元胞，该值可设为无穷）；δ_a^t表示元胞a在t时刻的堵塞传播状态，$\delta_a^t = V_a^{'t} / V_a^t$。

式（7−43）为元胞内的交通流平衡方程，不等式（7−44）和式（7−45）为式（7−42）的变形形式。

（二）基于动态交通分配的应急资源调度模型

在交通网中，极端事件后共有四类车辆，移动应急电源、维修人员、可调度的公共巴士和普通车辆。根据不同类型车辆对应急响应的重要程度可以对其赋予不同的权重。基于改进动态交通分配的移动应急资源优化调度模型以最小化车辆加权行驶时间为目标函数，约束条件包括交通流守恒约束以及式（7−42）相关约束。

具体模型为

$$\min f_1 = \sum_{c\in\mathcal{P}}\sum_{t\in\mathcal{T}}\sum_{a\in\mathcal{C}\setminus\mathcal{C}_R} w_c x_{a,c}^t \tag{7-46}$$

变量：$x_{a,c}^t \in \mathcal{R}^+$，$\forall a\in\mathcal{C}$，$c\in\mathcal{P}$，$t\in\mathcal{T}$

$y_{(a,b),c}^t \in \mathcal{R}^+$，$\forall (a,b)\in\mathcal{H}$，$c\in\mathcal{P}$，$t\in\mathcal{T}$

$$x_a^t = x_{a,c}^{t-1} + \sum\nolimits_{b\in\Omega^{-1}(a)} y_{(b,a),c}^{t-1} - \sum\nolimits_{b\in\Omega(a)} y_{(a,b),c}^{t-1}, a\in\mathcal{C}, t\in\mathcal{T}\setminus\{0\}, c\in\mathcal{P} \tag{7-47}$$

$$\sum\nolimits_{b\in\Omega(a)} y_{(a,b),c}^{t} \leqslant x_{a,c}^t,\ a\in\mathcal{C}, t\in\mathcal{T}, c\in\mathcal{P} \tag{7-48}$$

$$\begin{cases}\sum_{c\in\mathcal{P}}\sum_{b\in\Omega(a)}y_{(a,b),c}^{t}\leqslant Q_{a,\max}^{t}\\ \sum_{c\in\mathcal{P}}\sum_{b\in\Omega^{-1}(a)}y_{(b,a),c}^{t}\leqslant Q_{a,\max}^{t}\end{cases},a\in\mathcal{C},t\in\mathcal{T} \tag{7-49}$$

$$\sum_{c\in\mathcal{P}}\sum_{b\in\Omega^{-1}(a)}y_{(b,a),c}^{t}\leqslant\delta_{a}^{t}\left(N_{a,\max}^{t}-\sum_{c\in\mathcal{P}}x_{a,c}^{t}\right),a\in\mathcal{C},t\in\mathcal{T} \tag{7-50}$$

$$x_{a,c}^{0}=X_{a,c}^{0},y_{(a,b),c}^{0}=Y_{(a,b),c}^{0},a\in\mathcal{C},(a,b)\in\mathcal{H},c\in\mathcal{P} \tag{7-51}$$

式中：$\mathcal{P}$、$\mathcal{H}$分别为不同类型车辆和元胞间连线的集合；$\mathcal{C}_{\mathrm{R}}$为终止元胞构成的集合；w_c表示第c类车辆的优先级权重；$x_{a,c}^{t}$表示元胞a在t时刻的第c类车辆的车流量；$y_{(b,a),c}^{t-1}$表示在$t-1$时刻由元胞b流向元胞a的第c类车辆的车流量；$x_{a,c}^{0}$表示初始时刻元胞a的第c类车辆的车流量，$y_{(a,b),c}^{0}$为初始时刻元胞连线(a,b)间第c类车辆的车流量。

式（7-46）表示最小化所有类型车辆的总加权行驶时间。在每个元胞内，车辆的行驶时间与元胞内车辆密度呈非负相关，因此目标函数表示最小化行驶时间。约束式（7-47）表示车流量守恒约束。式（7-48）表示从元胞a移动到其他元胞的类型c的车辆总流量不大于元胞a中的类型c的车辆总流量。式（7-49）表示从元胞a移动到其他元胞的总流量不大于元胞a的最大容量，且从其他元胞移动到元胞a的总流量不大于元胞a的最大容量。式（7-50）指出，元胞a的总流入量不超过该元胞的可用剩余占用率，这个约束用于处理交通拥挤时的情况。式（7-51）表示元胞和连接线中车流量的初始状态。在初始状态下，普通车不在源头元胞和终止元胞中，表明极端事件发生时它们在路上行驶，而其他应急车辆在源头元胞中。

综上，建立了基于改进动态交通分配的移动应急资源优化调度模型，该模型为线性模型，可以利用成熟的商业优化求解器快速求解。求解后，可得到所有移动应急资源的行驶路径和行驶时间。

（三）计及应急资源调度的配电网恢复模型

通过步骤1的求解，可以获得各个移动应急资源到达目的地的时间，即可用于恢复的时间。计及移动应急资源调度的配电网恢复模型需要在本章第1节建立的多源协同多时段恢复模型的基础上进行改进。本章在多时段恢复模型（multi-phase critical load restoration-milp，MPCLR-milp）的基础上进行改进。

MPCLR-milp1 为

$$\max f'(\gamma)$$

变量为　$\gamma_i^t \in \{0,1\}\ \forall i \in L(t),\ t \in \mathcal{T}$；

$$a_{ij}^t \in \{0,1\},\ F_{ij}^t \in \mathcal{R}\ \forall i \to j \in E(t),\ t \in T;$$

$$p_{\text{gen},i}^t, q_{\text{gen},i}^t \in \mathcal{R}\ \ \forall i \in \mathcal{S}(t),\ t \in T;$$

$$p_{\text{s},g}^t, q_{\text{s},g}^t \in \mathcal{R}\ \forall g \in \mathcal{M},\ t \in T;$$

$$\boldsymbol{s}_i^t \in \mathbb{C}^{|\alpha_i|},\ \boldsymbol{V}_i^t \in \mathbb{H}^{|\alpha_i|\times|\alpha_i|}\ \ \forall i \in \mathcal{N}(t), t \in T;$$

$$\boldsymbol{S}_{ij}^t \in \mathbb{C}^{|\boldsymbol{\alpha}_{ij}|\times|\boldsymbol{\alpha}_{ij}|},\ \boldsymbol{\Lambda}_{ij}^t \in \mathbb{H}^{|\boldsymbol{\alpha}_{ij}|\times|\boldsymbol{\alpha}_{ij}|}\ \forall i \to j \in \mathcal{E}(t),\ t \in T$$

约束条件：式（7-4）～式（7-11），$\forall t \in T$

$$\begin{cases} \delta_g^t P_{g,\min} \leqslant p_{\text{s},g}^t \leqslant \delta_g^t P_{g,\text{rate}} \\ \delta_g^t Q_{g,\min} \leqslant q_{\text{s},g}^t \leqslant \delta_g^t Q_{g,\text{rate}} \end{cases}, \forall g \in \mathcal{M}_G, t \in T \tag{7-52}$$

$$-\delta_g^t P_g^{\text{ch}} \leqslant p_{\text{s},g}^t \leqslant \delta_g^t P_g^{\text{dch}}, \forall g \in \mathcal{M}_E, t \in T \tag{7-53}$$

$$\sum_{t \in T}\left(\Delta T p_{\text{s},g}^t\right) \leqslant E_g^0, g \in \mathcal{M}_G, t \in T \tag{7-54}$$

$$SoC_{g,\min} \leqslant SoC_g^0 - \sum_{t=1}^{t'}\left(\Delta T \lambda_g p_{\text{s},g}^t\right) \leqslant SoC_{g,\max}, g \in \mathcal{M}_E, t' \in T \tag{7-55}$$

$$\begin{cases} p_{\text{gen},i}^t = \sum_{g \in \mathcal{M}(i)}\left(p_{\text{s},g}^t\right) \\ q_{\text{gen},i}^t = \sum_{g \in \mathcal{M}(i)}\left(q_{\text{s},g}^t\right) \end{cases}, i \in \mathcal{N}_m, t \in T \tag{7-56}$$

式中：$L(t)$、$\mathcal{E}(t)$、$\mathcal{S}(t)$ 和 $\mathcal{N}(t)$ 分别表示 t 时段时目标孤岛内的负荷节点集合、线路集合、固定发电机节点集合和所有节点的集合，不同时段目标孤岛内集合不同的原因在于在恢复过程中会有故障维修完毕，使得目标孤岛可用节点、线路等集合变化；$p_{\text{s},g}^t$ 和 $q_{\text{s},g}^t$ 分别表示移动电源 g 在 t 时段的有功功率和无功功率，为了区分节点和移动电源，用下标 g 表示移动电源；$\mathcal{N}_m$ 表示电网中所有移动电源可接入的节点；$\mathcal{M}$ 表示所有移动电源构成的集合，$\mathcal{M}_G$ 表示所有移动发电机的集合，$\mathcal{M}_E$ 表示所有移动储能的集合，有 $\mathcal{M}=\mathcal{M}_G \cup \mathcal{M}_E$，且 $\mathcal{M}_G(i), i \in \mathcal{N}_m$，表示所有接入 i 节点的移动发电机，$\mathcal{M}_E(i)$ 同理；δ_g^t 为0-1常量，表示移动电源 g 在 t 时段是否已到目的地，若已到为1，否则为0，有 $\delta_i^t \geqslant \delta_i^{t-1}$；

$P_{g,\min}$、$Q_{g,\min}$、$P_{g,\text{rate}}$、$Q_{g,\text{rate}}$和E_g^0均为常量，表示移动发电机g的最小有功无功功率、额定有功无功功率和存储的能量；P_g^{ch}、P_g^{dch}、SoC_g^0、$SoC_{g,\min}$、$SoC_{g,\max}$和λ_g均为常量，表示移动储能g的最大充电功率、放电功率、初始荷电状态、荷电状态最小值、荷电状态最大值和能量与荷电状态的转换系数。

目标函数$f'(\gamma)$为最大化负荷的加权恢复时间。其中，式（7-7）为电压约束，式（7-5）和式（7-6）为潮流约束，式（7-8）为线路电流约束；约束式（7-4）、式（7-11）为固定电源的能量约束和负荷变化约束；约束式（7-9）～式（7-10）为电源和负荷节点注入功率约束。约束式（7-52）和式（7-53）分别表示移动应急发电机和移动储能的功率容量约束，若移动电源未到达目的地，则由δ_g^t限制，其功率为0，若到达则需处于限值之内；约束式（7-54）和式（7-55）为移动应急电源的能量约束；约束式（7-56）表示移动电源由接入点向配电网注入的功率表达式，为该点接入所有移动电源的输出功率决定。

以上，建立了计及应急资源调度的多时段恢复问题的混合整数线性规划模型MPCLR-milp1。该模型可以利用成熟的商业优化求解器进行求解。在本章中，利用成熟的商业优化求解器MOSEK进行求解。

三、算例分析

（一）算例信息

交通系统有12个节点和20条线路。节点1代表移动应急发电机、移动储能系统和维修人员起点的物资中心。三个矩形是电动巴士站点，即电动巴士的起点。节点6和节点7是移动应急发电机的目的地，节点9是移动储能设备的目的地，节点10是维修人员的目的地。表7-9给出了交通系统的基本参数。

表 7-9 交通系统基本参数

公路	长度（km）	自由（最大）速度（km/h）	最大流量（vpn）
1-2，6-10，12-11，7-3	12	72	1440
1-3，2-6，10-12，11-7	6	72	1440
4-5，5-9，9-8，8-4	12	72	720
1-4，3-4，2-5，5-6，9-10，9-12，8-11，8-7	6	72	720

表7-9中，“最大流量”表示最大车流量，其单位是每小时车辆数（vehicles per hour，vph）。由表中可以看出外环高速公路可以承载更多交通流量。

对于配电系统，表7-10提供了四个本地DG的基本参数。系统中含两条联络线10-16和7-33，可为使拓扑灵活变化。电力负荷分为三个等级，3、12、33节点负荷是一级负荷，加权系数为100，15、17、24、30节点负荷是二级负荷，加权系数为10，其他是加权系数为0.2的普通负荷。

表7-10　　本地DG基本参数

电源编号	节点编号	最小有功功率（kW）	最大有功功率（kW）	最小无功功率（kvar）	最大无功功率（kvar）	能量（kWh）
1	1	150	600	-350	500	200
2	4	30	100	-30	50	100
3	12	50	150	-50	80	100
4	23	30	100	-30	50	100

在表7-10，“能量”是发电机中的剩余能量。本节假设本地DG均为柴油发电机，剩余能量表示发电机中储存的柴油量。

对于移动应急资源，包括移动应急发电机、移动储能系统、维修人员和备用电动巴士，其车辆数量分别为8、4、4和25。25个电动巴士分布在三个巴士站点13、14和15，数量分别为7、8和10。表7-11列出了移动应急电源的参数。

假设故障后，交通系统中节点6到10之间的两条公路遭到破坏，配电系统停电并与变电站断开连接。在节点32和29处发生两处故障，形成由节点29、31、30和它们之间的线路组成的故障区。另外，假设大电网的预计恢复时间是4h。在这种情况下，应急中心立即响应，以恢复配电系统中重要负荷的供电为目标，调度应急资源并发出恢复指令。表7-12中列出了应急资源需求及基本信息，包括每种类型移动资源的需求数量及其起始点和目的地。此外，假设节点29的故障元件维修时间为25min。

表7-11　　移动应急电源基本参数

类型	有功功率范围（kW）	无功功率范围（kvar）	能量（kWh）	最大容量（kWh）	荷电状态最大值（标幺值）	荷电状态最小值（标幺值）
移动发电机	30/100	-30/50	300	—	—	—

续表

类型	有功功率范围（kW）	无功功率范围（kvar）	能量（kWh）	最大容量（kWh）	荷电状态最大值（标幺值）	荷电状态最小值（标幺值）
移动储能	∓ 100	∓ 40	200	250	0.9	0.1
电动巴士	∓ 100	∓ 40	120	150	0.9	0.1

表 7-12　　各类移动应急资源需求数目及其起点、终点

类型	数量	起点编号	终点编号
移动发电机	4	1	6
	4	1	7
移动储能	4	1	9
维修人员	4	1	10
电动巴士	7	13	12
	8	14	12
	10	15	12

在表7-12中，“数量”表示相应类型移动资源的车辆数量。

考虑移动应急资源在交通网中的调度，应用本节提出的恢复框架决策移动资源调度策略和配电网多时段动态恢复策略。

（二）方法验证

1. 步骤1：移动应急资源调度策略

在交通系统中，若考虑所有道路，则元胞数量过多会导致问题求解更加复杂。根据本节中考虑的极端事件后的场景，可看出大多数移动应急资源须从西北向东南移动，因此选择关键道路并将其划分为元胞，来确定移动应急资源的调度方案，如图7-22所示。在图7-22中，加粗的线路是影响移动应急资源在交通网中调度的关键道路。本节取时间间隔为5min，元胞长度为6km，时间窗为1h。

交通系统被划分为41个元胞，如图7-23所示。

在图7-23中，应急资源的起始点和目的地用不同的颜色标记，分别对应源头元胞和终止元胞。根据表7-9中交通系统的基本参数以及划分的时段长度，可以获得元胞的相关参数，包括可存储于元胞的最大交通流$N_{a,\max}$和可从元胞流入流

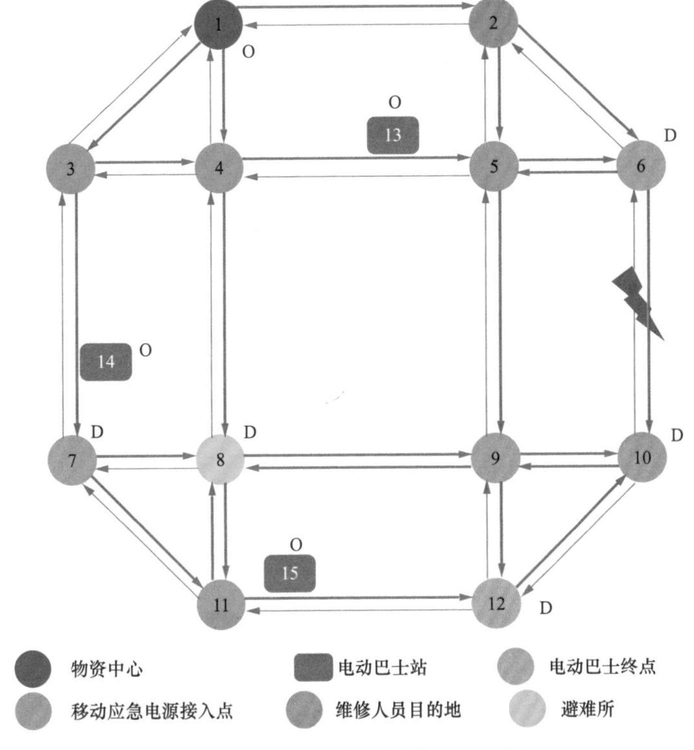

图7-22　交通网中关键道路示意图

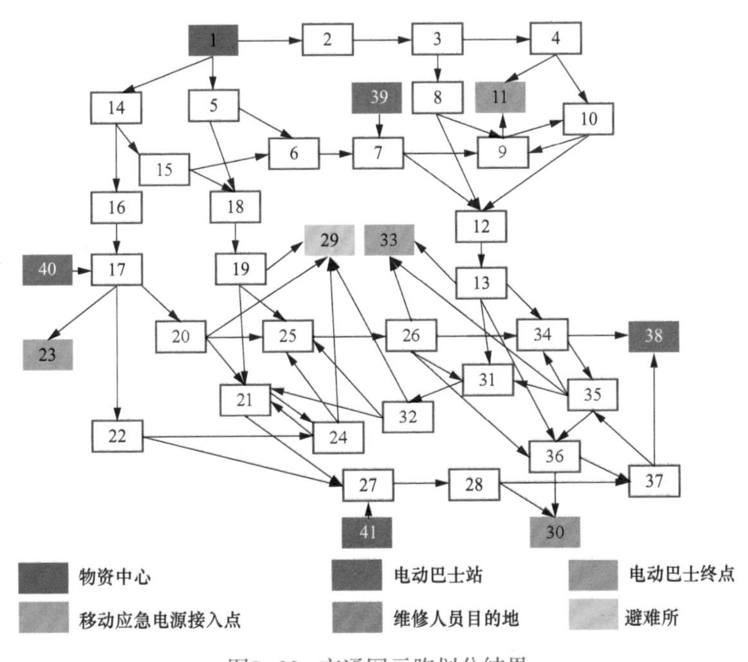

图7-23　交通网元胞划分结果

出的最大交通流$Q_{a,\max}$。对于源头元胞和终止元胞，$N_{a,\max}$和$Q_{a,\max}$设为很大的正实数。对于普通元胞，$N_{a,\max}$取决于道路的最大流量，$Q_{a,\max}$取决于元胞的长度和并排道路数。本节假设在拥堵密度下每千米每条并排道路上有50辆车。因此，对于表示外环道路的元胞，设置$N_{a,\max}$=1200，$Q_{a,\max}$=720，对于内环道路的元胞，设置$N_{a,\max}$=600，$Q_{a,\max}$=360。元胞的相关参数见表7-13。

表 7-13　　　　元胞相关参数

参数	对应的元胞编号
$N_{a,\max}=100000, Q_{a,\max}=100000$	1，11，23，29，30，33，38-41
$N_{a,\max}-1200, Q_{a,\max}=720$	2-4，14，16，17，22，27，28，37
$N_{a,\max}=600, Q_{a,\max}=360$	5-10，12，13，15，18-21，23-26，31，32，34-36

此外，对于不同类型的车辆，给予不同的权重因数，表示其优先级，对于移动应急发电机、移动应急储能、抢修人员、电动巴士和普通车辆依次按照1-5编号，权重因子依次为10、10、10、8和1。假设极端事件发生时，道路上分布着普通车辆，即$X_{a,5}^{0}$初始不为0。在$\left[0,Q_{a,\max}\right]$的范围里随机生成$X_{a,5}^{0}$，如表7-14所示。

表 7-14　　　　初始状态中道路元胞中普通车辆数目

元胞编号	$X_{a,5}^{0}$	元胞编号	$X_{a,5}^{0}$	元胞编号	$X_{a,5}^{0}$	元胞编号	$X_{a,5}^{0}$	元胞编号	$X_{a,5}^{0}$
1	0	10	100	19	288	28	306	37	236
2	1034	11	0	20	51	29	0	38	0
3	1018	12	197	21	152	30	0	39	0
4	293	13	345	22	330	31	336	40	0
5	326	14	347	23	0	32	244	41	0
6	46	15	57	24	285	33	0		
7	329	16	349	25	345	34	273		
8	228	17	345	26	236	35	268		
9	35	18	175	27	13	36	141		

对于应急车辆，只有相应的源头元胞存储着相应数量的应急资源（车辆），详见表7-15，相关元胞中其他车辆的数目为0。

表 7-15　　初始状态中源头元胞中应急资源车辆数目

元胞 1			元胞 7	元胞 17	元胞 27
应急发电机（$X_{1,1}^{0}$）	应急储能（$X_{1,2}^{0}$）	抢修人员（$X_{1,3}^{0}$）	电动巴士（$X_{7,4}^{0}$）	电动巴士（$X_{17,4}^{0}$）	电动巴士（$X_{27,4}^{0}$）
8	4	4	7	8	10

假设极端事件后，因事故导致1-2号公路出现交通堵塞。应用所提出的基于改进的动态交通分配模型来获得应急资源最优调度策略，结果如表7-16所示。可以看到所有车辆的出发时刻均为5min后，是由于决策、发出指挥命令、准备出发占用了部分时间。可见，本节提出的调度方法能够考虑交通网实时交通流状态，避开拥堵线路，为移动应急资源制定合理调度路径。

表 7-16　　各类移动应急资源路径和到达时间

类型	起点 / 终点	路径	出发时刻（min）	到达时间（min）
移动发电机	1-6	1-4-5-6	5	25
	1-7	1-3-7	5	20
移动储能	1-9	1-4-8-9	5	30
维修人员	1-10	1-4-5-9-10	5	35
电动巴士	13-12	13-5-9-12	5	20
	14-12	14-7-11-12	5	20
	15-12	15-12	5	10

2. 步骤2：配电网动态恢复策略

基于步骤1的结果，获得配电系统的多时段故障恢复策略。整个停电时间分为48个时段，配电系统的恢复后状态如图7-24所示。线路1-2分段开关打开，所有联络开关闭合。求解混合整数线性规划问题后，目标函数值为25668，计算时间为21.90s。每个时段的三相电压幅值分布如图7-25所示，所有节点各相电压幅度都在限制范围内［即0.95～1.05（标幺值）］。

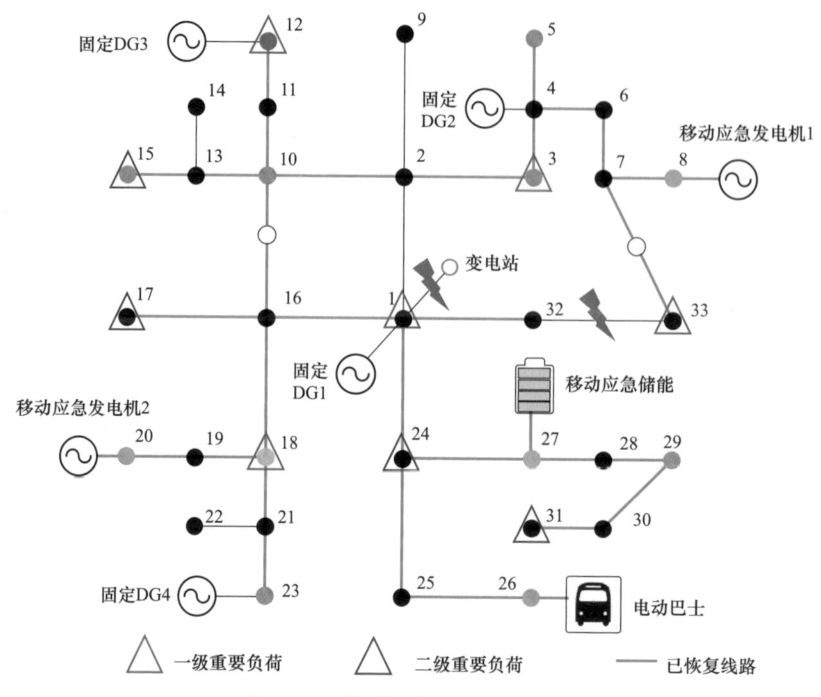

图7-24　故障恢复后的配电系统

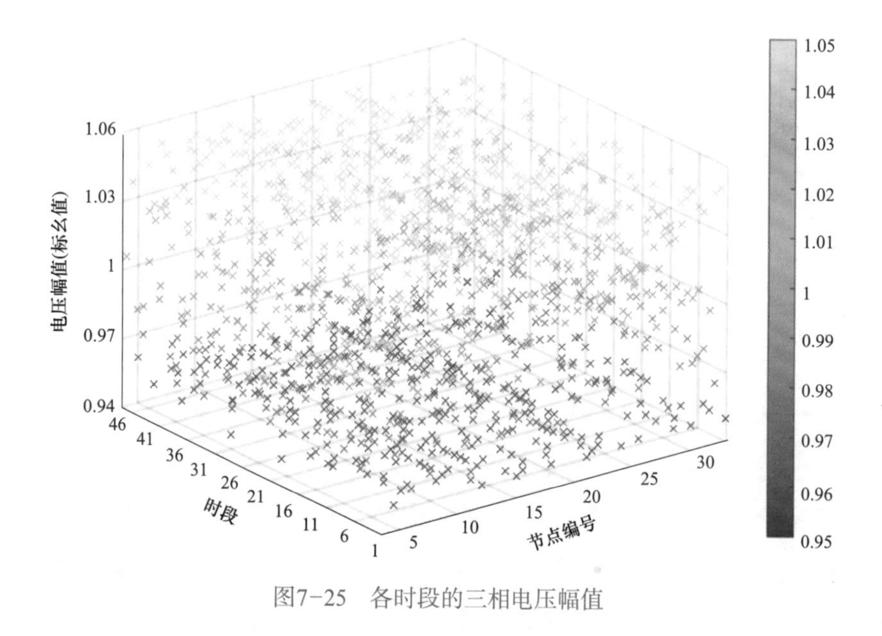

图7-25　各时段的三相电压幅值

每个电源的输出和能量消耗结果如图7-26所示，负荷恢复结果如图7-27所示。

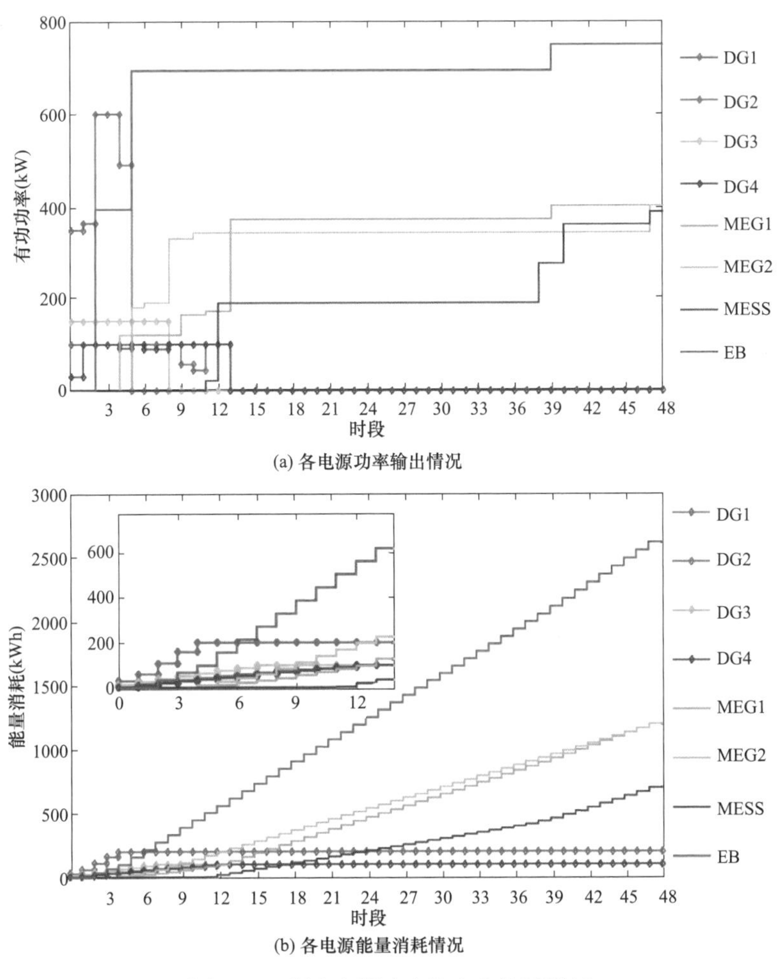

图7-26　所有电源功率输出和能源消耗

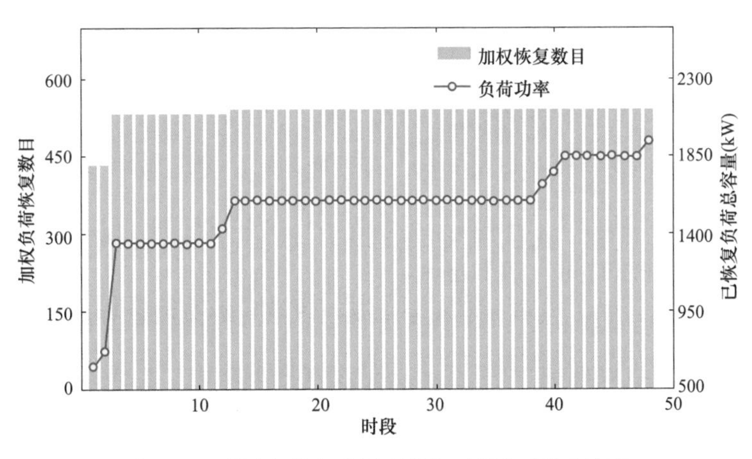

图7-27　利用本节方法得到的各时段负荷恢复结果

从图7-26（a）可以看出，在恢复开始时，大约1～6个时段，支持负荷恢复的主力是本地固定DG。移动电源到达后，逐渐成为负荷恢复的主要电源。经过12个时段后，所有本地资源都无法再支持恢复，负荷只由可移动资源支持。从图7-26（b）可以看出，本地DG中的能量在12时段内几乎耗尽，移动应急发电机的能量在48个时段内几乎耗尽，电动巴士和移动储能能源消耗率都接近87.50%。

在图7-27中，分别用条形图和折线图描绘了每个周期中加权恢复负荷和恢复总负荷恢复量。在第1时段和第2时段，柱状图变化很小而折线图有显著变化，其原因是在第2时段恢复了普通负荷，但其对负荷加权恢复数目贡献很小（权重因子0.2）。在第3时段，节点1处的一级重要负荷被恢复。在时段12和13中，由于故障区域被修复，柱状图增加，二级负荷31和普通负荷30被恢复。

从测试结果可以看出，移动应急资源在应急恢复中起到重要作用，能够有力支撑负荷恢复，是应急恢复的重要资源。本节提出的方法能够综合考虑移动应急资源的到达时间快速制定多时段恢复策略。

（三）不同恢复策略对比测试

为了对比说明本节提出的移动应急资源调度方法的优势，将本节方法得到的策略与基于最短路径调度方案下的恢复策略进行对比。

在基于最短路径调度方案的恢复策略中，移动应急资源的行驶路径是基于起点到终点最短路径得到的。在基于最短路径的调度方案中，到终点6的移动发电机的行驶路径变为1-2-6。基于Greenshields’模型，在阻塞情况下，对于元胞2和3，行驶速度可由以下公式计算得到

$$V_a = V_{a,\max}(1 - N_a / N_{a,\max}), a \in C \tag{7-57}$$

式中：$V_{a,\max}$是元胞所在道路的自由行驶速度；N_a是元胞中车辆的数目，表示密度。由此得到由道路节点1到2所需要的时间为69.11min。因此，移动发电机到达终点6所需的总时间为79.11min。

基于移动应急资源在交通网中的调度结果，可以得到多时段恢复策略，各时段的负荷恢复结果如图7-28所示。在该恢复策略中，少恢复了部分普通负荷，为负荷恢复提供的总能量为6076.42kW，而在本节提出方法得到的恢复策略中，为负荷恢复提供的总能量为6244.33kW。可见，计及交通状态的应急资源调

度有利于充分利用发电资源，从而为更多负荷提供应急供电服务。

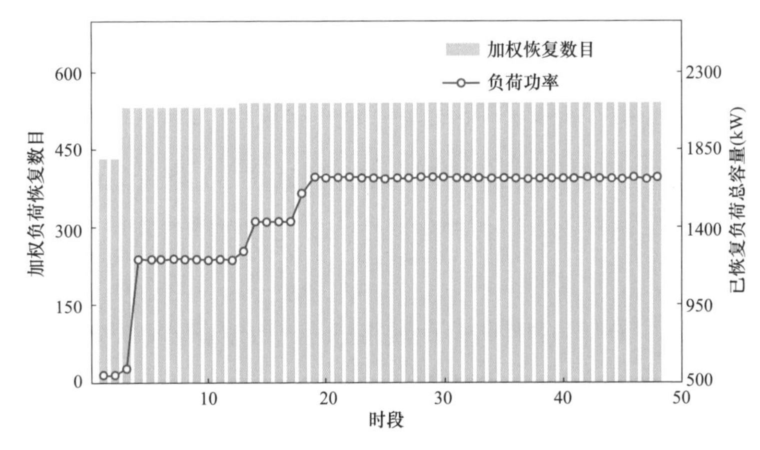

图7-28　基于最短路径调度方案的恢复策略中各时段负荷恢复情况

第五节　本章小结与展望

一、本章小结

本章围绕提升韧性电网协同力的关键技术展开，着重介绍保障重要负荷供电的源网荷储协同恢复技术、电网输配协同恢复技术、考虑电－水－气协同的电力负荷恢复决策技术和计及电网－交通网协同的移动应急资源调度技术。第一节建立了源网荷储多时段协同恢复的优化决策模型，可以同时实现源网荷储在时间和空间维度的协同，提升关键负荷供电时间。第二节针对大停电后的系统恢复问题，建立了输电－配电恢复双层优化模型，并考虑了有源配电网对系统恢复的支撑作用。第三节提出了考虑关键基础设施协同的配电网故障恢复问题的混合整数二阶锥规划模型，能够充分考虑不同基础设施之间的相互协同，最大化基础设施系统运行能力，从而提升配电网韧性。第四节建立了考虑实时交通流状态的移动应急资源在交通网中的优化调度模型，构建了计及移动应急资源调度的配电网动态恢复优化决策模型，可考虑电网－交通网的相互协同，充分利用发电资源，从而为更多负荷提供应急供电服务。可以看出，协同力旨在统筹协调电网内外部资源共同应对扰动，可贯穿电网扰动事件全过程，能够为电网应变力、防御力和恢复力提供支撑，进而提升电网韧性。

二、韧性电网协同力提升技术发展展望

（一）韧性城市电－气基础设施协同应急关键技术

在我国能源转型和碳达峰碳中和的背景下，我国大力发展天然气，电力系统中燃气机组比例呈上升趋势，电网和天然气网络的耦合将进一步加深。然而，城市中不同类型的基础设施网络管理和应急决策等相对割裂，且相依关系增加了能源系统面对非常规灾害事件的脆弱性。研究韧性城市电－气协同规划和应急技术可统筹多方信息及相依关系，实现能源系统整体韧性提升。因此，有必要开展以下研究：①面向韧性提升的城市电－气系统资源协同规划。天然气的断供将会引起电力系统中燃气机组无法正常发电，进而引发故障连锁传播，需考虑相关耦合元件和应急资源的布点定容等规划方法，提升系统应对灾害的防御力。②非常规事件下能源互联网平滑离网及孤岛不间断供能技术。考虑电力和天然气响应时间尺度的差异，研究故障中电－气耦合对演化过程的影响，故障后平滑离网过程的紧急控制策略，离网后孤岛运行的主动安全调度策略。③基于协同思想的区域能源互联网灾后恢复技术。基于多资源协同的思想，考虑电网和气网各电压气压等级的恢复资源，研究能源互联网大面积失去外部电气供应后能源主网架及重要用能负荷的快速恢复方法。④电网与城市应急管理部门协同机制，研究电网与城市应急管理部门重要信息快速共享机制，研究贯穿非常规事件前中后全过程的电网与城市应急管理部门协同联动机制。

（二）电网和公共卫生系统互动协同的应急抗灾机制

极端事件可能造成人员伤亡，提升了医院等公共卫生系统对供电可靠性的需求，研究电网和公共卫生系统互动协同的应急抗灾机制有助于促进双方信息互通、明确需求，提升公共卫生系统应灾的用电可靠性，具有重大的社会意义，可从以下几点展开研究：①研究电网与医疗系统建设的规划与灾前应对机制。研究医疗系统关键电力需求评估及等级划分方法，综合需求和重要程度确定备用电源规划方案，同时研究基于灾情预测的移动应急资源灾前部署策略。②研究公共卫生系统与电力系统协同联动应急响应机制。研究电力系统与公共卫生系统抗灾信息共享联动机制，研究考虑以公共卫生系统功能恢复最大化为目标的配电网供电恢复方法，提升社会风险应对能力。

参 考 文 献

[1] 许寅，和敬涵，王颖，等．“韧性背景下的配电网故障恢复研究综述及展望”．电工技术学报，2019，34(16)：3416-3429.

[2] Xu Y, Liu C C, Schneider K P, et al. Microgrids for service restoration to critical load in a resilient distribution system [J]. IEEE Transactions on Smart Grid, 2016, 9(1): 426-437.

[3] Chen C, Wang J, Qiu F, et al. Resilient distribution system by microgrid formation after natural disasters [J]. IEEE Transactions on Smart Grid, 2016, 7(2): 958-966.

[4] Wang Y, Xu Y, He J H, et al. Coordinating multiple sources for service restoration to enhance resilience of distribution systems [J]. IEEE Transactions on Smart Grid, 2019, 10(5): 5781-5793.

[5] 许寅，王颖，和敬涵，等．多源协同的配电网多时段负荷恢复优化决策方法 [J]．电力系统自动化，2020，44(02)：123-131.

[6] Schneider K, Tuffner F, Elizondo M, et al. Evaluating the feasibility to use microgrids as a resiliency resource [J]. IEEE Transactions on Smart Grid, 2017, 8(2): 687-696.

[7] Wang Z, Shen C, Xu Y, et al. Risk-limiting load restoration for resilience enhancement with intermittent energy resources [J]. IEEE Transactions on Smart Grid, 2018, 10(3): 2507-2522.

[8] Wang Y, Xu Y, Li J, et al. On the radiality constraints for distribution system restoration and reconfiguration problems [J]. IEEE Transactions on Power Systems, 2020, 35(4): 3294-3296.

[9] 王颖，许寅，和敬涵，等．基于断线解环思想的配电网辐射状拓扑约束建模方法 [J]．中国电机工程学报，2021，41(07)：2395-2404.

[10] Low S H. Convex Relaxation of Optimal Power Flow—Part I: Formulations and Equivalence [J]. IEEE Transactions on Control of Network Systems, 2014, 1(1):15-27.

[11] 王颖，和敬涵，王小君，等．配电网多时段故障恢复在线决策问题的两阶段高效求解算法 [J]．电力系统自动化，2021，45(03)：121-129.

[12] 李长城，和敬涵，王颖，等．考虑分布式电源支撑作用的输配电系统协同恢复方法 [J]．电力自动化设备，2022，42(02)：112-119.

[13] Fink L H, Liou K L, Liu C C. From generic restoration actions to specific restoration strategies [J]. IEEE Transactions on Power Systems, 1995, 10(2): 745–751.

[14] Quirós-Tortós J, Panteli M, Wall P. Sectionalising methodology for parallel system restoration based on graph theory [J]. IET Generation Transmission & Distribution, 2015, 9(11): 1216–1225.

[15] Sun L, Zhang C, Lin Z, et al. Network partitioning strategy for parallel power system

restoration［J］. IET Generation, Transmission & Distribution, 2016, 10（8）: 1883-1892.

［16］Li C, He J, Zhang P, et al. A novel sectionalizing method for power system parallel restoration based on minimum spanning tree［J］. Energies, 2017, 10（7）: 948.

［17］周光奇，顾雪平，马世英，等. 基于整数线性规划的恢复子系统划分与分区方案的综合评价［J］. 电力自动化设备，2019，39（01）: 91-98.

［18］高天乐，李佳旭，王颖，等. 计及负荷侧关键基础设施耦合性的配电网恢复优化决策方法［J］. 电力建设，2019，40（12）: 38-44.

［19］Xu Y, Wang Y, He J, et al. Resilience-oriented distribution system restoration considering mobile emergency resource dispatch in transportation system［J］. IEEE Access, 2019, 7: 73899-73912.

［20］Wang Y, Xu Y, Li J, et al. Dynamic Load Restoration Considering Interdependency Between Power Distribution System and Urban Transportation System［J］. CSEE Journal of Power And Energy Systems, 2020, 6（4）: 772-781.

第八章　韧性电网学习力关键技术

“学习”在大辞海中的释义是“通过经验而导致的相对持久的行为改变和知识获得的过程。以人们与环境互动结果的形式出现。”《史记·秦始皇本纪》：“士则学习法令辟禁。”

学习力指电网从历史事件或其他电网经历的严重停电事故中获取经验，并不断融合新兴技术实现自我提升和创新的能力。经验的获取是通过对历史事件相关信息进行全面分析总结获得的，其外在表现形式主要包括：韧性电网不断地自我学习、强化和调整以及理论分析工具和技术手段的快速进步，在这个过程中，必然需要不断融合新兴技术。总的说来，韧性电网各种能力的不断提升都需要持续借助韧性电网优秀的学习能力。

本章从韧性电网学习力提升的动力出发，重点介绍了韧性电网学习力的两个内涵，包括基于历史经验的电网强化及调整和新技术的引入对电网韧性的提升。

（1）韧性电网学习力提升的动力主要包括内源动力和外源动力，其中内源动力是对电网本身的提升，主要强调系统本身的整体性与协调性；而外源动力是内源动力的基础，电网通过吸收外源动力，实现内外平衡健康发展。

（2）基于历史经验的电网强化和调整主要聚焦学习力的第一项内涵，通过分析国内外典型大停电事故，分析阐述我国电网如何基于国内外严重停电事件吸收经验教训，并采取相关强化和调整的各项措施以提升电网韧性。

（3）新技术的引入对电网韧性的提升主要聚焦学习力的第二项内涵，即结合外部多种先进技术提升电网韧性。本章重点关注无线传感网络技术、人工智能技术和数字孪生技术这三类新兴技术，针对三项技术在电网韧性提升方面的应用和重要意义展开介绍并进行展望。

第一节　韧性电网学习力提升的动力

1983年联合国教科文组织推出了弗朗索瓦佩鲁的《新发展观》一书，提出了“整体的”“综合的”“内生的”发展理论。不同的学者或组织对内生式或内源性发展的具体理解不尽相同，但是我们仍然可以从中归纳出一些共同的理念：内生式或内源性发展主要由发展地区内部来推动和参与、充分利用发展地区自身的力量和资源。各领域的专家学者对于内源发展理论的理解虽然会有差异，但并不摒弃外源因素对内源发展的推动和支持。

唯物辩证法就认为事物的发展是内外因共同作用的结果，内因是事物发展的根本原因，外因对内因起一定的加速或延缓作用。对于一个希望通过学习创新不断寻求发展的机构或者组织来说，以开放性发展求得系统内外的积极平衡是必然的选择。这是因为内源发展强调系统性、整体性和协调性，而外源因素则为内源发展过程提供养料和基础。即内源因素和外源因素在发展过程中不是对立和分化的，而是相辅相成的。

对于韧性电网来说，其外源动力的引进是基于其内发动力的变化。来源于外部的气候变化、科技技术发展和政策调控，依靠外部力量的牵引和推进，激励电网自身不断进行改造和学习。韧性电网只有达成内源性学习力与外源性学习力的协同发展，才能实现韧性电网的持续健康发展。因此外源性的气候、能源、信息、数据、市场、政策以及技术的变化会激励韧性电网从结构到调度控制能力等全方位的创新和改进，本章从韧性电网这些模块的创新和改进中撷取部分具有代表性的案例，对韧性电网自我提升和创新的能力进行介绍，由于涉及专业领域众多，且限于篇幅和编者水平的限制，以下各节内容对于韧性电网学习力来说仅仅是管中窥豹，但希望能够起到抛砖引玉的作用，给韧性电网学习力的研究提供一些帮助和思考。

总之，在现有技术背景下，学习力可以从不同的角度提升韧性电网的感知力、防御力、应变力、恢复力和协同力。今后，韧性电网将会在自身经验积累、不断学习的基础上，通过技术及设备的升级改造、组织结构及运行模式的不断改进，学习能力、学习技能以及学习工具的不断改善，实现自我的不断完善和提升。限于篇幅，有些领域本章未能触及，但希望电力行业的从业人员能够基于稽古振今、励精更始的精神，充分挖掘韧性电网的学习力，实现韧性电网的不断提升，促进并达成韧性电网的发展目标。

第二节　基于历史经验的电网强化和调整

每次国内外发生大停电等严重事故后，我国电网企业都会针对事件起因、经过等进行详细调查、复盘和分析研究，吸取其中的经验教训，再有针对性地对电网或电网应急预案等进行强化或调整，修正薄弱环节，这正是学习力的体现。本节主要介绍我国电网如何基于国内外典型大停电事件的历史经验进行电网强化和调整。通过对大停电事件的简要回顾和分析总结，从中汲取有益的经验教训，总结阐述我国电网采取的相关防止大停电发生的措施。揭示相关措施对构建我国大电网安全防御体系、保障电网的安全稳定运行、提升电网韧性具有的极其重要的意义。

一、委内瑞拉大停电事故

2019年3月7日至3月12日，委内瑞拉发生全国性的大面积停电，这次大停电主要影响包括首都加拉加斯在内的21个州，影响人数接近3000万，期间委内瑞拉政府暂停了学校及商业活动。停电导致供水、通信、网络、交通、航运等公共服务瘫痪，社会治安持续恶化，民众缺少食物饮水，医院医疗用品短缺，不少危重病人因设备失电病故。此次停电的主要原因是当地最大的古里水电站对外联络线跳闸。对于跳闸原因，政府认为是网络攻击和人为破坏；反对派则认为是由于其中一个变电站过热报警，负载超过了设计容量，最终导致系统瘫痪。实际上，此次委内瑞拉大停电并不是偶发个案，过去十年来，委内瑞拉大规模停电的事件频发。委内瑞拉当地的电力来源不合理，对水电过于依赖但设备容量不足，且重要单元送出通道薄弱，网架结构不合理，电力设备老化，当地还存在电力系统管理混乱、技术相对落后等问题。

从委内瑞拉大停电事故中可以看出，电力安全是国家安全的重要组成部分，过去几年针对电力系统的攻击层出不穷，电力的重要战略地位已经不仅体现在国民经济发展之中，更加体现在国家安全之中。在我国韧性电网的建设中，采取了以下措施防止此类事件发生：①以委内瑞拉弱电网轻联络为鉴，推进了特高压交直流通道建设，确保大电网安全；②以委内瑞拉电力能源单一为鉴，发展了多能互补的能源供应体系，加强了主动配电网建设；③通过各级电网协调发展，实现电网韧性特征，以应对以战争为代表的小概率、高风险、极端事件为目标，实现事前有效预防、事中及时抵御、事后迅速恢复；④以针对电力的网络攻击频发为鉴，加强了网信安全构建，研发和应用以“国网芯”为代表的自主芯片；⑤应以委内瑞拉设备滞后自动化水平极低为鉴，加快了电网向能源互联网转型，实现全面感知和泛在互联；⑥开展了诸多可信互联、安全互动、智能防御相关技术的研究及应用，为信息物理安全保驾护航。

二、英国大停电事故

2019年8月9日17时左右，英国发生大规模停电事故，事故范围包括伦敦、英格兰、威尔士等地区。据官方统计，约有近100万家庭和企业用户受到此次事故的影响，东北地区最大城纽卡斯尔的机场及地铁系统也受到影响。此次停电是英国自2003年伦敦大停电以来，影响范围最广的一次停电。本次大停电主要与小巴福德天然气发电站与霍恩西离岸风电场有关，8月9日下午，小巴福德燃气电站及霍恩西一期海上风电场短时间内相继脱网，导致系统频率大幅度下降，从而产生了一系列连锁反应，致使电力系统进行了低频减载动作，切除了系统5%的负荷，成为本次停电事故的直接原因。此外，政府单位应对不足、系统内应急储备不足、英国电网公司对电网运行管理不力等是造成本次停电事故的间接原因。

此次英国停电事故对我国未来的能源计划提出了极大的考验。在“双碳”战略目标的指引下，大量的新能源将会接入系统，然而大量风力发电、光伏发电的接入有可能会造成系统的惯性缺失，同时降低系统的频率稳定性。为了避免类似英国大停电事故的发生，我国电网企业采取了以下措施：首先，加强了关键设备的监测及隐性故障的排查，加强了新能源管理，提升风电、光伏、DG的抗扰动能力，提升在线监测系统惯量水平与一次调频能力；此外，加强了低频减载功能的管理工作，低频减载切除负荷的配置考虑到了不同用户的需求，同时严格校核了低频减载、低压减载、解列装置等第三道防线的配置；最后，在系统发生故障时，地方电网优先保证对关键和脆弱的客户供电，与用户形成了共建共治共享的能源互联网生态圈。

三、美国得克萨斯州停电事故

2021年2月15日早晨，美国得克萨斯州共有近250万户遭遇停电事故，16日升至400万户，至17日晚间仍有超过200万户未恢复电力供应。停电导致了火灾和中毒事故频发，共造成17人丧生，当地能源市场陷入混乱，电力价格攀升至每千瓦时9美元，飙升了近100倍。造成停电事故的直接原因是席卷美国中西部和东北部的一场暴风雪，极寒天气导致电力供应减少但需求激增，大量水冻结成冰堵塞油井，导致天然气发电受阻，同时风机涡轮结冰导致风力出电减半，造成长时间的供不应求。同时，相关部门防寒措施不够充分、供电环节灾害应对能力不足等也是造成长时间停电事故的主要原因。

为了杜绝国内出现类似停电事故，我国电网企业采取了以下措施应对：首先，加强了国内电力供应保障，积极沟通政府部门优化各级电网能源布局，在确保大都市能源安全的前提下优化碳达峰路径，适当增加本地装机规模，提高了本地电源制程能力；同时，推动优化了电力市场改革方案设计，吸取得州电力市场经验教训，引导政府相关部门在电量市场与容量市场之间寻求安全平衡；其次，加强了韧性电网建设，优化电力系统应对寒潮等恶劣天气的能力，避免设备冰冻、停运等极端情况出现，同时增强“双高”“双新”“双随机”等未来复杂场景的适应性，有效应对自然灾害、连锁故障等多元化威胁；最后，大力推进源网荷储互动体系建设，加强需求侧响应，完善辅助服务建设，强化DG、虚拟电厂等可调节负荷精准控制，深化储能及能源转换研究，优化电网调峰、调频方式手段，不断增强对系统平衡的控制能力。

四、中国台湾5·13停电事故

2021年5月13日，中国台湾高雄市兴达电厂因事故全厂停机，引发台湾地区大规模停电、限电，停电影响约400万户，造成最大350kW负荷损失。事故殃及台北、新北、台中、苗栗、桃园、基隆、新竹、宜兰和高雄等重要城市，其中市政供水受影响最大，全台4县市多个加压站受影响停止运作，包括新北市淡水区、三芝区、树林区、新庄区，桃园市大溪区数里、新竹县峨眉乡、宝山乡、新竹市、苗栗县头份市，皆分时段停水。台湾电网公司的一名工作人员在进行输电扩充工程测试时，误开隔离开关，造成电压骤降，进而造成兴达电厂机组跳电，是引发停电事故的直接原因，而台电备用容量不足是引发停电事故的根本原因。

该停电事故的发生与台湾地区过于激进的能源环保政策息息相关，由于政策原因，民众反核情绪高涨，当地政府关停核电、缓建煤电，导致基荷减少。如今我国能源转型形势也较为严峻，针对此类事件，主要采取以下措施：首先，在电源规划中统筹考虑降碳与安全的关系，一定程度保持市内火电机组装机，增加系统备用容量，保障城市能源供应安全；其次，结合各地区实际，通过需求响应、虚拟电厂等创新机制，完善现有的电价体系，引导用户有序用电，加强源网荷储互动，增强电力系统韧性；同时，加强了政府与高端制造企业的协同宣传，引导用户完善供电中断和电压暂降的应对技术措施，采用了商业保险等市场手段，增强抗扰能力，保障用能安全。

第三节　新技术的引入对电网韧性的提升

本节内容主要阐述新技术的引入对韧性电网韧性的提升，即学习力的第二项内涵。主要内容包括无线传感、人工智能和数字孪生技术等三项技术的简介及其在提升电网韧性方面的应用，最后对新技术在韧性提升方面的应用进行展望。

一、无线传感技术

（一）无线传感技术简介

传感技术同计算机技术与通信一起被称为信息技术的三大支柱。从物联网角度看，传感技术是衡量一个国家信息化程度的重要标志。近些年，随着微机电系统、无线通信技术、工业现代化的快速发展，无线传感网络（wireless sensor network，WSN）逐渐受到全世界的广泛关注。无线传感网络是一个由众多传感器节点组成的网络，这些微小的传感器设备分布在不同的工作环境中，通过无线链路传递从监控区域收集到的信息。传感器节点间以无线通信方式组成监控网络，能够实时地感知和采集网络监测区域内的环境或监测对象的相关信息，并通过短距离多跳的无线通信方式，将采集的数据传输到基站做进一步的分析和处理。同时，用户也可以通过基站向节点发送控制消息，完成信息查询和网络管理等任务。

无线传感网络可以设计成为大范围、长期对检测区域进行全面感知和精确控制的特殊自组织网络，其由于不需要基础设施，且易于快速部署，使人们能够在任何时间、任何地点和任何环境条件下获取大量翔实而可靠的信息，引起了国内外军事界、工业界和学术界的极大关注。无线传感网络可以与其他无线网络、固定的Internet网络等实现无缝融合，组成无处不在的物联网，以满足人与物体之间的通信需求，从而提高整个世界的信息化和智能化水平。无线传感器网络是国家战略性新兴产业“物联网”“泛在网”的关键核心技术之一。

无线传感网络主要由传感器节点、基站以及用户组成。传感器节点部署在检测区域，自组织形成网络对区域内的感知对象进行检测。由于成本和体积的限制，传感器节点的计算、存储以及通信能力非常有限，此外，节点的能量仅由容量有限的电池提供且通常得不到补充或更换，节点智能将采集的信息经过简单处理之后，通过多跳方式传输至基站。因此，传感器节点需要在没有固定设施的支持下自组成网。无线传感网络支持3种组网形态，即星型网、集群树状网和网状网，如图8-1所示。

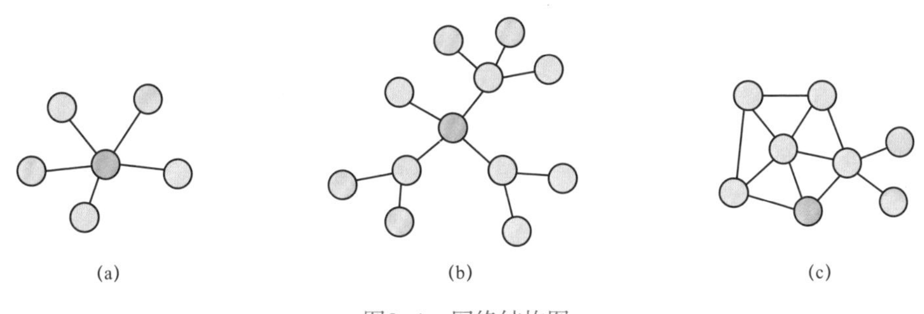

图8-1　网络结构图
（a）星型网；（b）集群树状网；（c）网状结构

无线传感网络具有规模大、自组织以及个体能力弱等特点。无线传感网络规模大是由于无线传感器网络检测区域的地理分布通常较广，且由于低功耗的要求，节点的通信距离相对较小，通常只有数百米，需要在检测区域内部署大量传感器节点以保证网络的连通性。同时，节点的检测能力较弱，高冗余的方式部署节点能增加网络系统的容错性能，因此为无线传感器网络设计组网协议时，通常都考虑可扩展性好、健壮性高的分布式算法。无线传感网络由于通常被部署到没有基础结构和设施的地方执行监测任务，因此需具备节点自动组网并实现快速部署和实施的能力，这样就要求无线传感器网络具有自组织的能力，能够自动进行配置和管理，通过分布式算法来协调节点的行为，完成信息的采集、处理和多跳传输。但是，由于体积、成本、应用场景等多方面的限制，传感器节点的计算能力、存储能力、通信能力、能量供应均严重受限。目前的传感器节点通常采用8位单片机作为微控器，也仅有不到1兆字节的存储空间，这使得设计的协议和算法复杂度不宜太高。节点通常采用低功耗、短距离、低速率的无线通信模块，传输能力也十分有限，并且节点可能部署在野外、无人看守甚至危险的环境中，节点失效概率较高，因此个体能力弱是无线传感器网络的又一大特点，在设计网络协议时应充分考虑。

在电网韧性提升方面，无线传感网络主要应用于电力设备状态监测、电网运行状态监测和电网周围运行环境监测等方面，通过传感器获取到数据继而进行数据处理得到有效信息，达到监测目的，提升电网的感知力。下文将展开论述。

（二）无线传感技术在提升电网韧性方面的应用

随着电力物联网技术的发展，无线传感逐渐成为韧性电网感知力的观测基础之一。无线传感融合微电子技术、网络通信技术、嵌入式计算技术以及现代传感器技术等多个学科领域，由部署在电网监测区域内大量的微型传感器节点组成，通过无线通信方式形成一个多跳的、自组织的网络系统，协作地感知、采集和处理电网覆盖区域中被感知对象的信息，并发送给观察者[2]。无线传感器主要包括传感器模块、处理器模块、无线通信模块和能量管理模块四部分。传感器模块的主要功能是对监测区域内的指定目标进行信息捕捉和信息转换，其功能通常由敏感元件提供，例如热敏元件、光敏元件、气敏元件、力敏元件等。处理器模块包含处理器和存储器：处理器主要负责传感器节点的所有涉及信息感知、数据处理、数据传输的操作；存储器负责存储自身节点采集的数据以及其他节点发送来的数据。无线通信模块负责与其他节点进行通信，包括发送自身采集的数据以及转发其他节点的数据等。能量管理模块负责为传感器的运行提供能量[3]。

无线传感器具有低成本、容错性好、快速配置、灵活接入、无需固定网络支持、可长期执行监测任务等特点，可以根据电力行业的具体应用需求部署在电力系统的各个角落或直接封装于电力设备内部，实现无处不在的全面感知。

无线传感在韧性电网中的应用场景主要是通过对电网中电气设备、运行态势及周围环境信息进行监测采集，实现电网中各项数据的双向流动，提升韧性电网的感知力。

1. 无线传感技术在韧性电网电气设备监测中的应用

利用无线传感技术对韧性电网的输电、变电、配电、供电环节等关键设备状况信息（例如电压、电流、温度、系统频率和电能质量扰动等）进行实时监控，并通过网络系统将获取的数据进行有效的整合和分析，通过终端传感器在用户和电网企业之间、用户之间建立实时互动的网络，从而达到数据读取的实时、高速、双向的效果，实现电能从电源到用户的传输、分配、管理与控制，一方面可以整体性地提高韧性电网的综合效率，实现对整个电力系统运行的优化管理；另一方面，尽可能地减少各种破坏性事件对韧性电网电气基础设施所带来的损失。

（1）输配电线路的无线传感监测。输配电线路又可分为架空输配电线路和地下电缆线路。随着极端天气频次的逐渐增多，架空输配电线路和地下电缆线路都受到许多危险因素的影响，不仅可能造成线路设备的损坏，甚至会危及人员生命安全，而且由于其较分散的地理分布，也为维护工作制造了更多的困难。为了追踪雷击、山体滑坡、地震、结冰、飓风、鸟害、过热等潜在危险给输配电线路带来的受损程度，需要智能、可靠的无线传感监控系统来高效且持续地进行检测。在架空输配电线路方面，通过各种传感器在线监测输电线路的温度、湿度、风速、风向、泄漏电流、覆冰状况、视频图像或图片等数字化信息，通过无线通信信道，上传到架空输电线路状态在线监测监视中心，实现输电线路的实时检测。在地下电缆方面，电缆的故障主要包括接头的故障和终端故障。由于这一类电缆系统更多地部署在地下，受灾情况下对这类电缆的监测、维护和修理工作比较困难，而利用无线传感器网络可以收集到关于电缆线状态和性能状况的更准确的信息，从而使整个电力系统的自动化控制程度和可视化程度均得到提高[4]。

（2）变电站的无线传感监测。为了实时有效评估破坏性事件下变电站设备的绝缘状态，无线传感监测对象已覆盖电力变压器、GIS/断路器、电容型设备、避雷器等主要一次设备。监测变压器的传感器包括超声传感器、罗氏线圈；变压器油中溶解气体检测单位包括色谱柱、检测气体传感器、载气、继电器自动控制及电路；变压器油温度和微水测量分别采用金属Pt电阻传感器及电容型传感器；监测断路器的传感器包括SF_6气体湿度、压力、温度、加速度振动、光电位移传感器等。

（3）绝缘体的无线传感监测。监测绝缘的传感器包括霍尔元件电流、微型穿芯式二次电流和磁耦合电流传感器。绝缘体容易遇到两类非常常见的威胁，这两类威胁会导致电缆的绝缘体被击穿，进而危害整个系统。第一类威胁是局部放电，它会导致电缆绝缘体的小部分被电介质击穿，而利用传感器可以实施非破坏性的、非侵入性的实时局部放电测量。这种测量可以确定局部放电的准确位置，方便快速修理。第二种威胁是泄漏电流，指流经绝缘体或绝缘体表面的电流，可能导致绝缘体溢出。基于无线传感器的智能电表可以通过持续监控对绝缘部分进行主动维护，从而防止进一步的系统损坏。

除了以上在韧性电网的输电和配电端应用之外，无线传感技术也可以对终端用户设备进行监测，具体应用包括无线自动计量、住宅能源管理、楼宇自动化、需求侧负载管理等。

2. 无线传感技术在韧性电网运行态势监测中的应用

无线传感器网络可以对韧性电网运行环节的各种态势进行监测，包括停电检测、设备故障诊断、故障检测与定位等[5]。

（1）停电检测：现代社会严重依赖电力，因此任何破坏性事件引发的停电都会对人类生活的方方面面产生巨大的影响。随着体积小、重量轻的新型电流、电压传感器的出现，如基于法拉第磁光效应的电流传感器以及组合式电流、电压传感器，传感器可直接带电挂接在线路上，使得安装非常简便。由于只需要线路在短路、接地等故障时发送数据，所以数据量少、节点功耗低，即使线路出现故障停电后，仍然可以保障通信畅通。因此，利用无线传感器网络构建先进的传感器和监控系统来处理停电的检测方式，可以迅速有效地提高韧性电网的应急处理能力。

（2）设备故障诊断：线路、变压器的可靠运行对于保持连续和高效的电网系统功能而言至关重要。因此，电力中断或者电网设备无法工作等情况需要利用现代诊断技术进行预先排除。将现代诊断技术与无线传感器网络相结合，可

以实现故障处理的自动化管理功能，从而可以有效防止停电。

（3）故障检测与定位：由于输电线路结构单一，所以比较容易建立数学模型对电力故障点进行分析及定位。目前输电线路故障诊断与定位技术已成功应用，定位点可以精确到几十米甚至更小范围。然而，与输电线路相比，配电线路结构复杂、分支多、负荷分配不均匀，导线、变压器、柱上开关、高压计量等电力设施型号、规格、种类繁多，所以故障点定位一直是难题。根据配电线路特点，以每根电杆作为一个节点，安装传感器、无线通信模块、电源模块等，监测该处线路、变压器、高压计量、开关、电容等的电流、电压以及零序电流、电压等，组成一个无线传感网络，并将信息送至变电所，可以实现配电线路的故障检测与定位。

3. 无线传感技术在韧性电网周围环境监测中的应用

无线传感技术可以对韧性电网所在地理位置的周围环境进行观测，包括日期、气象、地质条件等。

（1）在电源侧，无线传感网络可以对风力或太阳能发电站并网点的周边环境进行监测。对于风力发电而言，其容易受到例如风向、鸟类碰撞、室外压力和温度等周边环境的影响。与风力发电一样，太阳能发电也容易受到诸如太阳辐射强度、外部温度以及其他天气条件等的影响。利用无线传感器网络，工作人员收集的音频和视频数据有助于识别出可能影响电源性能的周围环境影响因素。操作人员可以根据这些因素进行有针对性的维护和预防。

（2）在电网侧，在高恶劣环境、高干扰的电力线路上布置各类传统量测装置及其信号线根本不现实，而借助无线传感网络对恶劣环境下的线路状态进行感知。例如，极端事件下传输线路导线及相关结构过热将为电力传输带来巨大隐患，通过热敏电阻等传感器可实现导线温度监测功能，此类传感器主要分布于重要输送电线路和高速公路、海河流域等不便于日常巡检维护的电力线路区域。另外，由于电力传输线路长期暴露于外部自然环境，极易受到硫氧化物、氮氧化物、尘埃颗粒的堆积侵蚀。无线传感技术监测可通过光纤盐密传感器与环境空气污染物特征共同建立分析模型实现绝缘子污秽评估和预警[6]。

（3）在负荷侧，利用无线传感器网络对影响电力负荷的日期因素和季节因素进行监测。日期因素主要是指以年份、月份、工作日／非工作日为规律的影响因素，例如：电动汽车工作日和非工作日的出行规律等。季节因素主要是考虑气候变化（温度、降雨量）给电力负荷带来的变化，如夏季/冬季由于环境温度处于高点/低点，人们使用空调的频次和时间增多，电力负荷也随之增大。通过对负荷所在位置周围环境的感知，捕捉负荷的变化趋势，为操作人员提供决策依据，提升电网的韧性。

（三）无线传感技术在提升电网韧性方面的展望

1. 无线传感器组网技术

无线传感设备及其组网技术的应用有效监测了电力系统运行状态，为韧性电网的运行和管理人员提供更为完整的电网运营数据。目前韧性电网中的无线传感器大多还是采用Bluetooth、RFID、UWB、Zigbee、Wi-Fi、WiMAX等短距离无线通信技术，导致无线传感器组网拓扑受到短距离无线通信边界条件的限制。为了提高数据实时传输性能与计算性能，可将无线传感技术与5G通信紧密联系，提出以无线专网为基础，5G网络为补充的全局分层与局部对等的无线传感器柔性组网架构，提升电网的状态感知和信息处理能力。

2. 无线传感器低时延优化技术

在新型电力系统背景下韧性电网动态实时控制对无线传感器低时延传输提出了很高的需求，即要求无线传感器通信提供超高带宽、超低时延的网络服务，同时移动边缘节点（MEC）将计算能力从空间上拉近到用户一侧。然而纵观全网，包括5G的先进无线通信和MEC的出现能够在何种程度上影响终端用户对网络时延的体验，尚没有明确的分析结论。通过MEC之间的计算迁移能够降低服务端延迟，但受到背景流、链路配置、调度算法等因素的影响。探索无线传感网络时延的组成有助于更好地优化网络，保障上层应用的性能。在基于无线专网、5G等多种通信方式监测结果的基础上，提出针对低延迟的传输服务具有重要意义。

3. 无线传感器数据加密技术

无线传感网络应用范围甚广，在一些韧性电网信息非常重要的应用如军事供电系统、智慧家庭用电等方面，数据的保密性能非常重要，所以，对数据进行保密是传感网络中极为重要的问题。目前，传感网络的安全问题主要由传感信息泄露和传输空间攻击两方面引起，所以，无线传感网络设计过程中，需要

考虑如何对网络传输内容进行有效加密，并将加密算法与韧性电网基本设施进行适配。

二、人工智能技术

（一）人工智能技术简介

1956年约翰·麦卡锡等在达特茅斯会议上首次提出“人工智能”一词，标志着人工智能学科的诞生。人工智能是研究、开发用于模拟、延伸和扩展人的智能的理论、方法、技术及应用系统的一门新技术科学。

机器学习（machine learning，ML）是人工智能的核心，属于人工智能的一个分支。机器学习的核心就是数据、算法（模型）和算力（计算机算能力）。机器学习应用领域十分广泛，例如：数据挖掘、数据分类、计算机视觉、自然语言处理、生物特征识别、搜索引擎、医学诊断、检测信用卡欺诈、证券市场分析、DNA序列测序、语音和手写识别、战略游戏和机器人运用等。传统机器学习根据学习样本是否含标签信息，可以分为监督学习、半监督学习和无监督学习，其中监督学习算法主要解决回归和分类两大问题，比如线性回归、逻辑回归、贝叶斯类、决策树类、K近邻算法、支持向量机和人工神经网络类等。无监督学习算法是根据类别未知（没有被标记）的训练样本解决模式识别中的各种问题，典型代表为K-Means聚类、异常检测、关联规则学习、人工神经网络类。半监督学习算法是监督学习与无监督学习相结合的一种混合学习方法。该算法同时使用大量的未标记数据以及标记数据，来进行模式识别工作，典型的算法包括生成模型、低密度分离、联合训练。相较于基于海量样本训练的深度学习而言，传统的机器学习在具体的应用场景，尤其在小数据集环境下，在模型的难易程度和准确性方面仍然拥有比较独特的优势。

深度学习是一种特殊的机器学习，深度学习适合处理大数据，而数据量比较小的时候，用传统机器学习方法也许更合适。深度学习与多层感知机最大的不同在于多层感知机需要人工选择特征输入网络，而深度学习可自主学习特征。深度学习一般会组成贪婪的分层方法，从底层输入不断学习和整合，选择有效特征提升最终结果性能。对于监督学习任务，深度学习方法分析过程类似于主成分分析方法，是将数据转化为紧凑的中间类，并构建分层结果，同时去

除冗余信息。对于无监督学习，深度学习方法也取得了不错的效果。目前，深度学习方法已经在图像识别、智能语音、无人驾驶、自然语言处理、医学健康等领域应用，且取得了不错的效果。典型的深度学习网络包括卷积神经网络（convolution neural network，CNN）、深度信念网络（deep belief nets，DBN）、循环神经网络（recurrent neural network，RNN）等，它们分别适合应用于不同的场景。

强化学习是机器学习的一个领域，用于解决策略优化问题。策略优化问题是指面对特定的状态，Agent选择采取何种动作将其作用于环境，才能获得最大的收益。Q-learning算法是强化学习中应用广泛的一种算法，其核心策略是探索-利用，即“ε-greedy”策略。设置ε，在“1-ε”的范围内探索，也就是当智能体不了解采取动作后的结果好坏时，随机选择动作，记录结果的回报。在“ε”的范围内，根据记录结果的反馈，选择可带来高奖励值的动作。待形成一定策略后，便逐渐减少探索，而形成稳定的最终决策。强化学习用来解决“环境-决策”问题具有明显优势，然而其在电力系统领域中应用还存在一定的挑战性。

深度强化学习网络结合了深度学习和强化学习各自的优点，可以采用二维图片的形式对电网运行状态进行感知，并给出相应决策。相比经典强化学习中基于有限维度Q表的Agent，基于深度强化学习训练的Agent理论上具有更强的感知电网复杂运行态势的能力，该智能体在复杂不确定的环境中不断探索，形成最优策略并实现既定目标。这又与电网运行状态时序变化这一特征完全相符。简言之，在深度强化学习中深度学习相当于智能体的“眼睛”，而强化学习相当于智能体的“大脑”，将二者巧妙地结合起来便形成了深度强化学习Agent架构。

电力系统为交通、通信、供水等基础设施的正常运行提供了能量基础，随着各类能源耦合设备的应用和提升以及电能替代政策的推广，能源之间的关联关系日益增强。由于可再生能源在电网中渗透率的提升和需求响应的推广，电力系统的不确定性急剧增加，其运行和规划变得更加复杂，且更容易受到极端天气和自然灾害的影响。大力推进电网现代化，增强电力系统的韧性迫在眉睫。目前，大多数提升电网韧性的研究方法都是基于物理建模和分析，难以解决电力系统日益增加的复杂性和不确定性所带来的挑战。人工智能技术具有从数据中自我学习的能力，对物理系统数学模型的依赖性较低，为突破技术挑战提供

了有效的解决方案。

目前，人工智能技术在提升电网韧性方面的应用主要体现在停电预测、稳定性评估、稳定控制和故障恢复等方面，通过对海量数据进行分析，揭示数据中隐藏的价值，获取有效信息、快速辅助决策。下文将展开论述。

（二）人工智能技术在提升电网韧性方面的应用

随着电力电子设备的广泛应用、高渗透率可再生能源的接入，以及大规模区域互联，电网已经演进成了巨维数的典型动态大系统，运行和控制的复杂性急剧增大。人工智能是当前最具颠覆性的科学技术之一，在计算智能、感知智能和认知智能方面具有很强的处理能力。先进的人工智能技术与广域测量系统和智能电子设备的大量实时数据相结合，将有效提高电力系统的韧性，确保电力系统在遭受极端自然事件或人为袭击等极端事故的情况下最大程度可靠、安全地运行。机器学习是人工智能的核心，属于人工智能的一个分支，主要以数据、算法（模型）和算力（计算机算能力）为核心。因此，本节旨在从停电预测、稳定性评估、稳定控制和故障恢复四个方面，系统性地回顾以机器学习为代表的人工智能技术在增强电力系统韧性方面的应用成果。

1. 人工智能在停电预测和薄弱区域识别中的应用

电力系统受到极端事件的扰动后，准确地预测停电区域和薄弱区域对系统防御和恢复起着重要作用。由于天气和植被等各种环境因素的不确定性，基于传统配电网模型的方法难以获得准确的预测结果，而人工智能方法凭借其优越性可以更好地分析各种因素与停电之间的关系。电力系统停电预测和薄弱区域识别问题时涉及气候数据和电力数据两种数据类型。气候数据包括极端事件的特征，如风速、飓风路径、雷击、电气系统到飓风中心的距离、植被和动物行为；与电力系统相关的数据包括历史停电区域、易损组件、同步相位读数、设备故障和社交媒体对用户状况的报道等。由于这两种类型的数据是相关的，主要通过机器学习算法进行特征提取。相关的人工智能方法主要有深度学习、集成学习、神经网络、核心法和概率建模。

近年来，人工智能方法在停电预测和薄弱区域识别方面的研究取得了一定的进展[7-15]，其应用领域包含：①停电范围预测。基于机器学习的方法在停电预测方面的集成学习方法、基于时空信息的监督学习模型以及三维支持向量机模型等人工智能方法被用于更精确地实现停电检测，模型通常以电力系统设备状态、设备与极端事件中心的距离和极端事件的类别为输入，根据现有测量和通信基础设施预测天气原因准确定位实际停电区域，帮助公共事业单位进行停电管理和电力系统设计。②根据天气等环境因素估计停电及其持续时间。相比于预测故障所导致的停电量，估计停电时间对于用户更有价值。根据电网运行的实际特点，考虑环境因素、物理因素和工程经验，以电网供应能力和电网面临的自然灾害等因素作为模型的输入变量，以影响供电可靠性的电网故障停电时间作为模型的输出量，采用相关向量机方法或循环神经网络模型，训练并建立电网可靠性预测模型，能够预测极端天气情况下电能持续中断的时间。③基于极端天气事件的电网强化模型。极端气候事件如飓风事件发生后，电力系统的薄弱设备辨识是增强韧性的关键问题。以飓风风速和设备距离飓风中心的距离为输入参数，通过逻辑回归或训练支持向量机模型能够得到区别电力系统组件运行状态为受损或正常状态的决策边界，预测组件在飓风发生时所处的状态，并根据预测结果确定分布式发电机组的最佳位置。④提取薄弱区域的特征。在电力系统薄弱区域识别领域，一些基于人工智能方法的研究成果已经在实际电力系统中得到了应用。如，在美国纽约电网，一种基于机器学习的电网薄弱环节预测的一般框架被用于帮助公共企业预防电网故障，提升电网应对极端事件的韧性；在美国得克萨斯州电网，利用基于气候状况（如飓风和干旱）、负荷量、电源储备量和误操作率等数据信息的神经网络来估计系统组件的薄弱性；在中国广东电网，一种基于气象和电力参数的深度时空数据驱动模型，经测试证实可用于衡量电力系统静态安全裕度，识别系统薄弱区域，提升电网韧性。

2. 人工智能在电力系统稳定性评估中的应用

电力系统的稳定性评估即评估系统的暂态稳定性、短期电压稳定性和潜在故障场景预测。评价方法主要包括故障枚举、能量函数和时域仿真。与传统方法不同，基于人工智能的方法能够通过直接建立故障数据与系统稳定性类型之间的映射评估系统稳定性。由于稳定性评估主要涵盖暂态响应过程，涉及的大多数数据与时间相关且为多维时间尺度。例如，故障前、故障期间和故障后的暂态数据常被用于预测系统稳定性、增强系统规划和解决不确定性等问题。这些时间序列数据有助于验证模型，比较仿真结果。然而由于电力系统的规模和

复杂性，需要对时间序列数据进行降维、特征提取处理后再用于模型的训练，以提高模型的精度。此类问题的相关研究常用的机器学习方法包括神经网络、深度学习、基于核和树的方法。

近年来，已有多项研究将先进的深度学习模型应用于暂态稳定评估问题[16-24]，人工智能技术在稳定性评估中主要研究应用于以下几个方面：①提取相关特征以预测多突发事件下的系统状态和安全水平。如为了避免现代电网由于规模扩大而造成维数灾难的问题，通过建立基于深度学习的含新型特征提取器或训练支持向量机模型，能够对电力系统的安全性和运行状态进行评估。②互联发电机间的不确定性预测。考虑发电机的不稳定性，通过基于机器学习的相干概率预测框架能够对互联发电机间的不确定性进行预测，指导操作人员对电网的不同部分采取不同的控制策略。③加速N-1事故分析。由于支持向量机模型对超参数很敏感，以线路有功和无功潮流以及母线电压的大小和角度数据作为深度置信网络的输入，能够快速评估系统暂态稳定性；以有功/无功注入功率和节点导纳矩阵为输入数据，母线电压大小和角度为输出数据，基于卷积神经网络，能够降低传统基于模型的N-1事故筛选问题的计算负担，加速交流潮流计算和运行安全评估；级联中枢神经网络能够以在不同时域模拟中得到的转子角度为输入，评估暂态稳定概率，一旦得到预测，即可终止N-1突发事件的时域仿真，从而缩短平均仿真时间。④基于系统拓扑、负载情况和暂态数据识别系统的稳定或不稳定工作点。通常来说，训练数据分类均衡有助于机器学习方法的回归或识别。然而，当电力系统遭遇故障后的运行过程中，处于不稳定的情况相比于处于稳定的情况要多得多，这会导致严重的分类不均衡问题并降低预测精度。代价敏感学习方法能够对不稳定情况施加更多的偏差，减轻分类偏态，提升预测精度。⑤通过时间序列分类，短期在线评估电压稳定性。堆叠稀疏自编码器的方法能够以整个故障时间段收集的电压幅值测量值为输入，显著提升电压的预测精度和速度。⑥预测故障后系统暂态稳定性。基于时域仿真数据和同步相量测量装置的量测数据，通过训练核心向量机，能够实现电力系统的暂态稳定性评估。

3. 人工智能在电力系统稳定控制中的应用

电力系统稳定控制包括切负荷、发电控制和应急管理。前两类应用主要是人工智能技术在提升电力系统韧性中的分类型应用，相比而言，稳定控制属于决策型问题，更适合通过概率建模和强化学习方法解决。电力系统稳定控制问题所涉及的数据包括系统状态、紧急和动态数据，包括工况、功率输出、频率以及角度、速度、电压、减负荷量等发电机动态数据。这些数据为系统能源优化管理、控制动作和经济调度等决策提供了关键信息。不同的机器学习算法，如深度学习、强化学习、集成学习、核心法和神经网络，已经应用于稳定性控制[25-28]；特别是强化学习算法，如深度Q学习和多代理强化学习算法常被用来进行优化控制决策，减少决策结果对于电网的负面影响[29-31]。

在稳定性控制方面的应用包含：①应急管理和最优控制策略。基于强化学习的稳定性控制方法相比于基于传统模型的方法有更高的效率和更好的准确性，且该方法不受限于拓扑结构、操作模式和故障类型的不同。一般来说，基于强化学习的控制策略可以根据三个关键元素进行划分：设备、代理和观察结果。基于强化学习，首先观测电力系统的运行状况，然后将该信息传输给代理，代理进行分析并控制其负责的设备，能够实现电力系统的最优控制。②自动发电控制方案。目前多种强化学习方法在发电机的控制问题中实现了应用，如将多智能体强化学习与多目标优化模型集成，解决多区域分布式的发电机控制问题；引入模仿学习和转移学习过程来加速强化学习的学习速度，研究高渗透率可再生能源和电动汽车的互补发电控制方法，更好地平衡大规模可再生能源集成造成的电能生产与消耗不匹配。③欠压减负荷估计。机器学习还用于甩负荷处理，以提高系统的稳定性。电动机负载渗透率的增加使得短期电压不稳定性成为一个具有挑战性的问题，欠压减负荷是保护系统免受短期电压不稳定性影响的有效控制策略。基于随机子空间的支持向量机模型可用来估计短期电压不稳定性边界以及欠压减负荷量和位置。随着电力系统变得越来越复杂，基于模型的方法因系统的可测量性受到限制，数据驱动的方法在很大程度上依赖于数据样本，而样品数量和质量的降低可能会导致预测精度的降低，将模型和数据驱动集成的方法能够克服单独使用这两种方法的局限性，实现低频减载和频率稳定性评估。考虑到系统的维数和计算效率，传统的强化学习方法在大规模功率系统控制中的性能受到了限制，集成了深度学习感知和强化学习决策的深度强化学习方法被应用于电力系统控制之中。基于暂态电压测量，深度强化学习

能够根据卷积神经网络提取的特征实现发电机动力制动和欠压减负荷。

4. 人工智能在电力系统故障恢复中的应用

与电力系统稳定控制问题类似，故障恢复问题属于决策性问题，需要可靠的决策算法提供最优的恢复策略。预测类算法可以被用来为用户提供有关恢复时间的信息。该问题涉及的各种数据，包括智能仪表数据、发电机功率和状态，为机器学习算法提供信息，最终获得最佳的恢复策略。此外，在停电预测方面，由于极端事件导致的历史停电数据常用于深度学习、神经网络和核心法中。机器学习方法与优化技术的集成，有利于进一步改进计算密集型的优化问题。

与其他三个增强电力系统韧性的研究领域相比，基于机器学习的电力系统故障恢复的研究成果相对较少[17, 32, 33]。在故障恢复期间，人工智能算法通常用于克服耗时的时域模拟或复杂的优化算法，且被限制在某个模块中。针对故障恢复问题，学者主要从以下几个方面进行了研究：①估计恢复时间。利用智能仪表的测量数据，通过训练基于历史停电数据的支持向量机模型能够预测由于冷负荷恢复而导致的用户功率需求提升，进一步估计恢复时间。②灾后的快速恢复：预测系统恢复策略和待恢复负荷。为了解决停电后黑启动问题，蒙特卡罗树搜索算法与稀疏自动编码器的集成，能够实现发电机启动的在线决策。基于大量离线优化产生的样本，稀疏自动编码器可以快速估计一定状态下机组的最大发电能力，在仿真过程中引导估计结果，以提高蒙特卡罗树搜索算法的搜索效率，提升恢复决策速度，提升电网的韧性。

（三）人工智能技术在提升电网韧性方面的展望

目前，随着电力系统中可再生能源渗透率的增加，人工智能技术在韧性提升领域的应用具有丰富的研究前景。针对人工智能在电力系统韧性提升方面面临的挑战，结合人工智能领域的最新研究成果和韧性电网的发展动态，提出了一些未来的研究思路，希望能够更好地利用人工智能技术探索建设更加韧性的电网，提升韧性电网的学习力。

（1）基于人工智能技术的输入样本数据支撑。随着风光等可再生能源不断渗透，精确的风光出力预测是韧性提升措施决策和韧性评估的重要支撑。基于人工智能的场景生成技术可以基于历史量测数据生成大量有效的风光出力随机数据集，从而可几乎涵盖所有可能的场景，为电力系统韧性评估提供充足的数据信息。此外，对于分类型机器学习问题，如电力系统薄弱环节预测和稳定性评估问题，输入特征选择和样本生成也是建立精准有效模型的关键，基于人工智能技术可以提升输入数据样本的质量，为电力系统薄弱环节预测和稳定性评估等韧性决策提供坚实的数据基础。

（2）人工智能技术在恢复决策方面的应用。如前所述，人工智能技术在电力系统恢复决策方面的应用仍处于起步阶段。然而，大电网和配电网恢复中涉及诸多优化问题，且一般为多目标、多维数、多约束、多时段、非线性的组合优化问题，涉及诸多连续和整数变量。针对恢复问题的特点，结合数学优化理论与强化学习/深度学习方法的各自优势，使之有机结合，有望进一步提高恢复问题的求解速度和质量，实现恢复策略的在线或实时决策，为调度或运行人员提供决策依据，提升恢复力。

（3）利用人工智能技术提升关键基础设施耦合系统韧性。随着各类基础设施电气化水平的不断提高，电力系统与其他关键基础设施的相互依赖性日益提升。随之而来的是各类基础设施具备各自信息物理系统的大量基础数据和运行数据等，为耦合系统可观测性、有机协同和相关韧性提升措施决策带来巨大挑战。而人工智能技术具有处理海量数据的能力，有望有机集成来自不同关键基础设施物理或信息系统的数据，为提升韧性基础设施耦合系统的全景感知力和协同力提供支撑。

三、数字孪生技术

（一）数字孪生技术简介

最早定义“数字孪生”的是美国密歇根大学的Michael Grieves教授，他在2003年提出“与物理产品等价的虚拟数字化表达”[34]，并且提议将数字孪生与工程设计进行对比，来更好地理解产品的生产与设计，在设计与执行之间形成紧密的闭环。这里给出美国国防采办大学（defense acquisition university，DAU）对数字孪生的定义：数字孪生（digital twin）是指充分利用物理模型、传感器更新、运行历史等数据，集成多物理量、多时间尺度、多概率（随机性）的仿真过程，在虚拟空间中完成映射，从而反映相对应的实体系统的全生命周期过程，可反映实际系统的复杂运行状态[35]。

数字孪生的概念提出之前也曾出现过一些类似的定义，诸如数字模型[36, 37]、数字影子[38]等。为了避免读者混淆，这里给出数字模型、数字影子以及数字孪生之间的明确区别[39]：数字模型是物理实体的数字代表，但数字模型和物理实体之间没有实时数据的传输，属于静态模型；数字影子同样是物理实体的数字代表，物理实体的状态将实时反馈给数字影子，以实现对数字影子的动态修正，但是数字影子的状态却不会反馈给物理实体，即数据传输存在单向性；数字孪生则不仅仅是物理实体的刻画，其与物理实体间存在双向数据传输，一方面物理实体的状态被传递给数字孪生以实现对数字孪生的实时修正，另一方面数字孪生在数字空间完成的仿真、优化结果也可反馈给物理实体以指导真实决策。由此可知，与物理实体的双向数据交互是数字孪生的关键特征，也是确保数字孪生与物理实体在状态上同步的重要手段。实际上，数字孪生目前尚无被普遍接受的统一定义，其概念仍处于发展与演变中。比较一致的看法是，数字孪生需要具备几个要素：真实空间、虚拟空间和从真实空间到虚拟空间数据流的连接，从虚拟空间流向真实空间和虚拟子空间的信息连接[40]。

从数字孪生的定义可以看出，数字孪生具有以下几个典型特点[41]：①互操作性：数字孪生中的物理对象和数字空间能够双向映射、动态交互和实时连接，因此数字孪生具备以多样的数字模型映射物理实体的能力，具有能够在不同数字模型之间转换、合并和建立“表达”的等同性。②可扩展性：数字孪生技术具备集成、添加和替换数字模型的能力，能够针对多尺度、多物理、多层级的模型内容进行扩展。③实时性：数字孪生技术要求数字化，即以一种计算机可识别和处理的方式管理数据以对随时间轴变化的物理实体进行表征。表征的对象包括外观、状态、属性、内在机理，形成物理实体实时状态的数字虚体映射。④保真性：数字孪生的保真性指描述数字虚体模型和物理实体的接近性。要求虚体和实体不仅要保持几何结构的高度仿真，在状态、相态和时态上也要仿真。值得一提的是在不同的数字孪生场景下，同一数字虚体的仿真程度可能不同。例如工况场景中可能只要求描述虚体的物理性质，并不需要关注化学结构细节。⑤闭环性：数字孪生中的数字虚体，用于描述物理实体的可视化模型和内在机理，以便于对物理实体的状态数据进行监视、分析推理、优化工艺参数和运行参数，实现决策功能，即赋予数字虚体和物理实体一个大脑。因此数字孪生具有闭环性。

近些年，数字孪生已连续多次（2017、2018年和2019年）被高德纳列入“十大战略技术趋势”，同时 Market Research Future预测数字孪生市场规模将会在2025年达到350亿美元[42]。有关数字孪生的学术文章至今已有百篇之多，其中绝大部分文章发表于2016年之后。涉及领域也由最初的航天领域逐步向制造业、航海、汽车、石油等领域扩展[43]。

国外方面，在2010年，NASA已经开始将数字孪生运用到下一代战斗机和NASA月球车的设计当中。美国国防部、PTC公司、西门子公司、达索公司等都在2014年接受了“Digital Twin”这个术语，并开始在市场宣传中使用。美国国防部提出将Digital Twin技术用于航空航天飞行器的健康维护与保障，在数字空间建立真实飞机的模型，并通过传感器实现与飞机真实状态完全同步，这样每次飞行后，可以根据结构现有情况和过往载荷，及时分析评估飞机是否需要维修，能否承受下次的任务载荷等。知名咨询公司德勤（Deloitte）也在2017年发布的“工业4.0与数字孪生”中对数字孪生的架构进行了清晰的描述，德勤认为，通过数字孪生，企业可以实现产品快速面市、改善运营、创新的业务模式以及降低生产缺陷。通用电气（GE）将数字孪生这一概念推向了新的高度，通用电气是将这项军方技术转为民用化的最理想载体，GE借助Digital Twin这一概念，实现物理机械和分析技术的融合。德国西门子公司也在积极推进包括数字孪生在内的数字化业务，数字孪生已经被应用在了西门子工业设备Nanobox PC的生产流程里。全球最具权威的IT研究与顾问咨询公司Gartner连续在2016年和2017年将数字孪生列为当年十大战略科技发展趋势，使得数字孪生成了这几年在IIoT、智能制造大潮中非常流行的词汇。

国内方面，北京航空航天大学陶飞等提出了数字孪生车间的实现模式，并明确了其系统组成、运行机制、特点和关键技术，为制造车间信息物理系统的实现提供了理论和方法参考。西安电子科技大学孔宪光等提出基于数字孪生的工业大数据分析论，把物理实体业务抽象成图谱，通过问题分解，在数字孪生体内进行求解。华龙迅达将数字孪生技术与三维虚仿真过程进行了有效融合，实现实体工厂与虚拟可视化工厂的动态联动，从全要素、全流程、全业务角度进行生产过程优化。科大讯飞发布建设数字孪生城市计划，使用人工智能技术，

打通城市规划、建设、运行的数据闭环。

数字孪生可用于对物理实体进行监测、仿真和控制[43, 44]：监测主要应用在对物理实体的健康维护上，如监测物理实体的疲劳、破损（裂纹）[40, 45]或者变形[46]，仿真主要应用于物理实体的模拟上，如利用数字孪生对物理实体进行长期行为仿真，并在不同环境条件下对物理实体的性能进行预测和模拟[34, 47]；控制则主要应用于物理实体最优决策/行动上，如借助历史数据和当前状态来对物理实体未来的性能进行优化[48, 49]。文献［40］还提到数字孪生可应用于产品设计、工艺流程规划以及城市规划等方面。

数字孪生同样可以应用于电力系统。电力系统的数字孪生是建立在精确物理仿真模型和实际量测之上的"影子系统"，可为电力系统运行控制的研究提供更安全、准确、高效的计算分析技术支撑。卢强院士早在2000年就提出了数字电力系统的概念[50]："实际运行的电力系统的物理结构、物理特性、技术性能、经济管理、环保指标、人员状况、科教活动等数字地、形象化地、实时地描述与再现。"文献［50］指出，可以利用数字电力系统"改善系统的安全稳定性，制定和实施经济运行策略，对电力系统实施紧急控制和反事故控制等"。实际上，文献中所提出的数字电力系统便是电力系统数字孪生，未来有可能在韧性电网的规划、运行等方面发挥重要作用，下文将详细展开阐述。

（二）数字孪生技术在提升电网韧性方面的应用

目前，电网数字孪生构建和应用还处于发展阶段。若想实现数字孪生技术在电网韧性方面的应用，首先需要解决高韧性电网数字孪生构建问题。然后，再基于数字孪生技术，通过仿真将结果反馈给电网以指导优化决策，包括韧性电网规划和运行等方面。本小节主要从高韧性电网数字孪生建模、数字孪生技术在韧性电网规划方面的应用、数字孪生技术在韧性电网运行方面的应用三点展开论述。

1. 高韧性电网数字孪生建模

实现电网数字孪生，首要环节是构建全面、准确的系统仿真模型，实现高效的稳态和动态过程数字仿真。在此基础上，需要发展出数据和知识融合建模方法，训练支撑快速推理分析的电网故障事件概率图网络，为韧性电网的规划和运行奠定基础。值得说明的是，高韧性电网数字孪生建模并非仅仅是电网仿真建模工作，同时需要考虑事件驱动下电网动态特性的精准仿真和事件演化的精准预测。高韧性电网数字孪生建模工作可按照如下步骤开展。

首先，根据潮流分析和电磁暂态仿真要求，梳理出高韧性电网仿真参数要求，研发自动化软件从现有GIS、设备台账、配网自动化和继电保护业务系统中获取设备位置、电气参数、拓扑关系和转供逻辑等。进而构建电网一次和二次仿真模型，实现考虑转供特性潮流分析和故障下系统暂态响应仿真。考虑到存在大量缺少参数的设备和不明确的拓扑关系，需要研究基于深度神经网络的典型参数和拓扑推荐方法，提升模型构建的智能化水平，改进模型构建效率和准确性。其次，研究事件驱动的电网随机动态过程模拟方法，考虑电网动态过程中的慢动态和快动态特性，自动切换时序潮流和电磁暂态仿真模型，实现电网随机动态的多时间尺度动态模拟，获得不同故障场景下电网的动态响应特性。研究多场景并发仿真技术，提升高可靠性配网故障后随机动态过程模拟的计算规模和高效性，满足在线应用的时效要求。最后，研究基于概率图数据和模型融合建模方法，构建可对电网故障事件进行推理分析的概率图网络。基于电网数字仿真模型和海量故障场景仿真结果，可以构建仿真样本大数据集合。进而，将实测数据样本和仿真数据样本进行混合编排，合理配置不同样本比例，获得数据和知识驱动的数据样本空间。在此基础上，训练电网故障事件概率图（贝叶斯）网络，其中，节点为电网故障和停电事件，边表示不同事件之间的条件概率关系，用其可预测极端场景中电网多重故障的时序逻辑和发生概率。

2. 数字孪生技术在韧性电网规划方面的应用

在韧性电网规划中，数字孪生参与其中的主要作用是对规划系统建模仿真，并将结果反馈给规划主体以指导规划决策。数字孪生可以检验在相关规划方案下系统运行的可行性，计算运行成本等指标评估规划方案的效果，并提供系统工作点详细信息。利用摄动参数后的多次仿真，能够帮助规划优化寻找搜索方向。数字孪生可以准确地考虑韧性电网中网络和设备的模型，包括各种含有非线性、离散量和动态的模型，以应对韧性电网规划面临的困难。

在韧性电网规划中使用数字孪生，一方面能通过数字孪生仿真推演得到韧性电网在各种工况下的运行状态，从而精确地获取规划优化模型中需要的信息；另一方面，由于模型本身没有被简化或修改，因此能较为贴近真实地评估

运行方案的可行性和效果，并反馈到规划主体中考虑。相比之下，常用的线性化等简化方法，虽然使得规划能够转化成易于求出最优解的问题，但其结果对于原规划问题的有效性无法保证。此外，采用数字孪生的韧性电网规划可扩展性较强，新增设备或能源形式可通过类似方式在数字孪生中建模仿真。最后，数字孪生有助于处理韧性电网规划中存在的不确定性，如可再生能源发电、电动汽车充电功率等。借助不确定性建模、场景生成等技术，数字孪生可以对不同规划方案进行多概率、多场景的仿真模拟，从中选取最优方案，以提升系统韧性。

3. 数字孪生技术在韧性电网运行方面的应用

数字孪生技术在韧性电网运行方面的应用包括数据驱动的保护、紧急控制、故障诊断、隔离和恢复等，通过快速精准仿真校验运行策略的可行性，反馈给决策者参考，提升决策的质量和速度。下面将分别针对数字孪生技术在韧性电网故障诊断和故障恢复两方面的应用进行阐述。

（1）基于数字孪生的韧性配电网故障诊断。

基于数字孪生的配电网故障诊断主要思路是在高韧性电网数字孪生模型基础上，通过预判特殊工况下电网停运风险和停电范围，缩小故障诊断推理分析范围，提高基于概率图的事故原因分析推理效率和准确性，进而支撑故障诊断优化方案生成。相关研究工作可按照如下步骤开展。

首先，研究基于数字孪生融合模型的配网故障过程推演方法。考虑多种类型的极端复杂运行工况，如短时极端天气影响工况、长期高温和寒冷天气影响工况、多回线路计划检修工况等，设计配网故障过程推演分析算法，对故障引起的设备停运、线路过载、保护动作和转供措施进行推演模拟，预测系统的停运风险和停运范围。其次，改进分析效率，实现停电风险和停运范围的在线滚动预测，为后续故障诊断争取更多决策时间窗口。再次，研究基于概率图的配电网停电事故原因推理分析方法，根据停电范围推测故障设备和可能原因。考虑配网拓扑结构特征，设计高效的推理方法，如贝叶斯网络等，提升停电事故到设备故障原因的推理效率。然后，基于数字孪生引擎，对可能的故障原因进行快速仿真分析，通过比较仿真结果和实测故障信息（故障范围和SOE事件信息）相似度水平，对推理结果进行准确性评估。最后，结合推理和仿真结果相似度水平分析，得到故障原因和位置的置信度分析结果。再次，研究基于数字孪生的配电网故障优化故障勘察方案生成技术，提升故障勘察诊断的准确性和时效性。将实测地理环境信息与数字孪生推理所得故障事件信息联合分析，识别出由于树障、水浸等典型外力作用的设备故障原因。考虑设备故障的置信水平、道路交通和勘察队伍的物资配备情况，构建故障诊断鲁棒优化决策模型，以故障排查期望时间最短和系统停电损失最小为优化目标，合理调配勘察任务，提升故障勘察的准确性和时效性。

（2）基于数字孪生的韧性配电网故障恢复。

基于数字孪生的配电网故障恢复主要思路是通过实施有效的转供策略加速配电网故障恢复。然而，在新型电力系统建设背景下，系统不确定性大幅提升，相关转供策略需要考虑系统不确定性运行场景，降低系统运行风险。可行的技术路线如下。

首先，研究考虑负荷和DG出力波动的配电网概率潮流分析方法。通过建立各种不确定性因素干扰强度模型，描述外界环境造成配电线路和变电设备停运的概率；同时，考虑负荷转供、线路检修和突发线路故障造成的系统拓扑改变，构建配网故障时序概率分析模型。在此基础上，基于数字孪生计算引擎，实现高效的配网概率潮流分析，准确评估线路检修、极端天气和突发故障影响下馈线容量和节点电压越限概率。其次，考虑多类型不确定性因素，分析系统拓扑重构后电压安全和容量安全水平，评估不同的拓扑方案下配电网负荷供电可靠性。采用连续潮流计算方法，评估转供后系统最大负荷接入能力，确定转供方案的电压安全裕度。进一步，考虑转供过程中的一二次系统依赖和联动关系，量化分析考虑转供逻辑的负荷侧停运风险。最后，构建负荷转供鲁棒优化决策模型，求解优化转供策略，并基于数字孪生系统进行方案校核。基于前述成果，设计转供方案实施的负荷复电速度和恢复质量优化目标，考虑不确定性因素作用下优化目标的期望最高，构建优化决策模型，将负荷转供和抢修计划作为控制手段，生成优化的拓扑重构和抢修安排方案。基于数字孪生对所生成的转供方案进行在线校核，验证方案的有效性，指导实际工程抢修实施。

（三）数字孪生技术在提升电网韧性方面的展望

数字孪生主要技术包括信息建模、信息同步、信息强化、信息分析、智能决策、信息访问界面、信息安全七个方面，尽管目前已取得了很多成就，但仍在快速演进当中。模拟、新数据源、互操作性、可视化、仪器、平台等多个方面的共同推动实现了数字孪生技术及相关系统的快速发展，随着新一代信息技术、先进制造技术、新材料技术等系列新兴技术的共同发展，上述要素还将持续得到优化，数字孪生技术发展将一边探索和尝试、一边优化和完善。

数字孪生在电力系统中的大规模应用场景还比较有限，有待继续拓展。目前仍然面临电网内各部门数据采集能力层次不齐，底层关键数据无法得到有效感知等问题。此外，对于已采集的数据闲置度高，缺乏数据关联和挖掘相关的深度集成应用，难以发挥数据潜藏价值。从长远来看，要释放数字孪生技术的全部潜力，有赖于从底层向上层数据的有效贯通，并需要整合整个电力系统中的所有系统与数据。

第四节　本章小结与展望

本章首先阐述韧性电网学习力提升的动力来源，然后基于学习力的两点内涵进行展开，分别阐述基于历史经验的电网强化和调整和新技术的引入对电网韧性的提升。其中，在第二节中，选取近年来发生的典型大停电事故，阐述我国电网吸取相关经验进行的强化和调整措施；在第三节中，选择无线传感技术、人工智能技术和数字孪生技术等三项新兴技术，阐述其在韧性电网领域的部分应用并进行了展望，抛砖引玉，以期启迪读者思考，通过电网学习力的提升实现整体系统韧性的提升。

电网是不断发展的，可再生能源、储能及电动汽车的大规模并网，以及电网与现代信息、计算机、通信技术的融合，正在重塑电力系统的技术形态和商业模式。充分利用电力和信息的双向流动性，并由此建立起一个高度自动化和广泛分布的能量交换网络是当前电网发展的要求。未来，将构建以新能源为主体的新型电力系统，电力系统的结构形态发生变化，从高碳电力系统，变为深度低碳或零碳电力系统；从以机械电磁系统为主，变为以电力电子器件为主；

从确定性可控连续电源，变为不确定性随机波动电源；从高转动惯量系统，变为弱转动惯量系统。构建新型电力系统，需要统筹发展与安全，保障电力持续可靠供应，充分利用数字技术和智慧能源技术，在传统电力系统基础上，增强灵活性和韧性，提高资源优化配置能力，实现多能互补、源网荷储高效协同，实现电网在非常规事件下坚强防御和快速恢复，降低大面积停电风险[51]。

因此，在现有的背景环境和未来的电网发展形态下，国网上海市电力公司创造性地提出具有“六力”特征即感知力、应变力、防御力、恢复力、协同力和学习力的韧性电网，其中本章介绍的学习力作为韧性电网内部优化组织结构，外部吸收先进技术实现电网内外部资源协调健康发展的关键，其与感知力、应变力、防御力、恢复力和协同力之间的关系是相辅相成的，学习力是其余五个力的提升手段，而其余五个力也是学习力落实到电网中的实际体现，学习力需要从提高韧性电网的感知力、应变力、防御力、恢复力和协同力的角度，基于电子技术、通信技术、计算机技术以及各种基础学科和新兴技术的不断发展，使得韧性电网获得一个从内到外的全方位提升。

对于一个希望通过学习创新不断寻求发展的系统或者组织来说，以开放性发展求得系统内外的积极平衡是必然的选择。由于科学技术发展日新月异，本章以管窥天、以蠡测海，只能展示韧性电网学习力的冰山一角。总的说来，韧性电网的发展除了借助于自身经验积累，以及对先进的科技技术等外源性力量的引进和学习，通过创新提升服务，达到系统内外的积极平衡和共同发展以外，还需要重点关注以下几个方面：①强调电网发展的整体性；②勿忘电力系统特色和传统理论的重要作用；③稳步推进材料装备技术的更新和应用；④不断完善组织机构及运行模式。

参 考 文 献

[1] 联合国教科文组织. 内源发展战略[M]. 北京：社会科学文献出版社，1988.

[2] Fadel E, Gungor V. C, Nassef L, et al. A survey on wireless sensor networks for smart grid [J]. Computer Communications, 2015, 71: 22−33.

[3] 王一芃. 面向智能电网业务与应用的无线传感网若干理论方法研究[D]. 北京：北京交通大学，2020.

[4] Zheng T, Gidlund M, Åkerberg J. A new MAC protocol for time critical industrial wireless

sensor network applications [J]. IEEE Sensors Journal, 2015, 16 (7): 2127–2139.

[5] 于海斌，梁炜，曾鹏. 智能无线传感器网络系统 [M]. 北京：科学出版社，2013.

[6] 崔莉，鞠海玲，苗勇，等. 无线传感器网络研究进展 [J]. 计算机研究与发展，2015，42 (1)：163–174.

[7] Kankanala P, Das S, Pahwa A. An Ensemble Learning Approach for Estimating Weather-Related Outages in Distribution Systems [J]. IEEE Transactions on Power Systems, 2013, 29 (1): 359–367.

[8] Sun H, Wang Z, Wang J, et al. Data-driven power outage detection by social sensors [J]. IEEE Transactions on Smart Grid, 2016, 7 (5): 2516–2524.

[9] Eskandarpour R, Khodaei A. Leveraging accuracy-uncertainty tradeoff in SVM to achieve highly accurate outage predictions [J]. IEEE Transactions on Power Systems, 2017, 33 (1): 1139–1141.

[10] Eskandarpour R, Khodaei A. Machine learning based power grid outage prediction in response to extreme events [J]. IEEE Transactions on Power Systems, 2016, 32 (4): 3315–3316.

[11] Eskandarpour R, Khodaei A, Paaso A, et al. Artificial intelligence assisted power grid hardening in response to extreme weather events [J]. arXiv preprint arXiv:1810.02866, 2018.

[12] Jaech A, Zhang B, Ostendorf M, et al. Real-time prediction of the duration of distribution system outages [J]. IEEE Transactions on Power Systems, 2018, 34 (1): 773–781.

[13] Rudin C, Waltz D, Anderson R N, et al. Machine learning for the New York City power grid [J]. IEEE Transactions on Pattern Analysis and Machine Intelligence, 2011, 34 (2): 328–345.

[14] Haseltine C, Eman E E S. Prediction of power grid failure using neural network learning [C]. 2017 16th IEEE International Conference on Machine Learning and Applications (ICMLA), 2017: 505–510.

[15] Huang T, Guo Q, Sun H, et al. A deep spatial-temporal data-driven approach considering microclimates for power system security assessment [J]. Applied energy, 2019, 237: 36–48.

[16] Hu W, Lu Z, Wu S, et al. Real-time transient stability assessment in power system based on improved SVM [J]. Journal of Modern Power Systems and Clean Energy, 2019, 7 (1): 26–37.

[17] Sun R, Liu Y, Wang L. An online generator start-up algorithm for transmission system self-healing based on MCTS and sparse autoencoder [J]. IEEE Transactions on Power Systems, 2018, 34 (3): 2061–2070.

[18] Mazhari S M, Safari N, Chung C Y, et al. A quantile regression-based approach for online

probabilistic prediction of unstable groups of coherent generators in power systems[J]. IEEE Transactions on Power Systems, 2018, 34(3): 2240-2250.

[19] Wu S, Zheng L, Hu W, et al. Improved deep belief network and model interpretation method for power system transient stability assessment[J]. Journal of Modern Power Systems and Clean Energy, 2019, 8(1): 27-37.

[20] Du Y, Li F, Li J, et al. Achieving 100x acceleration for N-1 contingency screening with uncertain scenarios using deep convolutional neural network[J]. IEEE Transactions on Power Systems, 2019, 34(4): 3303-3305.

[21] Yan R, Geng G, Jiang Q, et al. Fast transient stability batch assessment using cascaded convolutional neural networks[J]. IEEE Transactions on Power Systems, 2019, 34(4): 2802-2813.

[22] Mahdi M, Genc V M I. Post-fault prediction of transient instabilities using stacked sparse autoencoder[J]. Electric Power Systems Research, 2018, 164: 243-252.

[23] Wang B, Fang B, Wang Y, et al. Power system transient stability assessment based on big data and the core vector machine[J]. IEEE Transactions on Smart Grid, 2016, 7(5): 2561-2570.

[24] Zhou Y, Zhao W, Guo Q, et al. Transient stability assessment of power systems using cost-sensitive deep learning approach[C]. 2018 2nd IEEE Conference on Energy Internet and Energy System Integration, 2018: 1-6.

[25] Hadidi R, Jeyasurya B. Reinforcement learning based real-time wide-area stabilizing control agents to enhance power system stability[J]. IEEE Transactions on Smart Grid, 2013, 4(1): 489-497.

[26] Yu T, Wang H Z, Zhou B, et al. Multi-agent correlated equilibrium Q(λ) learning for coordinated smart generation control of interconnected power grids[J]. IEEE Transactions on Power Systems, 2014, 30(4): 1669-1679.

[27] Zhang X, Yu T, Pan Z, et al. Lifelong learning for complementary generation control of interconnected power grids with high-penetration renewables and EVs[J]. IEEE Transactions on Power Systems, 2017, 33(4): 4097-4110.

[28] Zhu L, Lu C, Han Y. Load shedding against short-term voltage instability using random subspace based SVM ensembles[C]. 2017 IEEE Power & Energy Society General Meeting, 2017: 1-5.

[29] Wang Q, Li F, Tang Y, et al. Integrating model-driven and data-driven methods for power system frequency stability assessment and control[J]. IEEE Transactions on Power Systems, 2019, 34(6): 4557-4568.

[30] Zhang J, Lu C, Fang C, et al. Load shedding scheme with deep reinforcement learning to

improve short-term voltage stability[C]. 2018 IEEE Innovative Smart Grid Technologies-Asia(ISGT Asia), 2018: 13-18.

[31] Huang Q, Huang R, Hao W, et al. Adaptive power system emergency control using deep reinforcement learning[J]. IEEE Transactions on Smart Grid, 2019, 11(2): 1171-1182.

[32] Bu F, Dehghanpour K, Wang Z, et al. A data-driven framework for assessing cold load pick-up demand in service restoration[J]. IEEE Transactions on Power Systems, 2019, 34(6): 4739-4750.

[33] Ren Y, Fan D, Feng Q, et al. Agent-based restoration approach for reliability with load balancing on smart grids[J]. Applied energy, 2019, 249: 46-57.

[34] Grieves M, Vickers J. Digital twin: Mitigating unpredictable, undesirable emergent behavior in complex systems[M]. Transdisciplinary perspectives on complex systems. Springer, Cham, 2017: 85-113.

[35] Defense Acquisition University. Digital System Model[M/ OL]. Glossary of Defense Acquisition Acronyms and Terms. Fort Belvoir: DAU Press. (2015-09)[2019-10-18]. http://www. dau.edu/tools/Documents/Glossary_16th%20_ed.pdf.

[36] Cai Y, Starly B, Cohen P, et al. Sensor data and information fusion to construct digital-twins virtual machine tools for cyber-physical manufacturing[J]. Procedia manufacturing, 2017, 10: 1031-1042.

[37] Gyulai D, Pfeiffer A, Kádár B, et al. Simulation-based production planning and execution control for reconfigurable assembly cells[J]. Procedia Cirp, 2016, 57: 445-450.

[38] Simons S, Abé P, Neser S. Learning in the AutFab–the fully automated Industrie 4.0 learning factory of the University of Applied Sciences Darmstadt[J]. Procedia Manufacturing, 2017, 9: 81-88.

[39] Kritzinger W, Karner M, Traar G, et al. Digital Twin in manufacturing: A categorical literature review and classification[J]. IFAC-PapersOnLine, 2018, 51(11): 1016-1022.

[40] 张冰，李欣，万欣欣. 从数字孪生到数字工程建模仿真迈入新时代[J]. 系统仿真学报，2019，31(3): 369-376.

[41] 中国电子技术标准化研究院2020版数字孪生应用白皮书.

[42] Market Research Future. Digital twin market size: Digital twin market size expected to grow at a CAGR over 42.54% from 2018 to 2025[EB/OL]. (2019-02)[2019-10-08]. http:// www. marketresearchfuture.com/press-release/digital-twin-market.

[43] Enders M R, Hoßbach N. Dimensions of digital twin applications - a literature review[C]. Twenty-fifth Americas Conference on Information Systems, Cancun, 2019.

[44] Negri E, Fumagalli L, Macchi M. A review of the roles of digital twin in cps-based production systems[J]. Procedia Manufacturing, 2017, 11: 939-948.

[45] Glaessgen E, Stargel D. The digital twin paradigm for future NASA and US Air Force vehicles[C]. 53rd AIAA/ASME/ASCE/AHS/ASC structures, structural dynamics and materials conference 20th AIAA/ASME/AHS adaptive structures conference 14th AIAA. 2012: 1818.

[46] Tuegel E. The airframe digital twin: some challenges to realization[C]. 53rd AIAA/ASME/ASCE/AHS/ASC structures, structural dynamics and materials conference 20th AIAA/ASME/AHS adaptive structures conference 14th AIAA. 2012: 1812.

[47] Bielefeldt B, Hochhalter J, Hartl D. Computationally efficient analysis of SMA sensory particles embedded in complex aerostructures using a substructure approach[C]. Smart Materials, Adaptive Structures and Intelligent Systems. American Society of Mechanical Engineers, 2015, 57298: V001T02A007.

[48] Ríos J, Hernandez J C, Oliva M, et al. Product avatar as digital counterpart of a physical individual product: Literature review and implications in an aircraft[J]. Transdisciplinary Lifecycle Analysis of Systems, 2015: 657-666.

[49] Smarslok B, Culler A, Mahadevan S. Error quantification and confidence assessment of aerothermal model predictions for hypersonic aircraft[C]. 53rd AIAA/ASME/ASCE/AHS/ASC Structures, Structural Dynamics and Materials Conference 20th AIAA/ASME/AHS Adaptive Structures Conference 14th AIAA. 2012: 1817.

[50] 卢强. 数字电力系统（DPS）[J]. 电力系统自动化，2000, 24(9): 1-4.

[51] 舒印彪. 发展新型电力系统　助力实现“双碳”目标[J]. 中国电力企业管理，2021(07)：8-9.

第三部分

韧性电网建设实践

第九章　韧性电网在上海的实践

上海是我国直辖市之一、国家历史文化名城，国际经济、金融、贸易、航运、科技创新中心，是“一带一路”与“长江经济带”两大国家战略的交集地，得益于上海在“一带一路”建设中发挥的桥头堡作用，上海城市综合服务功能不断提升。如今，上海正加速向世界级超大城市迈进，至2035年将建成更具活力的创新之城、更富魅力的人文之城、更可持续发展的生态之城。

自我国提出要构建以新能源为主体的新型电力系统以来，上海市正在从新能源、储能、综合能源利用等多方面布局，加快发展新能源或服务新能源，积极参与构建新型电力系统，适应碳达峰碳中和新形势。同时，城市的高速规模增长与人民对安全、高效、高品质生活的向往对城市安全与防灾能力提出了重大考验。

近年来，在上海大力建设韧性城市的背景下，上海市各部门相继颁布相关政策文件，旨在提升上海应对极端事件的能力，保证城市能够化解和抵御外界的冲击，维持城市的主要特征和功能。而电网作为给城市供能的重要环节，新型电力系统下许多基础设施愈发紧密耦合，电网故障将导致基础设施相继退出运行，对城市的基本生产运转造成沉重打击，因此韧性城市建设离不开安全可靠的电网。单位GDP能耗的下降也标志着每度电所带来的生产总值的增加，也预示着如发生停电对经济、社会和民生的较大影响，保证电力安全稳定可靠供应的作用日益突出。

上海电网是华东电网的重要组成部分，处于华东电网的受端位置，是华东地区乃至全国负荷密度最高的负荷中心。上海电网220kV及以上系统电气联系紧密，具有交直流耦合关系强、外来电比例高、多直流馈入、电网运行特性与直流来电高度相关等特点。然而，新型电力系统下连锁故障和频率安全问题凸显，送受端弱电网暂态失稳风险依然存在，高比例外受电负荷中心失电风险大，非常规事件引发大面积停电的风险增加，建设韧性电网符合国家总体安全观和能源安全战略的要求，也符合上海韧性城市建设要求。特别地，突如其来的新冠疫情，作为典型的“黑天鹅”事件，带来了电网运行、保障需求、应急机制、工程进度等多方面的变化，给上海城市韧性带来巨大挑战，对电网韧性提出更高要求。近年来，国网上海市电力公司（以下简称“国网上海电力”）积极响应上海市人民政府大力建设韧性城市的号召，坚决执行《上海市推进城市安全发展的工作措施》，以守住安全生产这一“生命线”为目标，构建“打不垮、不停电”的城市韧性电网，旨在提升极端状态下重点地区、重点部位、重要用户电力供应保障能力，保证国家安全和社会稳定。在建设韧性电网的过程中，上海已经积极探索多项技术储备，随着多项重要成果的落地，上海电网逐渐呈现出感知力、应变力、防御力、恢复力、协同力和学习力的关键特征。这些基于理论和实践技术的“六力”储备，使上海电网有能力实时感知电网的运行状态，有效协同内外部资源，对各类安全威胁做出响应、及时防御，并迅速恢复至正常运行状态，为韧性城市建设提供基础支撑，也为应对新冠疫情这类极端事件提供有力抓手，在应对气候变化和助力经济社会发展中展现了电网的韧性。

本章对上海的特色关键技术展开描述，介绍微型PMU、智能配用电大数据、自愈控制系统及钻石型配电网、虚拟电厂和基于物联网的智慧保电等技术，通过阐述各项技术的落地实效来说明其在提升电网韧性方面的作用；最后，介绍国网上海电力应急协调联动机制，该机制从管理层面确保电网企业各层级对停电事故做出快速响应，保证电网的快速恢复。

第一节　基于微型 PMU 的配电网运行控制关键技术研究

配电网微型PMU装置以示范区内环网柜、变电站、配电线路等为应用对象，通过高密集量测电网的运行态势，为状态估计、故障诊断和协调控制提供高精度同步相量信息和故障情况下的电流电压波形，全面提高系统的感知力，即提升配电网的混合量测可观测水平。

一、配电网微型PMU简介

微型PMU装置核心特征包括基于标准时钟信号的高精度同步相量信息测量、失去标准时钟信号的长时间高精度守时能力、遵循电力系统动态数据通信协议等。微型同步相量测量装置（以下简称“微型PMU”）与北斗/GPS时钟同步系统、高速通信网络设备、数据集中器（phasor data concentrator，PDC）、主站分析系统共同构成广域测量系统，提供面向配电网广域监测控制的遥测、遥信、遥控等功能，实现区域以及跨区域输配电网的动态过程监测分析、故障诊断、状态估计和协调控制。

微型PMU的基本配置为支持3U4I、8I模拟量接入，包括3相电压相量、4相电流相量的同步测量或选配8路电流接入，可满足配电网中单间隔或多间隔的电压电流、开关量采集测量。通过外接同步对时信号或独立配置时钟模块自对时方式，根据10kV及以下电压等级的开闭所、开关站和环网柜或35kV变电站的不同场景进行微型PMU的选配。

微型PMU在10kV及以下电压等级的开闭所、开关站、环网柜以及DG、电动汽车快充站等处配置时，通过配置1台户外柜，将微型PMU装置安装在户外柜中。微型PMU装置配置授时模块，具备自授时同步功能，外接授时天线。

在35kV变电站配置时，装置采用集中组屏方式，通过配置1面二次设备屏柜来实现微型PMU装置和PDC装置的集中组配。微型PMU装置接入站内同步时钟屏的电IRIG-B码进行同步对时，接口类型多采用RS-485方式。微型PMU装置通过交换机互联数据上送至PDC装置，PDC装置通过连接站内调度数据网接入调度主站。

二、基于微型PMU的配电网故障定位和诊断

配电网拓扑结构复杂，DG、电动汽车等接入形式/容量灵活多变，在示范工程所覆盖的时间和空间区域内，发生短路或接地故障的形式和数量均难以估计。因而，在实验室搭建数模混合仿真测试平台，对项目所涉及的研究内容进行全面验证。实验室验证方案可分为故障数据获取和实验室平台设计两部分。

（一）故障数据获取方案

根据现场获取的配电网各类型故障统计概率，针对短路、不同中性点接地

方式下的单相接地和高阻、断线等故障，利用数值仿真、实验室模拟和10kV馈线现场试验等方式，获取共1000组COMTRADE格式的故障数据，并给出配电自动化系统可识别的相应模型、参数。具体故障形式、故障场景数量及预期的故障诊断效果如表9-1所示。

表9-1　故障诊断与定位测试用数据集的组成和预期指标

<table>
<tr><th colspan="2">故障类型</th><th>故障概率</th><th>测试数据</th><th>研究目标</th></tr>
<tr><td colspan="2">短路故障</td><td>15%～20%</td><td>仿真数据150组；实验室故障数据50组</td><td>大规模DG接入后检测和区段定位准确率100%</td></tr>
<tr><td rowspan="3">单相接地故障</td><td>中性点不接地（68.5%）</td><td rowspan="3">70%～80%</td><td>仿真数据300组；实验室故障数据120组；现场故障试验数据30组</td><td>故障检测和区段定位准确率100%</td></tr>
<tr><td>消弧线圈接地（28.2%）</td><td>仿真数据100组；实验室故障数据80组；现场故障试验数据20组</td><td>故障检测准确率99%</td></tr>
<tr><td>小电阻接地（3.3%）</td><td>仿真数据30组；实验室故障数据20组</td><td>故障检测准确率99%</td></tr>
<tr><td colspan="2">高阻故障</td><td rowspan="2">8%～10%</td><td>仿真数据50组；实验室故障数据20组；现场故障试验数据20组</td><td>接地电阻小于1000Ω检测准确率100%；1000～2000Ω检测准确率达到90%</td></tr>
<tr><td colspan="2">断线故障</td><td>仿真数据10组</td><td>检测准确率90%</td></tr>
</table>

（二）故障诊断与定位软件模块实验室验证方案

搭建数模混合仿真测试平台（图9-1所示），利用多个继电保护测试仪，依次回放1000组故障录波数据，每个录波文件最多可包含6个不同测点的信息，生成不同测点相应的三相电压、电流模拟量；接入微型PMU装置对上述模拟量进行测量，模拟实际电网中微型PMU测量同步相量信息的过程，并在实验室内完成光纤和无线通信网络建设，安装服务器并部署配电自动化系统主站，搭建数据上传、存储的模拟环境；在服务器主站输入1000组故障场景所对应的电网模型、拓扑和参数，模拟实际配电网系统的拓扑辨识和信息集成过程，并部署故障诊断与定位软件模块，测试故障诊断和定位流程的功能和时效性；统计软件模块的故障诊断与定位结果，分析软件模块的性能，验证综合故障诊断满足准确率99%、故障测距平均误差小于等于150米的标准。

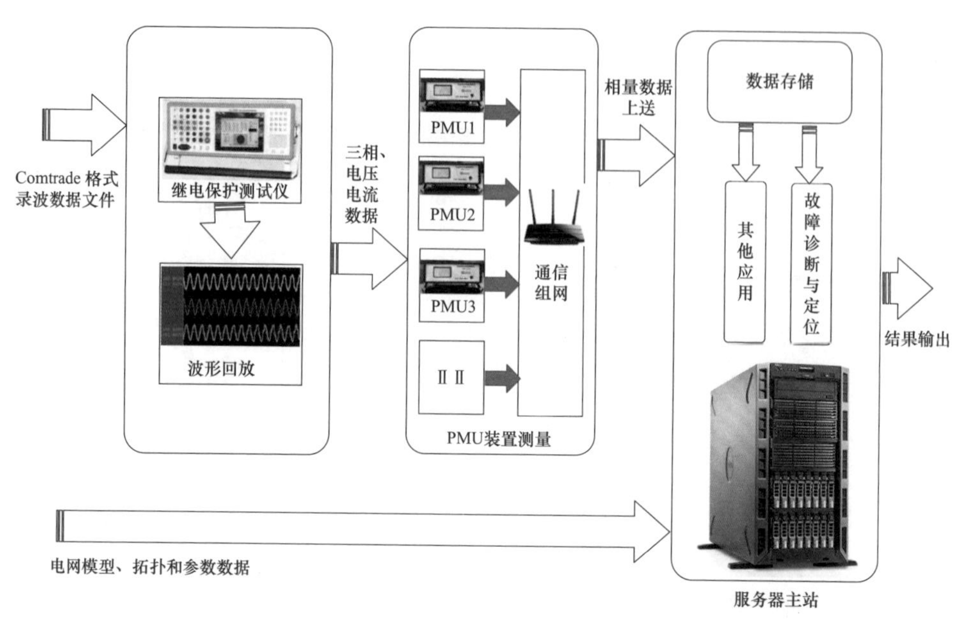

图9-1　故障诊断与定位软件实验室验证方法（数模混合仿真测试平台）

上述测试环境可验证故障诊断与定位的全过程，包括微型PMU装置相量提取和数据上传过程、系统部署后的故障诊断与定位软件模块功能及性能等。所需仪器装备和功能包括：

至少3台继电保护测试仪，完成6个不同测点三相电压、电流和零序电流模拟量的同步回放，所得波形为互感器二次侧的模拟量；

在实验室安装6台项目所研制的微型PMU装置，并配套安装故障时刻精确标定板卡，接入上述模拟量信号，进行相量提取、特征计算和故障时刻标定；

架设服务器主站1台，并部署配电自动化系统和各应用模块，安装项目所研制的PDC1台，架设路由器，利用光纤和无线网络实现微型PMU测量数据的上传、存储；

将1000组不同的故障场景所对应的配电网模型、拓扑和参数等输入主站系统，解析后传递至故障诊断与定位软件模块，根据实时上传的同步相量完成故障诊断与定位机制、功能和性能测试。

三、基于微型PMU的配电网运行状态估计

（一）配电网运行状态估计现状

配网状态估计（distribution state estimation，DSE）作为配电管理系统的重要组成部分，其主要功能是利用冗余的系统量测数据，根据最佳估计准则来排除偶然的错误信息和少量不良数据，估计或预报出系统的实时运行状态，并为配电管理系统的高级应用软件提供完整可靠的实时数据。因此，高效、可靠的配电网状态估计有利于保证配电管理系统正常工作并发挥其功能，从而最终提高配电系统运行的安全性和经济性。根据配电网静态、动态状态估计，构建包括上海电网示范区域在内的10000节点统一仿真环境，对“智能配电网运行状态估计技术”中所涉及的关键技术开展实验室验证工作，共包括2项子任务：多时间尺度混合量测的配电网三相状态估计；基于同步相量测量的配电网高频动态三相状态估计。

（二）多时间尺度混合量测的配电网三相状态估计

针对中低压配电网三相状态估计中网络拓扑分析及参数估计，建立含有DG、电动汽车、柔性负荷等中低压配电网的算例系统，验证基于多源数据融合的网络拓扑分析方法的有效性，验证中低压配电网变压器、线路参数估计方法的有效性。在仿真算例中根据实际配电网SCADA系统的布置情况设计安装地点，并在必要的联络开关处安装微型PMU；同时考虑用户装设用采系统，根据量测系统的实际误差考虑测量误差。利用微型PMU的模拟量对SCADA的开关量进行检错分析，建立精确的中低压配电网线路参数估计模型，得出线路的阻抗参数并存入数据库，采用遍历变压器分接头挡位的方法，计算变压器等效电路的各个参数以及变压器实际运行挡位，从而得出变压器的等效参数以及挡位并存入数据库中。

针对“多时间尺度混合量测的配电网三相状态估计”，采用实际电力系统数据，构建10000节点仿真环境，验证多时间尺度混合量测的配电网三相状态估计程序的不良数据辨识率，预期目标达到99.9%以上。

（1）验证对象。

针对配电网静态三相状态估计，以实际电力系统模型为算例，采用实际电

力系统中全天的SCADA/微型PMU/营销量测数据为输入数据。

（2）验证目的。

验证多时间尺度混合量测的配电网三相状态估计的不良数据辨识率。

（3）验证方案。

数据来源：在实际电力系统模型中以全天的SCADA/微型PMU/营销量测数据为输入数据。

实际测试系统：以上海电网浦东地区实际测试系统为算例，以全天的配电自动化量测数据，微型PMU量测数据以及营销量测数据为输入，根据状态估计结果生成全天288点的基态潮流，通过插值法生成高密度的基态潮流，再将DG出力波动性，负荷波动性以及三相不对称性叠加上去，通过三相潮流计算生成高密度三相不对称潮流，再进行不良数据模拟的处理，作为最终的量测数据库，并进行多时间尺度混合量测的三相状态估计。

具体功能模块包括：SCADA三相量测模拟器；微型PMU三相量测模拟器；营销三相量测模拟器；量测误差模拟;不良数据模拟；状态估计精度评估器。

（三）基于同步相量测量的配电网高频动态三相状态估计

采用实验室验证的方式，构建10000节点仿真环境，验证配电网高频动态三相状态估计的计算效率，指标值为计算时间小于200ms。

（1）验证对象。

针对配电网大规模DG接入、电动汽车充电以及用户互动所带来的运行状态难以快速、准确感知的问题，建立包含DG，电动汽车，柔性负荷的仿真环境，拟采用实际电力系统模型，构建10000节点的仿真系统。

（2）验证目的。

验证配电网动态三相状态估计的计算效率。

（3）验证方案：

1）测试系统建立。实际测试系统基于全天的SCADA/微型PMU/营销量测数据，根据状态估计生成全天288点的基态潮流。

以全天288点的基态潮流为基础，通过插值计算，并模拟DG出力波动性，负荷波动性及三相不对称性，通过三相潮流计算生成高密度三相不对称潮流，作为量测数据库。

2）计算效率验证。在既定的时间间隔情况下，从量测数据库中采样并进行动态三相状态估计，计算时间指标为小于200ms。

具体功能模块包括：SCADA三相量测模拟器；微型PMU三相量测模拟器；营销三相量测模拟器；量测误差模拟;不良数据模拟；状态估计精度评估器。

四、基于微型PMU的配电网协调控制技术

实际应用中，配电网协调控制技术可以分为孤岛运行控制技术及动态特性优化控制技术。上述两种方法分别基于全逆变器型孤岛频率与电压控制技术和附加控制器的动态特性优化控制技术，通过安装部署基于微型PMU的孤岛协调控制器和DG逆变器同步控制单元2类装置来进行配电网的协调控制。

（一）孤岛运行控制技术

（1）验证目的。

由于示范工程一定程度上不能完全体现出多种运行工况，故搭建环境更加复杂的实验验证系统，验证间歇性DG和可调度型DG同步并联控制工况下的孤岛运行控制策略。

（2）验证对象。

研究验证间歇性DG逆变器底层控制策略开放且与可调度型DG逆变器同步并联运行工况下，孤岛协调控制器和逆变器同步控制单元2套装置的孤岛运行控制效果，以是否满足相应技术指标来体现。拟验证具体技术指标：孤岛区域内协调控制的调控时间小于等于10s；并网到孤岛的切换时间小于等于200ms。稳定运行状态下，孤岛区域电压偏差不超过标称电压的5%，频率偏差小于等于0.5Hz。受控逆变器适应并网/孤岛两种运行模式，响应时间小于等于100ms。

（3）实验室验证系统组成。

孤岛运行控制实验系统结构如图9-2所示，包括2路光伏发电模拟系统、2路储能装置、2路可调RL负载、线路阻抗模拟器以及孤岛系统控制器主站和逆变器同步控制单元。各支路都配备微型PMU装置。

1）光伏发电模拟装置。光伏发电模拟装置由可控并网逆变器和光伏功率特性生成单元构成，每路容量为30kW，2路总容量60kW。

光伏发电装置输出功率曲线可通过光伏功率特性模拟软件设置，以模拟实

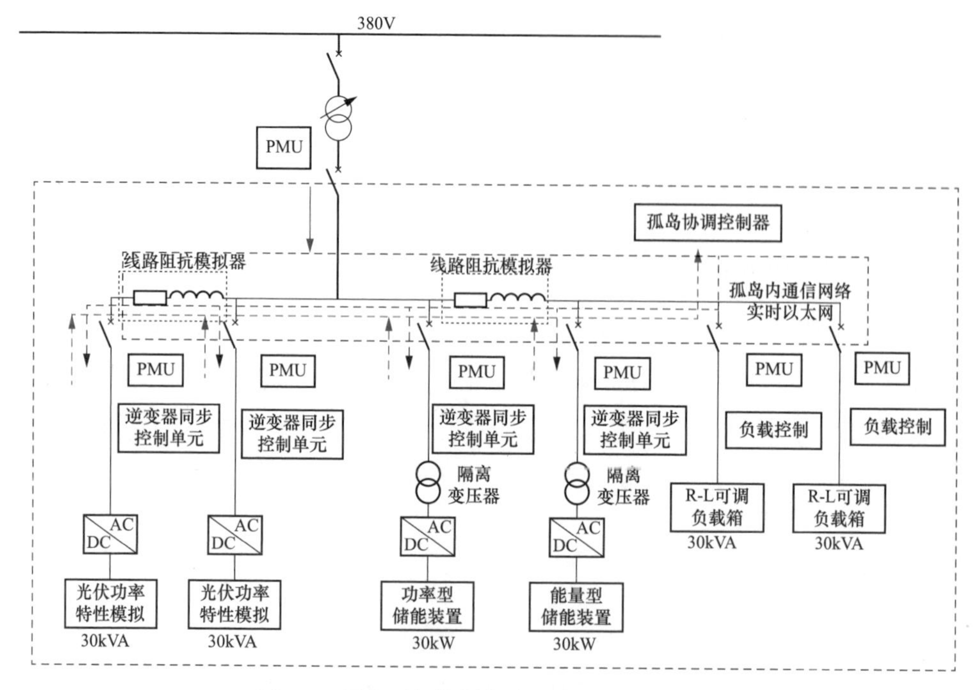

图9-2　孤岛运行控制实验室验证系统示意图

际光伏发电系统输出工况；光伏逆变器输出控制可以灵活调节，受控于逆变器同步控制单元。

2）储能装置。储能装置有功率型储能装置和能量型储能装置2路，储能装置由储能元件、双向储能变流器以及隔离变压器组成。每路容量为30kW，2路总容量60kW。

储能变流器有功功率、无功功率的方向及大小可根据系统运行需要灵活调节，可受控于逆变器同步控制单元。

3）可调负载。2路可调节负载，每路负载由电阻和电感组成，大小可分档调节。每路容量为30kVA，2路总容量60kVA。

可调节负载根据系统运行需要受控于孤岛协调控制器。

4）线路阻抗模拟器。2台可调阻抗模拟器，模拟器由电阻和电感组成，大小可分挡调节，电流100A。

5）并网开关。并网开关尝试采用断路器和静态快速开关2种开关。如果断路器能满足系统无缝切换需要，则选用断路器作为并网开关；否则选用静态

快速开关。

6）孤岛系统通信。孤岛系统内部采用实时以太网，和外部通信可适用于光纤以太网和无线网。

7）孤岛协调控制器和逆变器同步控制单元。研制开发孤岛协调控制器和逆变器同步控制单元，并在本实验验证系统调试。

（4）验证方法。

通过控制并网开关上游的断路器或可调变压器，模拟电网断电或低电压等配电网的故障工况；孤岛协调控制器检测到配电网故障后，断开并网开关，设定区域由并网状态向孤岛状态转换。

转换过程和孤岛运行状态下，利用数字示波器测试记录（模拟）电网的故障时刻、孤岛系统无缝切换时间、孤岛区域内负荷接入点的电压、频率以及可调度型逆变器的受控时间等参数，以验证孤岛区域内可调度型DG的调控时间、并网/孤岛无缝切换时间、孤岛区域内重要节点的电压与频率偏差以及受控逆变器的响应时间。

（二）动态特性优化控制技术

（1）验证目的。为了全面充分验证所研究基于同步相量量测数据的动态特性优化控制方案在更多配电网运行场景下的有效性和可行性，根据数字仿真简单灵活的特点和物理仿真真实性更强的特点，拟在实验室采用数字仿真和物理仿真两种仿真方法进行丰富运行场景下的智能配电网仿真试验。

（2）验证对象。对含DG、电动汽车、储能等元件的智能配电网开展动态特性优化的区域。

（3）验证方法。

1）数字仿真验证：以上海浦东地区的实际电网网架为研究对象，在PSCAD中搭建光伏发电、风力发电和电动汽车充电站/桩等系统模型；对浦东地区实际网架中的部分区域进行有效的动态等值；并基于所构建的新能源模型和PSCAD中原有电气元件模型，构建含DG、电动汽车等的浦东地区配电网仿真模型。基于该配电网仿真模型，设置符合实际运行情景且满足仿真验证需求的配电网运行场景。针对配电网正常运行状态、线路或母线发生故障扰动、风电场阵风扰动、太阳能发电日照扰动、电动汽车充电随机扰动、负荷扰动等丰富场景下的动态过程进行数字仿真，对比加入附加控制器前后该智能配电网的动态过程，以充分验证所研究基于同步相量量测数据的动态特性优化控制方案的正确性、有效性和可行性。

2）物理仿真验证：根据上述试验条件和相关配电网的技术标准和规范，搭建符合实际运行场景且满足仿真验证需求的配电网。在所构建的配电网上对线路或母线发生故障扰动、风电场阵风扰动、太阳能发电日照扰动等典型场景下的动态过程进行动模试验，对比加入附加控制器前后该智能配电网的动态特性，以充分验证所研究基于同步相量量测数据的动态特性优化控制方案的有效性和可行性。

五、示范应用情况

示范区选取上海浦东临港区域为示范工程建设区域，通过部署高精度同步相量测量装置、部署含同步相量信息的智能配电网运行分析与协调控制系统、改造信息与通信系统架构三部分主要工作，对本节前述研究内容给予落地示范。

示范区内近远海风电资源丰富，光伏发电发展迅速，接入分布式光伏53MW，风电216.65MW，总计容量11MW的9座电动汽车充换电站，及上海电力大学充电桩1.6MW，共12.6MW充电负荷。由于该示范区DG及互动负荷种类多，并逐渐成为供电主体，给电网稳定可靠运行提出了挑战。

针对大规模DG、电动汽车、互动负荷等接入对配电网带来的挑战，对高精度微型同步相量测量装置接入、含同步相量信息的智能配电网运行分析与协调控制系统总体架构设计开展研究，考虑微型PMU量测对象的信息建模、信息交互和信息融合，提出系统建设模式、整体架构与相关系统集成需求及集成方式，开发智能配电网同步相量量测与运行控制系统，实现微型同步相量测量技术在智能配电网中的示范应用及后评估。示范应用总体技术路线如图9-3所示。

由图9-3可知，按照示范工程可行性研究、工程方案设计、系统集成与联合测试、示范工程评估体系的技术路线，设计适应多通信组网的含同步相量信息的智能配电网运行分析与协调控制系统总体架构，提出满足多时间尺度数据接入的数据流存储方案；提出基于配电网信息支撑平台的信息交互接口技术和实现方案，集成关键软硬件装备，验证高精度微型同步相量测量应用技术，解

决大规模DG和电动汽车接入配电网的安全可靠问题，完成示范工程的设计、验证、评估工作。

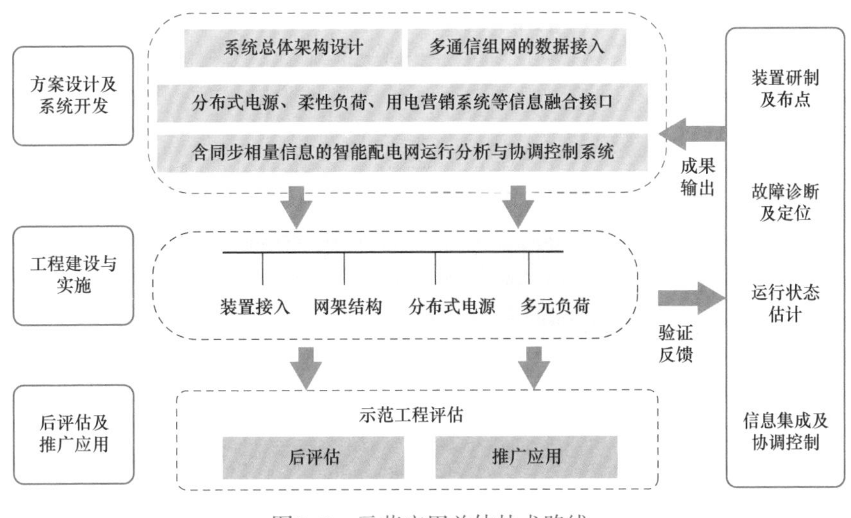

图9-3　示范应用总体技术路线

（1）研究含同步相量信息的智能配电网运行分析与协调控制系统总体设计，研究DG、柔性负荷、用电营销系统等信息集成接口，实现考虑微型PMU量测的对象信息建模、信息交互和信息融合。

（2）结合示范工程所研发的关键技术与核心装备，开发运行控制系统，保证智能配电网微型同步相量测量应用技术的顺利实施和示范。

（3）建成含DG（容量不小于50MW）、电动汽车充电负荷接入（容量不小于11MW）、互动负荷（容量不小于10MW）的上海浦东地区临港智能配电网示范工程，示范工程现场部署不少于100套微型PMU装置，建成含同步相量信息的智能配电网运行分析与协调控制系统，实现示范验证及后评估。

第二节　国网上海电力智能配用电大数据应用关键技术研究

随着信息技术和人类生产生活交汇融合，互联网快速普及，全球数据呈现爆发增长、海量集聚的特点。近年来，大数据（big data）技术得到了各国政府和全球学术界、工业界的高度关注和重视，在各行业领域的应用迅猛发展。而电力行业作为数据密集型行业，大数据贯穿发、输、变、配、用等电力生产及管理的各个环节，是能源变革中电力工业技术革新的必然过程。未来的智能配电网将是数据流、能量流以及业务流的共同承载者，同时也会是电力企业为用户提供服务并开展双向交流的可视化窗口。通过对大数据理论和关键应用技术进行研究，将更多的电力企业内部及外部数据资源应用于智能配电网的规划与运行，一方面可以推动建设面向用户的数据驱动型智能配电网，提升电网的感知力和学习力，另一方面能够优化电网的管理和调度，以充分应对潜在的事故，提升电网的应变力，增强电网韧性。

一、智能配用电大数据简介

电力行业为数据密集型行业，在电力系统的每个环节中都配置有大量的数据采集装置，发电机、变压器、输电线路和开关设备等大量电力设备的状态监控数据不断生成并积累[9]，智能电表高频次采集数以亿计的用户用电数据，风力发电和光伏发电等分布式发电装置的生产运营与气象数据紧密关联，电力企业的安全生产运行与高效经营管理需要大量的数据支撑，数据的处理与应用有利于加强电网的电力科学规划建设、经济运行、自动控制和集约管理[10]。因此，合理地利用智能配用电大数据，对电网常态下的经济、稳定运行，故障情况下的自愈、恢复控制有重要意义，是韧性电网建设能够稳定推进的重要参考。

随着智能电网业务建设的发展与持续推进，电网企业产生了大量的数据并呈现以下特征：①数据体量规模化，长期的电网建设与运营，已形成一定规模的电网数据，具备电网大数据基础，并且数据呈现持续大幅增长趋势；②数据类型多样化，电网数据总体可划分为结构化数据、非结构化数据、历史/准实时数据、GIS空间数据四大类数据类型，每类数据的采集频率和生命周期各不相同，从微秒级到分钟级，甚至到年度级；③数据分布地域化，当前电网数据分散在各级业务系统中，并且分散部署在不同地方，由不同单位/部门管理，具有分散存储、分布管理的特性；④数据来源广泛化，电网大数据分为内部数据和外部数据。电网内部数据主要来源于发电、输电、变电、配电、用电、调度六大环节相关业务系统；电网外部数据主要包括气象、经济等。

智能配用电大数据应用具备丰富的数据源，智能配用电系统由营销应用系

统、客户服务系统、用电信息采集系统、负荷控制系统、生产管理系统、能量管理系统、配电自动化系统、电能质量监测系统以及多个外部信息源系统组成（见图9-4）。每一类系统包含一类或几类配用电数据，如生产管理系统贯穿电网输配电三大专业，包含了设备台账、停电停役等数据。从数据源类型来讲，智能配用电大数据应用的数据源类型丰富，覆盖配电变压器、配电变电站、配电开关站、电表、电能质量等配用电自动化和信息化数据、用户数据和社会经济等数据。

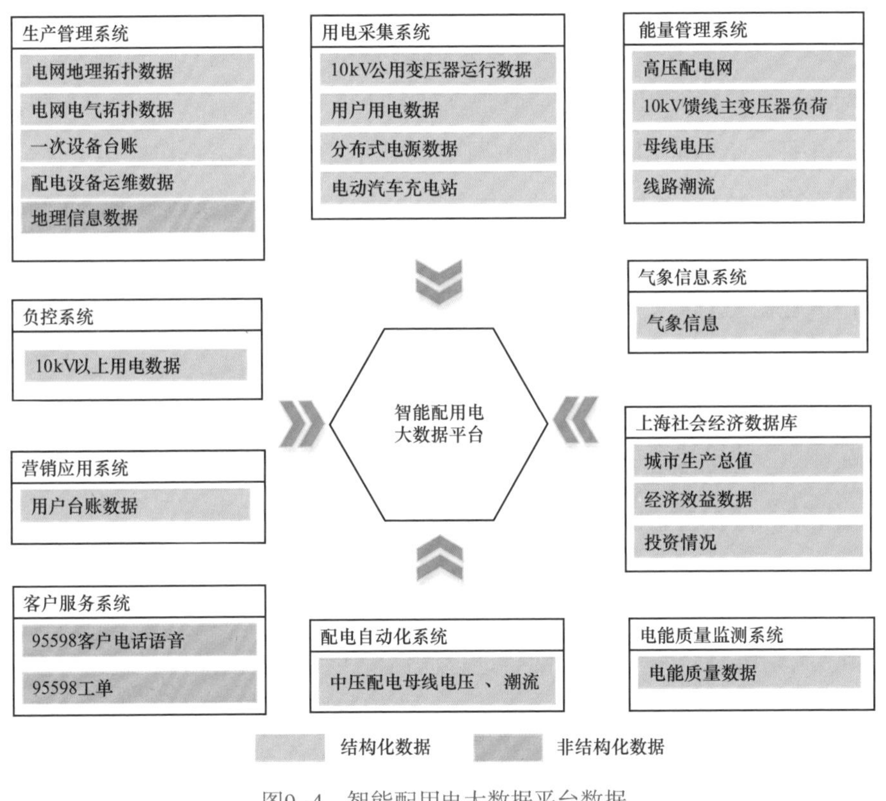

图9-4　智能配用电大数据平台数据

根据来源的不同，将智能配用电大数据分为电网数据、用户数据以及外部数据3类。电网数据主要来源于生产管理系统、能量管理系统、用电信息采集系统、配电自动化系统、电能质量监测系统等。电网数据还可以分为静态数据、实时数据和历史数据，其中静态数据包括线路拓扑结构、电网设备模型参数、电力用户资料数据等。实时数据包括遥信、遥测数据，如设备运行状态、电量计量等。用户数据主要来源于用户档案、负荷控制系统、用电信息采集系统、电力营销、配电管理、客服系统。外部数据来源于气象信息系统、地质测绘部门、公共服务部门、互联网等。这些数据为电网的运行、管理、服务提供支持。同时还可以将各个信息系统数据分为测量数据、引用了其他系统信息的引用数据以及在其他数据基础上计算出来的计算数据。

基于以上各部分的电力大数据，调度人员可以得到一套兼顾经济性、运行稳定性和供电可靠性的最优电网运行方式。同时能够使电网在面对极端情况时，有效、快速地隔离故障，保证重要负荷的连续供电，减小电网受损程度，同时便于后续恢复工作的顺利开展。为此，电力大数据衍生出多种应用方式，涉及配电网运行和规划、用电服务与管理、社会经济等方面。按照面向对象可以分为以下几种：①面向用户服务。电网企业保存着丰富的用户用电历史大数据，对此进行充分挖掘、探究用户的用电行为和模式，对于需求侧管理、负荷预测等电网运行管理具有重要的意义。②面向社会服务。电网企业各行业用户各时段的用电数据，对社会的经济趋势、发展规划和节能潜力分析有一定的参考价值。③面向电网规划运行服务。对于电网调度人员，可以分析对比多组数据下的电网运行情况，对当前状况下的电网进行合理的调整和修正，使电网运行在最优的状况，这对维持电网的稳定性、经济性有重要的意义。包括下文介绍的利用配用电大数据进行网架优化、错峰调度与负荷预测等应用。

二、基于智能配用电大数据的网架优化

利用配用电大数据对电网网架进行优化，主要是根据潮流、线损等多元数据的相关性，探索出最合理的网架结构，以提高电网的经济性，同时可提升电网应对紧急事件的能力。网架优化模块由多元数据分析和网架优化两部分组成。网架优化模块基于智能配用电大数据，对智能配电网网架优化问题进行了研究，并构建了应用系统，以智能配用电大数据应用系统为平台支撑，针对浦东数百万用户、上百供电单元，开展了多元数据分析与网架优化等方面的工程实践与验证。

（一）多元数据分析

多元数据分析部分的内容包括：各供电单元供电可靠率分布、网架拓扑聚

类结果分析、供电单元网架拓扑结构、供电单元网络节点度分布、网络节点功能统计、用户用电负荷时空分布预测、光伏装机容量分布。

在多元数据分析方面，根据网络中供电来源划分供电单元，从网络传输效率、网络关键节点的聚散程度以及网络形状等角度建立评价指标，并依据这些指标对已有的供电单元拓扑数据进行聚类分析；根据网架的潮流分布、线损数据、可靠性数据、负荷点用户行业分布数据等11种数据，与网架拓扑聚类结果进行关联分析，提出基于Apriori算法的多元数据关联分析方法，建立面向可行网架集构建的分层分类数据关联模型；考虑到负荷的增长，通过负荷时空分布来预测负荷空间分布的增长情况，利用多级聚类划分用地类型和稀疏最小二乘支持向量回归网络模型计算负荷增长的预测区间。本模块使用的基于大数据的多元数据分析方法，从维度、尺度不一的海量网架结构数据中提取出了几个容易计算且能与网架运行数据相关联的参数，指出了配电网不同属性之间的内在联系；提出的分层分类数据关联模型能在网架优化的过程中迅速地提取出相应的数据，减少系统平台的数据吞吐量，提升数据分析的处理效率，为网架优化的高效实现提供了技术和数据支撑。

（二）网架优化

网架优化部分的内容包括：多元数据关联分析、网架优化结果拓扑、优化前后指标对比。利用挖掘出的相关性，提出了基于分层分类数据关联模型生成可行网架集的方法；以供电可靠性、网架建设投资、电网运行经济性、社会经济发展等为综合优化目标，利用随机森林算法将多目标优化问题转化为分层优化问题，提出基于分层分类数据关联模型和改进粒子群算法的多目标网架优化方法；考虑市政规划、DG接入、用电需求、供电要求、配电网运行状态等不确定性因素，基于随机潮流模型和置信度抽样模型，提出了考虑不确定性因素和面向配用电网发展的网架优化方法。

（1）在经济效益方面，配电网网架优化将带来多方面的经济效益。网架优化后全网线损明显降低，如浦东金桥地区某378节点地块在优化后年平均网络线损明显降低，该地区全年可以为电网企业节约上万千瓦时的电量，通过合理规划新建线路、扩容线路、新建联络线路，有效节省了电网企业的投资费用；优化后供电可靠率显著提升，降低了电网企业损失的发电量和停电抢修及对用户赔偿造成的损失。

（2）在社会效益方面，基于大数据的用户用电时空分布预测，考虑了未来用户负荷的增长及可能的新增负荷点，通过网架优化前后的相关指标对比可以看到，优化后的网架可以更好地满足用电需求。网架优化后，供电可靠率明显上升，从99.9%～99.99%提升到99.999%以上，即用户年平均停电时间减少为原来的十分之一，提升了电网的供电质量与用户的用电体验。优化模型中考虑了城镇规划与建设、光伏等DG和电动汽车等新型电源及非常规负荷的接入等不确定因素，面对可能产生的不确定因素与电网未来的发展趋势，使电网也能满足用电需求，增强配电网络对各种不确定性因素的适应性。

三、基于智能配用电大数据的错峰调度

在电网中，高峰时段的用电量陡增，常常导致电网过负荷，甚至发生停电事故，无法保证所有用户的持续供电和安全性。因此电力企业需要制定合理的错峰调度计划，以降低电网发生事故的风险，增强电网的韧性。错峰调度主要分为错峰资源分析和错峰资源分配两个模块。

（一）错峰资源分析

在电网无法同时满足所有电力负荷需求时，电网企业需要有效保障电力供应的安全性，也需要采取有效的措施，积极强化引导并限制电力用户的用电行为，特别是在用电高峰时期，通过有效的管理模式来规范管理用电行为，提高保障用电的有效性。然而，这种模式显然同当前的市场需求是不相匹配的。行政管控手段的反对呼声越来越高，也不符合我国当前经济发展和社会进步的需要。电力企业需要制订更加科学合理的错峰避峰计划，有效地提升电力用户参与负荷管理和控制的灵活性和主动性，进而更好地解决电力供需紧张的问题。电网企业也采用错峰避峰的方式来管控电压，但现有的服务和管理方式往往忽略了用户积极主动错峰避峰的情况，更多地是采用行政命令的方式压负荷，且对象大多是用电量大的工业用户。在市场经济体制背景下，这种方式显然无法顾全到用户的利益，也损害了电力企业自身的利益。电力企业需要采取更加科学合理的错峰用电管理负荷分配模式，在市场经济的导向下，提升供电的有效性。

在实际错峰用电管理过程中，下级调度机构在上级调度机构的指导下下达

相应的用电指标，然后将其同电力系统需求侧管理模块相结合，对用电指标进行科学合理的计算和分解。然后，下级供电企业结合市场需求，合理安排用电用户进行错峰用电，相关部门有效管控当地的错峰工作，有效监控当地的用电负荷，及时发布错峰用电的预警信号，并积极监督和管控用户严格按照用电指标进行用电。

通过分析电网中不同行业、不同群体及个体的用户负荷错峰资源特性，研究系统聚类、层次聚类等配用电错峰资源大数据聚类分析方法，充分考虑配用电错峰潜力影响要素，包括各个行业对供电可靠性的需求等级、负荷密度、峰时用电占比、错峰成本、负荷率及年最大负荷利用小时数，使用贝叶斯分类、回归分析、模糊管理规则挖掘等错峰调度潜力评估方法，建立基于贝叶斯分类法的基线负荷计算模型、基于日期匹配法的基线负荷计算模型、基于回归分析法的基线负荷计算模型等多种基线负荷计算模型，使用贝叶斯分类法及回归分析法的基于典型日、行业电价、空调负荷基线的错峰潜力量化评估方法能够精确衡量用户、行业及区域参与各类调峰调度的适合程度和贡献程度。

（二）错峰资源分配

电网企业在错峰用电管理负荷分配工作开展过程中，为了提升负荷分配的有效性，应该有效管控用电指标分配工作，提升其准确度。从实际情况来看，影响用电指标分配准确度的因素是当地最大负荷预测的情况。如果预测的负荷过大，就会让缺口增大，进而提升错峰的级别，造成供电浪费问题，同时错峰用电的用户也要延长错峰时间，从而受到利益损害；如果预测的负荷较小，就会减少缺口，进而降低错峰级别，在这种情况下，用户在错峰用电过程中可能会超负荷，若未能进行良好沟通，可能会出现强制错峰的问题，这无疑对正常用电造成非常大的影响。

为了解决上述问题，要合理预测负荷，计算现有负荷的密度，推算总负荷；同时进行必要的比较研究，考虑当地的气候和天气情况，分析产业格局以及市场动向；综合上述信息，对当地电力负荷情况进行科学合理的预测，提升预测的精度，从而提升电力负荷分配的有效性。不仅如此，还要重视自觉错峰系数和供电公司负荷系数比例，更为有效地了解供电公司应当承担的电力缺口的比例，自觉错峰系数反映了电力企业应当承担的电力缺口比例，通常情况下会受到工业和商业比例的极大影响。如果工业和商业的比例较大，电力企业负荷比例就大，因而需要提升错峰的力度。在错峰用电管理中的负荷分配工作开展过程中，需要充分考虑这些系数情况，以此为基础，判断电力企业的供电负荷，进行更加具有针对性的负荷分配工作，从而提升电力企业的错峰供电有效性。

上海通过考虑用户的负荷特性、经济性、影响范围、负载率等影响因素及电网的站－线－变－户的关系，基于层次分析与模糊综合评价相结合的大系统多目标群错峰调度决策模型和自动分配方法，实现了对错峰资源的自分配和优化分配。综合考虑“影响用户最小”“行业电价最高”“最高负载率优先”等不同分配策略，考虑工业负荷、商业负荷、居民负荷、空调负荷等错峰资源，对用电最高峰时段进行错峰。在错峰调度中，采用聚类、关联等分析方法，精准分析用户错峰潜力；考虑业务维、时间维、空间维等多变量优化方法，实现需求侧错峰优化调度方案，提升电网供需动态平衡能力，为业务部门制定供电方案提供技术指导，保障电网在高峰时期的安全运行。

四、基于智能配用电大数据的用电负荷预测

能够准确预测下一时段用户的用电负荷情况，是韧性电网感知力的重要体现。用电预测工作的关键在于收集大量的历史数据，建立科学有效的预测模型，采用合适的算法，以历史数据为基础，进行大量试验性研究，总结经验，不断修正模型和算法，以真正反映负荷变化规律，其基本过程如下：

（1）用电相关数据导入及整理：一般来说，预测的准确度取决于所用数据的质量，所以要对所收集的与负荷有关的统计资料进行审核和必要的加工整理，来保证资料的质量，既要注意资料的完整无缺，数字准确无误，反映的都是正常状态下的水平，资料中没有异常的“分离项”，还要注意资料的补缺，并对不可靠的资料加以核实调整。

（2）用电相关数据的预处理：在经过初步整理之后，还要对所用资料进行数据分析预处理，即对历史资料中异常值的平稳化以及缺失数据的补遗，针对异常数据，主要采用水平处理、垂直处理方法。数据的水平处理即在分析数据时，将前后两个时间的负荷数据作为基准，设定待处理数据的最大变动范围，当待处理

数据超过这个范围，就视之为不良数据，采用平均值的方法平稳其变化；数据的垂直处理即在负荷数据预处理时考虑其24h的小周期，即认为不同日期的同一时刻的负荷应该具有相似性，同时刻的负荷值应维持在一定的范围内，对于超出范围的不良数据修正，为待处理数据的最近几天该时刻的负荷平均值。

（3）分析数据：在上述经过预处理的数据基础上，形成用电预测基础数据库，基础数据库中的数据按主题存放，实现相应数据质量的变更、增加、修改等管理；构建5种以上聚类分析方法，3种以上关联分析方法和趋势分析方法，形成方法库，方法库应可增、可减，并具备分析方法应用效果评估能力；构建用电预测数据库，将聚类、关联、趋势分析等中间结果及相关待预测数据放入用电预测数据库。

（4）建立用电预测模型：用电预测模型是统计资料轨迹的概括，预测模型是多种多样的，因此，建立基于数据的预测模型库，是用电预测过程中至关重要的一步。当由于模型选择不当而造成预测误差过大时，就需要改换模型，必要时，还可同时采用几种数学模型进行运算，以便对比、选择。在选择适当的预测技术后，建立用电预测数学模型，进行预测工作。由于已掌握的发展变化规律，并不能代表将来的变化规律，所以要对影响预测对象的新因素进行分析、对预测模型进行恰当的修正后确定预测值。

用电预测主要从低压台区用电预测、线路电流预测及低压配电网用电预测展开分析应用。

（一）低压台区用电预测

低压台区用电预测通过准确的用电预测，可以合理、经济地调节低压电网运行方式，减少上级电站备用容量，并将低压变压器负载率调整在合理的范围内；有利于合理安排检修计划，降低运营成本、提高经济效益，实现低压电网线损精细化管理；能够降低变压器的电能损耗，通过对台区负荷进行预测，能够实现变压器精细化分相无功补偿，支持有载调容控制策略研究，从而降低调节次数，提高调节开关寿命，改善电能质量并降低变压器的电能损耗；可以了解负荷高峰和低谷出现的时间，有助于供电部门制定合理电价策略及错峰方案，引导用户合理用电；通过用电预测，对异常用电行为进行研究分析，能有效减少偷电窃电行为；通过用电预测，选择合理的设备容量，从而提高变压器运行的安全性、可靠性和经济性。

在用电预测应用中，实现了多种方法的台区负荷用电预测，综合考虑了气温、湿度、气压等气象因素，以及星期类型、节假日等因素，建立了样本自适应的用电预测模型，提供预测精度。台区用电预测不仅实现了台区每日用电的最大值、最小值预测，还实现了对未来七天用电负荷曲线的准确预测。

（二）线路电流预测

线路电流预测是电力调度、用电、规划等部门的重要工作之一，提高用电预测技术水平，有利于电力调度管理，有利于合理安排电网规划建设，有利于提高电力系统的经济效益和社会效益。通过线路用电预测，选择合理的导线型号，从而提高系统运行的安全性、可靠性和经济性；线路电流预测的精度，直接影响后续线路安全分析结果、线路输送能力的计算和运行计划方式的安排；是电力系统实现调度精细化、智能化的重要基础，有利于更好地实现分散式的负荷管理；为电网制定节能降耗的发电计划和实现柔性调度打好基础。

基于自身数据的馈线电流预测，是选择线路数据中比较有代表性的一条线路，分别考虑8种天气因素、日期类型，选取100个相似样本，以保证岭回归模型预测精度最高，最终得到的馈线电流预测误差在3.8%。基于台区、大用户数据的线路电流预测是指通过网络拓扑数据关联出各个线路下所挂的所有台区及大用户，预测其具体负荷后，再加上线路线损，汇总得到整体线路的预测结果。相比于基于线路自身的预测，具有局部细化及对区域敏感的特点，预测精度及适应性更好。

（三）低压配电网用电预测

低压配电网用电预测有利于计划用电管理，有利于减少能耗和降低发电成本，有利于合理安排电网运行方式和监理机组检修计划，有利于提高电力系统的经济效益和社会效益。短期用电预测是电力运营和调度部门的一项重要日常工作，是实现配电网运行方式和实现优化运行的主要依据，也是校准配电网安全的重要数据，用电预测精度高低直接影响到电力系统运行的经济性、安全性和供电质量；中长期用电预测是配电网规划的前提和基础，其准确性直接关系到规划方案的水平和质量，对配电网规划具有重要的指导意义，也是实现电力系统管理现代化的重要内容之一。

台区用电预测采用了聚类、深度学习两种方法。深度学习方法考虑天气预

报、用电负荷等数据，构建9个输入层的BP神经网络算法；聚类预测方法考虑台区用电负荷特性，构建相似样本训练集，实现用电预测。研究验证了不同预测方法的预测精度，经过BP神经网络的优化，可以将预测误差降低到1.2%左右。

用电预测精度的提高，对于经济最优化的制订发电计划、制定电力调配计划、制定上网竞价计划、在竞价上网中取得优势、制订最优电力期货报价、制订电网竞价运营、降低旋转储备容量、进行电力市场需求分析、提升电力市场营销和电力客户关系管理水平、保障生产和生活用电等方面，具有直接而重大的经济效益和社会效益。除此之外，准确地预测用电，能够在用电高峰到来前对电网进行合理地调整，避免电网遭受重大事故、有效化解风险，在一定程度上能够提升韧性电网的防御力。

根据智能配用电大数据，能够对电网进行有效的改造和调度，这是一个根据以往数据对电网进行全面优化的过程。在此优化过程中，电网的感知力、应变力、防御力和学习力得以提升，大大增强了电网规避风险、抵御灾害、自我恢复的能力，是建设韧性电网的重要环节。

第三节　上海电网自愈控制及钻石型配电网关键技术研究

随着配电网规模逐渐庞大、接线愈发复杂，大量的分布式电源接入导致配电网自动化的控制难度大大增加，由此引发的故障也层出不穷。因此，一套成熟的自愈控制方案以及坚强的网架就显得格外重要。国网上海电力在电网建设的道路中，致力于打造以坚强网架为基础，以精良设备为载体，实现主动控制和优化调节，保障上级电力的有效配送的韧性电网，从自愈控制系统以及钻石型配电网两个层面开展技术攻关并已完成示范建设，充分发挥了韧性电网的应变力、防御力、恢复力，为用户提供充足、可靠、优质、经济的电力供应。

一、上海电网自愈控制系统及钻石型配电网简介

（一）上海电网自愈控制系统简介

配电网的自愈控制可使其正常运行时能及时发现、快速诊断并消除故障隐患；故障时能快速隔离、自我恢复，将停电损失降至最小。传统的配电网络多

采用集中控制方式实现自愈控制，即配电主站通过快速收集区域内配电终端的信息，判断配电网运行状态，集中进行故障识别、定位，然后自动或通过遥控（或人工）完成故障隔离和非故障区域恢复供电。智能分布式自愈控制以配电终端间的对等通信为基础，通过配电终端之间的故障处理逻辑，实现故障隔离和非故障区域恢复供电，并将故障处理的结果上报给配电主站。国网上海电力结合集中式自愈和分布式自愈控制的优势，面向上海市对电网高可靠性、高韧性的需求，打造具有上海特色的配电网自动化自愈控制体系。

国网上海电力为配合城市重点区域对高可靠性供电和精益化管理的需要，论证试点配电自动化终端智能化先进技术，探索出一条高负荷密度城市区域“分布式馈线自动化（feeder automation, FA）为主、光纤无线互补、关键节点三遥、暂态故指覆盖”的配电自动化技术路线，落实新一代配电自动化自愈控制系统建设。

投运配电自动化故障处理模式包括智能分布式馈线自动化、集中式故障处理两类，已完成各地市公司生产大区配电主站部署，经11617台配电终端实现8296条线路配电自动化覆盖；建成省级管理大区配电主站，经8964台配电终端实现6402条线路配电自动化覆盖，截至2020年10月，中压线路总条数14738条，符合终端配置要求的中压线路条数14698条，配电自动化覆盖率99.7%，已建成并投入FA线路148条，浦东、崇明公司相继获得线路故障FA动作成功案例。从2018年开始试点部署智能配变终端，目前已在浦东公司进入推广阶段。在覆盖率提升的同时，积极实施配电自动化通道与调度数据网的物理隔离改造，不断强化配网信息安全体系。其中为省级管理大区配电主站配置的配变终端采用了暂态录波型故障指示器，全部采用4G公网方式经安全接入区连接主站，投运以来在线率保持在90%以上，故障正确识别率达到90%以上。

此外，城区公司示范区全面应用配网接地故障定位装备，实现示范区配电自动化有效100%全覆盖，开关站光纤覆盖率100%，架空线全绝缘化率100%；城郊公司实现示范区配电自动化有效100%全覆盖；城区公司示范区10kV年百公里跳闸率低于1%，城郊公司示范区10kV年百公里跳闸率低于1.5%；各公司示范区配网主设备统一信息编码应用100%全覆盖，全面升级改造符合技改原则

的老旧设备。

特别地，在浦东核心区域进行馈线自动化示范建设，取得良好成效，后续将展开阐述。

（二）上海钻石型配电网简介

截至2019年年底，上海中压主干电缆网已形成了开关站单环网为主的电缆网结构，已建开关站共5722座，A+类地区开关站单环网线路占电缆总数的85%，但仍然面临一些问题与挑战，主要体现在：供电可靠性与世界领先水平仍有差距；供电安全水平有待进一步提升；供电能力释放不充分。为了提升配电网的自愈性、经济型和安全性，国内外城市从各自发展需求和配电网建设改造条件出发，形成各具特色的适合本城市的配电网发展策略，如新加坡的“花瓣型”网架，但在解决上海城市配电网面临的问题与挑战方面仍存在不足。上海电网需要根据配电网现状优势条件，统筹考虑技术经济效益，以提升电网应变力为目标，推动韧性电网建设，形成具有上海特色的配电网发展思路。

1. 钻石型配电网的定义

为了对标国际先进全球城市，适应“卓越全球城市”，建设卓越的城市配电网，解决站间负荷转供能力不足、变电站负载不平衡、线路利用率低、出站通道紧张等问题，以上海现状开关站单环网为基础，满足110、35kV变电站共存、大量开关站、分层结构、不低于现状单环网备自投可靠性的要求，探索构建安全韧性、可靠自愈、经济高效、易于实施的中压配电网络，提出上海钻石型配电网发展思路，建设具有上海特色、适应中心城区的配电网网架结构。

钻石型配电网是以开关站为核心主次分层的配电网，主干网以开关站（断路器）为核心节点、双侧电源供电、双环式连接、配置自愈系统，次干网以环网站（负荷开关）为节点、单环网连接、配置配电自动化，如图9-5所示。

从用户供电视角看，钻石型配电网构建的是一个“以用户为中心”、满足用户多元化接入需求的配电网。用户可根据其用电容量和供电可靠性的差异化需求采用开关站、配电站供出的双侧电源单环网或单侧电源单环网。对于用户来说，钻石型配电网是“不停电”的配电网，无论是提供低压用户供电电源的10kV环网站、还是提供中压用户供电电源的10kV开关站，任意一回10kV及以上公共电网线路故障时，都能够保障用户不停电，如图9-6所示。

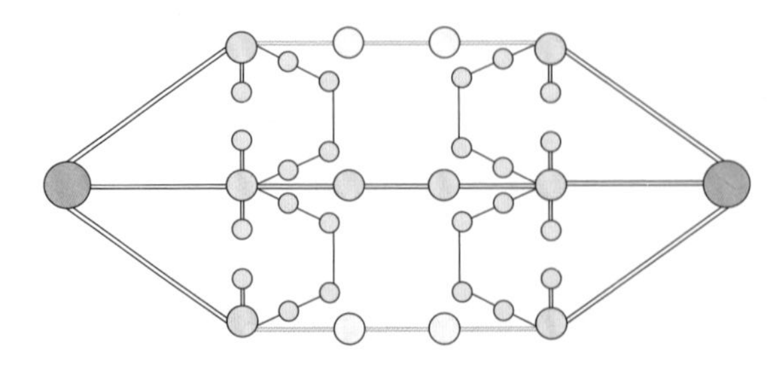

图9-5　钻石型配电网分层结构示意

110（35）kV变电站　10kV开关站　10kV环网站

══ 10kV主干网电缆；— 10kV次级网电缆

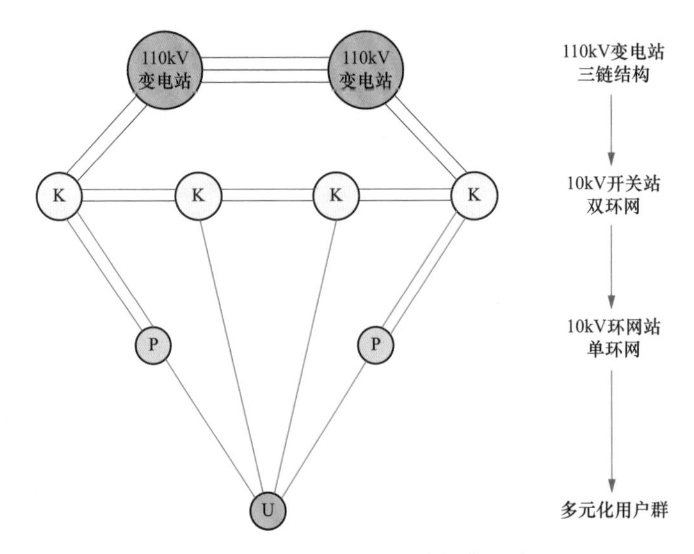

图9-6　钻石型配电网用户视角示意

2. 钻石型配电网的特征

（1）安全韧性：站间负荷转供能力100%；10kV满足检修方式下“N-1”；支撑110（35）kV满足检修方式下“N-1”。

（2）可靠自愈：供电可靠率99.9996%，达到世界一流水平；配置自愈系统，实现秒级故障恢复时间。

（3）经济高效：实现站间负荷平衡，有利于变电站容量释放，主变及线路利用率将提升。经济性低于常规双环网，高于单花瓣接线。

（4）易于实施：占用上级变电站间隔减少；串接4～6座开关站节约出站通道；现状单环网接线新建或改接开关站间线路便可实现钻石型配电网升级。

3. 钻石型配电网的功能

（1）强大的负荷转供能力：钻石型配电网中10kV主干网为不同变电站双侧电源供电，变电站站间联络率达到100%，站间负荷转供能力达到100%，除满足本级电网检修方式下“*N*-1”安全供电外，可支撑上级变电站满足检修方式下“*N*-1”安全供电，而开关站单环网接线不满足检修方式“*N*-1”安全校核，单花瓣接线也不满足部分检修方式“*N*-1”安全校核。钻石型配电网可根据检修计划灵活调整运行方式，能有效减少计划停电时间。

钻石型配电网站间负荷转供通道多，负荷转供灵活，相较于单环网和单花瓣接线能够提高线路利用率。在线路不双拼、满足“*N*-1”条件下，钻石型接线首段线路最高利用率可达75%，而单环网和单花瓣接线仅为50%。

（2）突出的负荷平衡能力：在正常运行方式下，钻石型配电网可通过灵活调节变电站所供的开关站数量，在不降低配电网供电可靠性的前提下，实现上级电源变电站负载的有效平衡，非常适用于大容量主变压器、小容量主变压器交叉供电的区域以及变电站负载率不均衡的区域。钻石型配电网负荷平衡示意图如图9-7所示。

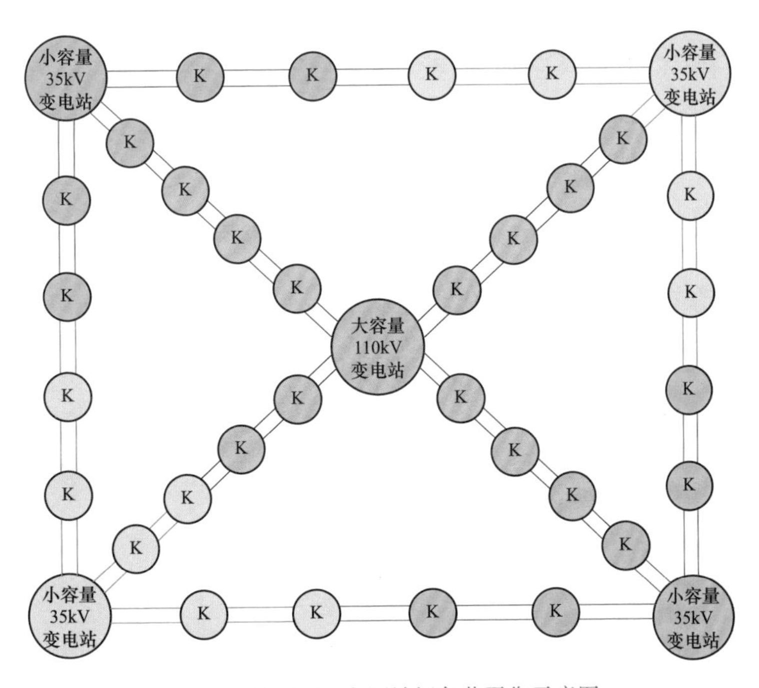

图9-7　钻石型配电网站间负荷平衡示意图

（3）柔性的分布式电源接纳能力：钻石型配电网中开关站进出线配置全断路器和全纵差保护，可避免分布式电源和微电网接入引起的对现有继电保护的调整以及对故障电流影响可能引起的保护拒动和误动问题，可以更好地接纳分布式电源和微电网接入配电网。

（4）友好的用户供电能力：在电缆化率较高的城市配电网，变电站10kV侧主要采用小电阻接地方式，钻石型配电网中开关站进出线配置全断路器，可解决800kV安装容量以上用户接入点熔断器的熔断曲线与零序电流保护整定值难以配合的问题，满足大容量用户的接入需求。因此，大容量用户可由变电站直供改接至开关站供电，开关站作为变电站母线延伸，有效减少变电站直供用户线路，提高变电站10kV间隔和出线利用率，解决变电站10kV间隔和出线通道紧张问题，同时也解决了变电站直供负荷无法转供的难题。

（5）快速的供电恢复能力：钻石型配电网全线配置自愈系统，10kV开关站按母线段设置自愈保护控制装置，具备每个间隔的遥测、遥信、遥控功能，就地完成信息采集，远方自动执行自愈策略。自愈系统利用光纤通道，交换开关站间的开关量和故障信息，实现故障情况下秒级恢复功能，有效保障故障情况下负荷的转供能力。从故障停电时间来看，钻石型配电网开环运行，单一故障发生时可利用线路自愈切换，仅存在秒级停电现象，而常规双环网全线配置配电自动化，存在分钟级停电现象。从故障停电范围来看，钻石型配电网配置断路器，单一故障只停故障区段，而常规双环网故障后需先断开变电站出口断路器然后利用配电自动化进行供电恢复，会造成全线短时停电，故障影响范围较大。

二、浦东核心区馈线自动化示范建设

为全面落实国家电网公司“学习借鉴国际先进经验，以全新的理念和标准，对配电网进行规划、建设和管理”的指示，加强浦东新区核心区配电网建设改造工作，优化电网结构，提高运行效率，建设技术领先、安全可靠的“网格化、自愈化”世界一流配电网，实现三遥、自愈、配电网分析管理，供电可靠率达99.999%的建设目标，浦东供电公司运维检修部制定了浦东供电公司核心区配电自动化实施总体方案。本节首先介绍浦东核心区分布式FA系统示范的建设区域与规模，然后对浦东试点区域分布式FA的建设与运行情况进行介绍。

（一）浦东配电自动化建设区域与规模

配电网自动化建设示范的地域范围为浦东核心区，面积约10km²，包括世博浦东园区、小陆家嘴地区和两个地区之间的沿江地区，核心区范围是由黄浦江－浦东南路－耀华路－黄浦江围成的区域。

2012年浦东配电自动化试点区域总面积48km²，涵盖了国际金融中心陆家嘴核心功能区、国际航运中心临港新城核心功能区、成熟大型生活社区这三类区域，涉及60座开关站、3座环网柜、275座配电站、155座箱变，共安装配电自动化“三遥”终端247台，“两遥”终端246台，敷设光纤177km。

实现三遥功能的环网配电站32个，已安装负荷监测仪的箱变34个，已安装负荷监测仪的杆变12个。

（二）系统整体运行与分布式FA应用情况

截止到2013年5月1日，浦东供电公司配电自动化主站接入站点共计701座（含试点区域外部分站点）；主站月平均运行率100%，终端月平均在线率98.38%，遥控月平均使用率100%，遥控月平均成功率100%，遥信月平均动作正确率100%。

浦东配网馈线自动化采用分布式FA，共建设馈线自动化自愈环31个，自投入运行以来未发生过实际故障。为验证分布式FA动作可靠性，除进行现场二次逻辑回路测试以外，还对东郊紫园、张江名邸等环网进行过3次模拟故障电流实际FA动作现场实切实验，现场FA动作正常，开关、负荷闸刀动作正确，信息上报主站准确，FA实切成功率达到100%。

三、上海钻石型配电网的应用和实践

2018年，国网上海电力结合上海市架空线入地工程，在上海中心城区及重要地区实施了钻石型配电网试点，在徐汇中心城区、西虹桥国家会展中心及张江科学城建成了一批钻石型配电网的主干线路。

为了进一步推广钻石型配电网建设，在上海配电网网格化规划技术细则中进一步明确了钻石型配电网目标网架结构及具体技术要求，并在中心城区及重要地区配电网网格化规划工作中应用钻石型配电网，构建了钻石型配电网建设蓝图，与上海“十四五”配电网规划做好了衔接。

通过对各供电公司已建及在建钻石型配电网示范工程分析，可总结以下建设成效：

提升供电可靠性：通过自愈系统，可秒级隔离故障设备并恢复非故障设备的供电，降低故障情况下的停电时间；形成多方向的负荷转供能力，在检修情况下可灵活转移非检修设备的供电负荷，从网架结构上提供了不停电作业的手段。

提升供电安全性：钻石型配电网中10kV主干网满足检修情况下的“N−1”，供电安全性高于单环网结构；采用双侧电源及大截面电缆，形成了变电站之间的负荷转供通道，有力支撑了变电站实现检修情况下的“N−1”。

提升负荷平衡能力：在已建工程项目实施后，平衡了双环网两侧110kV变电站与35kV变电站负荷，成为解决35kV变电站重载的手段之一。

降低了电源仓位的利用率：在基于现有开关站单环网接线的已建及在建项目中，无增加仓位利用的情况，最高可减少50%的仓位利用。

具备投资经济性：在现有开关站单环网接线改造时，仅需新建少量电缆，已建电缆将充分利用；另外按市区示范工程的分析，采用双侧电源单环网接线设计与采用双侧电源双环网设计，电缆建设规模基本相同。

第四节　虚拟电厂运营机制及调控关键技术研究

虚拟电厂是通过应用先进的信息通信技术（如5G、边缘计算、区块链、人工智能等），对各类分布式资源（包括DG、需求响应资源、储能）有效聚合和协调控制，所形成的可被常态化精准化调度的特殊电厂。对外，它具有类似常规火力发电机组的外特性，可以作为一个特殊的发电厂运行，接受电网调度，参与电网运行；对内，它相当于一个综合能源管理系统，能够帮助用户进行能源管控，提升能源利用效率，降低用户用能成本。

在构建以新能源为主体的新型电力系统背景下，数字化转型是新型电力系统的改造路径，虚拟电厂可充分挖掘负荷侧可调节资源，提升电网运行调节能力，受到国家和公司的密切关注。上海公共建筑资源十分丰富，具有很好的虚拟电厂建设基础，目前黄浦区已开展了商业建筑虚拟电厂试点工程。上海电力通过设计虚拟电厂运营机制，一方面进一步优化虚拟电厂电力交易模式，提

高虚拟电厂运营效率，引导促进虚拟电厂的建设和发展；另一方面通过有效整合分布式资源，优化资源利用和清洁能源消纳方式，提高供电可靠性，这是韧性电网应变力与协同力的一种体现，对能源战略转型、韧性电网建设具有重大意义。

一、虚拟电厂关键技术

本节对国网上海电力开展的虚拟电厂关键技术进行简单介绍。技术框架如图9-8所示，首先，通过三级调度架构及信息安全防护机制在保护用户隐私的基础上实现虚拟电厂多层级调控；之后，分别利用边缘计算和动态参数辨识技术实现虚拟电厂调控能力、本地优化和性能参数在线提取；然后，通过分布式资源的动态聚合完成不同应用场景下虚拟电厂的分层分区动态构建；最后，提出多时间尺度下虚拟电厂的优化调度策略，通过调度策略的动态调整削弱分布式资源不确定性对虚拟电厂运行效果的不利影响，并对调度性能进行评估。

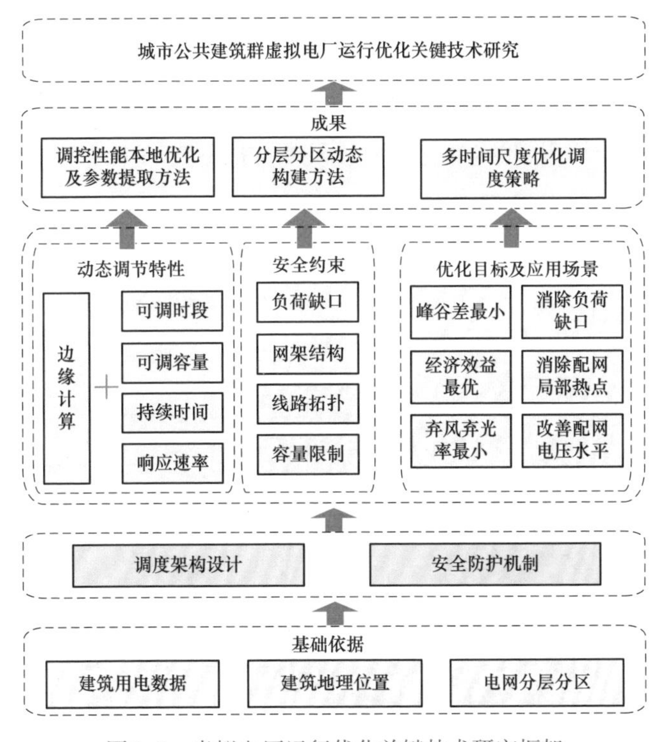

图9-8　虚拟电厂运行优化关键技术研究框架

（一）虚拟电厂调度架构及信息安全防护机制

该部分的技术路线如图9-9所示。首先，考虑虚拟电厂运营过程中不同主体的职能，设计虚拟机组－虚拟电厂平台－调度平台的虚拟电厂三方调度机制，明确各参与主体职责；之后，根据虚拟电厂内部资源广域分布与分级控制的特点，将系统划分成小的且彼此联系、相互通信、易于协调控制的多代理系统，在云－边－端架构下，形成包含管理级、控制级以及执行级的虚拟电厂分级协调控制框架；最后，综合考虑数据隐私、内部软件漏洞等虚拟电厂安全风险源，研究适用于虚拟电厂三级调度架构的防护策略，实现虚拟电厂多层级安全调控运行。

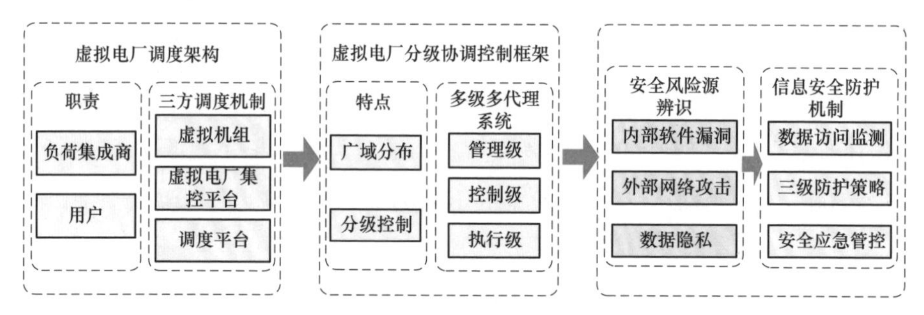

图9-9　虚拟电厂调度架构及信息安全防护机制技术路线

（二）虚拟电厂调控性能本地优化以及参数提取方法

该部分的技术路线如图9-10所示。首先，基于城市公共建筑群的海量能耗

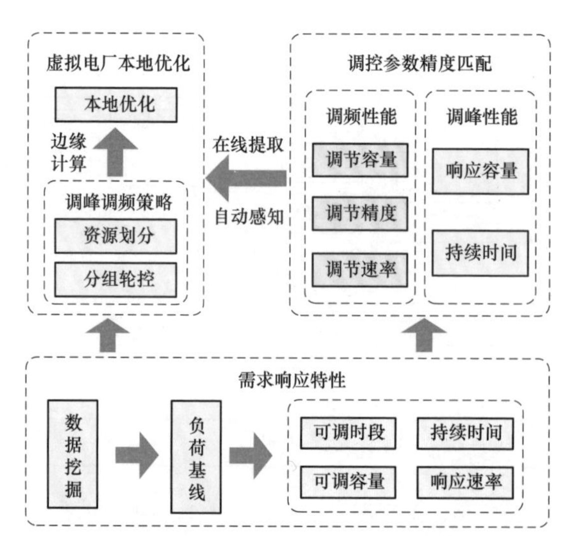

图9-10　虚拟电厂调控性能本地优化以及参数提取方法技术路线

监测数据，采用数据挖掘技术，分析以中央空调为主的公共建筑分布式资源需求响应特性，包括可调时段、可调容量、可持续时间、响应速率等；基于动态参数辨识方法，分析调节容量、调节精度、调节速率等调频性能以及响应容量、可持续时间等调峰性能的调控参数匹配精度；基于自动感知技术对调控参数进行在线提取，针对不同分布式资源的响应速率以及响应可持续时间等调控特性划分调频以及调峰资源，采用分组轮控方法研究虚拟电厂最优调频调峰策略，基于边缘计算实现虚拟电厂调控的本地优化。

（三）城市公共建筑群虚拟电厂分层分区动态构建方法

该部分的技术路线如图9-11所示。首先，综合考虑不同供电分区的负荷缺口情况、配网网架结构、线路拓扑、容量限制以及其他安全约束和实际系统运行需求，基于成本效益原则和投资风险理论，研究城市公共建筑群虚拟电厂的接入点以及容量优化规划方法；然后，结合实际电网分层分区情况以及城市公共建筑群分布情况，根据分布式资源的可调容量、可持续时间、响应速率等动态调节特性及并网情况研究虚拟电厂发电资源分层分区动态聚合方法；最后，结合消除供电分区负荷缺口、消除配网局部热点、改善配网电压水平等主配网不同系统应用需求及虚拟电厂接入点以及建设容量要求，研究不同应用场景下的城市公共建筑群虚拟电厂分层分区动态构建方法。

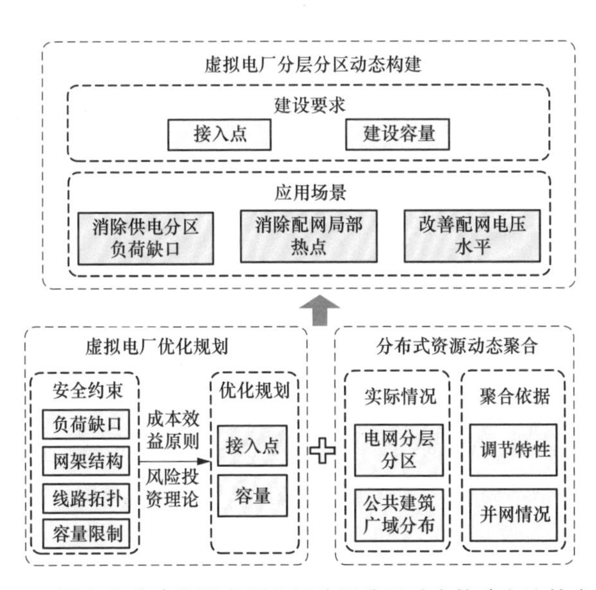

图9-11　城市公共建筑群虚拟电厂分层分区动态构建方法技术路线

（四）多时间尺度下城市公共建筑群虚拟电厂优化调度策略

该部分的技术路线如图9-12所示。首先，充分考虑系统运行安全性、经济性以及环保性，以缓解电网调控压力、降低区域供电成本、提高新能源消纳水平等为目标，研究城市公共建筑群虚拟电厂多目标协调优化调度策略；然后，针对气温、光照等气象因素以及用户随机用电行为带来的不确定性，从日前、小时级、分钟级时间尺度出发，采用在线滚动优化的方法不断修正调度决策，形成虚拟电厂多时间尺度优化调度策略；最后，结合电力系统不同时间尺度下的调度需求提出虚拟电厂调度性能评价指标，研究多时间尺度下虚拟电厂调度性能评价方法，并对虚拟电厂参与下的电网运行效率以及配网自治能力进行评价。

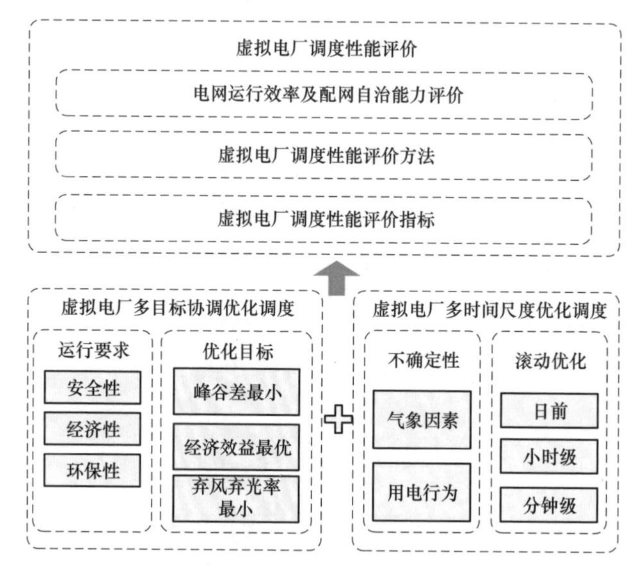

图9-12　多时间尺度下城市公共建筑群虚拟电厂优化调度策略技术路线

二、上海市虚拟电厂建设实践

（一）黄浦区商业建筑虚拟电厂

黄浦区商业建筑虚拟电厂为全国首个商业建筑虚拟电厂，目前已接入商业楼宇130栋（覆盖黄浦区60%大型商业建筑）。通过聚合调控商业楼宇内部中央空调、水泵等柔性负荷资源，实现最大发电容量达59.6MW，占调控区域总负荷的15%，极大提升了用户侧负荷调度准确性和可控性，有效缓解了黄浦区的局部用电紧张局面，有助于提高电网运行效率、减少电网建设投资、降低社会用

能成本。

（二）国内首个虚拟电厂市场运营体系

公司建设了包含四个业务支撑平台的虚拟电厂市场运营体系，构建了完整的虚拟电厂业务链条、数据通道，如图9-13所示。

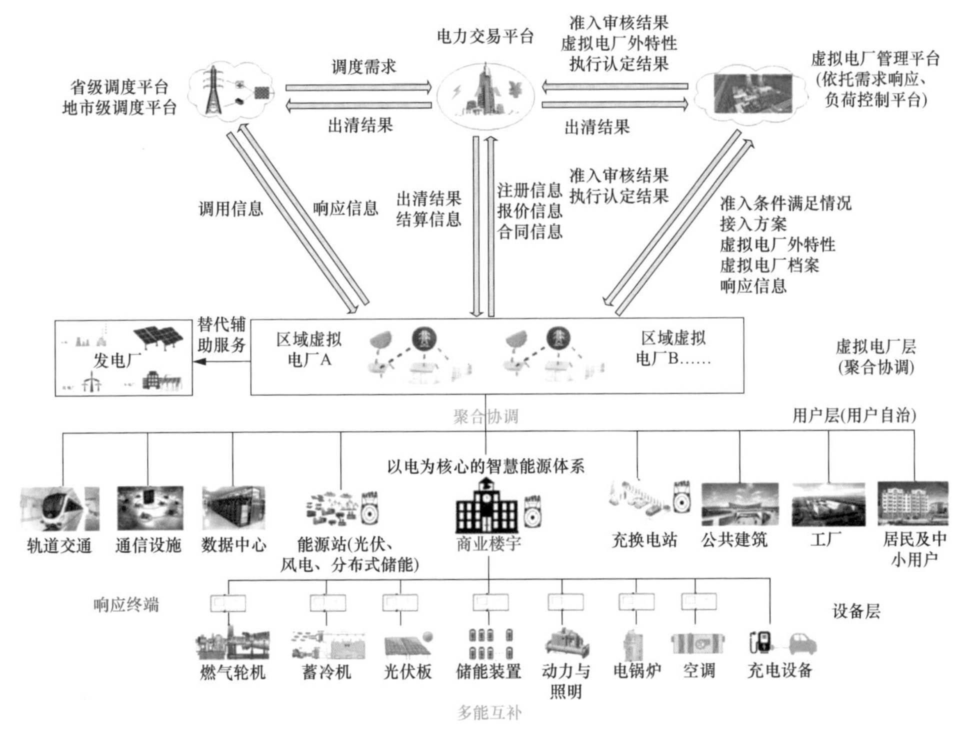

图9-13 虚拟电厂市场运营构架

虚拟电厂市场运营体系的建设重点围绕“四个平台+两种类型+多种交易”展开：“四个平台”为开发建设四个业务支撑系统，分别为虚拟电力交易平台、电厂调度控制平台、运营管理与监控平台、虚拟电厂侧平台等；“两种类型”是试点建设商业楼宇型与能源站型两种虚拟电厂；“多种交易”指根据虚拟电厂应用场景和时间维度的不同，设计包括中长期需求侧响应、备用、调峰交易和短期新能源发电曲线调节交易、短期替代调峰交易等多个交易品种。

上海虚拟电厂运营体系2019年10月落地建设以来，目前已完成4家虚拟电厂运营商接入，分别是黄浦区商业建筑虚拟电厂、世博B片区综合能源中心、前滩新能源和电网企业自有楼宇，涵盖了大到工业用户、商业建筑，小到园区微电网、电动车充电桩等多种规模的用户，并包含冰蓄冷装置、DG等新型用电形态。

第五节　基于物联网“智慧保电”体系和关键技术

国网上海电力集成了PMU、PMS、SCADA、供服、故障监测等多套业务系统，进行了数据层面的打通，通过全息感知为全网保电资源的统一防御决策提供了数据基础，并在中国国际进口博览会核心区打造状态全面感知、信息高效处理、防御便捷灵活的智慧保电“两中心一基地”，切实提高电网的防御力、恢复力。

一、全景智慧供电保障系统简介

习近平总书记在首届进口博览会中指出“中国国际进口博览会不仅要年年办下去，而且要办出水平、办出成效、越办越好。”作为进博会主场馆——国家会展中心的直接供电单位，国网上海电力积极深化电力物联网建设，实现了“电网设备零缺陷、重要负荷零闪动、供电服务零投诉、安保反恐零事件、人员工作零差错、网络信息安全零漏洞”和“确保场馆供电万无一失、确保城市基础设施供电万无一失、确保全市生产生活用电万无一失”的“六零三确保”保电目标，为第一届、第二届、第三届进博会提供了“世界会客厅”级的保障服务。国网上海电力在进博核心区所打造的全景智慧供电保障系统是在充分汲取“世博会”及“亚信峰会”保电管理信息系统建设应用宝贵经验的基础上，应用“大云物移智”新技术和“云管边端”物联网监测体系，采用智能巡检机器人、智能监拍装置、无人机等先进装备建成的。通过配电自动化主站改造、智能站点建设、电缆智能化建设、输电线路智能可视化建设、智能传感装置配置等一系列举措，最终实现“电网态势可感化、电力设备物联化、信息监测可视化、资源调度集约化、指挥决策智能化”的智慧供电保障功能。

国网上海电力突破性探索采用电力物联网、人工智能等先进技术。在电力信息化建设经验基础上融合多源数据，实现全网监控、重点保障、工作指挥、资源监控等业务应用，全面支撑指挥中心日常保电和应急指挥的保电工作需求，全面实践“智慧保电”新模式。国网上海电力全景智慧供电保障系统包括全网感知、核心监控、综合调度、信息监测、设备物联、智能指挥等方面，其业务架构又可分为集成系统、数据层、服务层、展示层等。具体如图9-14所示。

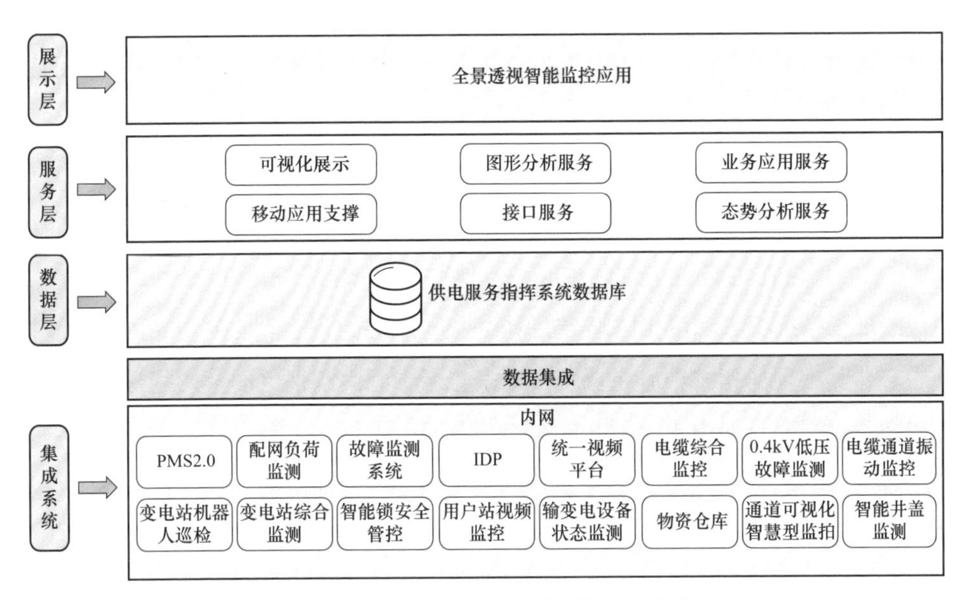

图9-14 全景智慧供电保障系统业务架构

（一）全网感知

依托电网GIS地图，实现全网设备、保电对象、保障资源、监测信息、异常告警的“一张图”管理，全景呈现重点保电对象、保障力量分布、电网运行工况等信息。依托大数据分析技术及专题图方式，实现电网停电、负荷热点、供电服务、电能质量等电网综合态势监控。

（1）运行状态感知：系统实现电网可靠性、电压合格率、电能质量、设备状态等电网状态数据的实时监测。对于电网中发生的暂降事件，系统提供电能质量影响态势图分析。实现台区监测率、过载、重载、低电压、三相不平衡的准实时监测和异常分布分析。可地图定位、可视化查看台区异常点，并可进一步查看相关曲线数据、影响范围及用户信息。利用大数据技术绘制电网负荷热力图，可回顾一段时间内电网负荷态势的变化情况。

（2）故障监测：从电压等级、跳闸情况、故障分布等维度查看电网故障的实时监测数据，实时查看主动处置工单的看板信息。可地图定位、可视化查看故障点，并可进一步查看故障影响范围及用户信息。从分布统计和趋势分析两大维度，查看故障月报数据。

（3）供电服务：实现配网抢修和紧急诉求的相关分类、分布监测。可地图定位、可视化查看抢修工单、抢修人员，并可进一步查看工单处理情况和作业信息。以10km^{2}为单位，查看全网抢修热力图，并可回顾近期配网抢修态势的变化情况。

（二）核心监控

为实现进博保电高效指挥和资源集中调配，国网上海电力在进博会周围10km^{2}核心保电区内设置了“两中心一基地”。“两中心”是指位于国家会展中心内部的现场指挥中心和位于国家会展中心西侧200m进博会核心变电站内的前线指挥中心，其中现场指挥中心主要负责国家会展中心内部保电的直接指挥，前线指挥中心负责国家会展中心周围10km^{2}核心保电区内的保电指挥。“两中心”内皆布置了智慧供电保障系统3.0，在系统层面实现核心场馆保电的“双活互备”。“一基地”是国家会展中心西侧1500m处的资源供应保障基地，基地从人、车、物、环境四方面着手，以移动性强、快速部署、智能化三个特性为建设原则，运用了人脸识别、车牌识别、UWB定位、监控图像识别跟踪等技术，融合人员、车辆、物资、安保、环境、后勤各方管控模块，打造抢修、应急“一站式服务”。进博会供电保障前线指挥中心主要负责国家会展中心及周围10km^{2}核心保电区内的保电指挥，重点查看10km^{2}核心区内各类核心智能装置的部署情况和监测状态信息。

（1）输电线路监测：查看线路通道部署的监拍装置回传的照片，并通过人工智能图像识别技术，及时发现并告警异常（隐患）情况；

（2）通过集成变电站辅控、配电站辅控、智能融合终端、400V低压监控等系统数据，实现核心保电区各类设备状态、站内环境、安防、消防信息的实时监测。

（三）综合调度

当发现任何故障或异常告警时，系统自动切换至业务指挥模块，将推送的异常信息自动生成处置工单，通过互联网下发至保障人员的手持终端上，并实时跟踪现场处置情况。系统提供当班资源、车辆装备、物资仓储等各类保电资源的调度功能，可在地图上定位、可视化展示相关资源对象。

（四）信息监测

运用“大云物移智”等先进技术，结合图形拓扑分析、供电路径追溯、状

态智能研判等高级应用，实现各级保电对象的全电压、全路径、全智能的实时监控。

（五）设备物联

依托物联网技术，保电核心区实现了线路通道监拍、电缆振动、变（配）电站辅控、机器人巡检、视频监视、台区监测、0.4kV低压监测等信息的实时采集和综合分析，探索了面向未来的物联电网建设思路。

（六）智能指挥

任意专题均具备实时监测、明细钻取、图形定位、辅助研判等应用功能，可实现对电网状态、保电对象、保障资源的分层指挥及穿透管控。

二、中国国际进口博览会保电实践

第三届中国国际进口博览会于2020年11月在国家会展中心（上海）举办，这是常态化疫情防控前提下，中国主动向世界开放市场的重大举措，也是全力展示城市服务保障水平的一次盛会，对供电保障提出了更高的要求。为确保第三届中国国际进口博览会期间重要场所供电保障万无一失，国网上海电力全面总结前两届进博会智慧保电成功经验，结合数字化转型建设，运用互联网+思维，着力提升保电能力，践行建设“能源互联网企业”。

2020年国网上海电力创新研发应用云端平台互联互通、移动终端线上作业、云智慧数字孪生、动态监测健康状态、设备信息智能识别、智能穿戴人机交互、非侵入式数据采集七项先进技术，实现移动指挥云端化、保电作业线上化、运行工况数字化、故障研判智能化、疫情防控实时化，打造“云端保电”新模式。

在第三届进博会客户侧供电保障服务中，公司加强数字化转型建设，深化智慧保电应用，通过打造保电全景云平台，运用5G通信技术，与保电现场信息通信双向高速传输，实时监控现场设备工况及保电工作进程，实现移动指挥；通过在客户侧创新应用数字孪生技术，实时反映保电设备动态变化，高效提供智慧决策支撑，预判设备异常，生成设备健康码，自动推送至保电人员，实现动态跟踪，闭环消缺；通过应用保电作业移动终端、设备身份识别码，通过扫码快速准确获取设备工况，实现保电工作全流程线上管控，提升保电人员作业效率。国网上海电力依托5G云指挥平台，实现保电过程中最佳的指挥运转和最佳的内外协同，圆满实现了“六零三确保”的保电目标。

图9-15为第三届中国国际进口博览会供电服务保障系统，其包括：

（1）移动指挥云端化。打造保电全景云平台，可实时监控现场设备工况及保电工作进程。运用5G通信技术，实现移动指挥，并与保电现场信息通信双向传输。应用保电作业终端，巡视进度、缺陷处置、故障抢修、综合告警等信息实时上传云平台。建立可视通信专网，确保指挥中心与保电现场指令畅达、汇报迅速，显著提升通信的保障能力。

（2）保电作业线上化。为保电现场人员配置移动作业终端进行云端协同。创新应用保电作业移动终端、设备身份识别二维码，通过扫码快速获取设备运行信息，实现定时巡检任务管理、信息实时上报等保电工作全流程线上操作。

（3）运行工况数字化。一方面创新应用数字孪生技术，通过2479个在线监测点，52个局放监测点的高频数据采集，通过将实体设备在虚拟空间映射的方式实现变配电设施的运行工况数据可见、信息可用、故障可判。另一方面智能穿戴辅助人机交互设备AR眼镜，确保人员作业零差错。应用人机智能交互，为保电人员配备智能穿戴设备AR眼镜，在实时查看设备运行工况时，自动捕获设备，自动显示设备运行电压、电流、温度，集成现场设备监测数据，实时预警设备故障信息，实现了巡检工作的高效、智能。

（4）故障告警智能化。一方面创新应用局放在线监测技术，对核心场馆供电路径上的变配电设施运用局放技术进行在线监测，同时运用国际先进分析工具，进行绝缘状态研判、智能预警。另一方面基于供电设备运行工况等多项指标，智能化诊断分析设备健康状态，生成设备健康状态标识码，自动推送通知到保电人员，并动态跟踪消缺状态，直至处理结果闭环上报。

（5）疫情防控实时化。一方面动态监测保电人员健康信息，确保疫情防控零风险。为保电人员配备智能手环定时获取人体温度等健康状态信息，实时监测行动轨迹，并运用大数据分析，生成保电人员专属健康码，及时反馈和提示疫情防控风险。另一方面监测场馆通风设备运行工况，助力疫情防控零风险。通过非侵入式采集技术，通过数据分析，感知通风设备运行工况，实时推送停运预警信息，及时进行现场处置。

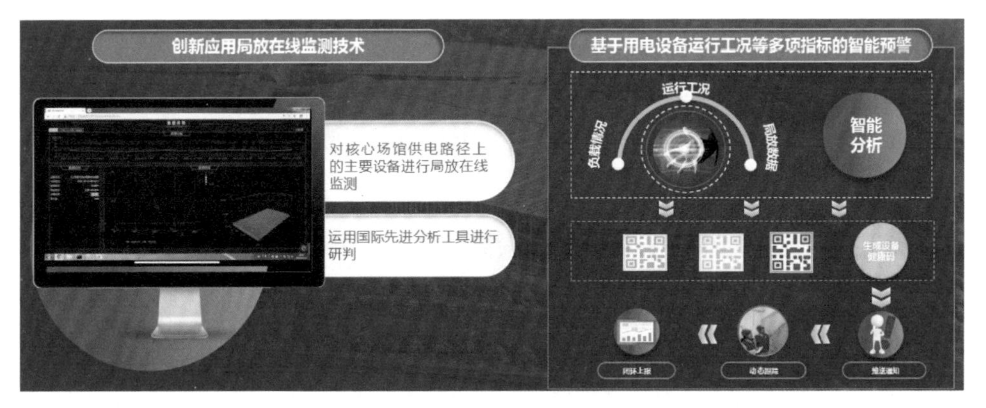

图9-15　保电设备在线监测

同时，第三届中国国际进口博览会保电中运用了很多物联网监测技术，提高了指挥效率。

（一）输电物联网技术应用

在输电层面，为了加强重要线路抵御外损外破能力，对架空线、电缆通道，电缆井等相关区域进行了全面监控。

（1）在架空线上，通过输电通道可视化监拍装置可自动甄别起重机、推土机、挖掘机等外破隐患并及时发出预警。

（2）在电缆通道上，通过布置的分布式光纤振动监测装置，能够实时记录被监测电缆的振动情况，当振动量超过一定值后能够发送报警信息，并可根据振动波形快速判断故障或隐患位置。

（3）通过布设的智能井盖监测装置，能够对电缆井的开合状态、井下氧气、一氧化碳、甲烷、水位、温湿度等信息进行实时在线监测，有效保障了电缆通道安全，并为下井抢修人员提供参考。

（二）变电物联网技术应用

在变电层面，为了加强变电站运行监控水平，对核心区内相关的重要变电站进行了智能化改造，并布置了变电站辅控系统对站内监测数据进行边缘计算后将运算结果上传监控云平台。

（1）通过智能巡检机器人，能对开关室内开关柜的温度、局放、开关状态等情况进行实时查看及智能分析，并能通过机器人对开关柜运行状态进行24小时不间断巡检，实时了解开关柜运行情况。

（2）通过变压器油色谱监测装置、红外图谱监控装置，能够实时分析变压器温度过高、绝缘损坏、匝间短路、套管漏油等运行缺陷，并可查看实时图像。通过GIS局放监测装置，能够实时监测高压开关内部放电情况，防止GIS烧毁事故的发生。

（3）通过电缆层红外、可见光、局放三合一监测装置，能够对电缆运行情况进行实时诊断分析。此外，变电站辅控系统还能对全站温度、湿度、火灾监测、工器具管理、门卫技防等信息进行实时分析，实现变电站的全方位监控。

（三）客户侧物联网技术应用

在客户侧，全方位开展感知层、网络层、应用层等方面建设，实现现场保电能源流、业务流、数据流“三流合一”，努力推动实现拼智力、拼效率的“智慧保电”新模式。

（1）实现智慧采集监测。完成国家会展中心用户的所有开关站、配电站的光纤专网全覆盖，并进行采集监控升级，实现对用户电力设备负荷、温度和开关状态量的全方位采测；在用户110kV变电站内安装智能锁具，可将配电柜开箱记录、异常报警、数据及时推送云平台；在所有用户配变加装非侵入式监测终端，实时监测识别场馆内各类负荷用电数据及运行工况。

（2）实现智慧调度抢修。基于SCADA技术，在用户电网一次接线图上对遥测、遥信进行实时监控，对系统监测发现的故障及时生成抢修工单，故障、风险、负荷、用户、人员等相关信息做到全掌控。

（3）实现智慧安防通信。在所有用户开关站、配电站安装具有人像搜索、跟踪、定位技术的智能摄像头，在设备远程实时监控基础上，实现值守人员自动点名，特定区域告警，人员巡视轨迹的记录等功能，提升工作效率；通过光纤应用智能语音通信技术，建立可视通信专网，确保现场服务指挥中心与所有值守点指令畅达、汇报迅速，显著提升通信的保障能力。

（四）管理侧物联网技术应用

（1）按全口径、城市、农村分类进行了可靠性的实时统计。在优化“营商环境”方面，在停电中压影响分析、停电低压影响分析中对工商业用户进行了专门统计，并从“停电超100时户数”“抢修超过3个小时”等维度进行了分类统计。

（2）现阶段主要梳理了故障处理、缺陷隐患、异常天气、重大诉求四大类预案。当故障发生后，系统会对其类型进行自动匹配，并发起相关智能化预案，实现辅助指挥功能。当有电网故障发生时，系统会智能推荐与该故障相匹配的预案，工作人员确认后，可以进入该预案的处理流程，系统会对故障发生的线路及对应的用户进行分析，并将故障可能的影响范围进行分析和显示，同时对停电影响的用户数量、停电时长、累计停电中压时户数、累计停电低压时户数、停电台区数量、停电10kV用户数量、停电低压用户数量等信息进行统计，显示系统对故障的自动研判信息，并根据系统自动采集到的传感器数据推荐疑似对象。在此基础上，进行特训、故障勘察，根据预案进行智能研判，从而安排工作人员到现场开展故障修复，抢修完成后电网恢复正常供电。

（3）全面监控了上海电网负荷情况。通过全景智慧保电系统可以对上海全网以及十一家基层供电公司的实时负荷以及负荷变化情况进行分析查看，全面了解各公司目前运行状态。

（4）在进博会资源供应保障基地，进一步完善对人员、车辆及抢修物资的管理，对所有的抢修物资、地理信息进行定位，计划与物资部、智慧供应电进行对接，汇总各物资仓库的所有物资信息及进博会专用的物资清单，为加快响应保障提供信息支撑。

（5）基于在线监测、大数据分析等技术，结合国网状态评价体系规则进行寿命预测。以变压器为例，定期实时监测，通过温度、湿度、套管温度等参数的数据对每一天设备的健康指数进行实时分析，进而对设备寿命管理提出方案，为计划检修、周期性技术改造提供一定依据。

（6）通过移动作业能够对人员、车辆位置进行监控。通过北斗/GPS可以实时了解所有人员、车辆的位置及运动轨迹，配合4G单兵系统能够对现场情况进行远程可视查看，利用相关技术能够对可指挥的资源进行更全面的管控，对提升指挥效率有很大的促进作用。

第六节　国网上海电力应急协调联动机制

大面积停电事故的应急联动机制是指发生严重的停电事故情况时，电网企业内部、各个电网企业之间的相关主体所开展的具有整体性、协作性、系统性的机制。为了正确、高效地处置电网大面积停电事件，最大程度地预防和减少事件造成的影响和损失，电网企业应该规范指导内部有关部门和各县区公司，建立完备的应急协调联动机制，以维护国家安全、保障社会稳定和人民生命、财产安全。

根据《中华人民共和国突发事件应对法》第四条规定，国家建立统一领导、综合协调、分类管理、分级负责、属地管理为主的应急管理体制，应急联动机制是应急管理体制的构成部分，是应急管理得以有效开展的保障。为了建立健全应对大面积停电事件的机制，提高处置效率，降低人员伤亡和财产损失，维护国家和社会的安全与稳定，国网上海电力建立了完整的应急协调联动机制，是大面积停电事故下能够快速、高效的采取行动的重要保障。

一、国网上海电力应急协调联动原则

国网上海电力应急协调联动机制的原则是：综合考虑地域、环境和优劣势等因素，确定应急联动合作单位。各单位之间建立联动合作关系，签订应急联动合作协议，按照“统一领导、把握全局、协同应对”的原则，建立应急协调联动机制，通过加强在故障预警、应急响应、后期重建等阶段的沟通和协作，提高突发事件处置能力，推动韧性电网建设，最大程度降低突发事件的影响和损失。应急协调联动机制的原则如下：

（1）总体原则。

1）统一领导，分级负责：在公司应急领导小组的统一领导、组织、协调下，公司各相关部门、各单位开展事故处理、抢险恢复、应急救援等各项应急工作。遇有重特大自然灾害或突发事件时，公司各级应急指挥组织及机构应服从地方政府突发公共事件应急指挥机构的指挥和协调。

2）把握全局，突出重点：牢记企业宗旨，服务社会稳定大局，采取必要手段保证电网安全，通过灵活的方式重点保障关系国计民生的重要客户、高危客户及人民群众基本生活用电。

3）快速反应，协同应对：充分发挥公司集团化优势，建立健全“上下联动、区域协作”快速响应机制，加强与政府的沟通协作，整合内外部应急资源，协同开展突发事件处置工作。

（2）协调联动体制下属机构。

大面积停电事件发生后，立即成立大面积停电事件处置领导小组及其办公室，启动应急响应统一指挥、协调公司大面积停电事件应对工作。大面积停电事件应急处置领导小组组长由公司董事长（或其授权人员）担任，副组长由公司总经理和生产副总经理担任，成员由公司有关副总师、安全总监，以及安全监察部（保卫部）、电力调度控制中心、办公室（党委办公室）、设备管理部、市场营销部（农电工作部）、建设部、物资部（招投标管理中心）、党委宣传部（对外联络部）、数字化工作部、后勤工作部等部门主要负责人组成。公司大面积停电事件应急处置领导小组办公室设在安全监察部（保卫部），办公室主任由安保部主任兼任，成员由上述相关部门人员组成（见图9-16）。

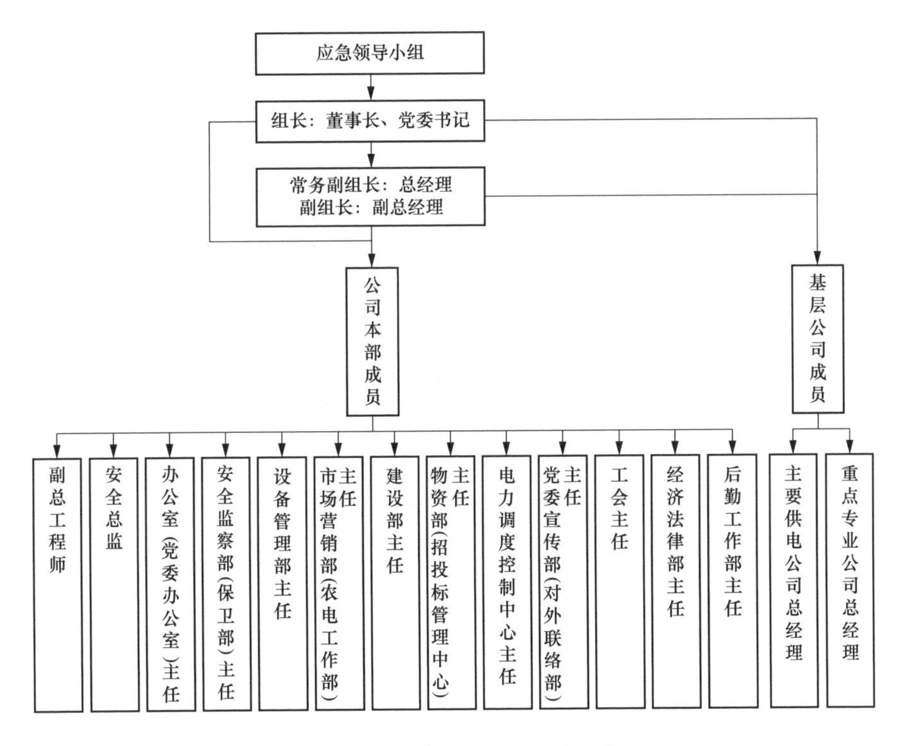

图9-16　应急领导小组人员组成

应急领导小组职责为：贯彻落实国家有关部门、国家电网有限公司及上海市委市政府应急管理法律法规、相关政策和规章制度；接受国家电网有限公司应急领导小组和上海市人民政府突发公共事件应急指挥机构的应急决策和部署；研究部署公司应急体系建设；领导指挥公司较大及以上突发事件应急处置工作。公司突发事件的应急处置工作均服从公司应急领导小组的统一指挥。

国网上海电力应急领导小组下设安全应急办公室和稳定应急办公室，是公司应急常设工作机构。安全应急办公室设在公司安全监察部（保卫部），归口管理生产安全应急相关工作。稳定应急办公室设在公司办公室，负责公共卫生、社会安全类突发事件的归口管理。相关职能部门按照"谁主管、谁负责"的原则，负责各自管理范围内的应急工作。

应急办的主要职责是：落实应急领导小组部署的各项任务；协调各部门、各单位执行应急领导小组各项指令，并进行监督检查；与相关职能部门共同负责突发事件信息收集、分析和评估，提出发布、调整和解除预警，以及突发事件级别建议；与政府有关部门沟通联系，及时报告有关情况；经应急领导小组批准，发布、调整和解除突发事件预警。

（3）各部门应急工作职责。

各部门按照"谁主管，谁负责"原则，负责职责范围内的应急处置工作。图9-17为应急领导小组部门组成。

各部门在应急工作中通用职责如下：接受应急领导小组的领导，听从专项处置领导小组的指挥，执行其决策指令，完成交办的工作任务；负责职责范围内的应急体系建设与运维、相关突发事件应急准备、风险监测和信息报送、预警研判和预警行动、应急响应研判和响应行动、事后恢复和重建工作；事件处置牵头负责部门负责相应专项突发事件应急管理的指导协调和日常工作，负责相应专项应急预案的编制、评审、发布、培训和演练，负责专项突发事件的风险研判、提出预警或应急响应建议、预警与应急处置的组织指挥；负责本专业应急队伍建设、装备配置和训练管理，按照应急领导小组要求开展突发事件情况下的队伍调配工作；组织制定本专业应急物资储备定额标准，制定本专业应急物资采购计划，落实应急物资的配置；组织审核本专业应急状态下各单位应急物资需求；负责应急指挥信息系统中本专业相关数据的录入和维护，确保数

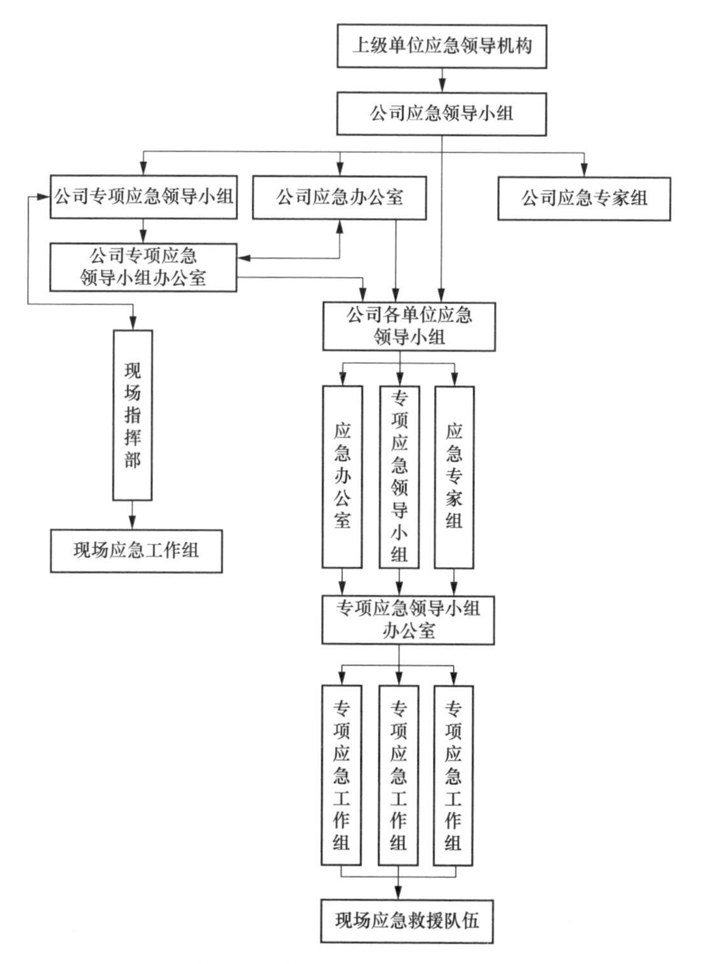

图9-17 应急领导小组部门组成

据的完整性、及时性和准确性；按要求参与突发事件应急处置评估调查工作，制定并落实有关措施；及时落实应急领导小组交办的其他事项。

除上述通用职责，各部门还需完成对应的专有职责：办公室负责稳定应急办公室有关工作，牵头负责突发群体事件等突发事件的应急管理和处置工作；发展策划部负责优化电网结构，提高电网防灾抗灾能力；财务资产部负责应急资金统筹落实和实用管理、保险理赔等工作；安全监察部负责日常应急管理、应急体系建设与运维、突发事件预警与应急处置的协调或组织指挥、与政府相关部门的沟通汇报等工作，同时还负责向政府主管部门报送突发事件信息、应急装备的专业管理，组织制定应急装备采购计划、各类突发事件处置过程中的安全监督管理；设备管理部负责自然灾害等突发事件的应急管理和处置工作；电力调度控制中心主要负责组织电网事故处理、统计报送突发事件下电网异常和负荷损失的情况、指导发电企业做好应急处置工作等。

国网上海电力所属各供电公司、各专业公司应急领导机构可参照上述原则设置，指挥机构根据各单位实际自行设置。

二、国网上海电力应急协调联动流程

应急联动与处置工作的关键是正确、高效、快速，在应急处置过程中做到各负其责、分工协作、信息共享、内外联动。在停电事件发生后，国网上海电力各部门按照制定的流程有序进行分工协作，通过高效的信息传递、分级审批，实现全公司层面的高度联动，推动停电事故更快恢复。

（一）大面积停电事件预警流程

（1）信息报告：当自然灾害、严重事故等易引发大停电事件的情况发生时，国网上海电力内部，调控中心在事件发生后的30分钟内，将电网运行情况、电网设备受损情况和停电影响等相关信息报送给电网企业大面积停电事件处置领导小组办公室，并通报办公室、设备管理部、市场营销部、党委宣传部（对外联络部）、物资部等部门；在收到报告后，应急办、相关部门立即进行核实，向公司领导进行汇报，同时报公司总值班室；同时由公司大面积停电事件处置领导小组向国家电网有限公司大面积停电事件处置领导小组报告。

国网上海电力外部，在发生大面积停电事件后，公司应急办向市经济与信息化委、市应急管理局、国家能源局华东监管局等上级主管部门报送信息，内容包括时间、地点、基本经过和影响范围等概要信息。

（2）预警与预警调整程序：应急办、相关专项处置领导小组办公室接到公司各有关单位预警信息，立即汇总相关信息，分析研判，提出公司预警发布建议，应急领导小组批准后由应急办或专项处置领导小组办公室负责发布。按照“谁主管，谁负责”的原则，各部门负责监管和接收本专业相关的预警信息，具体信息如下：

1）安全监察部：负责收集国家电网有限公司、华东能监局、市应急管理局、市经信委、市消防局、市110应急联动中心等发布的预警信息和火灾、交通

安全预警信息；

2）设备管理部：负责收集防汛防台、雷电等灾害性气候相关信息、设备安全相关信息；

3）电力调度控制中心：负责收集气象相关信息、发电燃料、电网安全运行相关信息；

4）市场营销部：负责收集用电安全、农电安全风险、保电需求、客户需求相关信息；

5）数字化工作部：负责网络信息安全相关信息；

6）党委宣传部（对外联络部）：收集社会舆情和相关新闻报道信息；

7）建设部：负责工程安全相关信息；

8）后勤工作部：负责收集管辖范围内的消防、人员车辆安保反恐相关信息；

9）办公室：负责收集信访、群体性事件相关信息；

10）物资部：负责应急物资保障相关信息。

在接收到预警信息后，相关单位正式启动预警响应，公司进入应急响应阶段，相关组织和部门应立即采取针对性应急措施，以阻止事态继续扩大。

随着事态发展，公司应急办或有关职能管理部门提出预警级别调整建议，经公司应急领导小组批准后由应急办负责调整。有关情况证明突发事件不可能发生或危险已经解除，由公司应急办、相关专项处置领导小组办公室或职能部门提出解除建议，经公司应急领导小组批准后，由应急办或相关专项处置领导小组办公室负责发布，解除已经采取的有关措施。

具体的流程图如图9-18所示。

（二）大面积停电事件应急响应流程

（1）响应分级：大面积停电事件的响应等级一般由公司大面积停电事件处置领导小组确定，等级分为Ⅰ、Ⅱ、Ⅲ、Ⅳ四种，分别对应发生特别重大、重大、较大、一般大面积停电事件。划分等级的标准包括减供负荷量、停电用户数以及电网受损程度、停电范围、抢修恢复能力和社会影响等综合因素。

（2）响应启动：经过公司大面积停电应急领导小组确定响应等级后，需要向公司应急办汇报，随后将停电信息传递至公司各部门，并立即报告公司应急领导

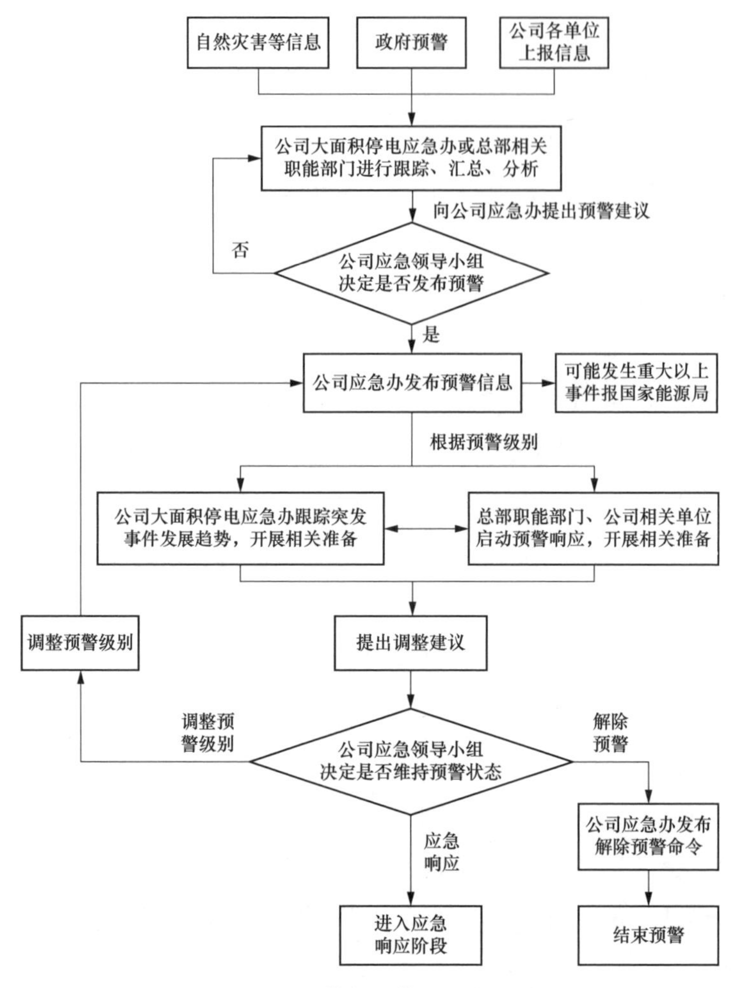

图9-18　预警与预警调整流程图

小组。公司应急领导小组根据响应等级，对各个部门进行指挥、协调应对工作。

（3）指挥协调：公司大面积停电事件处置领导小组及其办公室开展以下应急处置工作：

1）当上海市政府大面积停电事件应急指挥部成立时，执行相关决策部署，并参与电力恢复组和综合保障组相关工作；

2）组织召开公司大面积停电事件处置领导小组会议，就有关重大应急问题做出决策和部署；

3）立即启动应急指挥中心，公司大面积停电事件处置领导小组办公室进入24 小时应急值守状态，及时收集汇总事件信息；

4）公司领导带队，由有关部门、单位和专家组成工作组，赶赴现场指导应急处置工作；成立现场指挥部，协调开展应对工作；

5）及时组织有关部门和单位、专家组进行会商，分析研判事件发展情况；

6）组织跨区域应急队伍、物资、装备等支援；

7）就大面积停电事件处置工作向政府应急指挥部或有关部委提出援助请求；

8）协调解决应急处置中发生的其他问题。

（4）响应措施：

1）调度处置。电力调度控制中心接受专项处置领导小组指挥，负责国网上海电力调度管辖范围内电网事故处理，第一时间采取有效措施控制停电范围。通过调整电网运行方式，实现对故障设备的隔离，使电网的供电能够迅速恢复，降低因为停电造成的经济损失和影响。在处理事故的同时，需要及时地向市场营销部门提供停电范围及相关信息，并将电网故障处置进度及时传递给上级调度机构，以便电网大面积停电处置领导小组制定恢复方案。综合事故情况，在故障严重、无法及时恢复的情况下，启动上海电网黑启动方案。

2）设备抢修。设备管理部组织制定抢修救援方案，联动应急抢修救援队伍、装备和物资，在现场工作组的指导下，开展设备抢修工作。同时收集现场设备损坏、修复信息，及时向电网大面积停电处置领导小组汇报。

3）市场营销部。根据电力调度控制中心提供的停电范围，及时向所影响的重要供电用户通报情况，并调配应急电源等装备，为重要负荷如应急抢险救援指挥部、医疗救助提供电能，做好紧急状态下的应急电力供应。根据当前的停电范围，协助确定用户恢复供电优先级次序，及时统计用电负荷和电量损失、恢复信息，并向电网大面积停电处置领导小组汇报。

4）协调联动。安全监察部按照已签订的应急协调联动协议，启动公司内部单位以及政府、社会相关部门和单位协调联动机制，共同应对停电事件。联系交通、公安等部门为电网抢修、电力保障等工作提供便利；组织协调应急救援基干分队参与应急供电、应急救援等工作。

5）舆情引导。党委宣传部（对外联络部）及时收集有关信息，组织编写新闻报道材料，经大面积停电处置领导小组审核批准后统一披露；通过公司新闻媒体按照模板滚动发布相关停电情况、处理结果及预计抢修恢复所需时间等信息，根据需要在6h内组织召开新闻发布会，开展信息披露与舆情引导；联系和接待社会新闻媒体进行沟通，说明停电事实与原因。

（5）响应结束：公司大面积停电事件处置领导小组根据事件危害程度、救援恢复能力和社会影响等综合因素，按照事件分级条件，决定是否调整响应级别。当电网主干网架基本恢复正常接线方式、电网稳定运行，或是停电负荷恢复80%以上，并且重要负荷全部恢复供电后，可以由公司大面积停电专项领导小组向国家电网有限公司提出终止事件响应申请。

具体的流程图如图9-19所示。

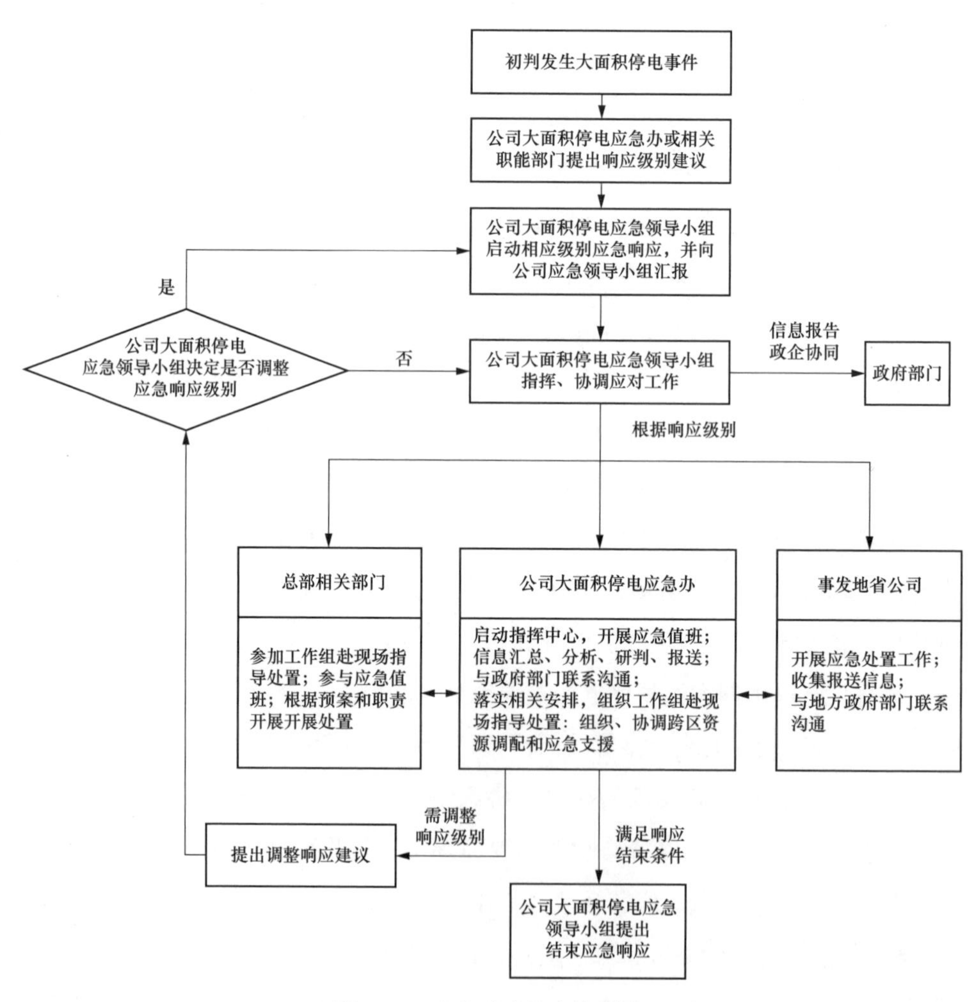

图9-19　应急响应结束流程图

当前我国电网形态和运行方式日趋复杂，在大面积停电发生后，需要在电网层面进行应急协调联动，进行主动防御与快速恢复。本节对大面积停电后国网上海电力的应急预案体系进行了介绍。

第七节 本 章 小 结

本章第一节对微型PMU进行介绍，通过基于PMU的故障定位、运行状态估计和协调控制等技术，电网调度人员能够对配电网进行状态监测和调控，体现了电网的感知力和应变力；第二节分析智能配用电大数据的特征，通过介绍负荷预测、网架优化和错峰调度三种应用方式，说明智能配用电大数据对电网的积极作用，体现了电网的应变力和学习力；第三节介绍上海电网先进的自愈控制技术和特有的钻石型配电网，自愈控制系统在浦东核心区示范，供电可靠率达99.999%，并从负荷转供能力、负荷平衡能力和强大的供电恢复能力等角度说明钻石型配电网的优势，体现了电网的应变力和恢复力；第四节介绍虚拟电厂关键技术，列举虚拟电厂的多项关键技术，结合上海市虚拟电厂建设成果，说明了虚拟电厂能够有效的优化资源利用、促进城市能源战略转型，体现了电网的应变力和协同力；第五节介绍基于物联网“智慧保电”的供电服务，该服务能够加强电网的状态感知、资源调度与智能指挥能力，提升电网供电可靠性，体现了电网的防御力和恢复力；第六节介绍上海电网应急协调联动机制，在停电事故后能够快速地响应并作出决策，从管理层面加强电网的韧性，体现了电网的恢复力和协同力，为新型电力系统安全运行和重要用户持续稳定供电提供了保障。

参 考 文 献

[1] 崔建磊，文云峰，郭创新，等. 面对调度运行的电网安全风险管理控制系统：（二）风险指标体系、评估方法与应用策略［J］. 电力系统自动化，2013，37(10)：92-97.

[2] 吴子美，刘东，周韩. 基于风险的电力系统安全预警的预防性控制决策分析［J］. 电力自动化设备，2009，29(9)：105-109.

[3] 赵红嘎，薛禹胜，汪德星，等. 计及PMU支路电流相量的状态估计模型［J］. 电力系统自动化，2004，28(17)：37- 40.

[4] 胡启安. 基于改进FCM算法的不良负荷数据辨识及修复方法［D］. 天津：天津大学电气

与自动化工程大学，2016，11，12-36.

［5］ 邢晓东,石访,张恒旭,等.基于同步相量的有源配电网自适应故障区段定位方法[J].电工技术学报,2020,35(23):4920-4930.

［6］ 徐彪,尹项根,张哲,等.基于拓扑图元信息融合的电网故障诊断模型[J].电工技术学报,2018,33(03):512-522.

［7］ 任贺,赵艳雷,徐化博,等.基于PMU的同步定频微网孤岛运行控制策略[J].水电能源科学,2020,38(08):192-196.

［8］ 万蓉，薛蕙.考虑PMU的配电网潮流计算［J］.电力自动化设备，2017，37(03)：33-37+44.

［9］ 彭小圣，邓迪元，程时杰，等. 面向智能电网应用的电力大数据关键技术［J］. 中国电机工程学报，2015，35(3)：503-511.

［10］ 宋亚奇，周国亮. 智能电网大数据处理技术现状与挑战［J］. 电网技术，2013，3(4)：927-935.

［11］ 刘金长，赖征田，杨成月，等.面向智能电网的信息安全防护体系建设［J］.电力信息化，2010，8(09)：13-16.

［12］ 童晓阳，王晓茹.乌克兰停电事件引起的网络攻击与电网信息安全防范思考［J］.电力系统自动化，2016，40(07)：144-148.

［13］ Barreto C, Giraldo J, Cardenas A A, et al. Control systems for the power grid and their resiliency to attacks[J]. IEEE Security & Privacy, 2014, 12(6): 15-23.

［14］ Nguyen T, Wang S, Alhazmi M, et al. Electric power grid resilience to cyber adversaries: State of the art[J]. IEEE Access, 2020, 8: 87592-87608.

［15］ 李田，苏盛，杨洪明，等.电力信息物理系统的攻击行为与安全防护［J］.电力系统自动化，2017，41(22)：162-167.

［16］ Nguyen T, Wang S, Alhazmi M, et al. Electric power grid resilience to cyber adversaries: State of the art[J]. IEEE Access, 2020, 8: 87592-87608.